科学出版社"十四五"普通高等教育研究生规划教材

视频编解码芯片设计原理

范益波 著

科学出版社

北 京

内 容 简 介

本书主要介绍视频编解码芯片的设计,以 HEVC 视频编码标准为基础,介绍编解码芯片的整体硬件架构设计以及各核心模块的算法优化与硬件流水线设计。其中包括帧内预测、整像素运动估计、分像素运动估计、重建环路、环路滤波、熵编码和熵解码等。同时,本书还进一步介绍了参考帧压缩、率失真优化、码率控制、解码错误恢复、图像质量评估等标准未规定但属于编解码芯片设计中需要考虑的重要内容。最后,本书还介绍了面向 VR 的视频编码技术、基于神经网络的图像与视频编码技术,以及作者所在实验室的开源硬件编码器 IP 核。

本书可作为集成电路科学与工程、电子科学与技术、信息与通信工程、计算机科学与技术等学科的研究生教材,也可作为从事视频编解码芯片研究工作的科研人员的参考书。

图书在版编目(CIP)数据

视频编解码芯片设计原理/范益波著. —北京:科学出版社,2022.8
科学出版社"十四五"普通高等教育研究生规划教材
ISBN 978-7-03-072683-4

Ⅰ. ①视… Ⅱ. ①范… Ⅲ. ①视频编解码器–研究生–教材
Ⅳ. ①TN762

中国版本图书馆 CIP 数据核字(2022)第 113327 号

责任编辑:潘斯斯 / 责任校对:王 瑞
责任印制:张 伟 / 封面设计:迷底书装

科学出版社 出版
北京东黄城根北街 16 号
邮政编码:100717
http://www.sciencep.com
北京建宏印刷有限公司 印刷
科学出版社发行 各地新华书店经销
*
2022 年 8 月第 一 版 开本:787×1092 1/16
2023 年 8 月第三次印刷 印张:23 3/4
字数:564 000
定价:128.00 元
(如有印装质量问题,我社负责调换)

前　言

随着 4K、8K、VR 等超高清视频应用的崛起，传统的软件视频编解码方案越来越无法承担海量计算的任务需求，硬件化的视频编解码电路设计成为当下各类芯片与系统方案的首选。目前，软件的视频编解码处理方案较为成熟，在各个编码标准下都有着丰富的开源软件供大家学习，同时软件方案能够提供灵活的算法选择和定制化功能，能够满足低分辨率、高压缩率的系统需求。不同于软件处理方案，硬件编解码电路设计方案目前仅有极少数的开源工程，并且大部分的芯片设计公司都将其硬件设计作为公司的核心技术加以保密，开发者很难获得硬件设计的参考。对于超高清视频芯片与系统设计而言，上述现状无疑成为极高的知识壁垒，阻碍了技术的开放，增加了创新的成本。

时至今日，视频编解码芯片已经从功能单一的视频编解码加速器(video codec accelerator，VCA)阶段发展到视频处理器(video processing unit，VPU)阶段。正如 21 世纪初的显卡(graphics card)发展到图形处理器(graphics processing unit，GPU)，GPU 又进一步发展成为通用图形处理器(general-purpose graphics processing unit，GPGPU)。VPU 正在进行着一场架构革命，从支持单一视频编码标准到支持多标准，从仅支持编解码运算到支持图像处理、画质处理与编码运算融合，从支持单路、用于终端设备为主到支持多路、用于云端大规模并行处理。未来，VPU 还将进一步革新，包括支持新型的 AI 运算、VR、VPU 与 GPU 的协同运算等，可以胜任越来越多的像素级计算需求。

本书正是基于技术的开源与开放初衷，结合作者在视频编解码芯片领域十五年的研究历程，以及在复旦大学从教近十二年所发表的关于视频编解码芯片的近百篇学术论文和所带研究生的毕业论文基础上，整理归纳的一部完整地介绍视频编解码芯片设计的教材。同时，本书还提供了开源的视频编码芯片 IP 核源码供读者参考实践。

本书的体系结构与主要内容如下。

第 1 章主要介绍视频图像基础知识。阐述色彩空间、像素、图像块、视频帧、视频序列等基本概念，说明视频编码背后的基础理论依据是数据冗余，视频编码过程就是充分利用人眼的视觉特性来消除视频数据冗余的过程。

第 2 章主要介绍视频编码的技术框架与标准发展的历史概况。视频编码历经三十多年的发展历程，其技术框架基本保持一致，即将视频帧分割成图像块并采用混合编码框架，利用帧内和帧间预测，结合变换量化和熵编码实现数据压缩。视频编码标准的发展呈现百花齐放、百家争鸣的态势，有国际标准，也有国内标准；有标准组织主导的行业标准，也有企业主导的自有标准；有严格专利许可的封闭标准，也有主张免专利费的开放标准。标准的纷繁复杂正说明了作为底层核心技术的视频编码的重要性。

第 3 章主要介绍视频编解码芯片的整体架构设计。相比视频编解码算法与软件的开放性，视频编解码芯片与硬件设计则显得相当封闭，可获取的公开资料仅限于学术论文，而很少来自工业界的信息。并且学术论文多局限于模块级的技术点研究，很少有整体编解码器硬件架构的分析，特别是缺乏开源硬件代码，使得后来者进入编解码器芯片设计的门槛极高。本章分析介绍 XK265 整体硬件流水线架构，并基于该架构分别实现三种功能不同的编码器流水线设计，体现 XK265 硬件架构设计上的敏捷性及快速定制化设计能力。

第 4 章主要介绍视频编码帧内预测器的硬件设计方法。帧内预测是视频编码的重要组件，其对最终编码图像质量影响巨大。本章首先介绍帧内预测的基本原理、现有的研究成果概况，以及帧内预测器硬件设计所面临的设计考量；其次，介绍面向硬件的帧内预测算法优化方案，分别从失真、码率、模式选择三个方面阐述优化方法，最终形成面向硬件设计的算法方案；最后，介绍帧内预测器硬件的详细设计方案，包括整体流水线架构、行列存储器、并发存储器、预测引擎与搜索调度器设计，并给出最终的硬件实现结果分析。

第 5 章主要介绍视频编码帧间预测器整像素运动估计模块的硬件设计方法。整像素运动估计是帧间预测的重要编码工具，其计算原理非常简单但是计算量巨大，对视频画质、压缩率影响巨大，对芯片的 IO 带宽需求很高，因此历来是各个视频编码标准下的硬件设计研究热点。本章首先介绍整像素运动估计的基本原理，列举典型的快速搜索算法与数据复用方法，并介绍现有的研究成果与硬件设计考量；其次，介绍面向硬件设计的算法优化策略，包括搜索起始点计算、参考窗形状、降采样搜索的优化方法，并提出基于微代码的可编程整像素运动估计硬件设计；最后，详细介绍整体的硬件架构设计，并分别就寻址控制、参考像素存储、参考像素阵列更新、转置寄存器与像素截位等硬件模块与优化设计做了详细阐述。

第 6 章主要介绍视频编码帧间预测器分像素运动估计模块的硬件设计方法。分像素运动估计是整像素运动估计的进一步精细化搜索过程，需要完成像素插值、运动搜索与最终模式判决等关键计算过程。本章首先介绍分像素运动估计的基本原理，以及 HEVC 标准下的 Merge 与 AMVP 模式，并介绍现有的快速算法与硬件架构设计研究概况；其次，介绍面向硬件设计的 4 步搜索算法策略；最后，介绍分像素运动估计的整体硬件架构设计和插值模块及代价计算模块的内部设计，并给出详细的硬件设计性能评估结果。

第 7 章主要介绍编码器的重建环路硬件设计。重建环路是编码器中最终实现数据压缩与图像重建的数据环路，重建环路根据前级帧内预测与帧间预测的模式判决结果，依据标准规定的方式对像素残差进行变换与量化，并输出变换系数，紧接着对输出系数进行反量化与反变换，最终得到重建图像。重建环路对于编码器和解码器是可重用的，其硬件设计的核心目标是提升环路的像素并行处理能力。本章首先介绍重建环路的基本原理，包括 DCT 变换的数学原理、HEVC 标准中的 DCT 变换特性以及量化的基本原理，现有的 DCT 与量化的硬件设计及设计考量；其次，根据重建环路的主要处理流程，分别就变换与反变换、转置存储器、量化与反量化、并发存储器的硬件设计展开详细的论述；最后，针对 HEVC 标准介绍基于硬件复用思路的重建环路架构设计，并给出多种计算模式下的时序图讨论，以及硬件设计代价讨论。

第 8 章主要介绍编码器的环路滤波硬件设计。环路滤波是编码器中负责在重建像素之后进一步提升图像质量的关键模块，由于当前的编码器整体设计是基于分块编码的思路，因此块与块之间在图像损失较大的情况下容易出现块效应，需要环路滤波来消除。在 HEVC 中由于引入了去方块滤波和样点自适应补偿两种技术，因此硬件设计的挑战是要融合两种算法到统一的流水线单元处理并支持高度的像素并行化处理。本章首先介绍 HEVC 标准下的去方块滤波和样点自适应补偿算法的基本原理，并给出当前的硬件设计研究现状与设计考量；其次，分别介绍去方块滤波的硬件设计和样点自适应补偿的硬件设计，包括顶层架构设计和基本的滤波单元设计以及流水线时序设计等。

第 9 章主要介绍熵编码和熵解码的硬件设计。熵编码用于视频编码器，熵解码用于视频解码器，熵编码将视频各类语法元素编码成最终的二进制码流，熵解码与之相反，实现从二进制码流解码恢复出视频语法元素。熵编解码从理论上而言，都是基于概率模型的更新来串行地处理数据，因此其运算不具备并行性，是高分辨率、大码率下的系统瓶颈。而硬件设计可以通过预先计算的方法实现数据并行计算，通过增加硬件并行计算通道实现对数据串行依赖的突破。本章首先介绍熵编解码的基本原理和当前的硬件研究现状与设计考量；其次，介绍熵编码的硬件设计与熵解码的硬件设计，分别就其中的准备语法元素模块、二值化模块、更新上下文模块、算术编解码模块等开展详细设计；最后，给出各自模块的性能结果评估与分析。

第 10 章主要介绍编码器中的参考帧压缩模块算法与硬件设计。参考帧压缩不属于视频编码标准规定的范畴，但是对于硬件编码器芯片而言却非常重要。由于视频编码过程中需要频繁读取参考帧，因此在大分辨率下这些读取内存操作会极大地占用芯片的 DDR 存储带宽，如果不进行参考帧压缩会导致内存墙问题，同时芯片的功耗也会剧增。本章首先介绍参考帧压缩的背景和现有研究成果的概况；其次，介绍面向 HEVC 的参考帧压缩的算法设计，包括详细的压缩方式、数据结构、编码方法等；最后，给出硬件设计方案，并进行详细的测试结果分析与对比。

第 11 章主要介绍编码器中的率失真优化模块算法优化与硬件设计。率失真优化是编码器中的核心部件，其用于模块划分和模式选择的最终判决。率失真优化设计的好与坏决定了编码器的图像质量与压缩率的好与坏，因此是各标准下编码器设计的重点。本章首先介绍率失真优化的基本原理与设计考量，并介绍 HM 中的推荐算法以及现有文献研究的概况；其次，在算法优化上基于统计信息与数据拟合，实现面向硬件的算法改进；再次，给出模块的顶层硬件架构设计，并分别就顶层时序与任务控制、预测模块、重建环路、代价计算、模式判决等进行详细设计论述；最后，给出硬件设计的结果分析和性能评估。

第 12 章主要介绍编码器的码率控制设计。码率控制是视频编码器的重要功能，特别是面向网络传输的视频应用，需要精准的码率控制实现对网络带宽的适应。码率控制也不属于视频编码标准规定的范畴，不同编码器可以实现各自独特的码率控制方案。一般而言，帧级别的码率控制可以通过驱动软件来实现，块级别的码率控制需要通过专用的硬件模块来实现。本章首先介绍码率控制的基本目标和原理，并重点分析几种码率控制标准提案；其次，分别针对这些标准提案方法在 HM 上进行数据测试，并给出实现结果和比较；最后，进行总结与讨论分析。

第 13 章主要介绍解码器的错误恢复技术。解码错误恢复是视频解码器中的一项重要但非必需的功能,主要用于在网络传输中出现数据丢包导致解码器无法正确恢复图像的情况下,通过解码错误恢复技术尽可能地还原原始视频。本章首先介绍错误恢复技术的基本原理,当前空域、时域以及面向 HEVC 的错误恢复技术概况;其次,分别就空域差错掩盖算法和时域差错掩盖算法开展论述,介绍其基本原理、设计考量、算法优化与硬件设计;最后分别给出实验结果分析。

第 14 章主要介绍图像质量评估方法。图像质量评估是评价视频编码前后画质损失的重要方法,传统的图像质量评估方法侧重于图像像素数据的客观差异,而欠缺对人眼主观感受的建模。本章首先详细介绍主观及客观质量评估的基础知识和现有模型,包括全参考、半参考和无参考质量评估方法,并总结质量评估领域公开数据集和常用性能评价指标;其次,在全参考评估模型 GDRW 的基础上进行算法优化,提出基于显著性窗口的高注意度区域感知图像指标 GSW;最后,介绍 GSW 模型的软件实现过程和质量预测性能测试结果。

第 15 章主要介绍面向虚拟现实的 360° 全景视频编码与传输技术。虚拟现实可以提供沉浸式的视频体验,代表了未来视频应用的发展趋势。面向虚拟现实的 360° 全景视频需要采用球面投影,其编码与传输面临新的技术挑战。本章首先介绍全景视频系统的架构,包括视频获取、动态传输和渲染显示部分,详细介绍现有的全景视频投影方案,并分析各方案的优缺点;其次,提出一种新型的基于立方体模型和像素渐变分布策略的球形投影方案——ARcube 投影;最后,对 ARcube 投影进行详细评估测试,并与现有的方案进行技术对比。

第 16 章主要介绍基于神经网络的图像与视频编码技术。传统的图像与视频编码方法在压缩率提升上越来越困难,往往需要极大的代价才能获得很小的压缩率提升。而神经网络方法近年来越来越得到重视,并被成功应用于图像与视频的压缩编码,神经网络方法理论上可以拟合任何函数,同时通过数据驱动的训练可以实现极高的压缩率。本章首先介绍一些神经网络的基础知识;其次,介绍端到端的图像编码网络的原理和框架,以及框架中量化和熵估计等模块的多种实现方法;最后,介绍几种端到端的 P 帧和 B 帧编码网络。

第 17 章主要介绍作者所在实验室近年来做的开源硬件编码器设计。相比软件编码器的开放性,硬件编码器显得非常封闭,一方面原因是芯片领域很少有开源之风,另一方面原因是硬件设计的知识门槛较高,该领域的从业者远少于软件领域。本章分别介绍实验室开源的两个编码器 IP 核:XK264 和 XK265,详细介绍两个 IP 核的硬件仿真过程,并提供了相应的 FPGA 演示方案。

本书的内容包含作者所在实验室的很多毕业生的工作成果,包括黄磊磊、陈俊安、曾艺璇、孟子皓、刘迅、施淳信、顾晨昊、李威、唐根伟、黄哲雄、侯震可、黄宇腾、杨天文、陈鲁奇、陈珂、魏家聪、殷翔、涂正中、宗桐宇、雷瑞雪、金怡泽、江亲炜、郝蓓、陆彦珩、程魏、沈蔚炜、白宇峰、谢峥、尚青、刘聪、马天龙、沈沙、钟慧波(按毕业年份倒序)。

感谢作者所在实验室的在读研究生参与本书的资料搜集工作,他们是刘超、蔡宇杰、昝昭、陈数士、许珏、徐国豪、郑淇、侯秉镜、李思芮、李婷婷、邹宇亮、刘畅、何陈龙。尤其感谢昝昭、郑淇、李思芮三位同学协助作者完成了本书的稿件整理工作。他们为本书的顺利出版付出了巨大的努力。

感谢复旦大学微电子学院的老师和同仁多年以来的支持，尤其是 FD-SoC 组的老师，包括曾晓洋教授、韩军教授、荆明娥副教授、程旭副教授、陈赟副教授等，他们为作者在视频编码领域的长期研究提供了极好的科研与工作环境。

最后，特别感谢家人的支持与陪伴！

作者的研究得到了国家自然科学基金、上海市科学技术委员会"科技创新行动计划"、阿里巴巴 AIR 项目，以及中兴-复旦联合实验室、杭州雄迈集成电路技术股份有限公司等合作单位的项目支持，在此一并表示感谢！

作　者

2021 年 12 月

目 录

第1章 概 论

实验证明，人类感知外界的信息有 80%是通过视觉得到的。随着信息时代的高速发展，视频已经成为不可或缺的信息载体，在通信、娱乐、安防等各种领域都有着丰富的视频应用。但是，直接存储或传输原始的视频数据是非常不现实的，因为原始视频的数据量是极为庞大的，所以实际应用中必须对视频数据进行压缩。

视频压缩又称为视频编码(video coding)，视频数据之所以能够被压缩，其实是因为其具有大量冗余成分。利用先进的视频压缩手段，可以将视频以十倍、百倍乃至千倍的比例进行压缩，使得高分辨率、高帧率的视频能够实时地通过网络进行传输和播放，并存储在普通的家用计算机中。可以说，视频压缩是多媒体时代的一大基石。

本章将对视频编码中的基础概念进行介绍。

1.1 视频的组成

1. 帧、像素与分辨率

视频是按照一定时间间隔采集的静止图像序列，一幅图像也被称为一帧(frame)。

在空间维度上，一帧图像可以视为二维空间中的一个采样点阵，而采样点也被称为像素(pixel)，它是图像不可分割的最小单位。像素宽高比是单个像素的宽高比例，而像素的行列数则用于表示图像的(空间)分辨率。对于面积相同的图像，分辨率越高，就意味着单位面积中的像素数目越多，能够将图像细节表示得越清晰。图像的宽高比由像素宽高比和分辨率共同决定。

不同的视频格式具有不同的分辨率，表 1-1 列举了一些典型的数字视频格式。

表 1-1 数字视频分辨率格式

数字视频格式	分辨率(像素 × 像素)
Sub-QCIF	128 × 96
QCIF	176 × 144
CIF	352 × 288
4CIF	704 × 576
16CIF	1408 × 1152
SD(标清)	720 × 480
HD(高清)	1280 × 720
FHD(全高清)	1920 × 1080
4K UHD(4K 超清)	3840 × 2160
8K UHD(8K 超清)	7680 × 4320

2. 帧率

在时间维度上，由于人眼的"视觉暂留"，如果相邻两帧的间隔时间足够短，人眼就无法区分图像序列中的单张静态图像，只会看到平滑运动的视频。每秒包含的帧数被称为帧率，即时间分辨率，单位为 fps(frame per second)。帧率更高的视频能够给人更加平滑连贯的视觉体验，能够流畅地显示高速运动的视频。但也不必一味地追求更高的帧率，因为人眼对于帧率的感知是有限的。到达足够高的帧率(如 60fps)后，继续增加帧率不会带来明显的体验变化，反而会过多地增加数据量。

目前，国际上最常用的电视标准制式是 NTSC、PAL 和 SECAM。其中，北美及许多亚洲国家采用 NTSC 制式，中国和许多西欧国家使用 PAL 制式，而 SECAM 制式主要用于东欧和法国。三种制式具有不同的帧率和分辨率，如表 1-2 所示。不同的制式之间不兼容，某一制式的电视节目必须经过一定的转换，才能被另一制式的电视播放。

表 1-2　国际三大电视制式

制式	NTSC	PAL	SECAM
帧率/fps	30	25	25
分辨率(像素 × 像素)	720×480	720×576	720×576
扫描方式	隔行扫描	隔行扫描	隔行扫描
画面比例	4∶3	4∶3	4∶3

3. 场

通常，电视显示画面的扫描顺序是从左到右、从上到下。按照扫描方式，视频帧可以分为逐行扫描帧和隔行扫描帧两类。顾名思义，逐行扫描帧是逐行进行扫描的。而为了节约传输带宽，或者提高时间采样率，可以将一帧分为两个场(field)分别扫描。先扫描所有奇数行构成顶场，再扫描所有偶数行构成底场，如图 1-1 所示。

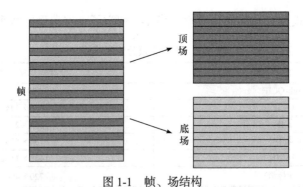

图 1-1　帧、场结构

4. 量化深度与动态范围

像素的幅度值如果用 n bit 表示，则称量化深度为 n，一共可以表示 2^n 个量化等级。例如，用 8bit 来表示黑白图像，则一共可以表示 256 个灰度等级。动态范围是指最大亮度值与最小亮度值的比,自然界中真实存在的动态范围约为 10^8,人眼具有很高的动态范围,大概是在 10^5 左右。显然,显示器、照相机等设备仅用 256 个亮度值难以体现这些细节。要采集或呈现高动态范围的图像,应该采用更大的量化深度(如 10bit),并配合一定的高动态范围(high-dynamic range,HDR)技术。

5. 码率

码率又称比特率,是指单位时间传送数据的比特(bit)数,单位为 bit/s(bit per second)。数字视频的信息传输量一般较大,所以往往以每秒千比特(kbit/s)或每秒兆比特(Mbit/s)为单位进行计量。由于传输信道的带宽、缓冲区等是有限的,为了节约带宽,或者防止溢出造成数据丢失,视频编码在实际应用时必须要考虑相应的码率控制方案。

1.2　色　彩　空　间

视频压缩领域中,常见的色彩空间有 RGB、YUV 等。

1. RGB

根据三基色原理,自然界中的绝大部分色彩都可以由三种基色按一定比例混合得到;反之,任意一种色彩均可被分解为三种基色。其中,人眼对红(R)、绿(G)、蓝(B)三种颜色最为敏感,而采用这三种基色表示色彩的方法,即为 RGB 色彩空间。这三个分量采用相同的精度表示,例如,传统图像一般采用 8bit 来表示单个分量值,则 RGB 色彩空间中单个像素需要 24bit 表示。

颜色是由亮度(luma)和色度(chroma)共同表示的,色度反映的是不包括亮度在内的色彩信息。但是,RGB 色彩空间的三个分量值均与亮度相关,换句话说,一旦亮度发生改变,R、G、B 的值均会相应改变,因此 RGB 色彩空间并非图像处理的最佳选择。

2. YUV(YCbCr)

相较于色度,人类视觉系统(HVS)对亮度的感知更为敏感。YUV 色彩空间就是根据这一特点,使用一个亮度分量(Y)和两个色度分量(U、V)来表示像素。在 YUV 家族中,YCbCr 是应用最为广泛的,其中 Cb 指蓝色色度分量,Cr 指红色色度分量。在视频压缩领域,一般不对 YUV 和 YCbCr 进行区分。

根据 ITU-R BT.601 建议书[1],YUV 分量与 RGB 分量之间可以按照式(1-1)进行转换,其中各分量的取值范围为[0,255]。

$$\begin{bmatrix} Y \\ U \\ V \end{bmatrix} = \begin{bmatrix} 0.2990 & 0.5870 & 0.1140 \\ -0.1687 & -0.3313 & 0.5000 \\ 0.5000 & -0.4187 & -0.0813 \end{bmatrix} \begin{bmatrix} R \\ G \\ B \end{bmatrix} + \begin{bmatrix} 0 \\ 128 \\ 128 \end{bmatrix} \tag{1-1}$$

如上所述,因为人眼对色度的敏感程度更低,所以可以适当降低色度的采样精度(色度亚采样)来节约比特数。因此,视频分辨率实际上指的是亮度分辨率,色度分辨率可能会等于或小于亮度分辨率。根据不同的采样精度，视频图像可以分为 4∶4∶4、4∶2∶2、4∶2∶0 等格式，图 1-2 为各格式的亮度、色度样本的分布位置，可见色度亚采样本质上就是使相邻几个像素共用同一色度值(由于 U、V 两个色度分量具有同样的地位，因此统一进行讨论)。

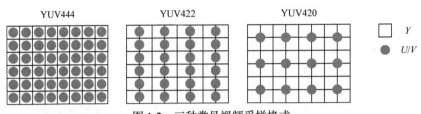

图 1-2   三种常见视频采样格式

4∶4∶4 格式(YUV444)中，每 4 个亮度像素，具有相应的 4 个色度像素，也就是说色度与亮度具有相同的采样精度，或者说色度与亮度具有相同的空间分辨率。

4∶2∶2 格式(YUV422)中，每 4 个亮度像素对应 2 个色度像素，这是因为色度仅在垂直方向上具有与亮度相同的采样精度，而在水平方向上，色度的采样精度只有亮度的 1/2。

4∶2∶0 格式(YUV420)中，每 4 个亮度像素对应 1 个色度像素，色度在垂直、水平方向上的采样精度，均只有亮度采样精度的 1/2。

1.3   数据冗余与视频编码

视频中存在大量的冗余，而视频编码本质上就是要消除这些冗余，从而实现对视频数据的压缩。因此，"视频编码"与"视频压缩"描述的实际上是同一个概念。

而视频中的冗余一般包括空间冗余、时间冗余、编码冗余、视觉冗余、知识冗余、结构冗余等[2]。其中，由于空间冗余、时间冗余和编码冗余取决于图像数据的统计特性，因此也将这三者统称为统计冗余。

空间冗余是静态图像中最为主要的一类数据冗余。例如，一幅图像中若存在较大的平缓区域，则意味着该区域中不同像素的亮度、色度等都是非常接近的，在空间上存在很强的关联性，彼此之间可以认为是平滑过渡的，不会发生剧烈突变。这种关联性即空间冗余。

时间冗余是视频序列中常见的一类数据冗余。视频序列中，相邻帧往往具有类似的场景和物体，其中运动物体具有类似的大小和形状，仅仅是在图像中的位置发生了改变，可以认为后一帧中的物体是前一帧中物体发生了位移。相邻帧在时间上的这种高度相关性即时间冗余。

编码冗余也称为信息熵冗余。1948 年，信息论之父香农提出了"信息熵"的概念。简而言之，变量的不确定性越大，熵也就越大，其所携带的信息量也就越大。由于不同事件发生概率不同，其所携带信息也不同，在信息编码过程中如果不进行熵压缩编码，而是对所有事件采用统一字符编码方式，就会存在编码冗余。由信息论可知，为表示图像数据的一个像素点，只要按其信息熵的大小分配相应比特数即可。例如，对出现概率大的事件采用短码字编码，而出现概率小的事件采用长码字编码，会实现更好的压缩效果。

视觉冗余则是在记录原始图像数据时，通常假定视觉系统是均匀的、线性的，而实际上人眼对亮度和色度的敏感度是非均匀、非线性的。同时，人眼更倾向于捕捉物体的整体结构，而对其内部细节较忽略，无法察觉某些细微的变化。因此，对人眼敏感和不敏感的部分同等对待进行编码，会产生比理想编码更多的数据，这部分数据即视觉冗余。

知识冗余是指人们可以根据已有的基础知识和基本常识，按照某种规律性对图像进行推断。例如，某些图像拍摄的是大海，大海中有水，那么可以推断出图像中也有水，拍摄的是汽车，那么可以推断出图像中可能有轮子、玻璃等。这种类似的规律性的图像的冗余为知识冗余。利用知识冗余，可以构建某些物体的基本模型，使得图像存储时仅需保留某些特征参数，从而减少数据量。

结构冗余是指某些图像可能具有规律排列的结构或纹理特征。如果已知像素的分布规律，则可以据此生成相应的图像，而无须对相似的部分进行重复编码，从而实现数据压缩。

各种类型的冗余为图像序列的编码压缩提供了广阔的空间。自 H.261 标准以来就一直沿用的混合编码架构，就利用空间冗余、时间冗余、信息熵冗余等提出了许多编码工具，如基于空间冗余的帧内预测、基于时间冗余的帧间预测、基于视觉冗余的量化、基于信息熵冗余的熵编码，以及基于数学的变换等。

1.4　编码单元与编码层次

对于视频编解码而言，编码单元反映了处理的基本单位。通常来说，编码单元越大，每次编码所能获取的信息量就越大，理论上也就可以达到更好的编码效果；但是，过大的编码单元会使得编码本身的资源消耗难以承受，无法应用于实际的编码环境中。鉴于此，相较于像素级编码、层级或内容级编码，块级编码在视频编码算法中使用得最为广泛。块级编码是指预先将一幅图像切割为多个像素块，一次对块内的部分或所有像素进行预测和编码。

对于编码器而言，还需要定义编码层次，以用于组织编解码的架构。编码的过程是逐层深入、依次进行的；而解码过程则是编码的逆过程。通常使用的编码层次如下。

(1) 编码单元(coding unit，CU)：编码的基本单位，通常取块(block)，有时候块内部还可以继续划分为子块(sub-block)。

(2) 切片(slice，有时也等同于 tile)：由多个编码单元组成的部分图像，通常在空间上是连续的。切片定义了编码单元的可参考位置，从而将错误限制在一整幅图像内的部分范围内。

(3) 帧/图像：由多个切片组成的一幅完整的图像，表示一个时间点内的所有视觉信息，是人眼接收视觉信息的基本单位。

(4) 图像组(group of pictures，GOP)：由多个帧/图像组成的部分视频序列，通常在时间上是连续的。图像组可以将基于时间相关性的编码过程限定在一定范围内，从而限制错误的影响范围。

(5) 序列(sequence)：表示整个完整的视频。

图 1-3 是一个编码层次的示例。

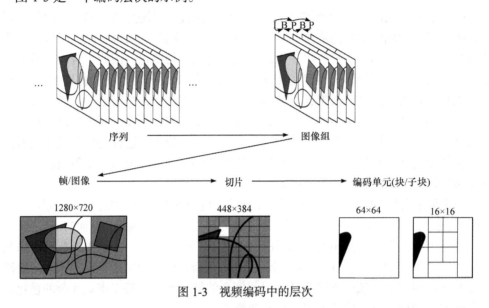

图 1-3　视频编码中的层次

1.5　视频编码的国际标准

几十年间，新的视频编码算法层出不穷。然而，商业视频编码应用趋向于使用有限的几个标准化方法进行视频压缩。这是因为，标准能够保证软硬件供应商之间的可兼容性，能够使不同出品商的编码器和解码器之间的互操作更加简单，使得建立综合视频平台成为可能。并且标准会严格定义所使用的技术和算法，并涵盖这些技术的专利许可费，降低侵犯专利权的风险。

国际上制定视频编码标准的主要组织为国际电信联盟-电信标准化部门(ITU-T)，以及国际标准化组织(ISO)/国际电工委员会(IEC)。1997 年，ITU-T 成立了视频编码专家组(video coding experts group，VCEG)，以维护以前的 ITU-T 视频编码标准，并开发新的用于一系列会话和非会话业务的视频编码标准。1988 年，ISO/IEC 成立了运动图像专家组(motion picture experts group，MPEG)，以建立面向各种应用的运动图像和相关音频的编码标准。ITU-T 的 VCEG 和 ISO/IEC 的 MPEG 至今已单独或联合地制定了一系列视频编码标准，在国际上得到了广泛的使用和研究。其中，H.261、H.263 标准是由 ITU-T 制定的，MPEG-1、MPEG-4、EVC 标准是由 ISO/IEC 制定的，而 H.262/MPEG-2、H.264/AVC、H.265/HEVC 和 H.266/VVC 标准则是由两个组织共同制定的。

在中国，为了降低国内市场对于 MPEG 等国际视频标准的使用版权费，以及在视频标准制定中争取话语权，我国在 2002 年 6 月，由信息产业部科学技术司(现为中华人民共和国工业和信息化部科技司)批准成立了数字音视频编解码技术标准工作组(AVS 工作组)，面向我国的信息产业需求，制定了具有自主知识产权的数字音视频编解码技术标准

AVS(Audio Video coding Standard)。第一代 AVS 视频编码标准于 2006 年正式推出，其编码效率与同时期的 H.264/AVC 相当。经过多年的更新迭代，于 2013 年开始制定 AVS2 视频编码标准，其目标性能与 H.265/HEVC 相当。最新的是 AVS3 视频编码标准，支持 8K 超高清视频编解码。

在开源方面，谷歌分别在 2010 年和 2013 年推出并开源了 VP8 和 VP9 视频编码标准。VP9 相对 VP8 是在相同的编码图像质量下降低 50%码率。2015 年，Google、Amazon、Mozilla 等公司发起创立了开放多媒体联盟(Alliance for Open Media，AOMedia)，致力于建设免费的(或专利友好的)的视频编解码标准，并于 2018 年发布了第一代开源视频编解码标准 AV1。AV1 基于 VP9 进一步优化了编码算法，其编码效率相对 H.265/HEVC 有较大提升，且引入了神经网络用于视频编码，进一步优化编码效果。

图 1-4 显示了一些主流视频标准的发展历程。

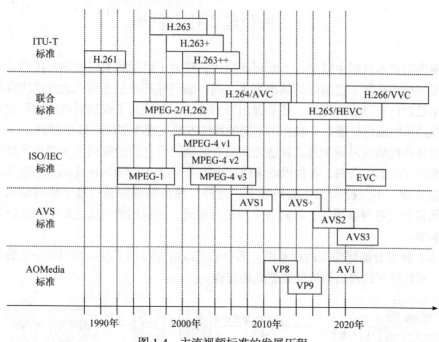

图 1-4　主流视频标准的发展历程

参 考 文 献

[1] Studio encoding parameters of digital television for standard 4 : 3 and wide-screen 16 : 9 aspect ratios: ITU-R Recommendation BT.601-7:2011[S/OL]. [2022-03-31]. https://www.itu.int/rec/R-REC-BT.601/en.
[2] 高文, 赵德斌, 马思伟. 数字视频编码技术原理[M]. 2 版. 北京: 科学出版社, 2018.

第2章 视频编码技术框架与标准

视频编码的国际标准持续更迭，各种视频编码算法层出不穷。而硬件条件的持续发展，也为高压缩率的复杂算法提供了实现条件。除了不断提高压缩率的目标外，新的视频编码技术也会从复杂度、实时性等角度进行综合考量。

本章将跟随视频编码标准的发展历程，按照经典的视频编码技术框架，了解视频编码技术的更新进程。

2.1 视频编码技术框架

视频编码技术自诞生以来，不断更新换代，致力于更优的编码效率和压缩效果，而更高的压缩效率来源于更高效的编码算法。同一编码标准的相邻两代之间算法有较大差别，不论是对已有算法的优化，还是提出新的算法，都是为了得到更高的编码效率；而同一时期的不同编码标准，一般会用不同的算法方案实现类似的高效率编码。

虽然各种视频编码标准及其算法之间略有区别，但它们的编码架构都是类似的。自第一代编码标准诞生以来，各种视频编码标准均采用混合编码(hybrid coding)框架，利用视频信息冗余，不断提高视频编码效率。此外，混合编码框采用基于块的编码逻辑，将视频图像分成各种编码块，针对各个块进行编码，并利用块与块之间的相关性进一步提高压缩率。

图 2-1 是混合编码框架的示意图。图中的实线箭头指示了视频编码器中的数据流，即从输入视频序列到输出码流的数据处理过程。

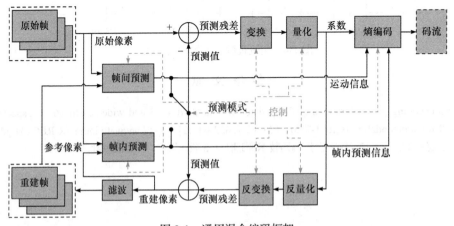

图 2-1 通用混合编码框架

当前视频编码的通用处理流程依次为预测、变换、量化、熵编码，并且每个流程都以块作为处理单位。编码的一般过程如下。

(1) 从原始帧中读入一个原始图像块。

(2) 选择帧内或帧间预测，并基于重建帧进行预测，从而得到预测图像块。

(3) 将原始图像块和预测图像块相减，从而得到(变换前的)残差数据块。

(4) 对(变换前的)残差数据块进行变换、量化后，可以得到能量更为集中的系数数据块。

(5) 系数数据块一方面会和预测模式一起经过熵编码，得到压缩后的码流；另一方面会经过反量化、反变换，得到(变换后的)残差数据块。

(6) 将(变换后的)残差数据块与预测图像块相加，即可得到重建图像块。

(7) 基于块的视频编码形成的重构图像会出现方块效应，可以通过环路滤波来去除方块效应。

(8) 重建图像块在编码器端作为参考图像，提供给帧内和帧间预测。综合考虑数据依赖和编码性能，帧内预测一般采用未经环路滤波的数据，帧间预测一般采用经过环路滤波的数据。

重复上述过程，便能够将原始图像逐块地压缩成码流。为了改进压缩的效果，视频编码标准会提供一系列的编码工具，而编码的过程实际上就是对编码工具及其组合进行选择的过程。越先进的标准，其提供的编码工具一般也越多。

图 2-2 为解码过程的示意图，不难发现，从某种意义上解码器可以视为编码器的子部件。解码的一般过程如下。

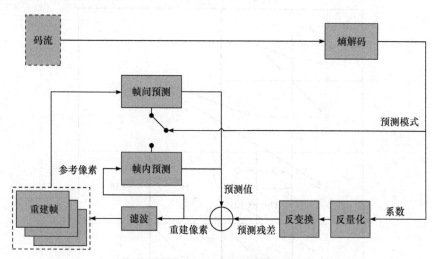

图 2-2　通用混合解码框架

(1) (逐步地)读入码流并熵解码成系数数据块和预测模式。

(2) 根据预测模式可基于重建图像进行预测，从而得到预测图像块；对系数数据块进行反量化、反变换，从而得到残差数据块。

(3) 将残差数据块与预测图像块相加，从而得到重建图像块。

(4) 除了作为结果以外，重建图像块在解码器端还需要作为参考图像提供给帧内和帧间预测模块。综合考虑数据依赖和编码性能，帧内预测一般采用未经环路滤波的数据，帧间预测一般采用经过环路滤波的数据。

重复上述过程，解码器就能够将码流逐块地恢复成重建图像。

2.1.1   块划分

如前所述，块级编码在视频编码算法中使用得最为广泛。分块尺寸以像素为单位。早期的标准中，分块一般是小尺寸的方形块。而随着算法和硬件条件的持续发展，受支持的块尺寸越来越大，块划分模式也越发灵活，编码块可以按照不同的划分模式进一步划分成更小的子块。更大的块尺寸可以提升大面积平坦区域的压缩率，而更灵活的块划分模式可以更紧密地匹配不同的图像内容。

在同一帧中，各个编码块按光栅扫描的顺序(图 2-3)逐个编码。一个编码块内的多个子块，则采用 Zig-Zag 扫描方式(图 2-4)逐个处理。

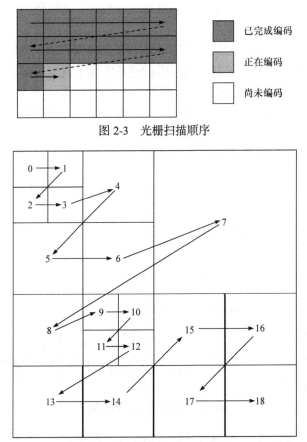

图 2-3   光栅扫描顺序

图 2-4   Zig-Zag 扫描顺序

2.1.2   预测

大量统计表明，在空间或时间上相邻的像素之间具有相关性，因此可以利用相关像素对当前像素进行预测，再对预测残差(预测值与实际值之差)进行编码和传输，即可降低当前像素的空间或时间冗余。

预测编码是图像压缩技术中研究得最早、最简单、易于硬件实现、应用广泛的方法。预测技术可以分为帧内预测(intra prediction)和帧间预测(inter prediction),而帧间预测又可根据预测方向分为前向预测和双向预测。其中,采用帧内预测的帧称为 I 帧,采用前向预测的称为 P 帧,采用双向预测的称为 B 帧。

帧内预测利用的是空间上的相关性,由已解码的相邻像素来预测当前块的像素,从而有效消除块间冗余。不同标准的帧内预测原理是类似的,不过随着标准的演进,帧内预测模式越来越丰富。

帧间预测则是利用时间上的相关性,将邻近参考帧中与当前块最相似的块作为预测块,并计算预测块与当前块在空间位置上的相对偏移量,作为运动矢量(motion vector,MV)。如图 2-5 所示,通过在一定区域内搜索预测块,从而得到运动矢量的过程称为运动估计(motion estimation,ME)。根据已有的运动矢量,从指定参考帧中确定预测块(预测值)的过程称为运动补偿(motion compensation,MC)。可见,运动补偿是运动估计的逆过程,运动补偿所得的预测值一方面会和当前帧作差得到预测残差,经过变换、量化后再送至熵编码模块;另一方面会和经过变换、量化、反量化、反变换后的预测残差相加,经过滤波等操作得到重建帧。

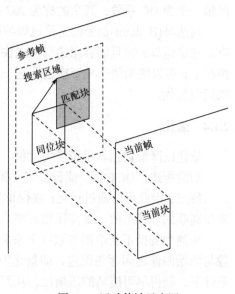

图 2-5 运动估计示意图

另外,相邻块的运动矢量之间也具有一定的相关性,因此可以使用某个相邻已编码块的运动矢量作为当前块运动矢量的预测值 MVP(MV prediction),该预测值 MVP 与运动估计所得的 MV 的差值,记为 MVD(MV difference)。MVD 往往具有比 MV 更小的值,因此对 MVD 进行编码能够有效降低编码比特数,对 MVD 进行编码的方式称为差分编码。

帧内预测与帧间预测各有优势。使用帧内预测的 I 帧可以进行独立编解码,不受其他帧的影响,I 帧可以作为 P 帧和 B 帧的参考帧。但是,采用帧内预测的 I 帧压缩率较低,所占的数据信息量较大。而 P 帧和 B 帧采用帧间预测,具有很大的压缩比,能够大大提升整体的压缩率。同时,P 帧可以作为其后 P 帧的参考帧,或者作为其前后 B 帧的参考帧,所以 P 帧可能会造成误差的扩散。往往通过周期插入 I 帧来有效防止误差积累。而 B 帧具有最高的压缩比,但是 B 帧由于在解码时需要前后两个方向上的参考帧,因此解码难度最大,所需的资源也最多。

2.1.3 变换编码

使用空间域描述的视频图像内,各个像素间具有很强的关联性,存在较大冗余。变换编码就是通过某种变换,使数据在变换域中重新分布,减少像素间的相关性,从而达到消除冗余的目的。

正交变换是一种常见的变换方式，它可以将密切相关的像素值矩阵，变换为较独立的变换系数矩阵。理论上，K-L 变换(Karhunen-Loeve transform)是均方误差标准下的最佳变换，但是其复杂度过高，难以实际应用。

而离散余弦变换(discrete cosine transform，DCT)在性能上仅次于 K-L 变换，被认为是一种准最佳变换，其快速算法(FDCT)易于实现，并且偶对称的基函数有利于减轻分块边界处灰度值的跳变和不连续现象，因此 DCT 被广泛地应用于视频编码中。DCT 后，变换系数在变换域中具有集中式分布的特点，较大的 DCT 系数集中于低频部分，而越高频的系数其数值越小，这一特点为后续的进一步压缩提供了条件。以 8×8 的像素块为例，经过 DCT 到频域后会产生 64 个频率成分，其中低频成分集中分布在左上角，称左上角的第一个为 DC 系数，其余的称为 AC 系数。

阿达马(Hadamard)变换也是视频编码中常用的变换。与 DCT 相比，阿达马变换只含有加减法运算，并且能够用递归形式快速实现，其计算复杂度比 DCT 更低。因此在某些情况下，可以使用阿达马变换进行进一步处理，或者使用阿达马变换作为 DCT 的预处理或近似替代。

2.1.4　量化

量化以降低数据表示精度为代价，减少了待编码的数据量，从而实现数据压缩。

如前所述，DCT 后，能量分布主要集中在低频系数。由于人眼具有对高频信息不敏感的特点，因此可以通过量化，在保留低频分量的同时，将较小的高频系数量化为 0，即减少高频的非零系数，提高压缩效率。

预测和变换不会给图像数据带来失真，但量化是一种有损压缩技术，会造成重建图像与原始图像之间存在误差，即量化失真。因此，量化器的设计就是在允许一定失真的条件下，获得尽可能高的压缩比，从而可以在保留图像必要细节的情况下，降低码率。

量化失真和压缩率通过量化步长来调整。量化步长越大，量化后的非零系数越少，压缩率越高，同时量化失真越大，重建图像的质量越低。因此需要根据不同的应用需要，调整量化步长，在压缩率和量化失真之间进行选择和平衡。例如，最简单的量化方法是均匀(线性)量化，但是均匀量化没有考虑量化对象的概率分布，因此效果往往并不太好。对于 DCT 系数这样的量化对象，应该对低频部分进行细量化，对高频部分进行粗量化。因此在相同的量化步长条件下，若采用非均匀量化，其量化误差会比均匀量化引入的误差小得多。

经过变换和量化后，非零系数会集中在左上角。为了能够在熵编码阶段对其进行高效的编码，还需要先通过"Z"字形(Zig-Zag)扫描，对系数顺序进行重排，使得能将二维的系数以一维的方式读出。在一维序列中，每个非零系数及其之前的 0 的个数(游程长度)为一个统计事件。之后的熵编码，就是对各统计事件组成的符号组进行编码。

Zig-Zag 扫描重排可以使非零系数集中出现在一维序列的前面部分，而后面部分尽可能为连续的 0，这样可以显著减少统计事件的个数，增加后续熵编码的压缩率。

2.1.5　熵编码

　　熵编码的主要目的是去除视频中的信息熵冗余，进一步降低视频编码信息量。基于概率编码方式，利用随机过程的统计特性，减小编码的码流长度。熵编码过程中，将对概率较大的事件分配较短的码字，而对概率较小的事件分配较长的码字，这样能最大化地利用码流。需要注意的是，熵编码是一种无损编码方式，对原始信息编码后的码流，需要经过解码过程，完全恢复原有数据，保证视频编码和解码的一致性。

　　等长编码是使用相同长度的二进制码来表示符号组，即将各符号的出现当成等概率事件来处理，其优点是编解码过程简单。但是，Zig-Zag 扫描后得到的一维系数序列中，各符号出现的概率是不同的，因此采用等长编码难以获得较高的编码效率。

　　而熵编码则是基于信源的统计特性进行码率压缩的编码方法，能够有效消除编码冗余(信息熵冗余)。视频编码中常用的熵编码有两类，分别是变长编码(variable length coding，VLC)和算术编码(arithmetic coding)。

　　在变长编码中，表示符号或事件的码字长度是非固定的，出现概率高的会分配较短的码字，而出现概率低的则分配较长的码字，从而可以获得较短的平均码字。经典的变长编码有哈夫曼(Huffman)编码，对于已知信源，哈夫曼编码是一种最佳变长码，但是它在视频编码应用中存在一定的不足。首先，为了使解码器正确解码，编码器必须保存或传输哈夫曼编码树，这增加了存储需求，降低了压缩效率。其次，哈夫曼码的不规则结构，增加了解码器的计算复杂度，难以实现快速解码。

　　指数哥伦布编码(exponential Golomb code)也是一种变长编码，并且与哈夫曼编码不同，指数哥伦布编码具有码字结构对称、编解码复杂度低等优点，因此在编解码器中得以广泛使用。

　　算术编码与变长编码不同，其本质是为整个输入序列分配一个码字，而不是给序列中的每个符号分配码字，因此平均意义上可以为单个符号分配码长小于 1 的码字。算术编码的基本原理是，根据信源可能发生的不同符号序列的概率，将[0,1)区间划分为互不重叠的子区间，各子区间的宽度等于各符号序列的概率。而后，在此子区间内选择一个有效的二进制小数，即可作为对应符号序列的编码码字。但是在视频编码时，信源符号的概率是动态改变的，对当前符号的编码需要依赖前一个编码符号的信息，因此很难并行实现。不可否认，算术编码的编解码计算复杂度要明显高于变长编码，这也是其使用不如变长编码广泛的主要原因。

2.1.6　重建环路与环路滤波

　　重建环路中主要包含变换、量化、反变换和反量化操作，如图 2-6 所示。变换实际上是一个可逆操作，不存在数据丢失。但是量化会对残差进行进一步的压缩。变换、量化结束后，可以得到传输系数，又称变换系数。一条通路会传至后级熵编码模块，通过熵编码进行进一步的压缩，最终成为码流输出；另一条通路将会送往反量化和反变换，犹如形成一个环路，因此又被称为重建环路。通过反变换和反量化之后，重新恢复出来的残差再与预测图像相加，从而得到重建像素，重建像素将送往环路滤波模块，最终构成重建帧。在解码端，如果想保证重建像素与编码端的一致，就必须保证重建环路中的步骤和流程均与编码器保持一致。

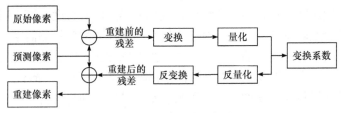

图 2-6   重建环路示意图

由于现代视频编码标准普遍采用基于块的混合编码架构，在重建图像的块边界处会出现不连续的现象，这种视觉上的不连续称为方块效应(blocking effect)。其来源有两个方面：一是由预测残差块的变换和量化过程带来的，变换系数的量化过程不够精确，反量化后得到的重建值和原始值存在误差，造成了边界处的不连续；二是运动补偿过程中，当前块和相邻块的预测值可能来自不同参考帧的不同位置，所以会造成预测块边界处的不连续，当采用帧内预测时，相邻块预测过程不同也会造成预测块边界处的不连续。

环路滤波(in-loop filter，ILF)处于编码环内，位于反量化、反变换之后，用于处理重建像素，以提高后续编码的质量和效率，同时也能改善最终的主观视觉效果。环路滤波从 H.264/AVC 开始广泛应用，以去方块滤波器(deblocking filter，DBF)为主要部分。去方块滤波器主要对块边界进行滤波处理，不同标准中的去方块滤波器在滤波块大小、滤波强度判断方法上有所不同。在 H.265/HEVC 中，环路滤波技术除了去方块滤波，还引入了样点自适应补偿(sample adaptive offset，SAO)来进一步提升环路滤波的性能，使得图像主客观质量得到进一步改善。

2.2   H.26x 标准

视频编码标准 H.261/2/3/4/5/6 可统称为 H.26x 系列标准。其中，H.262 标准等同于 MPEG-2 的视频部分。

H.26x 系列标准是由 ITU-T 的 VCEG(视频编码专家组)以及 ISO/IEC 的 MPEG(运动图像专家组)拟定的系列标准。

2.2.1   H.261

H.261 标准[1]是 1988 年由 ITU-T 下设的 CCITT(国际电报电话咨询委员会)通过的第一个主流视频编码标准，并于 1993 年被修订。

H.261 的设计目的是能够在带宽为 $p \times 64\text{kbit/s}$ 的综合业务数字网(integrated services digital network，ISDN)上传输质量可接受的视频信号，其中 p 代表数字话路数，范围为 1~30 路，而每一话路的速率为 64kbit/s。当 p 取较小值时，可用于清晰度要求不高的可视电话，而 p 取较大值时则可以传输清晰度较好的会议电视图像。

由于不同的电视制式之间不兼容，因此不同国家之间的视频通信必须借助公共中间格式 CIF(common intermediate format)，也就是发送方先将电视制式转换为 CIF 格式，经过编码后再由 CIF 格式转换为接收方的电视制式。H.261 主要针对的是双工视频通信应用，能够对 CIF 和 QCIF(Quarter CIF)分辨率的视频进行编码，其中 QCIF 格式在水平和垂直方向上的分辨率均为 CIF 格式的 1/2，如表 1-1 所示。

H.261 标准可以认为是混合编码标准的鼻祖，其后的视频编码标准基本上都以 H.261 的框架为基础进行设计，如图 2-7 所示。为了便于实时编解码，H.261 的算法复杂度较低。同时由于双向视频传输对延迟比较敏感，因此 H.261 不允许使用 B 帧，而仅采用 I 帧与 P 帧。

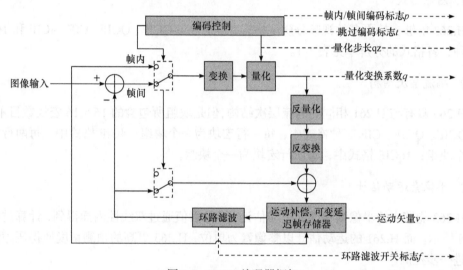

图 2-7 H.261 编码器框架

图 2-7 是 H.261 编码器的架构。H.261 首先对图像进行分块，其码流结构分为图像、组块(group of blocks，GOB)、宏块(macro block，MB)、块四个编码层次。CIF 或 QCIF 图像首先被分为尺寸为 176 × 48 的组块，则 CIF 可分为 12 个组块，QCIF 可分为 3 个组块。每个组块包括 33 个宏块，每个宏块包括一个 16 × 16 的亮度块和两个 8 × 8 的色度块，每个亮度块再分为四个 8 × 8 的亮度块。也就是在块层，不论亮度还是色度，均以 8 × 8 的尺寸进行数据传送。

H.261 编码器输入以宏块为单位，然后通过计算与前一帧对应像素差的均方值，来判断帧间相关性。若帧间相关性大，则采用基于运动补偿的帧间预测，否则采用帧内预测。之后采用基于 8 × 8 块的 DCT，并对频域系数进行量化。量化后的系数进行 Zig-Zag 扫描及游程编码(run length coding，RLC)，然后对(run，level)对进行熵编码，并以块结束码字 EOB(end of block)来表示块的结束。其中，level 表示非零系数值，run 则为该非零系数值之前的 0 的个数。

此外，H.261 标准还引入了环路滤波(实际上是一个低通滤波器)，滤除不必要的高频信息，从而平滑预测、变换、量化等环节引入的方块效应，为运动补偿预测提供质量更高的重建参考帧图像。

2.2.2　H.263

H.263 标准[2]是 ITU-T 于 1996 年公布的标准。该标准的基本原理继承了 H.261，具有与 H.261 几乎相同的编码器架构，并且吸收了 MPEG-1/2 等其他国际标准的技术，提供了许多新的编码选项，包括无限制的运动矢量模式、基于语法的算术编码、高级预测模式、PB 帧模式等，H.263 的编码性能大大提升，成为低码率视频会议应用首选的编码算法。

以下对 H.263 相较于 H.261 的不同进行简介。

1. 图像格式

H.263 能够支持更多的视频分辨率格式，包括 Sub-QCIF、QCIF、CIF、4CIF 和 16CIF 共五种，各格式的分辨率见表 1-1。

2. 码流层次结构

H.263 具有与 H.261 相同的码流层次结构，但是块组所包含的 16×16 宏块数目不同。Sub-QCIF、QCIF、CIF 三种格式中，每一行宏块为一个块组；4CIF 格式中，每两行宏块为一个块组；16CIF 格式中，每四行宏块为一个块组。

3. 半像素运动估计

H.263 能够支持半像素精度的运动估计，半像素值通过双线性内插得到，计算过程如图 2-8 所示。而 H.261 的运动估计以整像素为单位，H.263 更高的预测精度使得压缩比得到了进一步提高。

4. 二维预测

H.263 中，每个运动矢量的预测值(MVP)候选项来自周围的三个块，如图 2-9 所示。

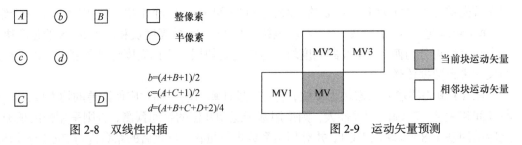

图 2-8　双线性内插　　　　　图 2-9　运动矢量预测

5. 高级预测模式(可选)

H.263 中一个宏块可以只使用一个运动矢量，也可以使用四个运动矢量分别表示宏块中的四个 8×8 亮度块。另外还可以采用重叠块运动补偿(OBMC)技术，将邻近块的预测模式叠加在当前块上来减少方块效应，因为 H.263 中没有环路滤波。

6. PB 帧模式(可选)

PB 帧由一个 P 帧和一个 B 帧组成。

在其后的发展中，H.263 又增加了若干的高级选项，形成了 H.263+(1998 年)和 H.263++(2000 年)这两个具有增强功能的改进标准，总之在 H.263 的基础上又进一步提高了编码效率，同时也增强了视频传输的抗误码能力。

2.2.3 H.264/AVC

2001 年，VCEG 和 MPEG 形成了一个联合视频组(joint video team，JVT)以开发新的国际标准。2003 年 ITU-T 批准了新的 H.264 标准[3]，而在 ISO/IEC 中则命名为 MPEG-4 第 10 部分先进视频编码标准(advanced video coding，AVC)，因此该标准可以称为 H.264/AVC。其基本部分规定了三种档次，分别为基本档次(baseline profile)、主要档次(main profile)和扩展档次(extended profile)，不同的档次代表着不同的编码功能组合，能够支持不同类别的应用。

H.264 仍然沿用混合编码框架,并在混合编码的框架下增加了对更多先进编码技术的支持，包括多方向帧内预测、多参考帧运动补偿、可变的分块大小、1/4 像素精度的运动补偿、4×4 及 8×8 整数 DCT、内容自适应的环路去方块滤波、自适应熵编码 CABAC(上下文自适应二进制算术编码)和 CAVLC(上下文自适应变长编码)等。为了便于在网络上正确地传输信息，H.264 也进行了抗误码的设计，包括灵活的宏块排序、任意的分片顺序、数据分割等，提升了鲁棒性。

在重建视频质量相同的条件下，先进的工具使得 H.264 的编码效率相较于 H.263 提升了一倍。不过与此同时，编解码的计算复杂度也大大增加了。据估计，编码复杂度大概是 H.263 的 3 倍，而解码复杂度约为 H.263 的 2 倍。

除了进一步提升视频压缩率，H.264 为了适用于各种传输网络，从系统层面上提出了视频编码层(video coding layer，VCL)和网络提取层(network abstraction layer，NAL)，以分别负责高效的视频内容表示，以及码流数据与下层传输协议的结合。VCL 数据即压缩编码后的视频数据，可以被打包为 NAL 单元，从而通过网络进行传输。

H.264 具有优秀的编码性能、网络适配性以及抗出错性能。因此，H.264 在视频存储、广播、交互式网络视频等方面都得到了广泛的应用，至今仍是应用最为广泛的编码标准。

以下将对 H.264 的特性进行简介。

1. 帧内预测

H.261 和 H.263 中如果选择了帧内预测，则直接进入变换域进行编码。但是 H.264 的帧内预测是在空间域进行编码，参考左侧和上方已编码块的像素对当前块的像素值进行预测。对于各种各样的图像纹理特征，为了提高预测准确率，可以从不同方向进行预测，而不同的预测方向就定义了不同的帧内预测模式，并且亮度和色度的预测模式是独立进行编码的。

基本档次支持 4×4 亮度子块和 16×16 亮度块的预测模式,而 8×8 色度块的预测模式与 16×16 亮度块类似。对于带有大量细节的图像,通常会选择 4×4 预测模式(9 种可选模式);而对于平缓区域的图像编码,16×16 预测模式(4 种可选模式)会更加高效。通常编码器会选择预测块和原始块之间差异最小的预测模式作为最终预测模式。在主要档次中,还支持 8×8 亮度子块的预测模式。

1) 4×4 亮度预测模式

如图 2-10 所示为 H.264 标准所规定 4×4 帧内预测的 9 种预测模式,各模式编号为 0~8。其中 a~p 为待预测的当前块像素,A~H 为上方和右上方的参考像素,I~L 和 M 分别为左侧和左上方参考像素。表 2-1 对 9 种预测模式进行了描述。

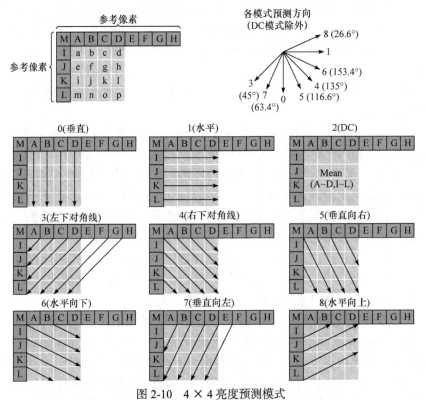

图 2-10   4×4 亮度预测模式

表 2-1   4×4 亮度预测模式的描述

模式	描述
模式 0(V)	垂直模式,由 A、B、C、D 垂直推出相应像素值
模式 1(H)	水平模式,由 I、J、K、L 水平推出相应像素值
模式 2(DC)	DC 模式,由 A~D 和 I~L 平均值推出所有像素值
模式 3(DDL)	左下对角线模式,由 45°方向像素内插得出相应像素值
模式 4(DDR)	右下对角线模式,由 135°方向像素内插得出相应像素值
模式 5(VR)	垂直向右模式,由 116.6°方向像素内插得出相应像素值

续表

模式	描述
模式 6(HD)	水平向下模式，由 153.4°方向像素内插得出相应像素值
模式 7(VL)	垂直向左模式，由 63.4°方向像素内插得出相应像素值
模式 8(HU)	水平向上模式，由 26.6°方向像素内插得出相应像素值

　　主要档次中的 8 × 8 亮度块具有与上述 4 × 4 亮度预测模式类似的 9 种预测模式。

2) 16 × 16 亮度预测模式

　　16 × 16 宏块的亮度像素值可以进行整体预测，共有 4 种预测模式，如图 2-11 所示。

　　8 × 8 色度块的 4 种预测模式与 16 × 16 亮度预测模式类似，仅仅是模式编号不同。其中模式 0 为 DC，模式 1 为水平，模式 2 为垂直，模式 3 为平面(plane)。

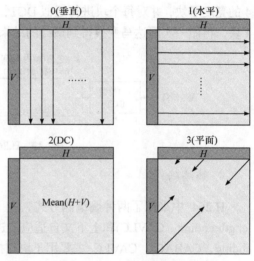

图 2-11　16 × 16 亮度预测模式

2. 帧间预测

　　H.264 引入了多参考帧技术来提升 P 帧的编码效率，也就是缓存多个已编码的参考帧，从中选取编码效率最优的并编码其参考索引。

　　而在运动估计的时候，H.264 支持可变的分块大小，16 × 16 的宏块和 8 × 8 子块均可以按图 2-12 所示的方式进一步划分。更灵活的块划分方式能够更加贴近运动物体的形状，提升运动估计的准确度，从而减少运动补偿后的差值，提升编码效率。

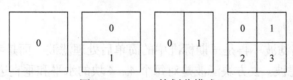

图 2-12　H.264 块划分模式

　　同时，H.264 中能够支持更高的运动矢量精度，亮度支持 1/4 像素精度，色度支持 1/8 像素精度。6 抽头滤波器可用于 1/4 像素精度的运动矢量以降低高频噪声，更复杂的 8 抽头滤波器可用于 1/8 像素精度的运动矢量。更高的运动矢量精度能够减小预测残差，从而节约编码比特数。

3. 变换与量化

　　H.264 基本档次新增了 4 × 4 整数离散余弦变换，避免了前几代标准中使用的通用 8 × 8 离散余弦变换、逆变换经常出现的编解码端精度失配的问题。高级档次中引入了整数 8 ×

8 变换。同时，量化过程参照输入视频流的动态范围来确定量化参数，既保留了图像的重要细节，又可以最大限度地减少码流。

从原理上来说，变换和量化是两个独立的运算过程。但在 H.264 中，为了减少编解码的运算量以提高编码压缩的实时性，利用一些数学运算将两个过程中的乘法合二为一，并采用整数运算，避免复杂的浮点运算。

图 2-13 是 H.264 中变换的流程图，对于 8×8 色度块以及采用帧内预测的 16×16 亮度块，会增加阿达马变换对 DC 分量进行处理。以 16×16 的亮度宏块为例，首先分为 4×4 的亮度子块，并对每个块进行近似 DCT，然后将各子块左上角的 DC 系数组成一个 4×4 块，再做一次阿达马变换得到最终的结果。

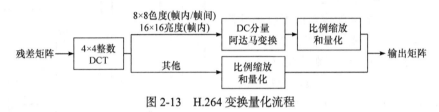

图 2-13   H.264 变换量化流程

4. 熵编码

H.264 中采用了两种熵编码方式，上下文自适应变长编码(context adaptive variable length coding，CAVLC)和上下文自适应二进制算术编码(context adaptive binary arithmetic coding，CABAC)。CAVLC 主要用于块扫描后的量化残差系数编码，旨在利用量化系数块的非零系数特征、块的稀疏性等，根据最近编码的电平参数调整 VLC 查找表，其编码过程相对简单，但是压缩率较低，在基本档次中只能使用 CAVLC。而主要档次和扩展档次中可以使用 CABAC，在拿到前端预测的语法元素后，CABAC 一共分为三步完成熵编码：二值化、上下文建模、二进制算术编码。

相比于 CAVLC，CABAC 的计算复杂度较高，其压缩率也更高。

5. 环路滤波

H.264 中的环路滤波不再是早期标准中的简单后处理滤波，而是考虑了滤波块大小、滤波强度的去方块滤波。去方块滤波是对每个 4×4 块的水平和垂直边界进行滤波，各滤波边界如图 2-14 所示。

滤波操作涉及两个相邻块 P、Q 的 8 个边界像素，两个块内的边界像素分别用 p_i 和 $q_i (i=0,1,2,3)$ 表示，如图 2-15 所示。

去方块滤波首先需要判断各边界的滤波强度 BS(boundary strength)，H.264 共有 0～4 共五种滤波强度，亮度块的 BS 根据表 2-2 进行判断，色度块的边界强度则由对应亮度块的 BS 复制而来。根据 BS 的不同取值有不同的滤波过程，当 BS 值为 0 时，不滤波；当 BS 值为 1～3 时，采用 4 抽头的线性滤波器对边界两侧的像素值进行滤波调整；BS 值是 4 时，则对应帧内编码模式的宏块边缘，应采用较强的滤波以达到增强图像质量的目的。

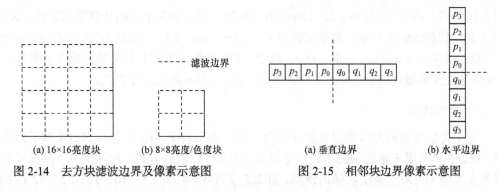

(a) 16×16亮度块	(b) 8×8亮度/色度块	(a) 垂直边界	(b) 水平边界

图 2-14　去方块滤波边界及像素示意图　　　　图 2-15　相邻块边界像素示意图

表 2-2　H.264 中滤波强度的判断条件

判断条件	BS
P 块或 Q 块为帧内编码块，且边界为宏块边界	4
P 块或 Q 块为帧内编码块	3
P、Q 两块非帧内编码块，且 P 块或 Q 块包含非零残差系数	2
P、Q 两块非帧内编码块，且残差系数均为 0，但参考帧或运动矢量不同，或运动矢量差不小于 1 个整像素	1
其他情况	0

2.2.4　H.265/HEVC

在 H.264/AVC 之后，VCEG 和 MPEG 成立了视频编码联合协作小组(joint collaborative team on video coding，JCT-VC)，于 2013 年 4 月发布了新一代视频编码标准 H.265，并命名为高效视频编码(high efficiency video coding，HEVC)[4]。该标准在 ISO/IEC 中被称为 MPEG-H 第 2 部分，一般可称该标准为 H.265/HEVC。H.265 具有 Main、Main 10、Main Still Picture 三种档次。

H.265 相较于 H.264，在保证相同视频质量的前提下，视频编码所需的码率进一步降低了 50%，并控制编码端的计算复杂度增加不超过 3 倍。随着网络技术以及芯片处理能力的提升，H.265 的出现使得在有限的带宽下能够传输更高质量的网络视频，能够支持 4K 和 8K 超高清视频的应用。

H.265 在混合编码框架下，涉及了多种新的编码工具或技术。典型的技术创新包括基于大尺寸四叉树(quad-tree)块的划分技术和残差编码结构、更多角度的帧内预测、运动矢量合并模式、高精度运动补偿等。另外，为了适应芯片架构从单核发展为同构多核并行的发展趋势，H.265 引入了并行计算的优化思路，形成了利于并行计算的波前技术。

本书后续章节以 H.265 标准为主，此处仅对 H.265 新增的部分特性进行简述。

1. 块划分

H.265 中引入了编码树单元(coding tree unit，CTU)的概念。对于 YUV 格式，一个 CTU 包含了处于同一位置的 1 个亮度编码树块(coding tree block，CTB)和 2 个色度编码树块，以及相应的一些语法元素(syntax element)。此外，为了使各个编码环节更加灵活，H.265定义了一套新的语法单元，包括编码单元(coding unit，CU)、预测单元(prediction unit，PU)和变换单元(transform unit，TU)。其中，PU 是帧内预测和帧间预测的基本单元，而TU 则是变换和量化的基本单元。CU、PU、TU 具有不同的划分方式。

2. 帧内预测

为了提供更精确的预测以及提高帧内预测的编码效率，H.265 相对 H.264 做了许多改进。H.265 具有更丰富的预测单元尺寸以及更多的 PU 划分方式，并且帧内预测模式的数量也大大增加。对于亮度块帧内预测，H.265 支持 4×4、8×8、16×16、32×32 和 64×64 共五种 PU 尺寸，并且不同尺寸都具有 35 种预测模式，包括 33 种角度模式，1 种 DC 模式和 1 种 Planar 模式。当选择角度模式时，当前像素直接由周边相邻像素预测得到；DC 模式计算相邻像素的平均值，并用来预测当前块；Planar 模式使用水平和垂直方向的两个线性滤波器，计算二者平均值来预测当前块。与 H.264 相比，H.265 增加了左下方相邻块的边界像素作参考像素，这是因为四叉树编码结构使得左下方相邻块可能先于当前块完成编码。

考虑到相邻 PU 的预测模式之间具有较大的相似性，H.265 对亮度预测模式编码时，会根据相邻块的预测模式建立最可能模式(most probable modes，MPM)列表，列表中包含3 种候选预测模式。如果当前 PU 的最优预测模式位于 MPM 列表中，则仅需编码该模式在列表中的索引即可。相比于对每个 PU 的预测模式进行独立编码，这种编码方式能够大大节约编码成本。

而对于色度分量，为了减少计算复杂度，H.265 中只有 5 种预测模式，分别是 DC 模式、Planar 模式、水平模式、垂直模式以及复用亮度分量的最佳预测模式。色度预测模式数量较少，编码时采用直接编码。

多样的预测模式可以模拟复杂多变的纹理图案，使得预测和压缩更加精确可靠。

3. 帧间预测

H.265 的帧间预测中，采用了合并(merge)模式和高级运动矢量预测(AMVP)模式。

合并模式是为当前 PU 构建一个包含 5 个候选项的 MV 列表，候选项可以依次通过空域、时域、组合的方式来建立。遍历列表选取一个最优项，即可直接作为当前 PU 的运动矢量。这种模式下，如果解码端按照相同的方式建立候选列表，则只需要传输最优项在列表中的索引即可，大大节省了编码比特数。

AMVP 模式也需要构建 MV 候选列表。与合并模式的区别在于，AMVP 的候选列表仅包含 2 个候选项，并且候选项只有空域和时域两种类型，并且从列表中选取的最优项并不直接作为当前块的 MV，而是作为预测运动矢量 MVP 并进行差分编码，也就是对运动矢量残差 MVD 进行编码。AMVP 模式下，解码端按照相同的方式建立候选列表，则仅需传输 MVD 与最优项在列表中的索引即可。

4. 变换

H.265 以 TU 为基本处理单元进行变换，在沿用 H.264 所采用的整数 DCT 的基础上，进行了不同尺寸变换形式的推广，除了 4×4 和 8×8 以外，能够支持更大尺寸的 DCT 变换核，包括 16×16 和 32×32。此外，H.265 还新增了 4×4 整数离散正弦变换(DST)，用于帧内预测的 4×4 亮度块。

5. 熵编码

H.264 中采用了两种熵编码方式：CABAC 和 CAVLC。前一种计算复杂度高，但是压缩率也较高；而第二种计算简单，但是压缩率较低。H.265 为了追求更高的压缩率，舍弃了 CAVLC，只保留了 CABAC 熵编码方式，并且有所改进。

H.265 的 CABAC 利用编码树或者变换树的划分深度，在上下文模型中增加了多种语法索引功能，进一步提升了熵编码的效率。

6. 环路滤波

H.265 环路滤波可以分为两个部分：一是去方块滤波(deblocking，DB)，二是样点自适应补偿(sample adaptive offset，SAO)。与 H.264 的去方块滤波相比，H.265 有了明显的改进，简化了其滤波过程同时增强了并行性。而 SAO 作为 H.265 新引入的技术，关注的是图像的局部特征，通过对像素施加一个偏移值(offset)以减小重建帧与原始帧之间的失真，减小"振铃效应"，从而提高压缩率。

2.2.5　H.266/VVC

继 2013 年发布 H.265/HEVC 标准后，两大组织于 2015 年成立了联合视频专家小组(Joint Video Experts Team，JVET)，联合制定下一代视频编码标准 H.266/VVC(versatile video coding)[5]。H.266 标准有两个最主要的设计目标：一是编码效率要远超 H.26x 系列标准的前几代；二是使该标准具有高度通用性，以便能在广泛的应用范围内有效使用。除了先前的视频编码标准通常处理的应用以外，H.266 标准的关键应用领域还特别包括了超高清视频、高动态范围、宽色域视频，以及沉浸式媒体应用。

在传统视频编码技术上，纵观 H.26x 系列标准的发展，视频编码的技术框架已经基本固定。H.266 也不例外，整体上可分为分块、预测、变换、量化、环路滤波、熵编码等几个步骤。作为 H.265 的接替者，H.266 的发展无外乎就是在每个步骤通过更大的块尺寸、更多的分块方法、更多的帧内和帧间预测模式、更多的变换函数、更多的环路滤波器选择、更有适应能力的熵编码来获取更好的压缩效率和更好的质量。由于其编码工具可以在高达 128×128 的块大小和 64×64 采样大小的变换中运行，因此其特别适合高分辨率的视频流。在相同的视觉质量下，H.266 的码率相较于 H.265 可降低 40% 左右。

另外，以往的标准主要关注视频中自然存在的对象。但是，游戏界面或者屏幕共享的内容，是计算机生成的屏幕内容，这与自然界中的事物、拍摄的电影等是不同的，而之前的标准实际上没有真正解决这部分内容的编码效率问题。而 H.266 里面则提出了一些针对计算机图形及屏幕内容编码的工具，如 IBC(intra block copy)。因此，H.266 可为屏幕内容和远程屏幕共享、基于云的协作和云游戏等应用的计算机生成内容的编码提供专业化的工具。

H.266 的参考软件为 VTM，其版本仍在持续更新中。

1. 块划分

H.266 中也定义了编码树单元(CTU)和编码单元(CU)的概念。H.265 中 CTU 的最大尺寸为 64 × 64，而 H.266 能够支持的 CTU 尺寸可以达到 128 × 128。使用更大的 CTU 尺寸能够在图像的平坦区域获得更低的编码成本。

CTU 是最大可能的 CU，并可以递归划分成更小的 CU。H.266 引入了一些新的块划分类型，除了四叉树(QT)划分模式外，还支持二叉树(BT)和三叉树(TT)划分。其中，二叉树划分能够将 CU 分成两个相等大小的子 CU，而三叉树划分则是将 CU 分成三个大小比例为 1 : 2 : 1 的子 CU。在二叉树和三叉树的不对称划分方式下，可能出现长宽尺寸不等的矩形 CU，更灵活的划分模式能够更紧密地匹配对象的边界。

并且 H.266 中模糊了 CU、PU 和 TU 的概念，对于同一个块来说，尽管这三者的含义不同，但是在多数情况下它们的尺寸是一致的，因此只要当前划分所得的 CU 满足尺寸限制，则可以进行相应的预测和变换过程，这一点与 H.265 是有区别的。

2. 帧内预测

H.266 具有更加丰富多样的帧内预测模式。除去 DC 模式和 Planar 模式外，H.266 共有 65 种角度模式，即图 2-16 中的模式 2～模式 66。并且针对矩形单元中方向预测的不

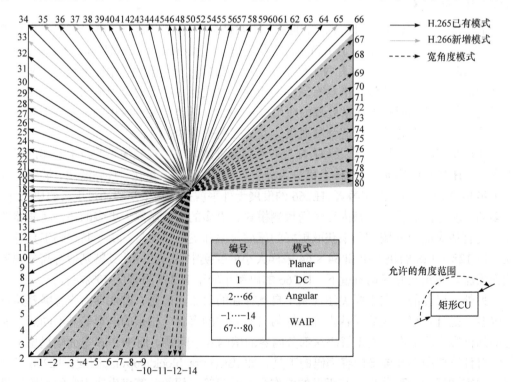

图 2-16　H.266 的帧内预测模式

对称性分布问题，H.266 还进一步增加了非方形块的 28 个宽角度模式(wide-angle intra prediction，WAIP)，即图 2-16 中阴影部分的模式–1～模式–14 和模式 67～模式 80。引入 WAIP 使得矩形编码单元的帧内预测方向也分布于左下角至右上角的范围内。

H.266 对帧内预测模式进行编码时也采用了 MPM 机制。由于 H.266 需要编码的模式有 67 个，如果当前的预测模式不在 MPM 列表中，则需要使用 6 个比特位来对其进行编码。因此，H.266 将 MPM 列表的大小扩展到了 6 个，并且将选中概率较高的 Planar 预测模式作为优先模式放置于 MPM 列表首位，从而提高 MPM 列表的选中概率，减少预测模式的编码比特数。

除了上述的常规帧内预测模式外，H.266 还定义了许多其他的帧内预测模式。例如，矩阵加权帧内预测(matrix weighted intra prediction，MIP)模式、多参考线(multi-reference line，MRL)帧内预测、跨分支线性模型(cross-component linear model，CCLM)预测、位置相关的组合预测(position-dependent prediction combination，PDPC)等。

3. 帧间预测

H.266 具有很高的帧间预测性能，这与其新增的技术具有密不可分的关系。以下将对部分新增特性进行简介。

1) 合并模式

在 H.266 合并模式的候选列表中，候选项类型增加到了 5 种，除了空域和时域类型外，还增加了基于历史信息的运动矢量预测(history-based MVP，HMVP)、成对运动矢量预测(pairwise MVP)和 0 向量。HMVP 是将最近使用过的运动矢量组成一个候选列表，其中的候选项采用先进先出的方式排列，每遇到新的帧间编码单元时，就进行冗余检查，如果有冗余，则剔除 HMVP 候选列表中的冗余项，并在末尾加入当前运动矢量；如果没有冗余，则去掉第一个候选项，并在末尾加入新的运动矢量。而每到新的一行 CTU 就清空 HMVP 表。Pairwise MVP 则是根据候选列表里已有的候选项，按照预定义的配对关系计算平均值，作为新的候选项。

此外，带 MVD 的合并模式(merge mode with MVD，MMVD)能进一步对运动矢量进行更加精细的校正。

2) 仿射运动模型

H.266 以前，仅使用平移运动模型计算运动矢量，如图 2-17(a)所示。但是现实世界中除了平移运动，还有很多复杂运动，如放大/缩小、旋转、透视或其他不规则的运动。H.266 引入的仿射(affine)运动模型有助于表示这些复杂的运动，将仿射运动加入帧间预测模式的竞争中，也有助于提高帧间编码效率。

H.266 中，仿射运动场的构建以 4×4 的亮度子块为对象，仿射运动场的控制点可以是 2 个或 3 个，如图 2-17(b)和(c)所示。

3) 自适应运动矢量精度

在 H.265 中，运动矢量残差 MVD 按照 1/4 亮度像素精度进行传输。而 H.266 具有自适应运动矢量精度(adaptive MV resolution，AMVR)，允许各个 CU 自适应地选择 MVD 的编码传输精度。并且根据亮度块采用的运动模型，可分为常规模式和仿射模式。常规模式适用于平移运动补偿，可选精度为 1/4、1/2、1、4 亮度像素；仿射模式适用于仿射运动补偿，可选精度为 1/4、1/16、1 亮度像素。

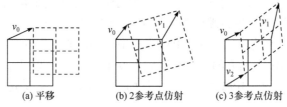

(a) 平移　　　　　(b) 2参考点仿射　　　　(c) 3参考点仿射

图 2-17　平移运动和仿射运动示例

事实上，H.266 新增的工具远不止上述介绍的几种。例如，几何划分模式(geometric partitioning mode，GPM)允许将 CU 一分为二(共 82 种模式)，并对两个部分独立地进行单向帧间预测；解码端运动矢量修正(decoder-side motion vector refinement，DMVR)技术能够通过搜索修正提高双向预测 MV 的准确性；对称运动矢量差模式(symmetric MVD，SMVD)能够在双向预测时减少 MVD 的传输成本；帧间帧内联合预测(combined inter and intra prediction，CIIP)允许 CU 同时使用帧内预测和帧间预测，将二者的加权值作为最终的预测结果；双向光流(bi-directional optical flow，BDOF)技术能够修正 4×4 亮度子块的双向预测值……

当然，上述的帧间预测技术大都是可选的，并且具有一定的使用条件。使用者需要根据具体的需求，对工具进行配置组合。

4. 变换

H.266 能够支持矩形单元的变换，并且具有更多尺寸及种类的变换核。

H.266 中亮度分量可以选用多变换核选择(multiple transform selection，MTS)模式，该模式共有三种变换核，除了沿用 DCT-II 变换外，还使用了 DST-VII 和 DCT-VIII，以寻求最优的变换类型。三种变换核及其基函数如表 2-3 所示。

表 2-3　三种变换核及其对应的基函数

变换核	基函数 $T_i(j)$，$i, j = 0, 1, \cdots, N-1$
DCT-II	$T_i(j) = \omega_0 \cdot \sqrt{\dfrac{2}{N}} \cdot \cos\left(\dfrac{\pi \cdot i \cdot (2j+1)}{2N}\right)$ $\omega_0 = \begin{cases} \sqrt{\dfrac{2}{N}}, & i = 0 \\ 1, & i \neq 0 \end{cases}$
DCT-VIII	$T_i(j) = \sqrt{\dfrac{4}{2N+1}} \cdot \cos\left(\dfrac{\pi \cdot (2i+1) \cdot (2j+1)}{4N+2}\right)$
DST-VII	$T_i(j) = \sqrt{\dfrac{4}{2N+1}} \cdot \sin\left(\dfrac{\pi \cdot (2i+1) \cdot (j+1)}{2N+1}\right)$

另外，由于人眼对高频信息不敏感，H.266 采取了"高频系数置零"的全新策略。在面向大尺寸的变换单元(宽或高达到 64)时，DCT-II 只保留左上角 32×32 的低频系数，

而将其余高频系数置零，以此大大降低数据量，实现有效压缩。但对大尺寸块使用变换跳过(skip)模式时，则不进行置零操作，保留所有的高频分量。

对于 H.266 新增的两种变换类型(DST-Ⅶ和 DCT-Ⅷ)，为了进一步减少计算的复杂度，对大尺寸(宽或高达到 32)的 DST-Ⅶ 和 DCT-Ⅷ变换块进行高频系数置零操作，置零原理同上，只保留左上角 16×16 的低频系数。

5. 环路滤波

H.265 的环路滤波技术主要包括去方块滤波和样点自适应补偿，而 H.266 在此基础上又一前一后增加了环路重整形(luma mapping with chroma scaling，LMCS)和自适应环路滤波(adaptive loop filter，ALF)两种技术，如图 2-18 所示。

图 2-18 H.266 环路滤波流程

1) 环路重整形

环路重整形技术分为亮度映射和色度缩放两个部分。亮度映射主要用于调整输入图像的动态范围，从实际的、有效的信号码字范围出发，自适应地提高范围占用率，从而进一步增加压缩率。

亮度映射采用 16 等分的分段线性模型，将输入信号的动态范围映射到 16 个等长的区间。以 10bit 输入为例，可以计算出目标动态范围每一段应该分配 64 个码字。根据码字数即可计算出缩放比例，从而得到映射函数。

色度缩放有一张预定义的查找表，表中定义了不同分段的色度缩放比例值。色度缩放的具体过程是，先计算相应亮度块的平均值，找到该平均值在亮度映射函数中所属的分段。再根据预定义的查找表，找到该分段应使用的色度缩放比例，对色度值进行缩放。

2) 自适应环路滤波

H.266 提供了两种尺寸的菱形滤波器，如图 2-19 所示。其中 7×7 尺寸的滤波器用于亮度分量，包含有 C0～C12 共 13 个系数；而 5×5 尺寸的滤波器用于色度分量包含有

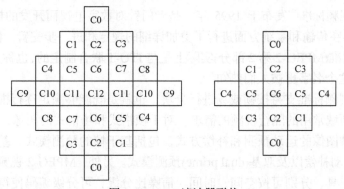

图 2-19 ALF 滤波器形状

C0～C6 共 7 个系数。对亮度分量，根据局部梯度的方向和活动特征，可以为 4 × 4 的亮度子块自适应地在 25 种滤波器(25 套系数)中选择一种，进行滤波。而色度分量无须分类，直接对 2 × 2 的色度子块进行滤波即可。

2.3　其他视频编码标准

除了 H.26x 标准外，国际上还有许多其他标准。正因为有视频编码领域的各种需求，才有各种新标准应运而生。各标准之间有发展，有借鉴，有继承，并且各有其适合的应用领域。以下将对 MPEG-x、AVS、AV1、EVC 等几个标准进行简介。

2.3.1　MPEG-x 标准

MPEG-1、MPEG-2 和 MPEG-4 都是 ISO/IEC 的 MPEG 制定的音视频编码标准，可以统称为 MPEG-x 标准。

1. MPEG-1

MPEG-1 标准[6]是 ISO/IEC MPEG 工作组制定的第一个音视频压缩标准，也是最早推出和应用的 MPEG 技术，于 1992 年被批准为国际标准。其目标是以 1.5Mbit/s 左右的码率，编码连续的、具有较高活动性的图像。

MPEG-1 的编码器性能稍优于 H.261。除了 I 帧和 P 帧，MPEG-1 还允许采用双向预测帧(B 帧)，以及仅含 DCT 直流分量的帧——D 帧，以提供简单且具有一定质量的画面，可用于快进模式等。MPEG-1 标准可以实现存取、正放、快进、快退、慢放等传统磁带式录像机的各种功能，因此后来成为 VCD 影音光碟的核心技术。

但是 MPEG-1 的性能非常有限，仅能支持逐行视频，并且对运动较大的视频进行编码时会产生"马赛克"现象。

2. MPEG-2

MPEG-2 视频标准[7]发布于 1995 年，是专门针对数字电视而开发的标准。MPEG-2 基于 MPEG-1，在传输和系统方面进行了更加详细的规定和进一步完善。值得一提的是，MPEG-2 视频标准(MPEG-2 第 2 部分)实际上是与 ITU-T 联合制定的，也称为 H.262 标准，不过 MPEG-2 这个名字更被人们熟知。

MPEG-2 视频标准支持按帧或场进行分块，也就是既能够满足逐行视频的需求，又能够满足电视领域常用的隔行视频的需求。对于帧格式和场格式的图像，MPEG-2 视频标准规定了四种图像的运动预测和补偿方式，包括基于帧的预测模式、基于场的预测模式、16 × 8 的运动补偿以及双基(dual prime)预测模式。另外，MPEG-2 视频标准还引入了分级视频编码工具，分别可按空间、时间、信噪比分级，可分级编码使得整个码流可分为基本码流和增强码流两部分，MPEG-2 视频标准可以同时提供不同的编码水平服务。

MPEG-2 视频标准的应用范围包括数字卫星电视、数字有线电视等，也成为 DVD 的核心技术，并且也成功地适用于后来的高清电视(HDTV)，也因此，原本为 HDTV 而设计的 MPEG-3 还未问世就被抛弃了。

3. MPEG-4

MPEG-4 标准于 1999 年颁布，其不同的部分分别定义了系统、音视频编码、多媒体传输集成框架、知识产权管理、3D 图形压缩等许多方面的内容。它将众多的多媒体应用集成于一个完整的框架内，旨在为不同种类的多媒体应用提供标准算法及工具。而 MPEG-4 的第 10 部分，正是前面提到过的 H.264/AVC。

2.3.2　AVS 标准

我国在视频编码方面具有多年研究历史。但在早期视频编码国际标准的制定中，我国的参与度不高，标准中使用的技术专利几乎被国外所垄断，国内的企业和用户面临数额巨大的专利费用风险。在此背景下，我国于 2002 年成立了数字音视频编解码技术标准(AVS)工作组。AVS 工作组自成立至今，已成功制定了具有自主知识产权的 AVS1、AVS+、AVS2、AVS3 标准。AVS 系列标准在广播电视等领域得到了广泛的使用，在国内先后获批为国家标准或行业标准，在国际上于 2013 年由电气电子工程师学会(IEEE)颁布为 IEEE 1857 系列标准。AVS2 与 H.265 可视为同一代标准，而 AVS3 则与 H.266 一同作为当下最新的视频标准。最新的 AVS3 标准规定了适应多种分辨率、位率和质量要求的智能媒体高效视频压缩方法，可面向超高清视频、VR 视频、流媒体视频等应用。

AVS 标准依然采用混合编码框架，这是当前主流的技术路线。而 AVS 的主要创新在于提出了一批具体的优化技术，在较低的复杂度下实现了与国际标准相当的技术性能，但并未使用国际标准背后的大量复杂的专利。

1. AVS1/AVS+

2006 年 2 月，AVS1[8]颁布为国家标准(GB/T 20090.2—2006)《信息技术　先进音视频编码　第 2 部分：视频》，主要面向标清和高清数字电视应用。2012 年 7 月，AVS+[9]颁布为广电行业标准(GY/T 257.1—2012)《广播电视先进音视频编解码　第 1 部分：视频》，同时 AVS+也是 AVS1 标准中的第 16 部分广播电视视频。AVS+在 AVS1 基础上补充了少量技术，压缩效率与 H.264 相当。AVS+主要面向高清数字电视广播应用，被中国的卫星电视节目采用。2013 年 7 月，AVS1 被批准为 IEEE 1857 标准。

AVS1 编码器采用与 H.264 相同的混合编码架构，编码效率与 H.264 类似。但是 AVS1 对某些技术进行了改善和简化，具有更低的复杂度。以下将对 AVS1 相较 H.264 的区别进行简介。

帧内预测中，AVS1 采用与 H.264 类似的帧内预测思路，其基本档次基于 8×8 的块进行帧内预测。8×8 亮度块的帧内预测模式只有 5 种，分别为垂直、水平、DC、左下对角线和右下对角线；而 8×8 色度块仅具有 4 种模式。AVS1 的预测模式种类较少，具有较低的模式判决复杂度。

帧间预测中，AVS1 帧间预测块尺寸只有 4 种，分别为 16×16、16×8、8×16 和 8×8。另外，为了降低复杂度并节约存储空间，AVS1 中参考帧最多只能有两帧，也就是 P 帧最多可以利用连续两个前向参考帧，B 帧则使用前后各一帧作为参考。

变换上，AVS1 采用 8×8 整数 DCT，其去相关性比 H.264 中的 4×4 整数 DCT 更强，因此无须再对 DC 系数使用阿达马变换。

量化上，AVS1 的量化步长以 8 为周期倍增，也就是量化参数(quantization parameter, QP)每增加 8，量化步长翻一倍。

对于熵编码，AVS1 有基于上下文的二维变长编码(C2DVLC)和基于上下文的二元算术编码(CBAC)这两种熵编码方式。基本档次中只能使用 C2DVLC，而在增强档次中使用 CBAC。相较于 H.264 中的 CAVLC 和 CABAC，AVS1 中的两种熵编码方式虽然在编码效率上稍次一点，但是具有更低的复杂度，硬件实现代价更低。

环路滤波中，AVS1 仅使用 8×8 块边界两边各 3 个像素值进行去方块滤波，并且边界强度的取值范围为 $0 \sim 2$。相较于 H.264 同样具有更低的复杂度。

2. AVS2

2016 年 5 月，AVS2 颁布为广电行业标准(GY/T 299.1—2016)《高效音视频编码 第 1 部分：视频》。2016 年 12 月，AVS2[10]颁布为国家标准(GB/T 33475.2—2016)《信息技术 高效多媒体编码 第 2 部分：视频》。AVS2 分为三个档次，即基本图像档次、基本档次和基本 10 位档次。基本图像档次即全 I 帧编码，压缩效率比 JPEG 约高 40%。针对监控视频、视频会议等场景固定应用增加背景帧编码技术，能高效去除背景冗余。在全 I 帧和场景编码时，效率高于同期的 H.265 标准。AVS2 基本档次主要面向超清电视，基本 10 位档次主要面向高动态范围和宽色域的超清视频应用。2018 年 10 月，AVS2 被批准为 IEEE 1857.4 标准。

与 H.265 类似，AVS2 也采用基于四叉树的块划分，并且采用基于 CU、PU 和 TU 的混合编码结构。图像首先被划分为最大编码单元(largest coding unit, LCU)，然后可以进一步递归划分成更小的 CU，CU 的尺寸范围为 8×8 到 64×64。

1) 帧内预测

对于亮度，AVS2 共有 33 种帧内预测模式，其中包括 30 种角度预测模式，另有 DC、平面(plane)和双线性插值(bilinear)模式，并采用 MPM(最可能模式)对预测模式进行编码，MPM 列表长度为 2。对于色度，AVS2 共有 5 种帧内预测模式，分别为 DC、水平、垂直、双线性插值和亮度导出模式(derived mode, DM)，其中 DM 模式是指色度直接采用对应亮度块的预测模式。

另外对于 16×16 和 32×32 的亮度块，AVS2 新增了 $nN \times N$ 和 $N \times nN$ 的划分方式，具体来说，16×16 块可以划分为四个 16×4 或 4×16 的预测块，32×32 块可以划分为四个 32×8 或 8×32 的预测块。通过非方形划分可以进一步缩短预测距离，提升预测的准确度。

2) 帧间预测

对于帧间预测，AVS2 也新增了更多的块划分模式，并且在参考帧管理、帧间预测模式和插值方面进行了加强与创新。

3) 变换

对于非方形的 TU，AVS2 采用了基于四叉树的非方形 DCT 变换(non-square quadtree transform，NSQT)，避免了因为跨预测块边界变换导致的高频系数增加，从而可以提高熵编码性能。

此外，对于 8×8 及更大尺寸的亮度块，AVS2 会对 DCT 所得的低频系数进行四点二次变换，如图 2-20 所示，使得系数分布更为集中，以提高帧内预测残差的压缩效率。

图 2-20　二次变换示意图

4) 熵编码

AVS2 对变换系数采用两层编码机制，也就是将 TU 先划分成若干 4×4 的子块，一个子块作为一个系数组(coefficient group，CG)。每个 4×4 子块内部按照 Zig-Zag 扫描方式进行编码，TU 内也按照 Zig-Zag 的方式扫描不同子块。

5) 环路滤波

AVS2 环路滤波包括去方块滤波、样点自适应补偿(SAO)和样本补偿滤波三个部分。

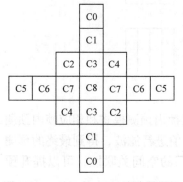

图 2-21　AVS2 的 SAO 滤波器形状

与 AVS1 一样，AVS2 同样对 8×8 块边界两边各 3 个像素值进行去方块滤波，但是边界强度取值范围为 0～4。而 SAO 的含义与 H.265 中的类似，也是为了抑制编码中由变换量化等造成的振铃效应，从而进一步减少重构图像的失真。在 SAO 之后，继续进行样本补偿滤波，滤波器包含 C0～C8 共 9 个系数，形状如图 2-21 所示。这也是一种自适应的滤波器，对于亮度分量，按照 LCU 对齐的规则均匀划分为 16 个区域并对应训练 16 套滤波器系数，然后根据率失真性能进行自适应合并，得到最佳的滤波器系数。色度分量仅训练一套滤波器系数。

3. AVS3

AVS3 标准[11]为当下最新的视频标准之一。2019 年 3 月，AVS3 第一阶段视频编码标准(基本档次)起草完毕，在性能和编码复杂度上做了折中，在有利于软硬件的实现的同时，比 AVS2 约有 30% 的性能提升。AVS3 第二阶段着重提高压缩效率，使编码性能比 AVS2 提升一倍，并已成功应用于 2022 年北京冬奥会 8K 视频试播。同时，AVS3 在国际上也具有很高的认可度。2022 年 3 月，AVS3 已作为国际标准 IEEE 1857.10—2021 正式发表。2022 年 7 月，国际数字视频广播组织(Digital Video Broadcasting Project，DVB)正式批准将 AVS3 纳入 DVB 标准体系。

以下将对 AVS3 的部分关键技术进行简介。

1) 块划分

AVS3 除了支持四叉树(QT)划分外，还支持二叉树(BT)和扩展四叉树(EQT)划分，如图 2-22 所示。其中 EQT 划分包含水平和垂直两种"工"字形划分，可以将 CU 分为四个子块。

| 不划分 | QT | 水平BT | 垂直BT | 水平EQT | 垂直EQT |

图 2-22   AVS3 支持的块划分方式

2) 帧内预测

AVS3 引入了 6 种帧内衍生模式树(intra derived tree，Intra DT)划分模式，如图 2-23 所示。使用非对称和长条形划分能有效缩短平均预测距离，有助于提高预测精度。可以使用 DT 划分模式的块尺寸范围为 16 × 16 到 64 × 64，并且长宽比例应小于 4，并且不能与 IPF(帧内预测滤波)共用。

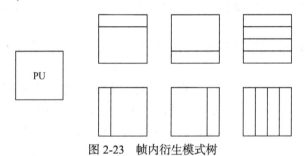

PU

图 2-23   帧内衍生模式树

IPF 是指帧内预测滤波(intra prediction filter)，IPF 根据帧内预测模式和相应帧内预测边界滤波系数，对编码单元帧内预测过程得到的预测样本值进行滤波，得到最终的预测样本值。IPF 能够增加周围参考像素与当前预测单元之间的空间关联性，可以提升预测精度。

另外，AVS3 支持色度块使用色度两步预测模式(two-step cross-component prediction mode，TSCPM)，利用亮度与色度之间的强相关性来去除分量间的线性冗余。该模式中首先计算出线性参数 α 和 β，对 CU 亮度块应用线性关系映射得到一个同尺寸的中间预测块；然后对中间预测块进行下采样，得到色度块最终的预测样本值。

3) 帧间预测

AVS3 支持自适应运动矢量精度(AMVR)。默认使用 1/4 像素的运动矢量差时，整体传输的数据量较大，AMVR 给出了 5 种可选的运动矢量精度，分别是 1/4 像素、1/2 像素、1 像素、2 像素和 4 像素，编码端可以根据图像内容属性等自适应地选取精度。但是编码端需分别对 5 种精度进行率失真优化(RDO)计算才能选出最优的运动矢量精度，具有较高的编码复杂度。因此，AVS3 引入了 3 种快速算法(提前跳出、基于历史 MVD 的搜索、针对不同精度进行运动估计)。

AVS3 也支持基于历史信息的运动矢量预测(HMVP)，除了时域和空域的候选列表外，可新增最近使用过的 8 个运动矢量组成一个 HMVP 候选列表。

AVS3 中的高级运动信息表达(ultimate MV expression，UMVE)能够对跳过模式/直接模式的基础运动矢量进行精细调整，具体来说，就是在 4 个偏移方向(上、下、左、右)上进行 5 种步长(1/4 像素、1/2 像素、1 像素、2 像素、4 像素)的再搜索，从而生成新的候选项。

AVS3 能够支持 4 参数和 6 参数的仿射(affine)运动补偿，运动矢量精度为 1/16 像素。对于大于 16×16 的 CU，按照 8×8 小块进行运动补偿。并且 AVS3 中的仿射运动补偿有跳过/直接模式，控制点数据可以从相邻块导出。

4) 变换

AVS3 标准支持帧间预测亮度块使用基于位置的变换(position based transform，PBT)，从而更高效地拟合帧间残差特性。若不使用 PBT，则依次对亮度块和色度块中的差值进行 DCT-Ⅱ型变换；若使用 PBT，则首先将亮度块按表 2-4 所示划分为 4 个变换块并标号，对序号为 0、2 的变换子块的水平变换使用 DCT-Ⅷ型变换，对序号为 1、3 的变换块的水平变换使用 DST(离散正弦变换)-Ⅶ型变换；再对其中序号为 0、1 的变换块的垂直变换使用 DCT-Ⅷ型变换，对序号为 2、3 的变换块的垂直变换使用 DST-Ⅶ型变换。最后对色度块中的差值进行 DCT-Ⅱ型变换。

表 2-4　基于位置的变换

子块标号		水平变换方式	垂直变换方式
	0	DCT-Ⅷ	DCT-Ⅷ
0　1	1	DST-Ⅶ	DCT-Ⅷ
2　3	2	DCT-Ⅷ	DST-Ⅶ
	3	DST-Ⅶ	DST-Ⅶ

2.3.3　AV1 标准

H.265 标准具有非常复杂的专利结构以及高昂的授权费用。在这样的背景下，2015 年，谷歌等科技公司联合创建了开放媒体联盟(Alliance for Open Media，AOMedia)，共同研发下一代开放视频编码标准 AV1[12]，并于 2018 年定稿。其前身是 VP8 和 VP9 标准，这两个标准是谷歌应用在流媒体业务上的标准。

AV1 标准是一个新兴的免版税的视频编码标准，依然采用混合编码框架，专注于超高清视频的编码压缩，包括支持更高比特率、更宽的色彩空间、更高的帧率。AV1 标准有四种预测编码模式，包括帧内模式、单帧帧间模式、复合帧间模式和帧内帧间模式，其中后三种可以视为广义的帧间预测。帧内预测方向有 56 种预测子类，而在帧间预测上能够支持更多参考帧、动态运动矢量参考、亚像素滤波。

AV1 标准相较于 H.265 提升了 20%的压缩性能，而相较于 VP9 则提升了 30%。同时，AV1 标准具有很好的网络友好性，其最重要的应用场景就是流媒体。AV1 的开源社区提供了实时档、非实时档的不同配置，以应对不同的业务需求。同时，AV1 支持时域可伸缩性，支持帧级超分辨率编码，在云端编码方面也具有一定的优势。

1. 块划分

AV1 中 SB(super block)的概念对应于 H.266 中的 CTU，默认值为 128 × 128，也可以称为 LCU(largest coding unit)。LCU 可以进一步进行四叉树划分(SPLIT)或二叉树划分(VERT 或 HORZ)。算上不划分(NONE)的情况，AV1 共有 10 种划分方式，如图 2-24 所示。

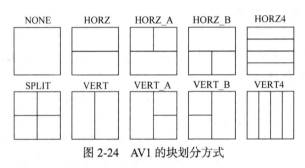

图 2-24　AV1 的块划分方式

2. 帧内预测

AV1 的亮度分量共有 13 种编号的帧内预测模式，包括 DC 模式、8 种大角度模式、3 种平滑模式以及 Paeth 模式。

DC 模式以当前块上方和左侧的行列作为参考像素，取平均值作为整个预测块所有像素点的预测值。

角度模式如图 2-25 所示，每种模式对应一个大角度，并且每个大角度还会以 3°为步长，正负各取 3 个小角度，因此每种模式实际上有 7 种角度，因此 AV1 总共有 56 种角度模式。

平滑模式适用于平滑梯度的块，包括 SMOOTH、SMOOTH_H 和 SMOOTH_V 三种。其中，SMOOTH_H 是各点在左侧参考列中正对的参考像素与右上角参考像素加权平均；SMOOTH_V 是各点在上方参考行中正对的参考像素与左下角参考像素加权平均；SMOOTH 是 SMOOTH_H 与 SMOOTH_V 结果的平均值。

Paeth 模式则是对于块内的每个点，先计算 base = top + left−topleft，其中 top 表示该点正上方在参考行中的参考像素，left 表示该点正左侧在参考列中的参考像素，topleft 表示当前块左上角的参考像素，$x \in \{top, left, topleft\}$，取使得$|x-base|$最小的 x 作为该点的预测值。

而色度分量比亮度分量多了一种 CFL 模式(模式 13)，该模式使用已完成重建的亮度分量的像素，进行降采样，使之与色度块的大小匹配，然后减去亮度分量的均值(DC)，得到亮度分量的交流贡献 L^{AC}。色度分量预测值的计算表达式为 $CFL(\alpha) = \alpha \times L^{AC} + DC$，其中 α 为缩放参数，DC 为色度分量的 DC 预测值，即上参考与左参考的平均值。

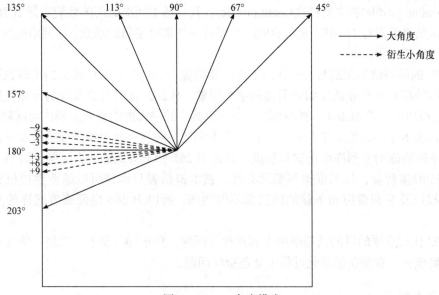

图 2-25　AV1 角度模式

除了上述的 12 种编号的模式外，AV1 还有递归滤波模式(共 5 种)、调色板(palette)模式和帧内块匹配(intra block copy，IBC)模式。

3. 帧间预测

AV1 在帧间预测部分重新引入了 H.263 中的重叠块运动补偿(OBMC)技术，用于减少块边缘附近的预测误差。

AV1 中同样采用了仿射(affine)运动模型，并且分为全局和局部两类。

另外，AV1 引入了混合预测模式，包括楔形预测、帧间帧内组合预测、差分掩模预测、基于帧距离的混合预测等。

4. 环路滤波

AV1 在传统的去方块滤波器后，还增加了约束方向增强滤波器(constrained directional enhanced filter，CDEF)、超分辨率重建(up scaler，US)和环路恢复滤波器(loop restoration，LR)。

其中，CDEF 以 8×8 块为单位，寻找物体边缘的方向，并采用增强滤波。CDEF 不但能够消除变换、量化带来的振铃效应，还能够保留物体边缘的清晰度。

US 则是在水平方向进行 1～2 倍的放大，从而恢复图像原始的水平分辨率。

LR 包含维纳滤波器和自导向投影滤波器(self-guided projection filter)，两个滤波器可独立开关，并且均为卷积滤波器，能够通过构建卷积恢复图像，通常用于去噪和边缘增强。

2.3.4　EVC 标准

EVC 标准[13]是由 MPEG 单独推出的标准，已于 2020 年 10 月发布。EVC 分为基本档次(baseline profile)和主要档次(main profile)，其中基本档次的编码性能对标 H.264，而主要档次的性能对标 H.265，面向的应用主要是一些实时编码的场景，如网络电视、视频会议、传统广播等。

EVC 的编码效率无法与同一代的 H.266 相媲美，但事实上 EVC 标准的出现也恰好表明了编码效率并非行业选择编解码器的唯一要素。H.265 标准具有很好的压缩性能，但 H.265 之所以无法像 H.264 一样得到广泛应用，其中的一大原因就是专利许可问题。已宣布持有其基本专利的组织非常多，除了 3 个专利池，还有一些组织并非通过专利池提供专利。不够清晰的专利许可条款与版税，成为 H.265 标准落地的一大阻碍。而 H.266 作为 H.265 的接替者，技术框架等都没有变，技术提供者只承诺可以给业界授权，至于如何授权以及专利费用和条款的问题都不够明晰，所以 H.266 也面临着同样的专利许可问题。

EVC 比较重要的目的就是解决专利授权的问题。在这种背景下，三星、华为和高通作为主要成员，直接在标准化过程中处理版税问题。

1. 基本档次

EVC 的基本档次对标 H.264，并以 H.264 已经公开的、免版税的技术为基础，这意味着其中包含的技术已经有 20 年以上的历史，并且有出版物可举证。因此基本档次是完全免费的，不存在专利问题。不过 EVC 基本档次与 H.264 在一些细节上还有所差别。

在块划分上，EVC 基本档次支持的块尺寸最大可以达到 64 × 64，并且引入了四叉树划分，允许将编码树单元递归地划分为 4 个子块。

EVC 基本档次只支持 5 种帧内预测模式，分别为 DC、水平(H)、垂直(V)、左对角线(DL)和右对角线(DR)。编码单元均为方形。

在变换上，EVC 基本档次具有多尺寸变换核，DCT 核大小与 CU 的尺寸一致，最大可以支持 64 × 64。

另外，EVC 基本档次的熵编码采用的是 JPEG 标准中定义的二进制算术编码方案。

2. 主要档次

EVC 主要档次在基本档次的基础上，增加了少量的、性能显著的、有版税但是知识产权来源明确的工具。提供工具的专利实体已经承诺在 EVC 标准草案定稿后的两年内(2022 年 4 月之前)提供价格合理的许可证模式，并且每个工具都可以独立于其他工具打开或者关闭，允许有选择性地自行定制框架。

EVC 主要档次中，最大可以支持 128 × 128 的块划分尺寸。并且新增了二叉树和三叉树的划分方法，允许非方形的编码单元。

EVC 主要档次的增强帧内预测方向(enhanced intra prediction directions，EIPD)附加了 28 种角度预测模式，加上基本档次所支持的 5 种预测模式，主要档次共支持 33 种帧内预测模式。并且 EVC 主要档次允许帧内块复制(intra block copy，IBC)，也就是可以从当前图像帧内已编码的部分中，直接复制出一个完整的块作为当前块的预测值，从而降低编码复杂度，特别适用于具有复杂合成纹理的图像帧。

在帧间预测部分，EVC 主要档次增加了高级运动矢量预测(ADMVP)，其中包括仿射(affine)运动补偿模式、自适应运动矢量精度(AMVR)、解码端运动矢量修正(DMVR)、带 MVD 的合并模式(MMVD)和基于历史信息的运动矢量预测(HMVP)。这些技术均与 H.266 中的相应技术类似。

EVC 主要档次还增加了改进的量化和变换(improved quantization and transform，IQT)，能够使用不同的映射和剪裁函数进行量化，以提供更好的性能。自适应变换选择(adaptive transform selection，ATS)允许使用 DST-Ⅶ 和 DCT-Ⅷ整数变换，而不仅仅是 DCT-Ⅱ 。

在环路滤波部分，EVC 主要档次引入与 H.266 类似的自适应环路滤波(adaptive loop filter，ALF)技术。

另外，EVC 主要档次支持高级系数编码(advanced coefficient coding，ADCC)，通过指示最后一个非零系数，并进行反向 Zig-Zag 扫描，能够更有效地发送系数值信号。

本章涉及的部分标准及算法，已有详细的中文文献[14, 15]，读者可以参考阅读。

参 考 文 献

[1] Video codec for audiovisual services at p x 64 kbit/s: ITU-T Recommendation H.261: 1993[S/OL]. [2022-03-31]. https://handle.itu.int/11.1002/1000/1088.

[2] Video coding for low bit rate communication: ITU-T Recommendation H.263: 1996[S/OL]. [2022-03-31]. https://handle.itu.int/11.1002/1000/7497.

[3] Information technology-Coding of audio-visual objects -Part 10: Advanced Video Coding: ISO/IEC 14496-10: 2003[S/OL]. [2022-03-31]. https://handle.itu.int/11.1002/1000/14659.

[4] Information technology-High efficiency coding and media delivery in heterogeneous environments-Part 2: High efficiency video coding: ISO/IEC 23008-2:2013[S/OL].[2022-03-31].https://handle.itu.int/11.1002/1000/11885.

[5] Information technology-Coded representation of immersive media-Part 3: Versatile video coding：ISO/IEC 23090-3: 2020[S/OL]. [2022-03-31]. https://handle.itu.int/11.1002/1000/14336.

[6] Information technology-Coding of moving pictures and associated audio for digital storage media at up to about 1,5 Mbit/s-Part 2: Video: ISO/IEC 11172-2:1993[S/OL].[2022-03-31].https://www.iso.org/ standard/ 22411.html.

[7] Information technology-Generic coding of moving pictures and associated audio information: Video: ISO/IEC 13818-2: 1996[S/OL]. [2022-03-31]. https://handle.itu.int/11.1002/1000/1089.

[8] 中华人民共和国国家质量监督检验检疫总局, 中国国家标准化管理委员会. 信息技术 先进音视频编码 第 2 部分: 视频: GB/T 20090.2—2006[S]. 北京: 中国标准出版社, 2006.

[9] 国家广播电影电视总局. 广播电视先进音视频编解码 第 1 部分: 视频: GY/T 257.1—2012[S]. 北京: 国家广播电影电视总局广播电视规划院, 2012.

[10] 中华人民共和国国家质量监督检验检疫总局, 中国国家标准化管理委员会. 信息技术 高效多媒体编码 第 2 部分: 视频: GB/T 33475.2—2016[S]. 北京: 中国标准出版社, 2016.

[11] 信息技术 智能媒体编码 第 2 部分: 视频: T/AI 109.2—2021:2021[S/OL]. [2022-03-31].http://www.avs.org.cn/AVS3_download/index.asp.

[12] DE RIVAZ P, HAUGHTON J. AV1 Bitstream & Decoding Process Specification[EB/OL]. (2019-01-18) [2022-03-31]. https://aomedia.org/av1/specification/.

[13] Information technology-General video coding- Part 1: Essential video coding：ISO/IEC 23094-1: 2020[S/OL]. [2022-03-31]. https://www.iso.org/standard/57797.html.

[14] 高文, 赵德斌, 马思伟. 数字视频编码技术原理[M]. 2 版. 北京:科学出版社, 2018.

[15] 毕厚杰, 王健. 新一代视频压缩编码标准——H.264/AVC[M]. 2 版. 北京: 人民邮电出版社, 2009.

第 3 章 视频编解码芯片架构

相比于其他应用，视频编解码的一大特点是对于实时性的要求极高。尽管离线编解码也在视频编解码的业务范围内，但其主要的应用场景还是对于视频数据的实时压缩和还原。对于这一目标，基于软件通常难以实现，因此，几乎所有的相关设备，如监控探头、摄像机、手机和计算机等，都会配备硬编硬解芯片。显然，不同的设备平台对于视频编解码的需求是迥然不同的，即便是同一设备平台，在不同的应用场景下，其对于视频编解码的需求也不尽相同。例如，对于监控设备来说，芯片的成本、码率的稳定性、动态场景的清晰度、对带宽的需求等可能是比较重要的指标；而对于手机设备来说，芯片的功耗、视频的质量、最高的帧率、最大的分辨率等可能是比较重要的指标。又如，对于手机设备来说，某些场景需要更高帧率的视频；某些场景需要更好的质量；某些场景则兼而有之。不同的应用需求，就要求视频编解码架构能够敏捷地进行配置。

本章以 HEVC 标准为依托，讨论敏捷视频编解码器架构的 VLSI 实现。

3.1 概   述

为了限制 VLSI 流片量产的芯片成本，需要引入一系列的等价性检查。但等价性检查日趋繁杂，为了减少迭代，需要尽早地对等价性、面积、时序和功耗等约束进行评估。硬件编码器的设计与软件有一定的区别，另外相比单模块设计，对芯片架构的整体设计需要考虑更多的问题。本节将对 VLSI 相关背景以及敏捷架构的设计思想进行简介。

3.1.1 芯片成本

芯片成本一般可以分成两大类：一类是 NRE(non-recurring engineering，非重复性工程)成本；另一类是重复性成本。

NRE 顾名思义，是指一颗芯片从概念到实体的过程中，只需要支出一次的费用。在设计阶段，这部分成本主要包括相关人员的劳务费用、相关 IP 的购买费用、相关 EDA 工具的购买或租用费用等；在制造阶段，主要包括掩模的制造费用、测试程序的设计费用、封装的设计费用等。而重复性成本是指每制造一颗芯片就需要重复支出的费用。这部分成本主要包括相关 IP 的版税费用、硅片的制造、测试和封装费用等。

显然，芯片需要利用出货量对 NRE 和重复性成本这两者进行平摊。例如，若某芯片的 NRE 成本是 1 亿元，重复性成本是每颗 1 元，那么，在能够成功制造并售卖 1 亿颗芯片的情况下，每颗的售价只要超过 2 元，就可以实现盈利；在能够成功制造并售卖 1 千万颗芯片的情况下，每颗的售价超过 11 元，也能够实现盈利；而在只能够成功制造并售卖 1 百万颗芯片的情况下，每颗的售价需要超过 101 元，才能够实现盈利。因此，从这一角度来说，只有当某一应用具有足够的市场需求时，才适合通过 VLSI 平台实现。

但具有市场前景只是第一步，为了达到预期的出货量并实现盈利，至少需要保证芯片的功能足够正确，芯片良率足够高，并且产品上市时间(time to market，TTM)足够短。首先，芯片功能正确实现的重要性显然是不言而喻的。而良率则对重复性成本起着决定性作用。例如，若包括废片在内，某芯片的重复性成本是每颗 1 元。此时，如果其良率是 100%，那么该芯片真正的重复性成本就是每颗 1 元；如果其良率是 50%，那么该芯片真正的重复性成本将达到每颗 2 元；如果其良率是 10%，那么该芯片真正的重复性成本将高达每颗 10 元。而之所以存在良率的概念，是因为如同其他产品的制造一样，晶圆在其制造过程中也会出现瑕疵，而一旦出现了瑕疵，在没有容错设计的情况下，其所属的芯片大概率是无法工作的。基于这一原因，芯片的面积成为非常重要的设计指标，良率将随着芯片面积的增大而呈现指数衰减的趋势，并最终导致重复性成本的骤然上升。而 TTM 则决定着 VLSI 产品在市场中的盈利时间，摩尔定律指出"集成电路上可以容纳的晶体管数目在大约每经过 18 个月便会增加一倍"，尽管这并不绝对地意味着每过 18 个月VLSI 产品的性能就会提升一倍，但也充分地指出了这些产品在更新换代上的速度是何其之高，因此 TTM 越长，VLSI 产品就越容易被市场所抛弃，也就越容易错过属于它的主要盈利时间。

所以为了节约芯片成本，减少经济损失，在 VLSI 实现的过程中不仅需要引入一系列的等价性检查，力求尽可能地发现所有潜在的问题，也需要尽量在各个环节对各种指标进行优化，力求尽可能地提升面积、时序和功耗等指标。

3.1.2   实现流程及等价性检查

为了尽可能地发现所有潜在的问题，需要在 VLSI 实现过程中引入一系列的等价性检查，如图 3-1 所示。

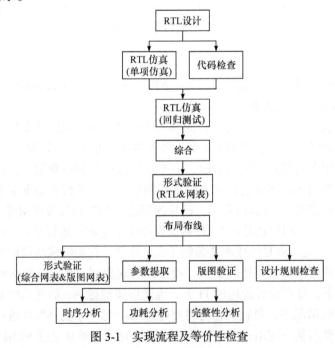

图 3-1   实现流程及等价性检查

1. RTL 仿真(单项测试)

该检查的目的是初步地确保寄存器传输级(register transfer level，RTL)在逻辑功能上与行为模型具有等价性，一般可以采取两种形式：①首先利用行为模型准备好预期的输入和输出数据，然后在仿真环境中按照时序将输入数据送至被测模块，最后按照时序收集被测模块的输出并与行为模型的输出数据进行对比；②直接在仿真环境中调用行为模型并令其与被测模块处理同一份数据，处理完成后直接对比两者的输出。前者的优点是不需要重复地产生测试数据，而后者的优点则是与仿真环境的耦合度较高，便于迭代覆盖率。

RTL 仿真过程一般会采用 Mentor 公司的 ModelSim、Synopsys 公司的 VCS 或者 Cadence 公司的 irun 等工具进行。

2. 代码检查

代码检查的目的是确保 RTL 不存在语义上的不确定性，从而能够准确无误地被后续工具所理解。除此之外，代码检查工具还能够对 RTL 的鲁棒性、可综合性、可测试性、可阅读性、可维护性等进行提示。因此，使用代码检查工具不仅能够提高代码的质量，还能够帮助编写者优化自身的代码风格。

代码检查过程一般会采用 Synopsys 公司的 SpyGlass 工具进行。

3. RTL 仿真(回归测试)

该检查的目的是尽可能地确保 RTL 在逻辑功能上与行为模型具有等价性。相比于前述的单项测试，回归测试会遍历大量的测试数据，并对覆盖率进行迭代。具体而言，在代码上，回归测试需要尽量地触发每个代码块、每条表达式乃至每个翻转；在功能上，回归测试需要尽量地触发每个覆盖点、每个覆盖组以及它们之间的交叉。

该过程一般会采用 Synopsys 公司的 VCS 或者 Cadence 公司的 irun 等工具进行。

4. 逻辑综合

逻辑综合的目的是将 RTL 综合成网表(synthesis netlist)文件，一般分成转换、优化和映射这三个步骤。首先读取并分析 RTL 文件，将其转换成独立于工艺库的中间格式，分析中间格式所描述的电路，并根据面积、时序、功耗等约束进行优化，再将优化后的电路映射到特定的工艺库上。

逻辑综合一般会采用 Synopsys 公司的 DC 或者 Cadence 公司的 RC 等工具进行。

5. 形式验证(RTL&网表)

该过程的目的是确保网表文件在逻辑功能上与 RTL 具有等价性。相比于动态的仿真，形式验证是一个静态的过程。静态，指的是该检查不需要人为地添加测试激励，而是能够从数学上完备地证明网表与 RTL、网表与网表、RTL 与 RTL 之间是相互等价的。事实上，这一检查可以作用于整个设计周期，包括逻辑综合、扫描链插入、时钟树综合，甚至人工编辑网表。

该过程一般会采用 Synopsys 公司的 Formality 或者 Cadence 公司的 Conformal 等工具进行。

6. 布局布线

布局布线过程能够根据网表文件形成版图文件。布局就是在版图上为标准单元、宏模块分配物理位置；布线就是在布局之后，将标准单元、宏模块之间的连线确定下来。与综合过程一样，布局布线过程也会受到面积、时序、功耗等项目的约束。

布局布线一般会采用 Synopsys 公司的 ICC 或者 Cadence 公司的 Encounter 等工具进行。

7. 形式验证(综合网表&版图网表)

该过程的目的是确保综合网表在逻辑功能上与版图网表具有等价性。具体内容与 RTL 和网表之间的形式验证基本一致，采用的工具一般也是 Synopsys 公司的 Formality 或者 Cadence 公司的 Conformal 等。

8. 版图验证(版图&网表)

版图验证的目的是确保版图文件在逻辑功能上与版图网表之间具有等价性。具体内容与 RTL 和网表之间的形式验证基本一致。

该过程一般会采用 Cadence 公司的 Calibre LVS 等工具进行。

9. 参数提取

该过程的目的是提取版图文件的寄生参数并用于后续的检查。在实际的电路中，距离较近的单元会相互影响并产生寄生效应。这些寄生效应在物理上能够被等价成一系列的电容、电阻和电感。通过提取这些电容、电阻和电感的具体参数，就能够得到一个更加精准的电路模型。而基于该模型，对于时序、功耗和信号完整性的分析才能更加贴近实际的情况。这对于提高流片的成功率来说是十分有意义的。

该过程一般会采用 Synopsys 公司的 StarRC 或 Cadence 公司的 xRC 等工具进行。

10. 时序分析、功耗分析和信号完整性分析

这些检查的目的是确保版图满足时序、功耗和信号完整性等约束。与形式验证一样，时序分析和信号完整性一般都是静态的，即不需要人为地添加测试激励就可以进行，因此一般会将前者进一步地称作静态时序分析。而尽管功耗分析也可以按照静态的方式进行，但一般的情况下总是会给出一些比较典型的激励，并基于这些激励进行分析，从而得到更加贴近实际情况的结果。

这些过程一般会采用 Synopsys 的 PrimeTime 等工具进行。

11. 设计规则检查

该检查的目的是确保版图中不存在任何的 DRC(design rule check，设计规则检查)问

题。为了确保流片成功,除了需要满足面积、时序和功耗等约束之外,版图还需要满足晶圆厂所规定的设计规则,如标准单元的最大扇出、金属层的最小密度等。

该过程一般会采用 Cadence 公司的 Calibre DRC 等工具进行。

总而言之,如图 3-1 所示,首先,代码检查保证了 RTL 不存在任何歧义。其次,基于一个没有歧义的 RTL,版图验证、形式验证和回归测试依次保证了版图文件与版图网表、版图网表与综合网表、综合网表与 RTL、RTL 与行为模型在逻辑上都具有等价性。然后,逻辑综合、布局布线、时序分析、功耗分析和信号完整性分析保证了版图文件在面积、时序、功耗等方面满足约束。最后,设计规则检查则保证了版图文件是可制造的。

必须指出的是,上述过程并不是单向的。在比较理想的情况下,迭代只会回退到前一步;但在比较恶劣的情况下,迭代可能会涉及整个流程。显然,一旦出现了后一种情况,流片不仅会面临着 NRE 成本的上升,还会面临着 TTM 的延长,而这是非常糟糕的情况。因此,在 VLSI 实现的过程中,需要尽早地对等价性、面积、时序和功耗等约束进行评估,从而避免陷入上述的被动状态。

3.1.3　软硬件编码器的区别

HEVC 混合编码框架可以抽象出不同的模块,包括 IME(integer motion estimation,整像素运动估计)、FME(fraction motion estimation,分像素运动估计)、RMD(rough mode Decision,粗略模式判决)、RDO(rate-distortion optimization,率失真优化)、DBF(de-blocking filter,去方块滤波)、E_C(entropy encoding,熵编码)等。其中,部分模块来自对 HEVC 判决过程的分解,在综合考虑了编码的质量和性能之后,包括 HEVC 官方参考模型 HM(HEVC test model,HEVC 测试模型)在内,几乎所有的 HEVC 编码器都对判决过程做出了一定分解,其中包括将判决过程分解成粗选和终选。具体来说,就是将帧内的判决过程分解成了 RMD 和 RDO 或相类似的步骤;将帧间的判决过程分解成 IME、FME 和 RDO 或相类似的步骤。

对于软件编码器来说,CPU 可以在不同的时间片执行不同的算法,并且可以无序执行,并且 CPU 能够负责所有的外存带宽问题,无须软件开发人员解决底层数据调度问题。而硬件编码器设计的情况则完全不同。首先,各算法模块以流水线的形式排列,前后级模块存在强关联,后级模块依赖前级模块的执行结果,因此不能乱序执行,只能按流水线的方向执行。并且 CPU 一个时刻只执行一个模块,而对于硬件流水线来说,各模块是并行工作的,并且同一时刻各模块所处理的数据块各不相同。另外,硬件中的内存读取操作需要手动控制,包括与总线以及外存的数据交互、读写数据的时刻、读写数据是否符合 DDR 内存突发长度(burst length)的要求、是否能充分利用 DDR 带宽等。可见,开发硬件编码器需要更多的工作量。

直接在 RTL 上对芯片进行描述,底层语言所需的迭代周期难以满足日趋缩短的 TTM 要求。所以一般在进行 RTL 硬件编码器设计前,会先对应编写一个软件 C Model,该 C Model 也是一个可执行的、功能齐全的视频编码器,不过更重要的是,C Model 会模拟硬件的流水线划分,其中的模块与硬件编码器一一对应,并且考虑相应的数据依赖。该 C Model 可被称为参考软件或行为模型,一般会通过 C Model 确认架构正确、压缩性能达标之后，再完成 RTL 级别的硬件编码器设计。

如图 3-2 所示，现有的 HEVC 算法研究可以分为软件和硬件两方面。

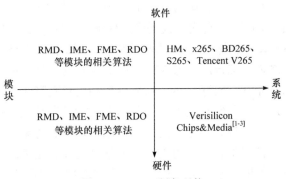

图 3-2　HEVC 研究现状

软件算法在架构和行为上不会考虑硬件实现中的相应限制，往往难以在硬件平台上发挥出原有的功能。例如，对于 RMD 过程来说，存在的硬件限制包括无法获取真实的预测像素和 MPM(most possible modes，最可能模式)等，软件算法一般不会加以讨论；对于 IME 和 FME 过程来说，存在的硬件限制包括无法获取 MVC(motion vector candidate，运动矢量备选)和 MVP(motion vector prediction，运动矢量预测)等，软件算法一般不会加以讨论。因而，有必要专门对硬件算法进行研究。

而 HEVC 的硬件算法中，绝大多数都只针对单个模块，在架构和行为上并未考虑整体实现时的系统限制。例如，对于 IME 过程来说，存在的系统限制包括参考像素的访问效率等，很多硬件实现没有加以讨论；对于 FME 过程来说，存在的系统限制包括 PU 大小和插值的不规整性等，很多硬件实现没有加以讨论；对于 RDO 过程来说，存在的系统限制包括重建环路、MPM、MVC 和 MVP 引入的数据依赖等，很多硬件实现没有加以讨论。因此，单个模块的研究成果往往难以在整体架构中发挥出原有的表现。

3.1.4　敏捷架构

从整体系统出发，为了能够尽可能地优化面积、时序和功耗等指标，并且能够针对不同的编解码需求灵活地配置系统，有必要采用一种敏捷的芯片架构。这里的"敏捷"是一种设计理念，可以理解为一种可重构性、可配置性，并且分为静态和动态两类。

静态是指对尚未生产的芯片进行配置，以改变芯片所支持的功能集合，进而改变芯片的面积、(最高)频率、功耗、(最高)质量和(最高)性能等指标。其主要意义在于可以敏捷地针对不同档次的平台提供不同档次的芯片，从而达到效益的最大化。相比于重新设计一个芯片，静态敏捷设计能够有效地减少芯片的 NRE 成本和 TTM 周期，而这对于芯片量产来说是至关重要的。

动态是指对已经生成的芯片进行配置，以改变芯片所执行的当前功能，并进而改变编码的(工作)频率、(工作)功耗、(工作)质量和(工作)性能等指标。其主要意义在于可以动态地针对不同档次的场景提供不同档次的行为，从而达到功能的最大化。相比于只有某个单一功能，动态敏捷设计能够向客户提供质量与性能在不同比重上的权衡，而这对于芯片使用来说是至关重要的。

3.2　层　次　结　构

将敏捷架构视频编解码器的 RTL 描述命名为 XK265 RTL,其层次结构能够高效地配置视频编解码器的行为。基于敏捷的芯片架构,可以很容易地定制单一编码器、单一解码器或复合编解码器 IP 核,同时也可以定制生成不同性能指标、面积指标、压缩率指标的专用编码器 IP 核。

作为一款具有敏捷架构的视频编解码器,XK265 RTL 已经包含了 12 个变种,分别是 X001 CDC I、X001 CDC P、X001 ENC I、X001 ENC P、X001 DEC I、X001 DEC P、K001 CDC I、K001 CDC P、K001 ENC I、K001 ENC P、K001 DEC I 和 K001 DEC P。其中,001 表示第一个版本,以 HEVC 标准为依托;X 表示针对 ASIC 平台;K 表示针对FPGA 平台;CDC 表示支持编解码(encoder 和 decoder);ENC 表示支持编码(encoder);DEC 表示支持解码(decoder);I 表示支持帧内帧;P 表示同时支持帧内帧和帧间帧。

以下将以 X001 CDC P、K001 ENC P 和 K001 DEC P 为例进行介绍。编解码器的主要模块有 FTH(读取像素)、RMD(粗略模式估计)、IME(整像素运动估计)、FME(分像素运动估计)、RDO(率失真优化)、REC(重建)、DBF(方块滤波)、SAO(样点自适应补偿)、E_C(熵编码)、E_D(熵解码)、DMP(写出像素)等。另外,为了突显主要模块之间的关系,层次结构图中省略了所有的轮转缓存,以及与轮转缓存、主控制器和寄存器管理模块相关的所有连线。

3.2.1　X001 CDC P

X001 CDC P 是一款面向 ASIC 平台的极低代价、较高性能、较高质量的视频编解码器。设计之初,X001 CDC P 的面积约束是 3 mm^2 @ GF28[①]、2 mm^2 @ GF22;频率约束是 500M @ GF28、800M @ GF22;吞吐率约束是 4K @ 30fps @ 800M。

为了满足上述约束,X001 CDC P 采用了 32 × 32 的 LCU 和一条五级深度的 LCU 级流水线,如图 3-3 所示,其中,IME 和 FME 同处一级流水线;RDO、REC 和 DBF、SAO 同处一级流水线。相比于更深的七级流水线,该五级流水线的优点是可以节省"两份"原始像素的轮转缓存(IME 和 FME 之间,RDO/REC 和 DBF/SAO 之间):"一份"参考像素的轮转缓存(IME 和 FME 之间)和"一份"重建像素的轮转缓存(RDO/REC 和 DBF/SAO 之间)。而缺点是 IME、E_D 和 FME 必须共用一个 LCU 的处理周期,RDO、REC 和 DBF、SAO 必须共用一个 LCU 的处理周期。当 LCU 大小是 32 × 32 时,4K @ 30fps @ 800M 的吞吐率指标意味着每个 LCU 的处理时间是 3200 个周期。因此,在结合了该周期约束和模块各自的特性之后,将 IME 和 FME 的目标吞吐率设定为每 LCU 1600 周期,将 RDO加上 REC 的目标吞吐率设定为每 LCU 2600 周期,将 DBF 加上 SAO 的目标吞吐率设定

---

① GLOBALFOUNDRIES CMOS28SLP。

为每 LCU 600 周期。

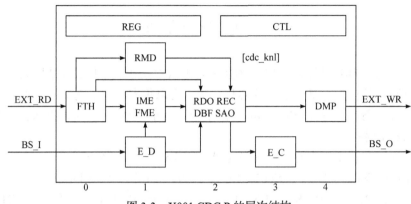

图 3-3　X001 CDC P 的层次结构

在编码帧内帧时：

(1) 第 0 级 LCU 流水线将唤醒模块 FTH 读入原始像素；

(2) 第 1 级 LCU 流水线将唤醒模块 RMD 进行粗略模式估计；

(3) 第 2 级 LCU 流水线将依次唤醒模块 RDO、REC、DBF 和 SAO 分别进行率失真优化、重建、去方块滤波和样点自适应优化；

(4) 第 3 级 LCU 流水线将唤醒模块 E_C 进行熵编码并写出码流；

(5) 第 4 级 LCU 流水线将唤醒模块 DMP 写出重建像素(可选)。

在编码帧间帧时：

(1) 第 0 级 LCU 流水线将唤醒模块 FTH 读入原始像素和参考像素；

(2) 第 1 级 LCU 流水线将依次唤醒模块 IME、FME 进行整数和分像素运动估计；如果开启了工具 IiP(P 帧中的 I 块，即"帧间帧"中的"帧内块")，第 1 级流水线还将唤醒模块 RMD 进行粗略模式估计；

(3) 第 2 级 LCU 流水线将依次唤醒模块 RDO、REC、DBF 和 SAO 分别进行率失真优化、重建、去方块滤波和样点自适应优化；

(4) 第 3 级 LCU 流水线将唤醒模块 E_C 进行熵编码并写出码流；

(5) 第 4 级 LCU 流水线将唤醒模块 DMP 写出重建像素。

在解码帧内帧时：

(1) 第 0 级 LCU 流水线将轮空；

(2) 第 1 级 LCU 流水线将唤醒模块 E_D 读入码流并进行熵解码；

(3) 第 2 级 LCU 流水线将依次唤醒模块 REC、DBF 和 SAO 分别进行重建、去方块滤波和样点自适应优化；

(4) 第 3 级 LCU 流水线将轮空；

(5) 第 4 级 LCU 流水线将唤醒模块 DMP 写出重建像素。

在解码帧间帧时：

(1) 第 0 级 LCU 流水线将唤醒模块 FTH 读入参考像素；

(2) 第 1 级 LCU 流水线将依次唤醒模块 E_D 和 FME 分别进行熵解码和运动补偿；

(3) 第 2 级 LCU 流水线将依次唤醒模块 REC、DBF 和 SAO 分别进行重建、去方块滤波和样点自适应优化；

(4) 第 3 级 LCU 流水线将轮空；

(5) 第 4 级 LCU 流水线将唤醒 DMP 模块写出重建像素。

3.2.2　K001 ENC P

K001 ENC P 是一款面向 FPGA 平台的极低代价、极高性能、中下质量的编码器。设计之初，K001 ENC P 的面积约束是 90% LUT @ ZCU102；吞吐率约束是 4K @ 30fps @ ZCU102。

为了满足上述约束，K001 ENC P 采用了 32 × 32 的 LCU 和一条七级深度的 LCU 级流水线，如图 3-4 所示，其中，RDO 和 REC 同处一级流水线；DBF 和 SAO 同处一级流水线。相比于更浅的五级流水线，该七级流水线的优点是 IME 和 FME 不需要共用一个 LCU 的处理周期，RDO、REC 和 DBF、SAO 也不需要共用一个 LCU 的处理周期。而缺点是必须额外地付出 "两份" 原始像素的轮转缓存："一份" 参考像素的轮转缓存和 "一份" 重建像素的缓存。另外，在 FPGA 平台上，像编码器这样的复杂 IP，其最高频率一般较为受限，而且 ZCU102 并不是一个高端的 FPGA 开发板。因此，根据经验和试跑的结果，将目标频率设定成 140 MHz。而 4K @ 30fps @ 140M 的吞吐率指标实际上也就意味着，每个 LCU 的处理时间只有 560 个周期。综合考虑该周期约束和前面提及的面积约束后，K001 ENC P 不得不通过降低编码质量的方式来换取编码性能，因此 K001 ENC P 只能提供一个中下水准的编码质量。

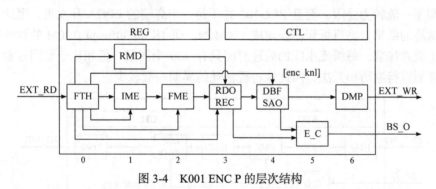

图 3-4　K001 ENC P 的层次结构

编码帧内帧时：

(1) 第 0 级 LCU 流水线将唤醒模块 FTH 读入原始像素；

(2) 第 1 级 LCU 流水线将唤醒模块 RMD 进行粗略模式估计；

(3) 第 2 级 LCU 流水线将轮空；

(4) 第 3 级 LCU 流水线将依次唤醒模块 RDO 和 REC 分别进行率失真优化和重建；

(5) 第 4 级 LCU 流水线将依次唤醒模块 DBF 和 SAO 分别进行去方块滤波和样点自适应优化；

(6) 第 5 级 LCU 流水线将唤醒模块 E_C 进行熵编码并写出码流；

(7) 第 6 级 LCU 流水线将唤醒模块 DMP 写出重建像素(可选)。

在编码帧间帧时：

(1) 第 0 级 LCU 流水线将唤醒模块 FTH 读入原始像素和参考像素；

(2) 第 1 级 LCU 流水线将唤醒模块 IME 进行整像素运动估计；如果开启了工具 IiP，第 1 级 LCU 流水线还将唤醒模块 RMD 进行粗略模式估计；

(3) 第 2 级 LCU 流水线将唤醒模块 FME 进行分像素运动估计；

(4) 第 3 级 LCU 流水线将依次唤醒模块 RDO 和 REC 分别进行率失真优化和重建；

(5) 第 4 级 LCU 流水线将依次唤醒模块 DBF 和 SAO 分别进行去方块滤波和样点自适应优化；

(6) 第 5 级 LCU 流水线将唤醒模块 E_C 进行熵编码并写出码流；

(7) 第 6 级 LCU 流水线将唤醒模块 DMP 写出重建像素。

3.2.3 K001 DEC P

K001 DEC P 是一款面向 FPGA 平台的极低代价、极高性能的解码器。设计之初，K001 DEC P 的面积约束是 90% LUT @ ZCU102；吞吐率约束是 4K @ 30fps @ ZCU102。

为了满足上述约束，K001 DEC P 采用了 32 × 32 的 LCU 和七级深度的 LCU 级流水线，如图 3-5 所示，其中，DBF 和 SAO 同处一级流水线。相比于更浅的五级流水线，该七级流水线的优点是 E_D 和 FME 不需要共用一级流水线的处理周期，REC 和 DBF、SAO 不需要共用一级流水线的处理周期。而缺点是必须额外地付出"一份"参考像素的轮转缓存和"一份"重建像素的轮转缓存。另外，在 FPGA 平台上，像解码器这样的复杂 IP，其最高频率一般较为受限，而且 ZCU102 并不是一个高端的 FPGA 开发板。因此，根据经验和试跑的结果，将目标频率设定成 120MHz。而 4K @ 30fps @ 120M 的吞吐率指标实际上也就意味着，每级流水线的处理时间只有 480 个周期。但相比于编码过程，解码过程不需要进行遍历和判决，因此该过程消耗的周期一般较少。

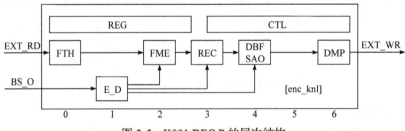

图 3-5 K001 DEC P 的层次结构

在解码帧内帧时：

(1) 第 0 级 LCU 流水线将唤醒模块 FTH 读入参考像素；

(2) 第 1 级 LCU 流水线将唤醒模块 E_D 读取码流并进行熵解码；

(3) 第 2 级 LCU 流水线将轮空；

(4) 第 3 级 LCU 流水线将唤醒模块 REC 进行重建；

(5) 第 4 级 LCU 流水线将依次唤醒模块 DBF 和 SAO 分别进行去方块滤波和样点自

适应优化；

(6) 第 5 级 LCU 流水线将轮空；

(7) 第 6 级 LCU 流水线将唤醒模块 DMP 写出重建像素。

在解码帧间帧时：

(1) 第 0 级 LCU 流水线将唤醒模块 FTH 读入参考像素；

(2) 第 1 级 LCU 流水线将唤醒模块 E_D 读取码流并进行熵解码；

(3) 第 2 级 LCU 流水线将唤醒模块 FME 进行运动补偿；

(4) 第 3 级 LCU 流水线将唤醒模块 REC 进行重建；

(5) 第 4 级 LCU 流水线将依次唤醒模块 DBF 和 SAO 分别进行去方块滤波和样点自适应优化；

(6) 第 5 级 LCU 流水线将轮空；

(7) 第 6 级 LCU 流水线将唤醒模块 DMP 写出重建像素。

3.2.4　敏捷设计策略

上述 XK265 RTL 的各个变种在宏观的功能、模块、LCU 级流水线上有着较大区别，但又能够高效地进行切换，这是得益于 XK265 RTL 宏观层面的敏捷设计策略。

为了高效地对宏观层面进行敏捷设计，需要将视频编解码过程中所涉及的主要模块和轮转缓存都抽象成一个个只具有功能和接口信息的"积木"。以 X001 CDC P 为例，其中包含的"积木"如表 3-1 所示。

表 3-1　X001 CDC P 的主要模块和轮转缓存

序号	主要模块和轮转缓存
1	全局的寄存器管理模块 REG、主控制器模块 CTL
2	处于第 0 级 LCU 流水线的原始像素、参考像素读入模块 FTH、码率控制模块 R_C、感兴趣区域控制模块 ROI
3	处于第 1 级 LCU 流水线的粗略模式估计模块 RMD、整像素运动估计模块 IME、分像素运动估计模块 FME(该模块同时具有运动补偿的功能)、熵解码模块 E_D
4	处于第 2 级 LCU 流水线的率失真优化模块 RDO、重建模块 REC、环内滤波模块 ILF(包括 DBF 和 SAO)
5	处于第 3 级 LCU 流水线的熵编码模块 E_C
6	处于第 4 级 LCU 流水线的重建像素写出模块 DMP
7	处于第 0~1 级的原始像素轮转缓存 B01_ORI、参考像素亮度分量轮转缓存 B01_REF_LU 和参考像素色度分量轮转缓存 B01_REF_CH
8	处于第 0~2 级的原始像素轮转缓存 B02_ORI
9	处于第 1~1 级的(粗略的)整数运动矢量轮转缓存 B11_IMV
10	处于第 1~1 级的(解码的)Merge 信息轮转缓存 B11_MRG
11	处于第 1~2 级的(粗略的)预测模式轮转缓存 B12_MOD
12	处于第 1~2 级的(粗略的)分数运动矢量轮转缓存 B12_FMV
13	处于第 1~2 级的(粗略的)帧间预测像素轮转缓存 B12_PRE

续表

序号	主要模块和轮转缓存
14	处于第 2~2 级的重建像素轮转缓存 B22_REC
15	处于第 2~3 级的预测模式轮转缓存 B23_MOD
16	处于第 2~3 级的分数运动矢量轮转缓存 B23_FMV
17	处于第 2~3 级的系数数据轮转缓存 B23_COE
18	处于第 2~4 级的重建像素轮转缓存 B24_REC

基于这些"积木"，X001 CDC P 得以同时支持帧内帧和帧间帧的编码及解码业务。当出于面积、功耗等因素需要对 X001 CDC P 进行裁剪时，只需要去除相关的"积木"即可。例如，当某应用只需要支持帧内帧的编解码时，便可以去除模块 IME、FME、B01_REF_LU、B01_REF_CH、B11_IMV、B11_MRG、B12_FMV、B12_PRE 和 B23_FMV，此时 X001 CDC P 其实就被配置成了 X001 CDC I；又如，当某应用只需要支持帧内帧和帧间帧的编码时，便可以去除模块 E_D 和 B11_MRG，此时 X001 CDC P 其实就被配置成了 X001 ENC P。而添加和去除通过简单的宏观定义即可完成。利用该方法，可以非常高效地在 X001 系列或者 K001 系列内部进行切换。

但若要在 X001 系列和 K001 系列之间进行切换，主要模块类的"积木"需要易于拼接和拆离，轮转缓存类的"积木"需要易于拉伸和压缩。具体而言，图 3-6 分别给出了 X001 系列和 K001 系列中主要模块 IME、FME 以及相关轮转缓存的时空图。

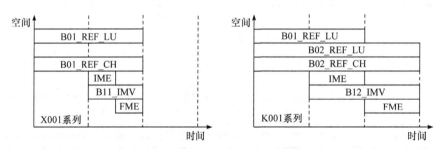

图 3-6　模块 IME 和 FME 的时空图

相比于 K001 系列，X001 系列中的主要模块 IME 和 FME 被"拼接"到了一个 LCU 级流水线中，并共享了对于轮转缓存 B01_REF_LU 的访问。另外，相比于 K001 系列中的 B02_REF_CH，X001 系列中的轮转缓存被"压缩"成了 B01_REF_CH。

轮转缓存，其实就是在多级流水线之间不停地轮转着连接关系的存储器。为方便说明，以较为简单的轮转缓存 B02_ORI 为例，并且认为 FTH、IME、FME 分属三个流水级。图 3-7(a)给出了 B02_ORI、FTH、IME 和 FME 的时空图，框中的数字表示当前 LCU 的相对序号；图 3-7(b)给出了 B02_ORI 与 FTH、IME 和 FME 的连接关系。可以看出，B02_ORI 不停地以 3 为周期轮转着内部存储器与外部模块之间的连接关系。

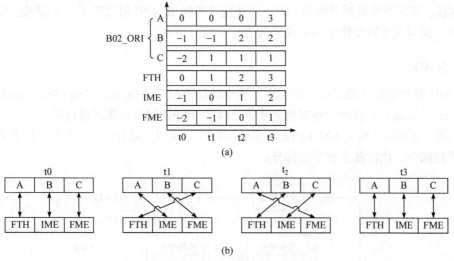

图 3-7　轮转缓存 B02_ORI 的示意图

除了宏观层面上的敏捷设计问题，XK265 RTL 在以下的微观层面作进一步的处理。

(1) 寄存器配置。

XK265 RTL 通过 REG 模块中的众多寄存器，传递各种控制和配置信息，使得能够高效地对 XK265 RTL 进行重构，并且可以快速地与对应 C Model 中配置信息进行同步。

(2) LCU 处理周期。

从 X001 系列配置至 K001 系列之后，RMD 的 LCU 处理周期由 3200 降至 560；IME 和 FME 的 LCU 处理周期由 1600 降至 560；RDO 加上 REC 的 LCU 处理周期则由 2600 降至 560……为了完成这些目标，一方面可以增加这些子模块中内部引擎的数量，另一方面也可以缩减 HEVC 的工具及其组合。

(3) 实现平台。

尽管不同平台的底层实现是完全不同的，但得益于数字综合，可以在没有 SRAM、ROM 等宏模块的情况下，使用同一份 RTL 描述在不同的平台上得到功能一致的实现。当然，为了在目标平台上取得比较好的时序、面积和功耗等指标，仍然需要对 RTL 中的一些关键节点进行调整，因为对于 ASIC 平台来说，寄存器与寄存器之间可以填塞一些相对复杂的逻辑；而对于一般的 FPGA 平台来说，寄存器与寄存器之间没有如此大的余量。事实上，由于 ASIC 平台的实现机制，只要增加了寄存，就一定会引入空间资源的消耗，只不过这部分消耗可能会被因时序变好而减少的消耗所抵消甚至超过；而在 FPGA 平台中，增加寄存并不一定会引入空间资源的消耗，这是因为，FPGA 可以直接改变相关 LUT(look-up table)的行为并使之从直通变成寄存。无论原理如何，在实际的生产实践中，至少需要对一些关键节点的 RTL 描述进行敏捷化配置，才能够更好地适应于不同的平台。

3.3　架构优化

正如前面所述，视频编解码的每个主要过程都涉及了数量繁多、内容复杂的编码工具。因此，如何系统地提升面积、时序和功耗等指标成为 VLSI 实现的一大挑战。以下将从宏观层面对几个重要模块的敏捷架构进行介绍。

3.3.1　RMD

RMD 是负责粗略模式估计的模块，该模块将根据 SATD(sum of absolute transformed difference，差值经变换后的绝对值之和)代价对所有 PU 的所有模式进行排序。

如图 3-8 所示，模块 RMD 的宏观架构一共可分成四大部分，分别为参考像素管理部分、预测部分、代价部分和导出部分。

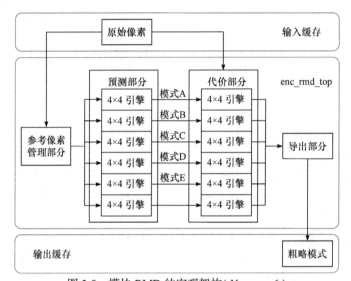

图 3-8　模块 RMD 的宏观架构($N_{parallel} = 6$)

(1) "参考像素管理部分"负责准备参考像素。需要注意的是，虽然使用重建像素预测出的结果更加准确，但是这将导致非常强的数据依赖，而强数据依赖不利于硬件中的并行处理。因此为了不引入重建环路，模块 RMD 利用原始像素对参考像素进行了替代，消除了数据依赖，使得流水线能够并行执行。

(2) "预测部分"中，为了提高规整性，对于任意大小的 PU，模块 RMD 总是以 4 × 4 块为单位进行处理。为了敏捷化配置，模块 RMD 可以通过改变引擎数量来调整吞吐率，将引擎并行数称为 $N_{parallel}$。

(3) "代价部分"负责计算代价、累计，为了配合预测部分，模块 RMD 为每个预测部分的引擎都独立地配备了一个代价部分的引擎，并且代价部分所采用的运算都是 4 × 4 的 SATD。

(4) "导出部分"负责排序、写出粗略模式。

如图 3-9 所示，模块 RMD 的处理流程对应地分成了四个部分。其中，"预测"和"计算代价、累加"属于主处理流程，总是需要执行。"准备参考像素"属于前处理流程，只有在处理一个新的 PU 之前才需要执行。"排序、写出粗略模式"属于后处理流程，只有在完成了对于当前 PU 的处理之后才需要执行。XK265 RTL 的 RMD 采用先 PU 大小、再

4×4 块、最后模式的循环顺序。

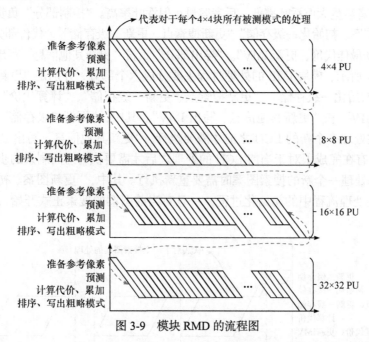

图 3-9　模块 RMD 的流程图

在模块 RMD 中，可以静态敏捷设计的项目有引擎数量 $N_{parallel}$(平衡面积和吞吐率)、对 DC 和 Planar 的支持(平衡面积和吞吐率)；可以动态敏捷设计的项目有被搜索的 PU 大小(平衡质量和吞吐率)、被搜索的模式(平衡质量和吞吐率)。

3.3.2　IME

IME 模块负责整像素运动估计，该模块将根据 SAD(sum of absolute difference，差值的绝对值之和)和 IMV 代价找出所有 PU 的最佳 IMV(整像素运动矢量)。

如图 3-10 所示，模块 IME 的宏观架构一共分成五大部分，分别为像素的二级存储、像素的一级存储、控制部分、代价部分和导出部分。

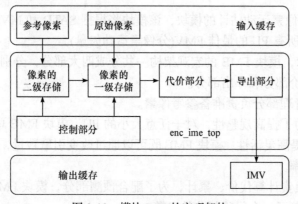

图 3-10　模块 IME 的宏观架构

"像素的二级存储"和"像素的一级存储"提供了对于参考像素和原始像素的不同层次的访问,前者容量大但吞吐率低,后者容量小但吞吐率高。"控制部分"负责"更新二级存储""更新图案、初始化一级存储""更新搜索点、更新一级存储"。"代价部分"负责"计算代价""更新最佳代价、更新 IMV"。"导出部分"负责"更新其他信息、写出 IMV"。

如图 3-11 所示,模块 IME 的处理过程主要分成六个部分,分别是"更新二级存储"、"更新图案、初始化一级存储"、"更新搜索点、更新一级存储"、"计算代价"、"更新最佳代价、更新 IMV"和"更新其他信息、写出 IMV"。其中,"更新二级存储"属于前处理流程,只有在处理一个新的 LCU 之前才需要执行。"更新其他信息、写出 IMV"属于后处理流程,只有在完成了对于当前 LCU 的处理之后才需要执行。而剩余的步骤都属于主处理流程,每处理一个新的搜索图案时需要重新执行。其中,"更新图案、初始化一级存储"又属于主处理流程中的初始化过程,一旦对当前图案的搜索正式开始,就不需要继续执行了。

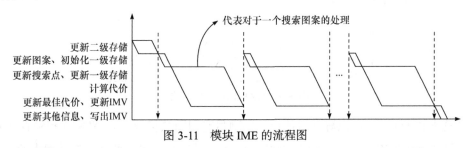

图 3-11 模块 IME 的流程图

值得注意的是,由于图案之间往往存在数据依赖(例如,下一个图案可能需要以搜索当前图案所得的 IMV 为中心进行搜索),因此,对于下一个搜索图案的处理总是会重新排空和填充流水线。

在模块 IME 中,可以静态敏捷设计的项目有阵列大小(平衡面积和吞吐率)、更新方向(平衡面积和灵活性)、被搜索的 PU 大小(平衡面积和质量);可以动态敏捷设计的项目有被搜索的图案(平衡质量和吞吐率)。

3.3.3 FME

FME 是负责分像素运动估计的模块,该模块将根据 SATD 和 MVD(MV difference,MV 差值)代价找出所有 PU 的最佳 FMV(分像素运动矢量)。

如图 3-12 所示,模块 FME 的宏观架构一共分成四大部分,分别为参考像素管理部分、预测部分、代价部分和导出部分。

(1) 参考像素管理部分负责准备参考像素。

(2) 预测部分为了提高规整性,对于任意大小的 PU,模块 FME 总是以 8×8 块为单位进行处理;为了提高灵活性,模块 FME 既可以通过改变引擎数量,也可以通过改变引擎大小来调整吞吐率。

(3) 代价部分负责计算代价、累计,为了配合预测部分,模块 FME 为每个预测部分的引擎都独立地配备了一个代价部分的引擎。

(4) 导出部分则负责排序、写出 FMV、写出预测数据。

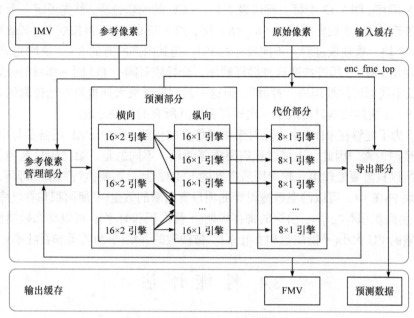

图 3-12　模块 FME 的宏观架构

　　如图 3-13 所示，模块 FME 的处理过程对应地分成了四个部分。其中，"准备参考像素"、"预测"和"计算代价、累加"属于主处理流程，总是需要执行。"排序、写出 FMV"属于后处理流程，只有在完成了对于当前 PU 的处理之后才需要执行。

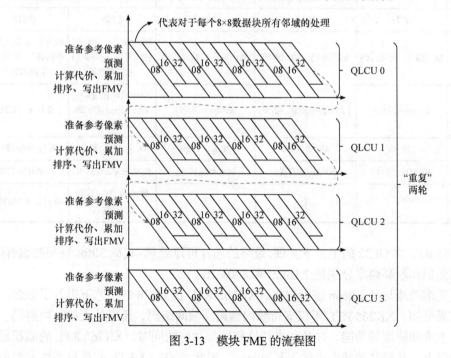

图 3-13　模块 FME 的流程图

XK265 RTL 的 FMV 采用先 8×8 块，再 PU 大小，最后邻域待测 FMV(下简称"邻域")的循环顺序。图 3-13 中每一行代表 1/4 个 LCU 的处理过程，首先固定一个 8×8 块，然后依次处理该 8×8 块所属的 8×8、16×16、32×32 的 PU，再按照 Zig-Zag 顺序处理下一个 8×8 块，重复该过程。不同尺寸的 PU，当其内部所有的 8×8 块均完成处理时，就排序、写出 FMV。尽管按照这种循环顺序，会导致对同一 PU 同一邻域的处理会被对不同 PU 及不同邻域的处理所"打散"，但这一过程能够极大地提高原始像素的时间相关性，每个 8×8 块的数据只需取用一次即可完成其所有的相关处理。

另外，为了能够在 RDO 中去除对于参考像素的依赖，模块 FME 还需要写出与 FMV 相对应的预测像素。因此，上述过程需要重复两轮，不同的是，第二轮只是为了产生预测像素，所以只需要处理第一轮遍历所得到的 FMV，且只需要执行到预测即可。

在模块 FME 中，可以静态敏捷设计的项目有引擎的数量(平衡面积和吞吐率)、引擎的大小(平衡面积和吞吐率)、引擎的寄存周期(平衡面积和时序)；可以动态敏捷设计的项目有被搜索的 PU 大小(平衡质量和吞吐率)、被搜索的邻域(平衡质量和吞吐率)。

3.4 性 能 评 估

XK265 RTL 具有较高的编码质量、性能和敏捷架构。表 3-2 是 XK265 RTL 与其他几项工作的整体对比。

表 3-2　XK265 RTL 的整体对比

参数	某 silicon	文献[1]	文献[2]和文献[3]	XK265 RTL	
工艺	GF28	10nm	28nm	GF28	GF22
支持的功能	帧内编码、帧间编码	帧内编码、帧间编码	帧内编码、帧间编码	帧内编码、帧间编码帧内解码、帧间解码主流和辅流	帧内编码、帧间编码帧内解码、帧间解码主流和辅流
面积	5.5mm²(综合)	3.55Mgate(逻辑，实现)	83Mgate(实现)	2.4mm²(综合结果)；4.06Mgate(逻辑部分的综合结果)	2.1mm²(实现)
分辨率	4K @ 30fps	4K @ 30fps	2K @ 120fps	4K @ 20fps(默认)	4K @ 30fps(默认)
最高频率	400MHz(综合)	504MHz(实现)	600MHz(实现)	500MHz(综合结果)	800MHz(实现)
B-D rate	—	无	无	帧内−9.1%；帧间8.5%(默认)	−9.1%；8.5%(默认)

XK265 RTL 在 GF22 的工艺下实现，最终的芯片可以处理 4K @ 30fps 视频的编解码，其所占的面积和最高频率分别是 $2.1mm^2$ 和 800MHz。

为了更准确地与某 silicon 进行对标，XK265 RTL 在 GF28 的工艺下进行了综合。根据对比结果可知，XK265 RTL 不仅支持帧内编码、帧间编码，还额外支持帧内解码、帧间解码、主流和辅流等功能，并且在支持这些额外功能的同时，XK265 RTL 的面积足足小了一半以上，其最高的频率也优于某 silicon。因此，XK265 RTL 的质量和性能都是十分优异的。另一方面，与文献[1]所提视频编解码器相比，XK265 RTL 的面积稍大，但最高频率却有显著的优势；与文献[2]和文献[3]所提视频编解码器相比，XK265 RTL 的面积和最高频率都具有显著的优势。值得一提的是，文献[1]～[3]都未给出具体的 B-D rate 结果。

参 考 文 献

[1] LIU T M, TSAI C H, WU T H, et al. A 0.76mm^2 0.22nJ/pixel DL-assisted 4k video encoder LSI for quality-of-experience over smart-phones[J]. IEEE Solid-State Circuits Letters, 2018, 1(12): 221-224.

[2] ONISHI T, SANO T, NISHIDA Y, et al. A single-chip 4K 60-fps 4:2:2 HEVC video encoder LSI employing efficient motion estimation and mode decision framework with scalability to 8K[J]. IEEE Transactions on Very Large Scale Integration (VLSI) Systems, 2018, 26(10):1930-1938.

[3] OMORI Y, ONISHI T, IWASAKI H, et al. A 120 fps high frame rate real-time HEVC video encoder with parallel configuration scalable to 4K[J]. IEEE Transactions on Multi-Scale Computing Systems, 2018, 4(4): 491-499.

第4章 帧 内 预 测

帧内预测是视频编码的第一个处理过程，是一种空间域上的预测方式，该方式通过对已经编码了的相邻像素进行某种预先设置的加权处理，从而得到对于当前像素块的较佳估计，能有效地减小空间冗余度，提高压缩效率。HEVC 中的帧内预测相对上一代编码标准 H.264，提供了更多的帧内预测角度，预测单元也更加多样化，在显著提高编码效率的同时，算法复杂度和 VLSI 实现难度也随之明显上升。

本章首先给出 HEVC 帧内预测的相关背景知识，介绍 HM 的推荐算法和当前学术界已有的软硬件算法。其次，分析并总结 VLSI 实现下 RMD 过程所面临的一些限制条件并有针对性地优化了 RMD 算法。然后，分析并总结上述算法在 VLSI 实现时所面临的实际问题，并有针对性地提出了对应的 VLSI 结构。最后，本章将优化后的算法及其 VLSI 实现的结果与其他文献进行对比。

4.1 概　　述

HEVC 中的帧内预测可以看成是 H.264 的扩展，其引入了一些新的元素：基于四叉树的块结构划分、更精细的参考像素管理、更丰富的预测模式等，以进一步提高预测的准确性，从而提高编码效率。下面具体介绍 HEVC 中帧内预测的每一个处理环节，从中能体现出以上所述改进给帧内预测的整个过程带来的影响。

4.1.1 基本原理

1. 块划分

在 HEVC 标准中，"当前像素块"被称为预测单元(PU)。当最大编码单元(LCU)的大小是 64 × 64 时，帧内 PU 的大小可以是以下任意五种：4 × 4、8 × 8、16 × 16、32 × 32 和 64 × 64。本章中，"PU"指的都是"帧内 PU"。换言之，对于一个 64 × 64 的 LCU，该单元可以被划分为上述 5 种 PU 的组合。当然，PU 的划分是以编码单元(CU)作为根节点的，且在 HEVC 标准中规定了 PU 只存在两种分割模式，即 $2N × 2N$ 和 $N × N$ 模式。前者指 PU 的大小等同于其所属 CU 大小，后者指该 CU 被划分成了 4 个相同大小的 PU。通常，后者仅存在于 8 × 8 的 CU 中。图 4-1 给出了一种可能的 PU 划分方式。

对于帧内预测的 TU 情况，我们不能单纯地从名字上去理解，仅仅把 TU 与变换块的大小联系在一起。其实，TU 的大小才是在真正的预测过程中选取参考像素的标准，或者说真正的帧内预测过程是基于 TU 的大小进行的。如果一块 PU 内部 TU 的划分如图 4-2 所示，其中所有的 TU 都采用同一个模式(因为是同一块 PU)进行预测，但是对不同 TU

进行预测时所参考的重建像素则如图 4-2 中深色部分所示。采用这种方法的目的是尽可能地使用最邻近的重建像素作为当前块的参考像素进行预测。相比较于仅仅使用 PU 边界处的重建像素作为参考像素对 PU 进行预测,基于 TU 的帧内预测在编码效率上提高了约 1.2%。

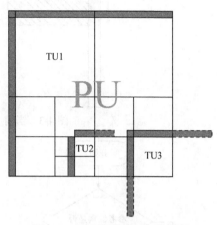

图 4-1 一种可能的 PU 划分方式   图 4-2 帧内预测中 TU 的划分

另外,需要注意的一点是,色度 TU 和 PU 的划分基本与亮度块完全一致,仅在亮度 PU 的分割模式为 $N \times N$ 的情况下有所区别。因为此时亮度 PU 的大小仅为 4×4,如果色度块也据此进行分割,由于 4:2:0 的采样格式,则色度 PU 的大小仅为 2×2,一方面没有定义 2×2 的变换矩阵,另一方面粒度过小的分割反而对压缩效率起到了负面的影响,所以在此种情况下,色度 PU 的大小依然为 4×4,其对应的亮度块则实际上涵盖了四个 4×4 的亮度 PU。

2. 参考像素管理

HEVC 帧内预测相对于 H.264/AVC 的另一个改进之处,就是参考像素的选择和处理。HEVC 中,帧内预测所参考的像素,除了类似于 H.264/AVC 的当前预测块的左上、左边、上方、右上的像素,还多了一个左下的像素,如图 4-3 所示,另外,对参考像素还增加了填充、滤波、投影处理,以提高帧内预测的相应性能。

1) 填充过程

帧内预测所需要的参考像素并不是一直都存在的。例如,在一帧图像的边界处,相应位置的参考像素就不存在;另外,参考像素必须是重建像素,根据块的处理次序的关系,也并不是所有的参考像素值在进行当前块预测时就已经被重建完成了的,这些像素点同样要作为不存在的像素点来处理。对于这些缺失的参考像素,HEVC 定义了一个填充的过程,以用存在的参考像素对其进行补充,填充的流程图如图 4-4 所示。保证了填充过程之后各个图像块预测过程的统一性,使参考像素的有无不会改变具体的预测过程。

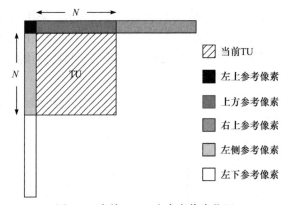

图 4-3　当前 TU 五个参考像素位置

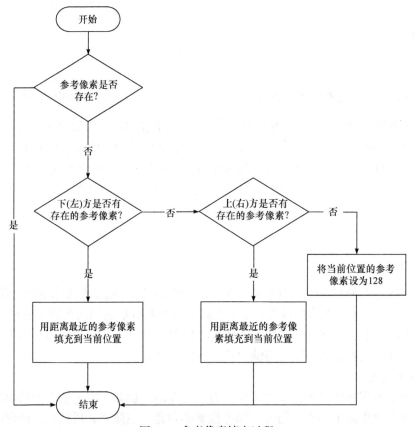

图 4-4　参考像素填充过程

2) 滤波过程

H.264/AVC 中采用了一个三抽头的平滑滤波器对 8×8 亮度块预测时的参考像素进行了滤波。HEVC 中采用了相同的滤波器([1 2 1]/4)，对大于 4×4 的亮度块的参考像素进行了滤波。对于边缘处的参考像素则不进行滤波处理。

将具体的滤波情况总结如表 4-1 所示，表中的数字代表预测模式(预测模式将在下一小节介绍)。对于 32×32 的块，除了水平和垂直的 Angular 预测模式和 DC 模式，其他模式预测时均采用滤波后的像素作为参考；对 16×16 的块，参考像素不做滤波的预测模式又增加了最靠近水平和垂直模式的 4 个 Angular 模式(9，11，25，27)；对于 8×8 的块，需要滤波的预测模式减少了很多，只有 0，2，18，34 四种模式需要使用滤波后的参考像素。这种根据块大小以及预测模式而选择性地对参考像素进行滤波的方法，能有效减轻由于边界效应带来的轮廓伪像状况。

表 4-1　参考像素的滤波情况

TU 尺寸	4×4	8×8	16×16	32×32
滤波	none	0，2，18，34	else	else
不滤波	all	else	1，9，10，11，25，26，27	1，10，26

3) 投影过程

可以把 HEVC 帧内角度预测的过程理解成一个简单的投影过程，即通过当前像素沿某个预测方向在参考像素集上投影，"投中"的那个参考像素就是当前像素的预测值。由前面可知，参考像素集既有上方的，也有左方的，这会导致计算的复杂度很高，因此需要把参考像素通过"投影"将其映射为一维形式，记为 Ref 。当预测模式为 18～34 时，将左边和左下的参考像素投影到上方的参考像素行中；当预测模式为 2～17 时，将上方和右上的参考像素投影到左边的参考像素列中。这种投影的方法对压缩性能的影响非常小，但是相比于在预测过程中适时地选择行参考像素或者列参考像素，显著降低了预测的复杂度。

以 8×8 TU 某一种投影方式为例，将左边的参考像素投影到上方的参考像素行中，具体的映射为 $\text{Ref}[-1]=R_{0,2}$ ，$\text{Ref}[-2]=R_{0,3}$ ，$\text{Ref}[-3]=R_{0,5}$ ，$\text{Ref}[-4]=R_{0,6}$ ，$\text{Ref}[-5]=R_{0,8}$ ，如图 4-5 所示。

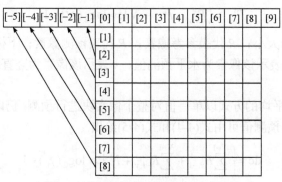

图 4-5　帧内预测参考像素投影示意图

3. 预测模式

在 HEVC 标准中，"预先设置的加权处理"被称为"预测模式"，包含了 DC、Planar 和 33 种角度预测模式，以确保在各种允许的块大小的预测过程中，能更精确地表明当前块的纹理状况，确保预测的准确性，如图 4-6 所示。预测角度并不是用几何角度表示，而是用像素的个数或者格数来表示，单位记作"d"，例如水平预测模式(编号10)的角度为"0"格。

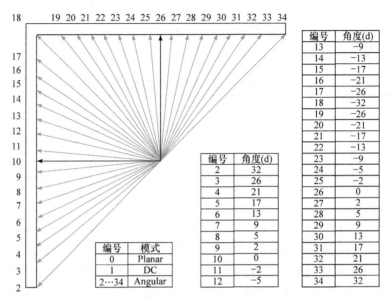

图 4-6   HEVC 标准中的 35 种帧内预测模式

Planar 模式适用于相对平滑的 PU，其预测像素为水平预测值和竖直预测值的线性平均。若以当前 PU 左上角的像素点作为坐标零点，向右为 Y 轴正方向，向下为 X 轴正方向时，各个像素的预测值可由式(4-1)～式(4-3)给出。

$$P_{x,y}^{\mathrm{v}} = (N - y - 1) \times R_{x,-1} + (y+1) \times R_{-1,N} \tag{4-1}$$

$$P_{x,y}^{\mathrm{h}} = (N - x - 1) \times R_{-1,y} + (x+1) \times R_{N,-1} \tag{4-2}$$

$$P_{x,y}^{\mathrm{f}} = \left(P_{x,y}^{\mathrm{v}} + P_{x,y}^{\mathrm{h}} + N \right) \gg \log_2(N) + 1 \tag{4-3}$$

其中，N 是 TU 块的大小；R 代表参考像素；P 代表预测像素；下标给出了 R 和 P 的坐标值，而 P 的上标 h 表示该像素为水平预测值，v 表示该像素为竖直预测值，f 表示该像素为最终的预测值。

DC 模式则用求平均的方式以单一值对整个像素块进行预测。仍以同样的方式定义坐标系，则各个像素的预测值可由式(4-4)和式(4-5)给出。

$$\mathrm{dc} = \left(\sum_0^{N-1} R_{x,-1} + \sum_0^{N-1} R_{-1,y} + N \right) \gg \log_2(N) + 1 \tag{4-4}$$

$$P_{x,y}^{\mathrm{f}} = \mathrm{dc}, \quad x,y = 0,\cdots,N-1 \tag{4-5}$$

其中，N 是 TU 块的大小；dc 代表求得的平均值；R 代表参考像素；P 代表预测像素；下标给出了 R 和 P 的坐标值，而 P 的上标 f 表示该像素为最终的预测值。

考虑到边界处的连续性问题，对于小于及等于 16 × 16 的亮度 PU，HEVC 引入了对于第一行和第一列预测值的二抽头滤波器，拐角处预测值的三抽头滤波器，如式(4-6)～

式(4-8)所示。

$$P_{0,0}^{\mathrm{f}} = \left(R_{-1,0} + 2 \times \mathrm{dc} + R_{0,-1} + 2\right) \gg 2 \tag{4-6}$$

$$P_{x,0}^{\mathrm{f}} = \left(R_{x,-1} + 3 \times \mathrm{dc} + 2\right) \gg 2, \quad x = 1,\cdots,N-1 \tag{4-7}$$

$$P_{0,y}^{\mathrm{f}} = \left(R_{-1,y} + 3 \times \mathrm{dc} + 2\right) \gg 2, \quad y = 1,\cdots,N-1 \tag{4-8}$$

HEVC 帧内预测中的 Angular 模式，是针对图像纹理的方向性预测，而预测方向的数目和角度则是权衡了编码复杂度和编码效率之后得到的一个折中值。在自然界的图像中，水平和垂直的纹理形式出现的频率更高，HEVC 帧内预测的 33 种 Angular 预测角度就是根据这个观察现象得到的。越靠近水平和垂直方向，预测模式角度的位移就越小，以保证更高的预测准确性。仍以同样的方式定义坐标系，则各个像素的预测值可由式(4-9)～式(4-11)给出。

$$\mathrm{iIdx} = \begin{cases} (x+1) \times \mathrm{Angle} \gg 5, & \mathrm{mode} = 2,\cdots,17 \\ (y+1) \times \mathrm{Angle} \gg 5, & \mathrm{mode} = 18,\cdots,34 \end{cases} \tag{4-9}$$

$$\mathrm{iFact} = \begin{cases} \left((x+1) \times \mathrm{Angle}\right) \& 31, & \mathrm{mode} = 2,\cdots,17 \\ \left((y+1) \times \mathrm{Angle}\right) \& 31, & \mathrm{mode} = 18,\cdots,34 \end{cases} \tag{4-10}$$

$$P_{x,y}^{\mathrm{f}} = \begin{cases} \left((32-\mathrm{iFact}) \times R_{y+\mathrm{iIdx}+1} + \mathrm{iFact} \times R_{y+\mathrm{iIdx}+2} + 16\right) \gg 5, & \mathrm{mode} = 2,\cdots,17 \\ \left((32-\mathrm{iFact}) \times R_{x+\mathrm{iIdx}+1} + \mathrm{iFact} \times R_{x+\mathrm{iIdx}+2} + 16\right) \gg 5, & \mathrm{mode} = 18,\cdots,34 \end{cases} \tag{4-11}$$

其中，mode 是角度预测的模式编号；Angle 是该模式下所选取的角度；iIdx 和 iFact 是预测参数；R 代表参考像素；P 代表预测像素；下标给出了 R 和 P 的坐标，而 P 的上标 f 表示该像素为最终的预测值。值得注意的是，为了降低预测的复杂度，此处的参考像素指的是投影后的参考像素。取决于当前角度预测的方向，参考像素会被投影到单一的一行或者一列中。因此，这些参考像素的坐标是一维的。

4. 帧内预测总结

由上述背景可知，帧内预测的过程其实就是在寻找最优块划分和最优预测模式的过程。而在 HEVC 标准中，帧内 PU 块的划分和模式非常复杂，前者包含了从 64×64 到 4×4 这一深度为 5 的四叉树，后者则直接包含了 35 种可选模式。因此，传统的暴力破解，即简单遍历的方法无法适应于 HEVC 编码标准。更为可取的做法是先通过某种精度较低但代价较小的算法粗选出部分划分和部分模式，再利用代价较大但精度较高的算法选出最终的划分和模式。

不失一般性地，本书将不进入重建环路的划分和模式判别称为前预测；将需要进入重建环路的划分和模式判别称为后预测。由于不需要进入重建环路，前预测的运算量和延迟一般较小，但判决并不足够精准；而后预测得到了重建环路的支持，判决足够精准，但相对应地，运算量和延迟一般很大。重建环路的相关内容将在第 7 章介绍。

4.1.2 现有成果

1. HM 的推荐算法

在 HEVC 测试模型(HM)中，帧内预测主要分成三个步骤：模式粗选(rough mode decision，RMD)、最佳可能预测模式(most possible mode，MPM)和码率失真优化(rate distortion optimization，RDO)。

RMD 主要基于阿达马变换后的差值之和(SATD)，即依次按照 35 种模式对当前 PU 进行预测，将预测像素与原始像素作差，对差值进行阿达马变换后求和。根据这一数值的大小可以估计当前模式是否适合，并选择若干最好的模式放入备选模式集中。

MPM 主要基于相邻 PU 的相似性，即根据已编码的相邻 PU 所选取的模式，预测出当前 PU 可能采用的预测模式。如果这些模式没有出现在 RMD 过程得到的备选模式集中，则将这些模式加入备选集。

RDO 主要基于码率-失真优化策略，是一种极为精准但也极为费时的判决方法。该过程需要经历整个编码过程，并根据编码的结果得到图像的失真情况和编码的码率情况来估计采用当前模式的代价，该代价由式(4-12)给出。

$$RD_{cost} = D + \lambda R \tag{4-12}$$

其中，D 表示失真情况，即重建像素和原始像素的差；R 表示码率情况，即压缩得到码流的比特数目；λ 被称作拉格朗日常数，表示失真情况和码率情况的比重，用以决定编码时是倾向于得到更好的图像质量还是更少的码流比特，因此 λ 与量化参数 QP 密切相关。

根据上述介绍可知，即便更为注重编码效果的 HM，也没有将所有的预测模式送入 RDO 中进行遍历。HM 采取的策略是先利用代价较小的 RMD 过程对 35 种模式进行遍历，从而得到一个备选集，接着将 MPM 模式添加到该备选集中，最后将有限个模式送入 RDO 中。

根据本章对于前预测和后预测的定义，RMD 属于前者，RDO 则属于后者，MPM 由于必须参考相邻单元的预测模式，因此，也被归为后者。由于本章算法优化及 VLSI 实现的对象是前预测部分，因此，此处仅考量 RMD 过程。

尽管 HM 中的 RMD 过程已经在很大程度上降低了帧内预测的复杂度，但其本质仍然是一种基于简单遍历的粗选方法。假设存在某个硬件 RMD 引擎且该引擎的吞吐率为 32 像素/周期，那么该引擎遍历一个尺寸为 64 × 64 的 LCU 至少需要 22400[①]周期。如果目标视频是 4K × 2K@30fps 的高清视频，那么该引擎需要工作在 1.36GHz[②]的频率上才能满足编码要求，这显然是不切实际的。基于这个原因，非常多的文章以此为主题，研究

---

① 64×64×5×35/32，其中，"64×64"代表 PU 四叉树每层的像素数目；"5"代表从 64×64 到 4×4 一共有 5 层；"35"是模式数目；"32"是吞吐率。

② (3840×2160)/(64×64)×22400×30/10⁹，其中，"3840×2160"代表一帧视频的像素数目；"64×64"代表一个 LCU 的像素数目；"22400"代表处理一个 LCU 所需的周期；"30"代表视频的帧率；"10⁹"代表单位是 GHz。

了怎样更高效地得到备选模式集，并提出了诸多具有参考价值的软硬件快速算法。

2. 已有的软硬件快速算法

正如前面所述，很多算法采用了 RMD 和 MPM 以加速判决过程，这大大减轻了 RDO 的负担，然而，RMD 仍然需要在 5 层四叉树中遍历 35 种预测模式，其计算量之大，难以用较低的硬件代价实时完成。

因此，为了进一步优化上述过程，诸多文章提出了具有价值的研究成果，即便是近几年，这一主题仍然是一个非常热门的研究方向，以下给出若干具有代表性的例子。

属于软件领域的算法有：

Wang 等[1]提出了自适应阈值的方法以降低计算复杂度。与 HM 相比，该方法平均可降低 0.55%的 BDBR 并节省 2.5%的时间。

Hsu 等[2]提出了一种自适应阈值的模式候选方法，与 HM 相比，该方法可以降低 22%的计算复杂度而只引入 0.09%的 B-D rate 增量。

Song 等[3]利用 CNN 获取备选模式。与 HM 相比，该方法的编码时间缩短了 27.92%，而相应的 BDBR 增量为 1.15%。

Yao 等[4]根据 RMD 结果与最佳预测模式之间的相关性移除了候选列表中的某些预测模式。与 HM 相比，该方法提高了约 20%的效率而压缩率没有显著变化。

Chen 等[5]提出了一种基于粗略模式成本的变换划分方法，该方法可提高 RD 性能并缩短编码时间。

Duan 等[6]利用 PU 之间的时空相关性分别缩小了 RMD 和 RDO 的候选列表。相比于 HM，该方法可减少 29%的编码时间，但引入了 1.19%的 BDBR 增量和 0.06dB 的 BD PSNR 损失。

Zhang 等[7]将 35 种预测模式按相位角度分组，从而减少了候选模式。

Zhang 等[8]利用梯度的方法减少了 RMD 和 RDO 的候选模式。与 HM 相比，该方法可缩短约 54%的编码时间而只引入 0.7%的 B-D rate 增量。

Yang 等[9]通过分析不同方向的纹理复杂性对 35 种预测模式进行分组，从而减少了粗略模式决策过程中预测模式的数量。

Lim 等[10]提出了 PU 跳过和拆分终止算法。与 HM 相比，该方法可节省 53.52%的编码时间而保持几乎相同的 RD 性能。

属于硬件领域的算法有：

Xu 等[11]提出了一种基于离散差异的硬件算法。相比于 HM，该方法可节省 34.2%的编码时间，而只引入 0.52%的 B-D rate 增量。

Corrêa 等[12]提出了一个高吞吐量 RMD 的架构。相比于 HM，该方法仅引入 0.17%的 B-D rate 增量。

Atapattu 等[13]提出了一个三级流水的 RMD 架构，并通过 SATD 提前判决避免了二值化的 CU 分割和预测方向决策所需的反馈。

Zhao 等[14]提出了一种基于离散交叉差分的硬件算法，根据该差分结果，该实现只需要处理一个子集。

Huang 等[15]提出了若干种硬件算法，包括基于源信号的粗略模式决策、由粗到细的粗略模式搜索、预测模式交错 RDO 模式决策、并行化上下文自适应和无色度编码单元(CU)/预测单元(PU)决策等。

4.1.3　设计考量

观察所列出的研究成果，我们可以发现软件算法的编码性能往往较好，而硬件算法的编码效果却并不理想。这是因为不同于软件实现，VLSI 实现的过程中，RMD 过程将面临更多的限制条件。

具体地，RMD 过程的主要负担是极其庞大的计算数量；RDO 过程的主要负担则是极其复杂的计算过程。为了满足高清视频对 LCU 吞吐率的要求，RMD 和 RDO 一般需要被分配到不同的 LCU 流水级中。然而，RMD、MPM 和 RDO 之间存在着一定的数据依赖，RMD 过程需要依托于重建像素，MPM 过程需要依托于相邻 PU 的最佳模式，而这些数据都只有在完成了对于相邻 PU 的 RDO 过程后才能够获得。为了让流水级保持填满，就必须打断这一数据依赖，换言之，RMD 引擎将无法获取邻近 PU 的重建像素和最佳模式。

另外，如果仍然按照 HM 的推荐算法进行遍历，即使 RMD 被单独分配了一个 LCU 流水级，所需的工作频率也将如 4.1.2 节所计算的高达 1.3GHz。

根据上述分析可以推知，以下三个限制条件将成为优化 RMD 算法首先需要解决的问题：无法获取重建像素、无法获取邻近 PU 的最佳模式、遍历带来庞大的计算量。

4.2　算　法　优　化

为了解决 4.1.3 节中提到的问题，HM 中的 RMD 算法可以在三点进行优化：①计算失真的优化；②计算码率的优化；③搜索模式的优化。下面会对这三种优化方法进行详细说明。

表 4-2 给出了上述优化所引入的 B-D rate 增量，用以对比的 HM 版本为 15.0，采用默认设置。

表 4-2　RMD 优化算法的 B-D rate 增量

类型	码流	M1	M2	Ma	Mb	Ma +1+2	Mb +1+2
A	Traffic	0.1	0.1	0.1	0.1	0.3	0.2
	PeopleOnStreet	0.1	0.1	0.0	0.1	0.3	0.3
	Nebuta	0.0	0.1	0.1	0.1	0.2	0.1
	SteamLocomotive	0.1	0.1	0.0	0.1	0.3	0.3
B	Kimono	0.1	0.4	0.0	0.1	0.3	0.4
	ParkScene	0.1	0.1	0.0	0.1	0.1	0.2
	Cactus	0.1	0.2	0.1	0.1	0.4	0.3
	BasketballDrive	0.3	0.4	0.4	0.3	1.5	0.8
	BQTerrace	0.1	0.1	0.1	0.2	0.4	0.3

续表

类型	码流	M1	M2	Ma	Mb	Ma+1+2	Mb+1+2
C	BasketballDrill	0.2	0.2	0.4	0.4	0.5	0.3
	BQMall	0.1	0.1	0.2	0.2	0.2	0.3
	PartyScene	0.1	0.1	0.3	0.4	0.3	0.4
	RaceHorsesC	0.1	0.1	0.1	0.2	0.2	0.3
D	BasketballPass	0.2	0.2	0.2	0.2	0.4	0.3
	BQSquare	0.1	0.1	0.2	0.3	0.3	0.3
	BlowingBubbles	0.1	0.2	0.2	0.2	0.2	0.2
	RaceHorses	0.1	0.1	0.1	0.2	0.2	0.3
E	FourPeople	0.1	0.2	0.1	0.2	0.6	0.4
	Johnny	0.3	0.8	0.3	0.2	1.8	1.4
	KristenAndSara	0.3	0.5	0.2	0.2	1.3	1.0
A	Average A	0.1	0.1	0.1	0.1	0.28	0.23
All	Average All	0.1	0.2	0.2	0.2	0.50	0.40

表 4-2 中，列 M1 给出了优化计算失真引入的 B-D rate 增量，列 M2 给出了优化计算码率引入的 B-D rate 增量，列 Ma 和列 Mb 分别给出了优化搜索模式的两种不同策略所引入的 B-D rate 增量。列 Ma+1+2 和列 Mb+1+2 分别给出了最终的 B-D rate 增量。

4.2.1　计算失真的优化

码率失真优化中的失真在本意上指的是重建像素和原始像素之间的差异。然而，重建环路需要相当数量的时空资源，一般不会出现在 RMD 的过程中。换言之，我们并不能获取当前块的重建像素。事实上，由于硬件实现在信息获取上的限制，我们同样无法获取相邻块的重建像素。不幸的是，帧内预测所参考的重建像素恰恰来自相邻块，因此，我们甚至无法获取当前块的预测像素。基于上述原因，将码率失真优化中的失真调整成基于原始像素进行预测所得到的对预测像素的估计与原始像素之间的差异，并采用了 SATD 代价对差异进行表征，该代价在实际的生产实践中得到了广泛的印证。

4.2.2　计算码率的优化

一方面，正如前面所述，为了减少预测模式占用的码率，HEVC 标准引入了 MPM 的概念。但由于硬件实现在信息获取上的限制，我们无法在 RMD 的过程中获取相邻 PU 的预测模式，也就无法获取 MPM，继而无法很好地估计编码预测模式所需的码率。但幸运的是，在帧内预测的码率中，模式所占的比重相对较少，因此，可以在 RMD 的过程中忽略该代价。另一方面，残差系数需要经过前半段的重建环路才能得到，因此，基于与计算失真相同的原因，我们也无法在 RMD 的过程中获取该信息。但好在 SATD 代价也能够体现残差系数所对应的码率代价。事实上，相比于失真，SATD 代价对于码率的体现程度可能更高。因此，它被广泛地运用在 RMD 的过程中。

4.2.3 搜索模式的优化

与 HM 推荐的遍历算法不同，优化后的模式搜索方法是利用步长为 3 的层次化搜索对预测模式逐步收敛，从而得到备选集。需要注意的是，为了进一步减小计算的复杂度，该算法禁用尺寸为 64 × 64 的 PU。具体步骤如下：

(1) 搜索模式列表{4, 8, 12, 16, 20, 24, 28, 32}，并按照 SATD 值进行排序，将排序的结果记作{S1_M[0], S1_M[1], S1_M[2], S1_M[3], S1_M[4], S1_M[5], S1_M[6], S1_M[7]}，其中 S1_M[0]是列表中 SATD 值最小的模式，S1_M[7]是 SATD 值最大的模式。

(2) 搜索模式列表{S1_M[0]−2, S1_M[0]+2, S1_M[1]−2, S1_M[1]+2, S1_M[2]−2, S1_M[2]+2, ···}的前四个不重复的模式，按照 SATD 值排序并与步骤(1)产生的列表进行合并，将合并的结果记作{S2_M[0], S2_M[1], S2_M[2], S2_M[3], ···}，其中 S2_M[0]是列表中 SATD 值最小的模式。

(3) 搜索模式列表{S2_M[0]−1, S2_M[0]+1, S2_M[1]−1, S2_M[1]+1, S2_M[2]−1, S2_M[2]+1, ···}的前四个不重复且仍然有意义的模式，按照 SATD 值排序，并与步骤(2)产生的列表进行合并，将合并的结果记作{S3_M[0], S3_M[1], S3_M[2], S3_M[3], ···}。

(4) 若选用 Ma 策略，则直接将 Planar 和 DC 模式放在步骤(3)产生的列表前；若选用 Mb 策略，则仍然搜索 Planar 和 DC 模式，按照 SATD 值排序，并与步骤(3)产生的列表合并。无论选择 Ma 还是 Mb 都将生成新的列表，记作{S4_M[0], S4_M[1], S4_M[2], S4_M[3], ···}。

(5) 根据当前的 PU 大小，选择步骤(4)产生列表的前若干项送往 MPM 和 RDO。

以下给出上述搜索步骤的一个具体例子。

(1) 搜索模式列表{4, 8, 12, 16, 20, 24, 28, 32}，并按照 SATD 值进行排序，假设排序的结果为{4, 8, 28, 32, 20, 16, 12, 24}。

(2) 搜索模式列表{4−2, 4+2, 8−2, 8+2, 28−2, 28+2, ···}的前四个不重复的模式即列表{2, 6, 10, 26}。显然，4+2 和 8−2 重复，假设按照 SATD 排序，并与步骤(1)产生列表合并的结果为{2, 4, 10, 6, 8, 26, 28, 32, 20, 16, 12, 24}。

(3) 搜索模式列表{2−1, 2+1, 4−1, 4+1, 10−1, 10+1, ···}的前四个不重复且仍然有意义的模式，即列表{3, 5, 9, 11}。显然，2−1 不再是角度模式且 2+1 与 4−1 重复，假设按照 SATD 值排序，并与步骤(2)产生的列表进行合并的结果为{3, 2, 4, 10, 11, 9, 5, 6, 8, 26, 28, 32, 20, 16, 12, 24}。

(4) 若选用 Ma 策略，则直接将 Planar 和 DC 模式放在步骤(3)产生的列表前，即{0, 1, 3, 2, 4, 10, 11, 9, 5, 6, 8, 26, 28, 32, 20, 16, 12, 24}；若选用 Mb 策略，则仍然搜索 Planar 和 DC 模式，假设按照 SATD 值排序，并与步骤(3)产生的列表合并的结果为{3, 2, 4, 10, 0, 11, 1, 9, 5, 6, 8, 26, 28, 32, 20, 16, 12, 24}。

(5) 根据当前的 PU 大小，选择步骤(4)产生列表的前若干项送往 MPM 和 RDO。

图 4-7 给出了上述过程的图形化描述。

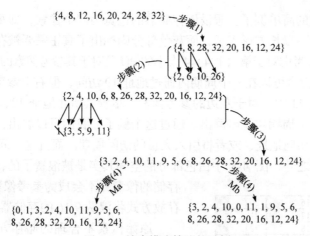

图 4-7 搜索模式算法的示例

如表 4-3 所示，从编码效果的角度而言，该优化算法仅仅引入了 0.5% 的 B-D rate 增量，远优于其他硬件算法；从是否适应 VLSI 实现的角度而言，若采用一个吞吐率为 32 像素/周期的 RMD 引擎，该算法(Ma+1+2)处理一个 64 × 64 大小 LCU 的理想周期将从 22400 周期缩减为 8192 周期[1]。换言之，在理想情况下，该算法所对应的 VLSI 实现，只要工作在 498MHz[2]，就能够支持 4K × 2K@30fps 的目标视频。

表 4-3　RMD 算法优化前后的对比

过程	B-D rate	周期	4K × 2K@30fps 视频所需的频率
优化前	—	22400	1.3GHz
优化后	0.50%	8192	498MHz

4.3　VLSI 实现

4.3.1　VLSI 实现概述

值得注意的是，即使对算法进行了上述优化，在实际的 VLSI 实现时，以下的三个问题仍将会在很大程度上影响引擎的处理速度：准备参考像素的延迟、准备原始像素的延迟、当前搜索步骤与下一个搜索步骤的数据依赖。

准备参考像素的延迟是由不合理的存储方式带来的。在一般的实现中，参考像素是按照光栅的顺序存放在存储器中的，而这会导致很多问题，例如，产生访问地址的逻辑较复杂、访问参考像素所需的周期较多，同时还造成了存储器中的空间浪费。图 4-8 给

① 64×64×4×16/32，其中，"64×64"代表 PU 四叉树每层的像素数目；"4"代表从 32×32 到 4×4 需要遍历 4 层；"16"代表需要搜索的模式数目；"32"代表吞吐率。

② (3840×2160)/(64×64)×8192×30/10⁶，其中，"3840×2160"代表一帧视频的像素数目；"64×64"代表一个 LCU 的像素数目；"8192"代表处理一个 LCU 所需的周期；"30"代表视频的帧率；"10⁶"代表单位是 MHz。

出了这种存储方式的简单例子。假设该存储器的位宽为四个像素，即每个地址都可以存储四个像素，在图中以长方形表示，而灰色部分则标出了真正需要被存储的参考像素。为了体现上述问题，考虑对于第六个 4×4 大小的 PU 及对于其参考像素的访问。根据图 4-8，该 PU 上方的参考像素可以在一个周期内通过地址 19 访问，但右上参考像素却被分配在一个不连续的地址 23 中；对于左边的参考像素，尽管其所在地址 12、13、14、15 是连续的，但却需要四个周期才能够读出。通过这个例子，我们可以看出，这种存放方式或者将导致不连续的访问地址，或者将引入大量的访问周期。而且这一问题会随着 PU 的增大而加剧。除此之外，图 4-8 中白色部分的空间其实是被浪费了的，因为这些空间上存储的像素并不会成为参考像素。具体地，这一存放方式将浪费 9/16 的存储器面积。

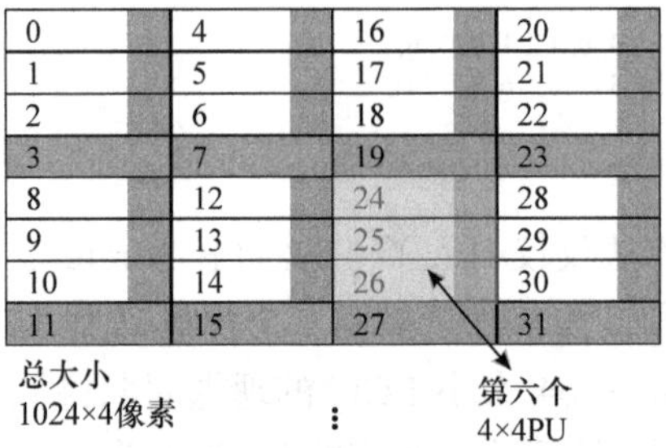

原始像素不合理的储存方式增加了准备原始像素的延迟。在一般的实现中，原始像素是按照光栅方式存储的，如图 4-9 所示。其中，每个小方框代表一个像素。显然，这种直接的存储方式有利于像素从外存到内存的搬运，但对于基于块的后续处理，这样的存储方式却会大大拖慢处理速度。具体地，以 4×4 大小的 PU 为例，全部取出需要 4 周期，换言之，吞吐率为 4 像素/周期。

图 4-8　光栅存储的参考像素存储器

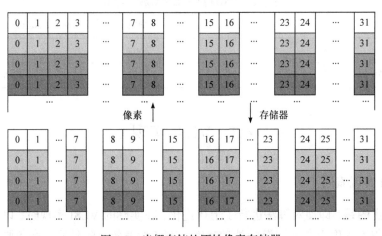

图 4-9　光栅存储的原始像素存储器

层次化搜索方式导致当前搜索步骤与下一个搜索步骤产生了数据依赖。根据 4.2.3 节提出的算法，对于每个 PU 来说，都需要进行步长为 3 的搜索，而下一步的搜索是依赖于上一步的结果的，因此，在不进行调度的情况下，该 RMD 引擎的时空图如图 4-10 所示。其中，灰色矩形代表了各个引擎的处理延迟、白色矩形代表全流水情况下的数据；白色矩形中的字母 P 代表 PU、S 代表搜索步骤、M 代表搜索模式。例如，P1S3M2 代表第一个 PU 在第三步所搜索的第二个模式；P2S2M1 代表第二个 PU 在第二步所搜索的第 1 个模式。虚线代表了数据依赖。显然地，对于同一个 PU，其在第三步中搜索的 PU 的模式取决于该 PU 在第二步中的排序结果。因此，我们可以看到 P1S2M4 和 P1S3M1 之间存在着大量的流水线"气泡"。这一问题极为严重地影响了 RMD 引擎的全速运行。

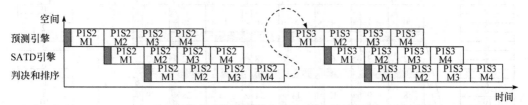

图 4-10   调度前 RMD 引擎的时空图

为了解决上述问题，本章提出了图 4-11 所示的 RMD 总体架构。其中，行列存储器用于快速读入参考像素；并发存储器用于快速读入原始像素；预测引擎和 SATD 引擎分别用于执行预测和 SATD 计算的任务；搜索调度器用于执行搜索算法。

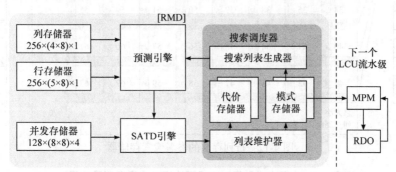

图 4-11   RMD 总体架构

4.3.2   行列存储器

为了使准备参考像素的延迟变得不可见，架构采用了如图 4-12 所示的行列存储器，并对其进行了优化。其中，行存储器用来存放所有横向排布的参考像素，即左上、上方和右上的参考像素；列像素用来存储所有纵向排布的参考像素，即左上、左方和左下的参考像素。

值得注意的是，当前 PU 上方的参考像素同时是前一 PU 右上的参考像素和后一 PU 左上的参考像素。因此，从不重复存储的角度，一个深度为 256，位宽为 4 像素的存储器即可存储所有横向排布的参考像素，对于列存储器也是如此。仍以第六个 4 × 4 大小的 PU 为例，上方和右上的参考像素可以在两个周期内由地址 2 和 3 访问；左方和左下像素也可以在两个周期内由地址 17 和 18 访问。

为了进一步提升吞吐率，该架构将左上的参考像素重复存储在行存储器中。对于第六个 4 × 4 大小的 PU，其左上参考像素被重复存储在行存储器的 2 号地址中。因此，图 4-12 中行存储器的位宽为 5 像素，而列存储器的位宽仍为 4 像素。表 4-4 给出了不同 PU 大小之下，光栅存储和行列存储访问所有参考像素所需的周期数目；表 4-5 则给出了光栅存储和行列存储所占的存储器比特数和访问功耗。

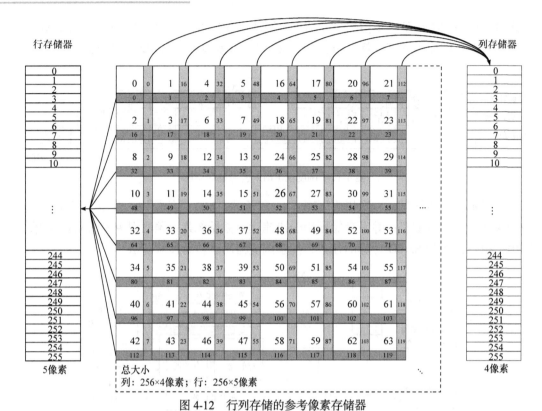

图 4-12　行列存储的参考像素存储器

表 4-4　光栅方式和行列方式下访问参考像素所需的周期

PU 大小	4	8	16	32
光栅存储	11	21	41	81
行列存储	2	4	8	16

表 4-5　光栅方式和行列方式下存储参考像素所需的比特数和功耗

比较项目	比特数	功耗/mW	频率/MHz
光栅存储	32768	70	500
行列存储	18432	3.525	500

　　根据前面，我们可以发现行列存储器具有诸多优势。首先，不论是横向分布，还是纵向分布的参考像素，都分别被映射到连续的地址中，简化了访问地址的产生。其次，参考像素总是能够以至少 4 像素/周期的吞吐率被取出或更新，减少了访问的延迟。所有地址空间都存储了有意义的数据，消除了对于存储空间的浪费。最后，合理的存储方式也大大减少了访问所引入的功耗。

4.3.3　并发存储器

为了使准备原始像素的延迟变得不可见，本章提出了如图 4-13 所示的并发存储器。

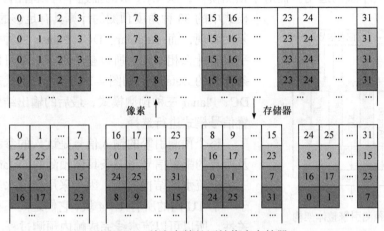

图 4-13　并发存储的原始像素存储器

对于任意 4 × 4 PU，其内部的像素总是位于不同的存储器中，因此，它们总是能够被并发地取出。事实上，这种并发存储器的结构不仅能够支持 4 个 1 × 4 行像素的并发取出，还能够支持 4 个 1 × 8 行、2 个 1 × 16 行或者 1 个 1 × 32 行的访问，当然，这些像素都隶属于同一个 8 × 8 大小的 PU、同一个 16 × 16 大小的 PU 或者同一个 32 × 32 大小的 PU。表 4-6 给出了不同 PU 大小之下，光栅存储和并发方式下访问所有原始像素所需的周期数目；表 4-7 则给出了光栅存储和并发方式下所占的存储器比特数和访问功耗。

表 4-6　光栅方式和并发方式下访问原始像素所需的周期

PU 大小	4	8	16	32
光栅存储	4	8	16	32
并发存储	1	2	8	32

表 4-7　光栅方式和并发方式下存储原始像素所需的比特数和功耗

比较项目	比特数	功耗/mW	频率/MHz
光栅存储	32768	16.6	500
并发存储	32768	18.8	500

由表 4-6 和表 4-7 可知，并发方式在增加少量功耗的代价下，大大提高了对于小块 PU 的访问速度，使得准备原始像素的时间对 RMD 引擎而言变得不可见。

4.3.4　预测引擎

预测引擎需要能够同时支持 32 × 32、16 × 16、8 × 8、4 × 4 四种块大小的 35 种预测模式的预测，如何实现通用性是一个难点所在。首先定义配置信号，给出预测一个尺寸为 4×4 的像素块所需的所有信息。其次对于不同的块大小而言，同一种预测模式的处理方法基本完全一样，只是在参考像素的个数和选取以及某些计算上会略有不同，因而容易实现不同大小块的通用。而对于预测模式，从 4.1.1 节的描述中可以看出，35 种预测模式中的 33 种角度预测的计算具有足够的共性，易于复用实现，而 Angular、DC、Planar 三种模式之间几乎没有什么相似性，所以整个预测引擎可以看成有三条预测的 Datapath，如图 4-14 所示，分别代表 Angular、DC、Planar 三种预测模式，最后的输出结果会根据配置信号模式进行选择。

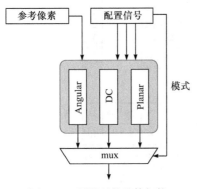

图 4-14   预测引擎整体架构

整个预测引擎的输入信号是读入的参考像素，以及所有的配置信号，三条具体预测的 Datapath 则采用三级全流水的结构实现。因为采用全流水的结构，对于一个 TU 内的所有 4×4 块，它们之间不存在数据相关性，所以可以流水线完成帧内预测过程。

1. Angular 模式预测

Angular 模式主要用到三个配置信号：tu_size、(i4 x 4_x,i4 x 4_y)、模式。其架构如图 4-15 所示，利用不同的角度预测过程的共性，设计成一个三级流水的结构。

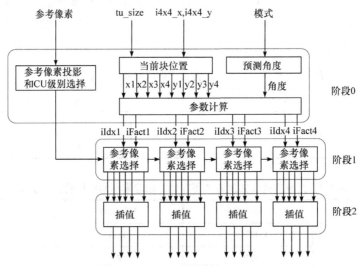

图 4-15   Angular 预测的 Datapath

每级流水线完成的工作如下所述。

阶段 0：计算参数 iIdx 和 iFact。从 4.1.1 节两者的计算公式中能够看出，在模式 2～模式 17 的预测过程中，对于一个 4×4 块中每一列的四个像素，这两个参数是同一个值；类似地，在模式 18～模式 34 的预测过程中，每一行的四个像素共用同一个参数，即表示不管是哪一种预测模式，对于一个 4×4 块而言，其共有四个 iIdx 和 iFact 值需要计算。所以本级主要从配置信号提供的信息中，提取出当前处理 4×4 块对应的四个像素点的横坐标值和纵坐标值，然后据此计算出真正的预测所需要用到的参数 iIdx 和 iFact。同时，参考像素的投影过程也在这一级完成。

阶段 1：选择出对每一个像素进行预测时所需要用到的参考像素。根据 Angular 预测的投影原理，在模式 2～模式 17 的预测过程中，对于一个 4×4 块中每一列的四个像素，最多需要 5 个参考像素；类似地，在模式 18～模式 34 的预测过程中，每一行的四个像素最多需要 5 个参考像素。所以这里的像素预测会根据模式同时对四列或者四行进行。

阶段 2：进行预测的插值过程，并根据模式选择性地进行矩阵转置，从而得到当前 4×4 块的像素预测值。

2. DC 模式预测

如 4.1.1 节所述，DC 其实主要就是一个求均值的过程，由于块大小的多样化，对于较大块参考像素的求和计算可能需要用到较多级的加法器，将其分成三级流水的结构，如图 4-16 所示，刚好可以有效地缩短关键路径，提高工作频率。图 4-16 中上方参考像素的计算结果是由与阶段 0 中对左侧参考像素进行操作的一系列加法器一模一样的运算单元计算得到的。

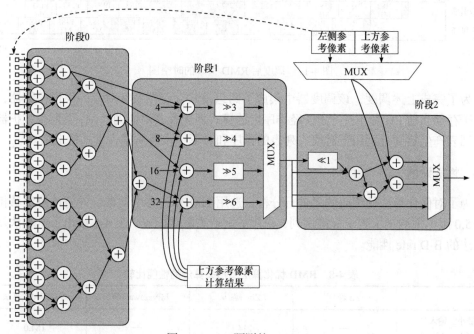

图 4-16　DC 预测的 Datapath

每级流水线完成的工作如下所述。

阶段 0：并行计算行(上方)与列(左边)相应参考像素的和，其中分别有 4 个、8 个、16 个像素点之和，以供后序选择使用。

阶段 1：计算 32 个像素点之和，并将行列计算结果累加起来，进而计算平均值。根据当前处理 TU 的大小，对结果进行最终的选择。

阶段 2：根据当前处理 TU 的大小以及当前预测 4×4 块的位置，判断是直接采用平均值作为预测值，还是需要进行边界预测像素的平滑滤波处理。

3. Planar 模式预测

Planar 预测的计算公式比较简单，用一个式子即可表达，因而只需将式中相应的项进行一定的划分，即可构成一个三级流水的结构，从而与 Angular 和 DC 模式对应起来，这里不再赘述。

4.3.5　搜索调度器

为了使当前搜索步骤与下一个搜索步骤间的数据依赖变得不可见，需要使用到称为"模式调度器"的模块，其主要功能是将当前 PU 和下一个 PU 的搜索进行交织运作。交织运作得以成立，是因为在优化算法中，相邻 PU 之间并不存在任何的数据依赖和影响。在进行调度之后，RMD 引擎的时空图如图 4-17 所示。

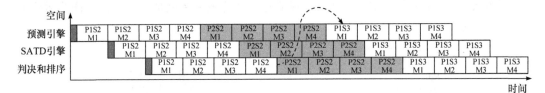

图 4-17　调度后 RMD 引擎的时空图

为了完成上述调度，该调度器中集成了两组模式存储器及其对应的代价存储器，分别用于存储当前 PU 和下一个 PU 经排序后的模式列表及其对应的代价；而列表维护器和搜索列表产生器则分别用于对模式列表的排序和对下一步所需搜索模式的产生。

4.3.6　性能评估

为了对优化算法的编码效果进行分析，选用 HM 作为参考对象，并将该算法移植到 HM15.0 版本中测试了若干标准序列，采用的配置为默认配置。表 4-8 给出了本算法及相关算法的 B-D rate 性能。

表 4-8　RMD 优化算法及相关算法的性能比较

	Yu 等[16]	Zhu 等[17]	Miyazawa 等[18]	本章 RMD 算法
最小二输入与非门个数/Kgate	—	214.1	—	184.0
工作频率/MHz	—	357	—	500
B-D rate 增量/%	3.39	4.53	3	0.5

从编码质量和资源代价上来看，本章提出的 RMD 模块在这两方面都具有一定的优势。Yu 等[16]提出的 RMD 模块采用了卷积网络的结构，代价相对较大。当然，其优势在于能够直接根据当前块的像素数据给出粗略模式，而不需要进行搜索。虽然 Yu 等[16]并未

给出具体的面积指标，但通过该卷积网络的计算复杂度可以推知其硬件代价一般较大：需要乘法器 3552 个；加法器 3054 个；正切计算器 298 个。Zhu 等[17]提出的 RMD 模块采用了图像纹理的原理，误差相对较大。当然，与 Yu 等的研究一样，其优势同样在于不需要进行搜索。根据 Zhu 等[17]给出的面积数据，其模式过滤部分(也就是 RMD 模块)在面积上与本算法十分接近，但 B-D rate 表现却逊色很多。而 Miyazawa 等[18]仅给出了 RMD 部分的 B-D rate 表现(3%)，并未给出具体的面积。

<h2 style="text-align:center">参 考 文 献</h2>

[1] WANG J J, WU K C, LIN Y Y.RMD-based mode decision for ordered-dithering HEVC intra prediction[C]. 2019 IEEE 2nd International Conference on Knowledge Innovation and Invention (ICKII), Seoul, 2019:100-103.

[2] HSU H Y, HUANG S E, LIN Y.Computational complexity reduction for HEVC intra prediction with SVM[C]. 2017 IEEE 6th Global Conference on Consumer Electronics (GCCE),Nagoya, 2017:1-2.

[3] SONG N, LIU Z, JI X, et al.CNN oriented fast PU mode decision for HEVC hardwired intra encoder[C]. 2017 IEEE Global Conference on Signal and Information Processing (GlobalSIP),Montreal, 2017:239-243.

[4] YAO J, JIANG K.A fast intra prediction algorithm with simplified prediction modes based on utilization rates[C]. 2019 IEEE/ACIS 18th International Conference on Computer and Information Science (ICIS), Beijing, 2019:225-229.

[5] CHEN Z Y, JIANG H Y, CHANG P C.Efficient intra transform unit partitioning for high efficiency video coding[C]. 2017 IEEE International Conference on Consumer Electronics-Taiwan(ICCE-TW), Taiwan, 2017: 215-216.

[6] DUAN K, LIU P, FENG Z, et al.Fast PU intra mode decision in intra HEVC coding[C]. 2019 Data Compression Conference (DCC), Snowbird, 2019: 570.

[7] ZHANG M, ZHAI X, LIU Z, et al.Fast algorithm for HEVC intra prediction based on adaptive mode decision and early termination of CU partition[C]. 2018 Data Compression Conference, Snowbird, 2018: 434.

[8] ZHANG T, SUN M T, ZHAO D, et al.Fast intra-mode and CU size decision for HEVC[J].IEEE Transactions on Circuits and Systems for Video Technology, 2016, 27(8):1714-1726.

[9] YANG J, WEI A.Fast mode decision algorithm for intra prediction in HEVC[C]. 2020 IEEE 4th Information Technology, Networking, Electronic and Automation Control Conference (ITNEC).IEEE, 2020, 1: 1018-1022.

[10] LI M K, LEE J, KIM S, et al.Fast PU skip and split termination algorithm for HEVC intra prediction[J].IEEE Transactions on Circuits and Systems for Video Technology, 2014, 25(8):1335-1346.

[11] XU Y, HUANG X.Hardware-oriented fast CU size and prediction mode decision algorithm for HEVC intra prediction[C]. 2019 IEEE 5th International Conference for Convergence in Technology (I2CT), Bombay, 2019:1-5.

[12] CORRÊA M, ZATT B, PORTO M, et al.High-throughput HEVC intrapicture prediction hardware design targeting UHD 8K videos[C]. 2017 IEEE International Symposium on Circuits and Systems (ISCAS), Baltimore, 2017:1-4.

[13] ATAPATTU S, LIYANAGE N, MENUKA N, et al.Real time all intra HEVC HD encoder on FPGA[C]. 2016 IEEE 27th International Conference on Application-specific Systems, Architectures and Processors (ASAP), London, 2016:191-195.

[14] ZHAO W, ONOYE T, SONG T.Hardware-oriented fast mode decision algorithm for intra prediction in HEVC[C]. 2013 Picture Coding Symposium (PCS), San Jose, 2013:109-112.

[15] HUANG X, JIA H, CAI B, et al.Fast algorithms and VLSI architecture design for HEVC intra-mode decision[J].Journal of Real-Time Image Processing, 2016, 12(2):285-302.

[16] YU X, LIU Z, LIU J, et al.VLSI friendly fast CU/PU mode decision for HEVC intra encoding: leveraging convolution neural network[C]. 2015 IEEE International Conference on Image Processing(ICIP), Quebec City, 2015:1285-1289.

[17] ZHU J, LIU Z, WANG D, et al.HDTV1080p HEVC Intra encoder with source texture based CU/PU mode pre-decision[C]. 2014 19th Asia and South Pacific Design Automation Conference(ASP-DAC), Singapore, 2014:367-372.

[18] MIYAZAWA K, SAKATE H, SEKIGUCHI S, et al.Real-time hardware implementation of HEVC video encoder for 1080p HD video[C]. 2013 Picture Coding Symposium(PCS), San Jose, 2013:225-228.

第 5 章   整像素运动估计

基于运动估计的帧间预测编码是消除视频时域冗余的重要编码工具。ME 通常采用块匹配的算法，搜索出每个块在邻近帧中最匹配块的位置，可以分为两级：IME 和 FME。本章主要介绍整像素运动估计的基本原理、算法优化和 VLSI 实现。

首先，本章将介绍整像素运动估计的基础知识，分析 HEVC 标准中 IME 的搜索策略，并探讨学术界中的现有成果和 IME 算法设计上的挑战。接着，通过在 HEVC 测试平台上进行分析，找到 IME 算法优化在搜索模式和参考窗设计等方面的突破口。在此基础上，提出微代码可配置的 IME 算法，这保证了该设计可以灵活地应用于各个视频场景中。同时，根据该算法提出对应的 IME 硬件设计。在保证灵活性的基础上，优化寻址控制逻辑的设计，简化参考像素阵列更新逻辑，引入像素截位技术并在转置时复用参考像素寄存器阵列。最后根据不同的应用场景提出三种配置模式，并展示优化后的 IME 架构测试结果。

5.1   概   述

视频序列图像在时间上存在很强的相关性，即相邻帧的图像差别不大，帧间预测即消除视频序列在时间上的冗余，从而达到压缩视频的作用。图 5-1(脸部为马赛克处理，原视频为 H.265 开源测试序列)显示了一个视频序列中的相邻两帧，可以发现两帧差异很少。运动补偿是一种描述相邻帧差别的方法。应用运动补偿，编码器可以通过编码两帧之间的差别，消除帧间的冗余信息。运动估计是指搜索出每个块在邻近帧中最匹配块位置的方法。两者之间空间位置的相对偏移量被称为运动矢量。

(a) 前一帧   (b) 后一帧

图 5-1   视频序列的时域冗余

在 HEVC 运动补偿的过程中，运动估计是其中计算复杂度最高，且耗时最长的模块。整像素运动估计 IME 即预测过程仅涉及整像素的运动估计，其计算得到的最佳整像素 MV 将送至后续的分像素运动估计阶段做进一步亚像素 MV 搜索。

在 HEVC 编码器中，整像素运动估计一般采用较简单的 SAD 做代价估计，且相较分像素运动估计也不必进行插值操作。但是，在 HEVC 标准中，帧间预测单元的块划分包含了从 64×64 到 8×8 及各自对应的 6 种裂变，搜索窗更是达到了[−64，64)的大小。因此，如果只是简单地遍历所有候选点和所有分块，就无法适应现有编码器的计算需求。在这个情况下，如何在有限的计算资源及实时性要求下，获得最佳的运动估计结果，是当前 HEVC 整像素运动估计模块设计的侧重点。

5.1.1 基本原理

1. 预测单元

在 HEVC 标准中，"当前像素块"被称为预测单元(PU)。当最大编码单元(LCU)的大小是 64×64 时，帧间 PU 的大小可以从 64×64 变化到 4×4。本章中，"PU"指的都是"帧间 PU"。其中，64×64 大小的 PU 可以裂变成大小为 64×32、32×64、64×16、64×48、16×64 或 48×64 的两个 PU；32×32 大小的 PU 可以裂变成 32×16、16×32、32×8、32×24、8×32 或 24×32 的两个 PU；16×16 大小的 PU 可以裂变成 16×8、8×16、16×4、16×12、4×16 或 12×16 的两个 PU；8×8 的 PU 可以裂变成 8×4、4×8、8×2、8×6、2×8 或 6×8 的两个 PU；4×4 大小的 PU 不能够继续裂变(为了节省带宽，这一尺寸不被 HEVC 测试模型(HM)支持)。图 5-2 给出了 HEVC 中的各种 PU。

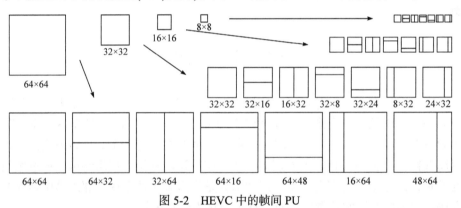

图 5-2   HEVC 中的帧间 PU

每一个 PU 都会被指定一个与之尽量相似的匹配块，该匹配块来自已经编码了的图像帧，是编码端和解码端都能够获得的重建信息。

2. 参考帧和整数运动估计

视频序列相邻帧之间的细微变化主要来自图像中的运动物体，这些运动所导致的图像变化在本章里看作是以像素点为单位移动的。图像被分割为若干个矩形块，假设每个矩形区域中的物体的运动方向是近似的。在 HEVC 标准中，"已经编码了的图像"被称为"参考帧"。由于时间上相邻的参考帧更可能存在相似的图像块，因此，这些相邻帧一般是参考帧的主要来源。在选定参考帧之后，编码器需要通过整数运动估计的手段在一定大小的搜索窗内找到与预测当前 PU 最佳匹配的块,然后把所有的最佳匹配块组合成一幅图像构成预测帧，那么预测帧将与当前帧相差最小。这个寻找最佳匹配块的过程称为运动估计 ME，最佳匹配块与当前块在空间上相对位移称为运动向量 MV，如图 5-3 所示。

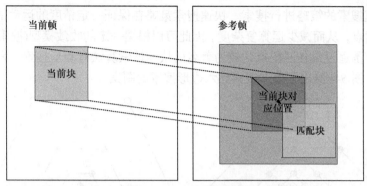

图 5-3　运动估计示意图

"最佳匹配"有两方面的指标。

其一，该匹配块与当前块相对偏移 MV 的编码代价较小。由于参考帧是编码端和解码端共有的信息，因此编码端只需要保留运动矢量就可以将 PU 所采用匹配块的信息传递到解码端。

其二，该匹配块与当前块的失真程度较小(和编码代价较小)。这一指标通常可以使用包括均方误差(MSE)、平均绝对差(MAE)、绝对值差之和(SAD)在内的函数进行估计，以下给出了这些函数的计算公式：

$$\text{MSE}(m, n) = \frac{1}{M \times N} \sum_{i=1}^{M} \sum_{j=1}^{N} \left(P_r(i,j) - P_c(i,j) \right)^2 \tag{5-1}$$

$$\text{MAE}(m, n) = \frac{1}{M \times N} \sum_{i=1}^{M} \sum_{j=1}^{N} \left| P_r(i,j) - P_c(i,j) \right| \tag{5-2}$$

$$\text{SAD}(m, n) = \sum_{i=1}^{M} \sum_{j=1}^{N} \left| P_r(i,j) - P_c(i,j) \right| \tag{5-3}$$

其中，M 和 N 指的是图像的长和宽；P_r 和 P_c 指的是匹配块的像素和当前 PU 的像素；i 和 j 是相对的位置；m 和 n 是运动矢量。

整数运动估计就是搜索该匹配块的过程，而整数强调的是上述搜索都是基于整像素进行的，不涉及分像素的插值。

3. 搜索窗和快速搜索

块匹配的搜索策略决定了运动估计收敛速度和匹配块的准确度，一般可以把搜索策略分为两类：全搜索和快速搜索。

全搜索也称为穷尽搜索，遍历搜索区域内的所有位置块，因此精确度最高，但耗费的运算资源也最多。

为了保证搜索的效率，整数运动估计不会在整个参考帧内进行，而是限定于某个搜索范围，这一范围被称为"搜索窗"。在 HEVC 标准下，搜索窗的大小一般设置为[−64,64)，换言之，对于每一个 PU 都存在 16384(=128 × 128)种可能的运动矢量。显然，对于如此庞大的可能性，遍历是极不可取的搜索方法。因此，不论是软件还是硬件实现，通常会选择某种快速搜索的策略进行搜索。快速搜索策略在保证一定精度的运动估计前提下，通过减少搜索点，从而减少运算复杂度。因此可以根据一定的收敛模型(搜索模板)，一步步缩小搜索范围逼近最佳匹配点，较为著名的快速搜索算法有菱形搜索、六边形搜索、十字搜索等。图 5-4 给出了菱形搜索和六边形搜索的图案。

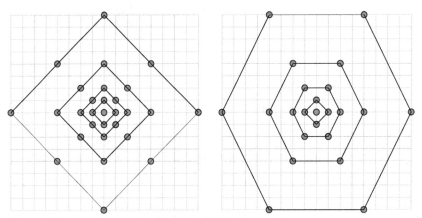

图 5-4　菱形搜索和六边形搜索

4. HM 推荐算法

在 HEVC 模型(HM)中，整像素运动估计单元采用了快速预测算法 TZSearch，算法流程图见图 5-5。

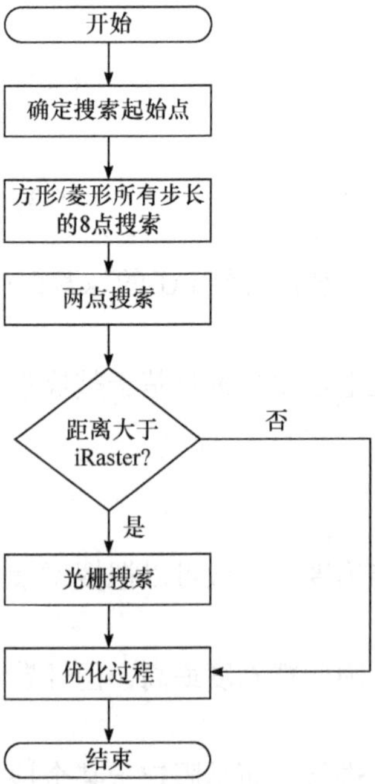

TZSearch 算法分以下四步：

第一步是确定搜索起始点的位置。比较参考帧中对应位置的 PU 块的上方、左方、右上方的 PU 块的 MV 和原点 MV(0,0)作为起始 MV 的匹配误差。误差最优的候选 MV 用作起始运动矢量。

第二步是选用方形或菱形的搜索图形，从起始点开始进行搜索步长从 1~64(以 2 的指数递增)的搜索。假如最佳的搜索步长是 1，再进行一次两点搜索。

第三步搜索的开始先判断第二步得到的最佳匹配位置与搜索中心之间的距离。若该距离为 0，则直接跳过这一步的搜索过程；若该距离比预设值 iRaster 要大，则要进行一次以 iRaster 为步长的光栅搜索，即全搜索；若该距离小于 iRaster，则直接进入优化过程。

第四步以第三步得到的最优点作为起点，再进行 8 点的菱形或方形的搜索。这类似于第二步，但不同之处在于第二步是为了初步确定大致的位置，而第四步是在一个大范围内较优的位置开始进行运动矢量的优化。因此，第四

图 5-5 流程图：

开始 → 确定搜索起始点 → 方形/菱形所有步长的8点搜索 → 两点搜索 → 距离大于 iRaster? →(否)→ 优化过程；(是)→ 光栅搜索 → 优化过程 → 结束

图 5-5　TZSearch 算法流程

步的搜索步长是逐步收敛的，从先前的最优步长逐步递减到 1(同样以 2 的指数递减)。此过程中一旦最优距离为零或者搜索步长为最小值 1，便终止所有搜索。经此四步搜索得到

的位置即最终的整像素运动矢量。

表 5-1 给出了 TZSearch 相对于全搜索的 B-D rate 增量。B-D rate (bjøntegaard delta bit rate)是衡量图像编码效率的评判标准，表征的是在相同 PSNR 图像质量下，不同编码方法之间的 BitRate 的情况。以下实验基于 HEVC 测试视频序列，在 HM15.0 平台完成，采用帧间搜索的默认设置，但仅采用 1 帧参考帧。

表 5-1　TZSearch 相对于全搜索的 B-D rate 增量

类型	序列	B-D rate 增量
A	Traffic	0.37 %
	PeopleOnStreet	1.59 %
	Nebuta	0.14 %
	SteamLocomotive	−0.17 %
B	Kimono	−0.10 %
	ParkScene	0.35 %
	Cactus	0.44 %
	BasketballDrive	0.41 %
	BQTerrace	1.56 %
C	BasketballDrill	1.20 %
	BQMall	0.78 %
	PartyScene	0.47 %
	RaceHorsesC	0.91 %
D	BasketballPass	0.44 %
	BQSquare	0.06 %
	BlowingBubbles	0.73 %
	RaceHorsesC	0.91 %
E	FourPeople	0.10 %
	Johnny	0.82 %
	KristenAndSara	0.43 %
A	Average A	0.48 %
All	Average All	0.57 %

由表 5-1 可知，相较于全搜索，TZSearch 的编码效果与全搜索相比损失较小。虽然 TZSearch 能够节省大量时间，但计算代价仍然很大，不适合于硬件实现。

5. 数据重用

数据重用技术一般被应用在全搜索块匹配(full-search block-matching，FSBM)中，其目的是避免在搜索过程中从外存中取出同一区域的像素。冗余访存因子 R_a 是用来衡量 FSBM 访存效率的参数：

$$R_a = \frac{\text{运动估计中的总访存数量}}{\text{运动估计中的总像素数}} \tag{5-4}$$

在 Tuan 等[1]和 Chen 等[2]的工作中，根据视频编码器的数据重用率，将数据复用分为 4 个级别，即 Level A～Level D。Level 越高(Level D 最高)，代表数据复用的级别越高、数据复用率越高、所需要的访存带宽要求越小。

视频编码器的访存带宽与视频的帧率、图像的尺寸和搜索范围有关，如果考虑到数据重用，那么访存带宽还应该与冗余访存因子 R_a 有关。前 3 个参数取决于视频应用，是固定无法改变的参数；如果想要满足编码器访存带宽的需求，只能通过优化视频编码器的架构改变 R_a 的数值来达到目的。因此，对于 FSBM 来说，R_a 的大小特别重要。

值得注意的是，提高编码器的访存效率会不可避免地增加片上存储器的面积。因此在设计视频编码器的硬件架构的时候，必须权衡好编码器的访存效率和片上存储器的面积。

假设编码器当前块的大小为 $N \times N$，搜索范围为横向 $[-P_H, P_H)$，纵向 $[-P_V, P_V)$ 的矩形。当前块和对应的搜索范围如图 5-6 所示。

其中，$\mathrm{SR_H} = 2P_H$，$\mathrm{SR_V} = 2P_V$。可以发现，搜索每个块所需要的参考帧的范围为 $(\mathrm{SR_H} + N - 1) \times (\mathrm{SR_V} + N - 1)$ 的矩形，因此相邻块之间必定有重合的搜索范围。

下面介绍数据重用的 4 种等级。

1) Level A

在 Level A 中，只有每个 LCU 中的相邻块之间存在数据复用，且只复用相邻块在水平方向上的 $(N-1) \times N$ 大小重叠区域的像素，如图 5-7 所示。

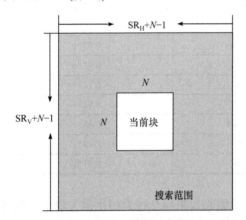

图 5-6　当前块及其搜索范围

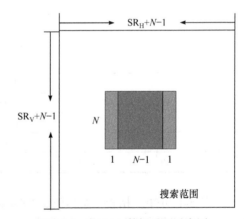

图 5-7　Level A 数据重用示意图

Level A 的冗余访存因子 R_a 如式(5-5)所示，片上存储器(local memory size，LMS)的大小如式(5-6)所示。其中，W 和 H 分别是图像的宽度和高度。

$$R_a = \frac{\dfrac{W}{N} \times \dfrac{H}{N} \times \mathrm{SR_V} \times N \times (N + \mathrm{SR_H} - 1)}{W \times H} \approx \mathrm{SR_V} \times \left(1 + \frac{\mathrm{SR_H}}{N}\right) \tag{5-5}$$

$$\text{LMS} = N \times (N - 1) \tag{5-6}$$

2) Level B

与 Level A 一样，Level B 只有每个 LCU 中的相邻块之间存在数据复用。但是 Level B 除了复用相邻块水平方向上的参考像素，还复用相邻块垂直方向上的参考像素，如图 5-8 所示。

Level B 的 R_a 计算方法如式(5-7)所示，LMS 如式(5-8)所示。

$$R_a = \frac{\dfrac{W}{N} \times \dfrac{H}{N} \times (N + \text{SR}_V - 1) \times (N + \text{SR}_H - 1)}{W \times H} \approx \left(1 + \frac{\text{SR}_V}{N}\right) \times \left(1 + \frac{\text{SR}_H}{N}\right) \tag{5-7}$$

$$\text{LMS} = (N + \text{SR}_H) \times (N - 1) \tag{5-8}$$

3) Level C

与 Level A 和 Level B 不同，Level C 的可以复用相邻两个 LCU 之间的搜索范围，但是 Level C 只能复用相邻 LCU 水平方向上重叠的搜索区域，如图 5-9 所示。其中，SR 0 代表 LCU 0 的搜索范围，SR 1 代表 LCU 1 的搜索范围。

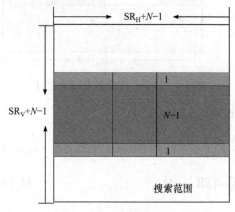

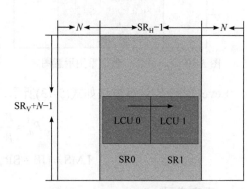

图 5-8　Level B 数据重用示意图　　　　　图 5-9　Level C 数据重用示意图

Level C 的 R_a 计算方法如式(5-9)所示，LMS 如式(5-10)所示。

$$R_a = \frac{\dfrac{H}{N} \times (N + \text{SR}_V - 1) \times (W + \text{SR}_H - 1)}{W \times H} \approx \left(1 + \frac{\text{SR}_V}{N}\right) \tag{5-9}$$

$$\text{LMS} = (N + \text{SR}_H - 1) \times (N + \text{SR}_V - 1) \tag{5-10}$$

Chen 等[2]提出了一种 Level C+级别的数据重用方案，通过将垂直方向上的若干 LCU 组合在一起，它们的搜索区域可以被一起载入片上存储器中。

假如 n 个 LCU 组合在一起，那么所需要载入的搜索区域大小为 $N \times (\text{SR}_V + n \times N - 1)$。图 5-10 展示的是 $n = 2$ 时 Level C+的示意图，其中 SR 0, 1 代表了 LCU 0 和 LCU 1 组合在一起时的搜索区域，SR 2, 3 代表了 LCU 2 和 LCU 3 组合在一起时的搜索区域。

Level C+的 R_a 计算方法如式(5-11)所示，LMS 的计算方法如式(5-12)所示。

$$R_a = \frac{N \times (nN + \mathrm{SR_V} - 1)}{N \times nN} \approx \left(1 + \frac{\mathrm{SR_V}}{nN}\right) \tag{5-11}$$

$$\mathrm{LMS} = (N + \mathrm{SR_H} - 1) \times (nN + \mathrm{SR_V} - 1) \tag{5-12}$$

4) Level D

Level D 可以完全复用水平和垂直方向上的搜索范围，但是同时也会使得片上存储器的用量相对较大。图 5-11 是 Level D 的示意图。

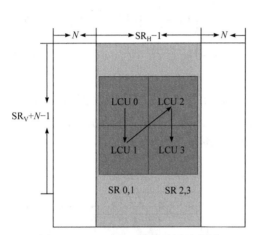

图 5-10　Level C + 数据重用示意图

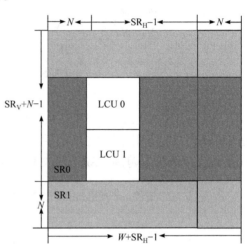

图 5-11　Level D 数据重用示意图

Level D 的 R_a 计算方法如式(5-13)所示，LMS 如式(5-14)所示。

$$R_a = \frac{W \times H}{W \times H} = 1 \tag{5-13}$$

$$\mathrm{LMS} = (W + \mathrm{SR_H} - 1) \times (\mathrm{SR_V} - 1) \tag{5-14}$$

5.1.2　现有成果

正如前面提及，HEVC 整像素运动估计模块的算法设计难点主要涉及分块过多，且搜索窗过大，搜索的计算复杂度过高。因此，很多工作都对这个问题提出了不同的解决方案。

Yang 等[3]、Yoo 等[4]和 Shen 等[5]在整像素运动估计的过程中引入了提前终止的机制，即搜索的结果在满足设定的某个条件之后便会结束搜索，这个方法可以大大减少候选点的数目，从而减少不必要的搜索过程。但是，这种方法搜索过程的随机性很大，因而不适合于硬件实现。

Tsutake 等[6]提出了一种新的仿射运动估计的模型，该方案的主要优势在于针对编码器基于块的特性进行了优化，因此适用于主流的各种编码器，但是该运动估计的模型存在计算复杂度过高的问题。

Zhou 等[7]提出了一种两步搜索方案。该工作首先对一些视频序列进行全搜索操作并分析最佳运动矢量的分布，发现运动矢量的水平分量大于垂直分量，且大部分运动矢量都是水平或者垂直方向的,对角线方向的较少。因此,Zhou 等[7]将搜索窗设置为水平±211、垂直±106 的菱形,以适用于动态较大的视频场景;首先以菱形方式粗搜,而后以全搜索方式进一步精搜。但是,这种复杂的搜索模式会导致非常大的访存带宽。

Hu 等[8]同样采用了两步搜索方案。在粗搜过程中,仅在搜索起点附近的中心区域对每个候选点进行搜索,而在其他区域,采用了降采样搜索。因此,该方案可以减少搜索点的数目,大幅缩短搜索时间。

Dung 等[9]提出了一种双搜索窗(dual-search-windowing,DSW)的方案,相较于 Zhou 等[7]的设计,该方案引入了第二个可选参考窗,可以大幅减少访存带宽。

Jiang 等[10]提出了一种基于 1/4 CTU(QCTU),搜索范围为±64 的搜索方案,将每个 CTU 划分为 4 个同等大小的 QCTU,每个 QCTU 内的所有 PU 共享同一个搜索窗,且采用相同的搜索模式。

Paul 等[11]改良了传统的 SAD 代价函数,将二维的图像块映射为一维矢量,这种方法可以大幅减少参考块匹配时的计算复杂度。

Kim 等[12]首先分析了不同尺寸分块的最佳运动矢量分布,发现大块的运动矢量与其下小块的运动矢量的大小非常相似,因此,该方案只对尺寸小于或等于 16×16 的块做运动估计,而对尺寸大于 16×16 的块直接取其左上角 16×16 块的 MV 作为其最佳 MV。

5.1.3 设计考量

观察上述列出的研究成果可以发现:现有工作的研究重点基本都是增大搜索窗,如在 Zhou 等[7]的工作中,搜索窗的大小就高达(±211) × (±106);在大搜索窗下提升搜索的效率,如 Yang 等[3]、Yoo 等[4]、Shen 等[5]、Hu 等[8]和 Dung 等[9]。但是,这些研究工作并没有去分析不同视频的不同特征,也就是说,这些研究工作没有考虑到不同的视频场景应该应用不同的运动估计算法。

首先,本节针对一些视频序列,采用 HM 16.9 平台的全搜索方法,分析这些视频序列在应用不同大小的参考窗时的编码结果,如表 5-2 所示。

表 5-2　不同搜索范围全搜索的 B-D rate 增量

序列	分辨率	动态	参考窗	B-D rate 增量
BlowingBubbles	416 × 240	小	[−8, 8)	0.25%
			[−16, 16)	−0.04%
			[−24, 24)	−0.06%
			[−32, 32)	−0.28%
Kimono	1920 × 1080	小	[−8, 8)	1.11%
			[−16, 16)	0.49%
			[−24, 24)	0.20%
			[−32, 32)	0.26%

续表

序列	分辨率	动态	参考窗	B-D rate 增量
BasketballDrill	832 × 480	大	[−8，8)	5.00%
			[−16，16)	2.43%
			[−24，24)	1.48%
			[−32，32)	0.85%
BasketballDrive	1920 × 1080	大	[−8，8)	9.58%
			[−16，16)	5.60%
			[−24，24)	3.70%
			[−32，32)	2.73%

观察可以发现，一些分辨率较高的视频序列，如分辨率为 1920 × 1080 的视频序列 "BasketballDrive"，或者动态较大的视频序列，如 "BasketballDrill"，增大搜索窗的大小对于减小 B-D rate 有着很好的效果。以序列 "BasketballDrive" 为例，在采用[−32，32)大小的参考窗时，最终引入的 B-D rate 增量比采用[−8，8)大小参考窗的 B-D rate 增量小 6.85%。因此，对于分辨率较高或者动态较大的视频序列，增大搜索窗可以获得较好的搜索结果。

但是，对于分辨率较低的序列，如 416 × 240 分辨率的 "BlowingBubbles"，或者动态较小的视频序列，如 "Kimono"，增大参考窗的大小对于最终的 B-D rate 结果影响不大。以序列 "Kimono" 为例，虽然分辨率较高，但是其动态较小，在采用[−32，32)大小的参考窗时，引入的 B-D rate 增量为 0.26%；而在采用[−8，8)大小的参考窗时，引入的 B-D rate 增量也仅为 1.11%。因此，对于这些分辨率较低或者动态较小的视频序列，过大的搜索窗或者过于复杂的搜索模式可能会导致冗余的搜索。

本节还分析了一些特定 LCU 下面各个层次分块的最佳 MV 分布，如图 5-12 所示。可以发现，这些分块的最佳 MV 大多集中在同一块区域。此外，在有些 LCU 中，各个层次分块的最佳 MV 有固定的分布方向，如图 5-12(b)和图 5-12(c)所示；对于这些 LCU，如果采用的搜索窗也是带有方向性的，那么会大幅提高搜索效率。

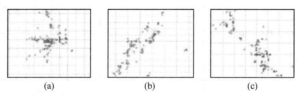

(a)   (b)   (c)

图 5-12   各层次分块的最佳 MV 分布

因此，如果 IME 架构可以被灵活配置，那么视频编码器可以在不同的场景下采用合适的搜索策略。当目标视频序列的动态相对较小，或者需要比较快的编码速度，或者目标应用场景低功耗要求较高时，该 IME 架构应该采取一些较简单的搜索方法，这样可以减少功耗并加快编码速度。当目标应用场景的功耗要求不高，或者视频序列的动态较大的时候，该 IME 架构应该采取一些较复杂的搜索方法，这样能够获得较好的编码结果。

Fan 等[13]提出了一种易于硬件实现的 IME 算法。通过使用水平-垂直参考像素存储器和支持 8 个像素更新方向的参考像素阵列，该架构非常适合移植各种搜索算法。但是，Fan 等[13]算法中的寻址控制逻辑是为特定算法设计的，因此该 IME 架构缺乏灵活性。对此，本章将提出一种灵活的 IME 架构，该架构可以通过配置使用不同复杂度的算法。但是，该 IME 设计的难点在于如何能够在拥有足够灵活性的同时，提供足够简单的配置接口。此外，Fan 等[13]中的硬件开销相对较大。因此，本次设计将重点关注如何在减小硬件开销的前提下，尽可能保证编码质量和吞吐率。

5.2　算法优化

本章提出的 IME 架构不是针对某个特定的算法。相反地，该 IME 架构包括若干个搜索步骤，每步执行不同的搜索策略，这样可以组成各种搜索算法。具体来说，在每一步内，每个 QLCU(quarter LCU)内的所有 PU 采用同样的搜索配置，包括起始点、搜索窗的形状和降采样率。但在不同步骤中，这些参数可以被配置为不同的数值。通过这种方法，无论是简单的算法还是复杂的算法都可以被该 IME 架构支持。区别在于前者比后者搜索的步骤更少，搜索的范围更小。

5.2.1　搜索起始点

一般来说，IME 的搜索起始点是搜索窗的中心点，也就是(0，0)点。但是，如果通过分析前一个 LCU 或者前一帧的搜索结果，预测当前 LCU 的最佳 MV 的方向，并在该方向附近搜索，那么得到的搜索结果会比(0，0)点更好。这通常需要一个协同 CPU 来统计每一帧甚至每个 LCU 的最佳 MV 信息，进而预测出下一个 LCU 的最佳 MV 方向并更新其搜索起始点。在我们提出的 IME 架构中，每个 QLCU 可以获取前一帧的最佳 MV，并将其作为该 QLCU 下一步的搜索起始点。一个比较常见的应用场景是，前一步搜索采用了较大参考窗，后一步在前一步的最佳 MV 基础上再进行精搜。这里举两个例子来说明这个应用场景，如图 5-13 所示。

(1) 如图 5-13(a)所示，当前 LCU 在浅灰色区域以 1/4 降采样率进行搜索。虚线箭头指示的是 0 号 QLCU 在该步搜索后的最佳 MV。

(2) 在第二步精搜中，0 号 QLCU 块在该 MV 附近进行了一次非降采样搜索，搜索区域为图 5-13 (a)中的深灰色区域。

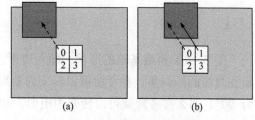

图 5-13　搜索起点的传递

(3) 如图 5-13 (b)所示，当前 0 号 QLCU 在浅灰色区域进行搜索，并且得到 0 号 QLCU 及其下面所有 PU 的最佳 MV。虚线箭头指示的是 0 号 QLCU 在该步搜索后的最佳 MV。

(4) 为了得到 1 号 QLCU 中所有 PU 的最佳 MV，1 号 QLCU 块可以在 0 号 QLCU 的最佳 MV 附近做一次搜索，搜索区域为图 5-13 (b)中的深灰色区域。值得注意，考虑到 1 号 QLCU 和 0 号 QLCU 在空间上位置不同，因此 1 号 QLCU 的搜索起始点应该是 0 号 QLCU 的最佳 MV 所指示的搜索点加上两个 QLCU 空间位置上的偏移量，如图 5.13(b) 中实线箭头所示。

5.2.2　参考窗形状

在我们提出的整像素运动估计的架构中，最基础的参考窗是六边形。但是，通过改变参考窗的长度(width)、宽度(height)以及各个角的度数，参考窗可以转变为各种形状，如图 5-14 所示。

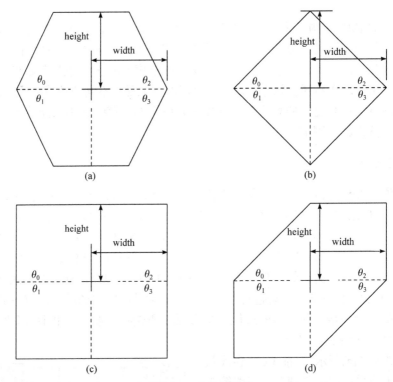

图 5-14　参考窗形状

图 5-14(a)是最基础的形状，即六边形。通过指定更小的 $\theta_0 \sim \theta_3$，也就是说，改变四条垂直边的倾斜角，参考窗可以转变为菱形，如图 5-14(b)所示。如果直接将 $\theta_0 \sim \theta_3$ 指定为 90°，那么参考窗就可以转变为矩形，如图 5-14(c)所示。如果 $\theta_0 \sim \theta_3$ 的度数不等，那么参考窗甚至可以变成具有方向性的形状，如图 5-14(d)所示。

不同的参考窗适用于不同的应用场景。例如，图 5-14(d)这种具有方向性的参考窗适用于图 5-12(b)这种 MV 分布具有方向性的 LCU。

5.2.3 降采样搜索

本设计并没有直接采用 64×64 的 SAD，而是采用了 32×32 的 SAD，以此减小硬件代价。因此，对于 64×64、64×32 和 32×64 的 PU，其最佳 MV 无法直接在 SAD 计算后获得。

很多现有的工作通过反复调用 32×32 的 SAD 引擎解决这个问题。也就是说，64×64 的 PU 里的 4 个 32×32 的 PU，会依次进行搜索，在搜索每个点后，4 个 32×32 的 PU 的 SAD 结果都要被存入片上缓存。这个方法的搜索结果很准确，但是由于使用了大量片上缓存来存储 4 个 32×32 的 PU 块每个搜索点的 SAD 结果，硬件开销是很大的。

因此，本节提出的 IME 设计将通过降采样来搜索 64×64、64×32 和 32×64 的 PU 的最佳 MV，如图 5-15 所示。

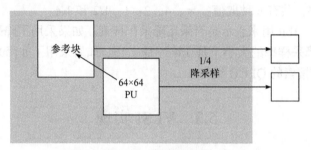

图 5-15　降采样搜索

64×64 的 PU 及其参考块被 1/4 降采样到 32×32，然后被送入 32×32 的 SAD 引擎。降采样后的 32×32 块的最佳的 MV 结果以及相应的代价会被视作该 64×64 大小 PU 的最佳的 MV 和代价。类似地，4 个降采样后的 16×16 块的最佳 MV 结果以及相应的代价会被视作 4 个 32×32 大小 PU 的最佳 MV 和代价。同理，16×16 大小 PU 和 8×8 大小 PU 的最佳 MV 结果以及相应的代价也可以通过降采样搜索获得。

正如前面介绍的，分步搜索策略被应用在很多现有工作中，如文献[10]～文献[12]。这些现有的 IME 架构通常将搜索分为两步，即粗搜和精搜。前者的目的是在可接受的时钟周期内，搜索尽可能大的区域；后者的目的是在粗搜得到的最佳 MV 附近，再进行一次搜索，从而得到更匹配的参考块。因此，本节介绍的降采样搜索的方法，用来实现分步搜索中的粗搜是非常合适的。

5.2.4 基于微代码的整像素运动估计架构

我们提出的 IME 架构是通过微代码(micro-code)配置的。每段微代码的长度为 44bit，其中，16bit 用来表示搜索的起始点，25bit 用来表示参考窗的形状，3bit 用来表示搜索的采样率。微代码的格式如图 5-16 所示。

(1) 搜索起始点：1bit 用来表示搜索的起始点是直接指定还是从前一步搜索中自动得到。如果是直接指定，那么有另外 15bit 用来指示搜索起始点的位置(x, y)。x 分量由 8bit 指示，可以覆盖的范围为[−128, 127]；y 分量由 7bit 表示，可以覆盖的范围为[−64, 63]。如果搜索的起始点是从前一步搜索中得到，那么有 5bit 用来表示获取的来源，可供获取的起始点来源包括前一步 64×64 大小 PU 的最佳 MV，前一步 4 个 32×32 大小 PU 的最佳 MV 以及前一步 16 个 16×16 大小 PU 的最佳 MV。

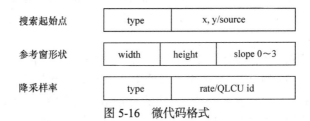

图 5-16 微代码格式

(2) 参考窗形状：7bit 用来表示参考窗的宽度，可以覆盖的范围为[0，127]。6bit 用来表示参考窗的高度，可以覆盖的范围为[0, 63]。此外，每个 θ 的角度用 3bit 表示，以 $\tan\theta$ 表示垂直边的斜率，共有 6 种取值：∞、4、2、1、1/2 和 1/4。

(3) 降采样率：1bit 用来表示是否采用降采样搜索。如果采用了降采样搜索，那么还有 1bit 用来表示降采样率的大小，是 1/4 还是 1/16。如果采用了非降采样搜索，那么有 2bit 用来表示当前搜索的 QLCU 编号。

5.3　VLSI 实现

在 Fan 等[13]的工作中，Fan 等[13]根据特定算法设计了整像素运动估计引擎，最终的 B-D rate 损失非常小，但是硬件开销比较大，且搜索算法缺少灵活性。因此，本次设计优化了硬件设计架构，如图 5-17 所示。

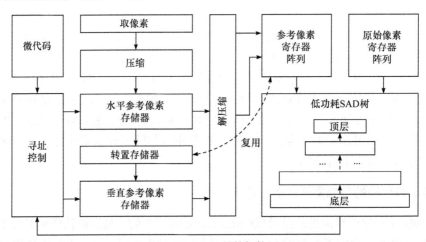

图 5-17　IME 硬件架构图

优化后的硬件架构仍将使用 Fan 等[13]提出的 4×4 块压缩和解压缩逻辑，水平-垂直参考像素存储器和低功耗 32×32 大小 SAD 引擎。本节提出的硬件设计的主要工作如下：

(1) 寻址控制逻辑支持微代码可编程。

(2) 简化了参考像素更新逻辑，减少了该模块的硬件开销。

(3) 在转置逻辑中复用了参考像素阵列。

(4) 引入了像素截位，减少了 H-V SRAM、寄存器阵列和 SAD 引擎的硬件开销。

5.3.1　寻址控制逻辑

在 Fan 等[13]的工作中，寻址控制逻辑是为特定整像素运动估计算法设计的，相较于其他硬件设计，B-D rate 的损失较小，但是缺少灵活性。本节提出的 IME 架构重新设计了寻址控制逻辑，用以支持提出的微代码可编程的功能。支持的配置参数有搜索起始点，参考窗形状和降采样率等。当整像素运动估计的过程开始时，寻址控制模块从微代码存储器中依次读取微代码并执行。而微代码可以根据应用场景的特性提前配置好，或者根据编码过程实时更新。

5.3.2　水平-垂直参考像素存储器

为了支持二维数据复用，本次设计采用了水平-垂直参考像素存储器(horizontal-vertical reference SRAM，H-V SRAM)。该存储器由两个 SRAM 组成，即水平参考像素存储器(horizontal reference SRAM，H SRAM)和垂直参考像素存储器(vertical reference SRAM，V SRAM)，如图 5-18 所示。前者以行的方式存储参考像素，每一行像素存储在 H SRAM 的同一地址上；后者以列的方式存储参考像素，每一列像素存储在 V SRAM 的同一地址上。

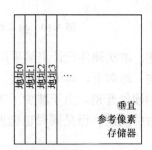

图 5-18　水平-垂直参考像素存储器

在运动估计的过程中，如果搜索的候选点是垂直移动的，那么缺失的参考像素就可以从水平参考像素存储器 H SRAM 中很方便地获得；相反地，如果搜索的候选点是水平移动的，那么缺失的参考像素就可以从垂直参考像素存储器 V SRAM 中很方便地获得。

5.3.3　参考像素阵列更新逻辑

在 Fan 等[13]的设计中，参考像素寄存器阵列可以支持 8 个更新方向，如图 5-19(a)所示。图中的矩形代表参考像素寄存器阵列，灰色部分代表即将更新的像素。由于采用了水平-垂直参考像素存储器，无论搜索的候选点沿哪个方向移动，参考像素都能在一个周期内更新。对于 Fan 等[13]设计中的参考像素更新逻辑，虽然更新候选点的参考像素时钟周期很少，特别体现在候选点沿对角线方向移动的时候，但是这种设计会导致大量的硬件开销。

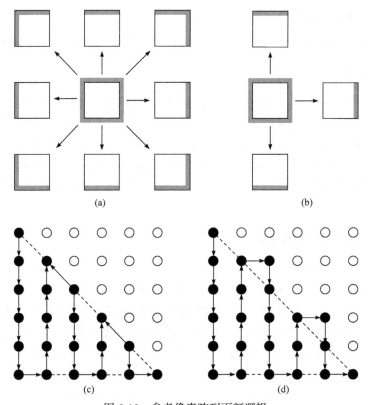

图 5-19   参考像素阵列更新逻辑

正如前面所述，本次硬件设计仍然采用了水平-垂直参考像素存储器，但是只支持 3 个候选点更新方向，即向上、向下和向右，如图 5-19(b)所示。因此可以大幅减少参考像素阵列更新逻辑的硬件开销。由于减少了支持的更新方向，对于带斜边的参考窗的搜索需要花费更多的时钟周期，但是同时也能搜索更多的候选点，如图 5-19(c)和图 5-19(d)所示。

5.3.4 转置寄存器

在 Fan 等[13]的硬件设计中，转置功能是基于 SRAM 实现的。该设计在转置时不必占用外存带宽，但是该设计仍然存在一些问题：

(1) 当使用 ARM 的 Memory Compiler 生成 SRAM 时，一个 8bit、深度为 32 的 SRAM 需要 2000 左右的逻辑门数。而该转置单元需要 32 个这个尺寸的 SRAM，因此总共的逻辑门数大于 64K。

(2) 由于转置模块是基于 SRAM 实现的，因此该设计只能提供"半双工"数据传输。也就是说，从水平参考像素存储器中取像素的过程和向垂直参考像素存储器中写像素的过程是不能同时进行的。

在本节提出的硬件设计中，转置模块将复用参考像素阵列。这不仅可以减少硬件代价，还可以提供"双工"数据传输。为了简化转置过程的说明，我们用一个 4×4 块的转置过程来简单说明 32×32 块的转置过程，如图 5-20 所示。

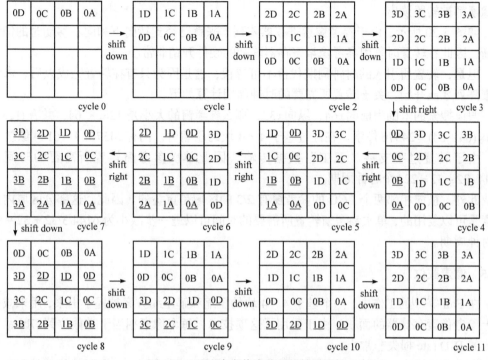

图 5-20　基于参考像素阵列的转置逻辑

在图 5-20 中，行序号用数字表示；列序号用字母表示；不同块的像素用斜体和下划线标记。这些行序号、列序号和块都从 0 开始计数。举例来说，1A～1D(1A、1B、1C 和 1D)代表第 0 个 4×4 块的第 1 行；0D～3D(0D、1D、2D 和 3D)代表第 1 个 4×4 块的第 3 列；2A～2D(2A、2B、2C 和 2D)代表第 2 个 4×4 块的第 2 行。

转置的过程如下：

(1) 在时钟周期 0，参考像素寄存器阵列下移 1 行，同时写入第 0 个块的第 0 行，即像素 0A～0D。接着写入第 0 个块的剩余 3 行。

(2) 在时钟周期 3，第 0 个块的所有像素都被写入了寄存器阵列。

(3) 在时钟周期 4，参考像素寄存器阵列右移 1 行，同时写入第 1 个块的第 0 行，即像素 0A～0D。接着写入第 1 个块的剩余 3 行。

(4) 同时，第 0 个块的第 1 列，也就是像素 0A～3A，从寄存器阵列中被读出。接着读出第 0 个块的剩余 3 列。

(5) 在时钟周期 7，第 1 个块的所有像素都被写入了寄存器阵列，且第 0 个块的所有像素都被转置读出了。

(6) 在时钟周期 8，参考像素寄存器阵列下移 1 行，同时写入第 2 个块的第 0 行，即像素 0A～0D。接着写入第 2 个块的剩余 3 行。

(7) 同时，第 1 个块的第 1 列，也就是像素 0A～3A，从寄存器阵列中被读出。接着是第 1 个块的剩余 3 列。

(8) 在时钟周期 11，第 2 个块的所有像素都被写入了寄存器阵列，且第 1 个块的所有像素都被转置读出。

如图 5-20 所示，由于参考像素寄存器阵列本来就已经支持向下和向右移动时的像素更新，因此在转置时复用参考像素寄存器阵列的硬件开销非常小。

但是，转置所引入的时钟周期代价不可忽视，这是因为只有在转置完成以后，参考像素阵列才能开始。关于转置所需要的时钟周期计算如下。

假设搜索的范围为横向±64，纵向±32，那么参考窗的大小是 128 × 64，共有 (128 + 64)×(64 + 64) = 24576 像素。在经过基于 4×4 块的压缩后，仍有 24576 / 4 = 6144 像素。

由于转置过程支持"双工"数据传输，因此单次参考窗转置所需要的时间为 6144 / 32 + 32 = 224 个时钟周期。

此外，横向相邻两个 LCU 的参考窗有 2/3 的区域是重叠的。因此，这部分区域内的像素是可以复用的，单次参考窗转置所需要的时间可以进一步减小为 6144/3/32 + 32 = 96 个时钟周期。

5.3.5　像素截位

在 Fan 等[13]的工作中，一个基于 4×4 块的压缩和解压缩方案被提了出来，用来减少片上参考像素存储器的面积。由于采用了这项技术，每个像素相当于被截位到 7bit，且引入的 B-D rate 损失非常小。

在本次设计中，测试了不同截位比特数对于最终编码 B-D rate 和硬件代价的影响，如表 5-3 所示。

表 5-3　不同截位比特数下的硬件代价和 B-D rate 损失

截位比特数	硬件门数 (SAD 树)	B-D rate 损失 (BasketballDrive)
0	210.1Kgate	—
1	166.4Kgate	−0.10%
2	145.4Kgate	0.13%
3	124.3Kgate	−0.01%
4	102.7Kgate	0.51%

根据表 5-3，在截位比特数为 3，即每个像素用 5bit 表示的时候，SAD 树的硬件代价可以减少 40.8%，但是 B-D rate 的损失仅为−0.01%。因此，本设计采用了 3bit 截位，这可以在减小硬件代价的同时保证图像的编码质量。

5.3.6　性能评估

1. 编码效果分析

为了对基于微代码可编程的 IME 架构进行测试，我们提出了 3 种搜索方案，3 种方案均可以通过微代码配置出来，如表 5-4 所示。

表 5-4　三种搜索方案

方案	步骤	起始点	参考窗形状	降采样
A	0	(0,0)	W16 H16 菱形	否(QLCU0)
	1			否(QLCU1)
	2			否(QLCU2)
	3			否(QLCU3)
B	0	(0,0)	W11 H11 矩形	是(1/4)
	1	前一步最佳 MV	W48 H32 矩形	否(QLCU0)
	2			否(QLCU1)
	3			否(QLCU2)
	4			否(QLCU3)
C&C*	0	(0, 0)	W48 H32 矩形	是(1/4)
	1	(0, 1)		
	2	(1, 0)		
	3	(1, 1)		
	4	前一步最佳 MV	W11 H11 矩形	否(QLCU0)
	5			否(QLCU1)
	6			否(QLCU2)
	7			否(QLCU3)

　　三种方案中，A 方案的侧重点在于编码速度，C 方案的侧重点是编码质量，B 方案是两者的折中。值得注意的是，在采用 1/4 降采样的时候，如果起始点为(0, 0)，那么搜索过程只能覆盖搜索范围内的奇数行、奇数列的候选点，因此，在 C 方案中，将(0, 0)、(0, 1)、(1, 0)和(1, 1)分别作为起始点搜索，这样可以覆盖搜索范围内的所有点。此外，C*方案采取了和 C 方案一致的搜索策略，不同点在于 C*方案并没有使用像素截位。

　　B-D rate 的测试基于 HM 16.9, 测试的基准是 encoder_lowdelay_P_main.cfg 下的默认配置，且只有一帧参考帧，测试结果如表 5-5 和表 5-6 所示。

表 5-5　B-D rate 比较(一)

类型	视频序列	Ye 等[14]	Medhat 等[15]	Jou 等[16]	Fan 等[13]
A	Traffic	—	—	—	−0.8%
	PeopleOnStreet	—	—	—	−1.1%
	Nebuta	—	—	—	−0.3%
	SteamLocomotive	—	—	—	0.3%

类型	视频序列	Ye 等[14]	Medhat 等[15]	Jou 等[16]	Fan 等[13]
B	Kimono	—	—	—	−0.3%
	ParkScene	—	—	—	−0.7%
	Cactus	—	—	—	−0.7%
	BasketballDrive	—	—	—	0.3%
	BQTerrace	—	—	—	−1.6%
C	BasketballDrill	—	—	—	−0.5%
	BQMall	—	—	—	−1.3%
	PartyScene	—	—	—	−0.1%
	RaceHorsesC	—	—	—	0.2%
D	BasketballPass	—	—	—	−0.3%
	BQSquare	—	—	—	−1.5%
	BlowingBubbles	—	—	—	−0.5%
	RaceHorses	—	—	—	−1.2%
E	FourPeople	—	—	—	−0.2%
	Johnny	—	—	—	−1.2%
	KristenAndSara	—	—	—	−1.1%
A	Average A	—	—	—	−0.4701%
All	Average All	1.9%	0.92%	4.04%	−0.4983%

表 5-6　B-D rate 比较(二)

类型	视频序列	A 方案	B 方案	C 方案	C*方案
A	Traffic	−0.2%	−0.4%	−0.4%	−0.5%
	PeopleOnStreet	−0.7%	−0.4%	−0.4%	−0.5%
	Nebuta	−0.1%	−0.1%	0.0%	0.0%
	SteamLocomotive	0.0%	0.1%	0.0%	0.0%
B	Kimono	−0.1%	0.1%	0.1%	0.0%
	ParkScene	−0.1%	0.0%	0.0%	0.0%
	Cactus	0.9%	0.2%	0.0%	−0.2%
	BasketballDrive	12.1%	0.9%	−0.5%	−0.7%
	BQTerrace	−0.4%	−0.1%	−0.4%	−0.7%

续表

类型	视频序列	A 方案	B 方案	C 方案	C*方案
C	BasketballDrill	2.1%	−0.5%	−0.6%	−0.7%
	BQMall	−0.6%	−0.4%	−0.1%	−0.1%
	PartyScene	−0.5%	−0.5%	−0.4%	−0.5%
	RaceHorsesC	0.6%	0.5%	0.5%	0.7%
D	BasketballPass	0.1%	0.3%	−0.3%	−0.1%
	BQSquare	−0.4%	−0.3%	−0.2%	−0.4%
	BlowingBubbles	−1.0%	−0.4%	−0.4%	−0.9%
	RaceHorses	−0.6%	−0.1%	−0.4%	−0.6%
E	FourPeople	−0.2%	−0.5%	−0.1%	−0.4%
	Johnny	−0.2%	−0.3%	0.4%	−0.2%
	KristenAndSara	0.3%	0.3%	0.3%	−0.1%
A	Average A	−0.2531%	−0.1750%	−0.2094%	−0.2667%
All	Average All	0.5494%	−0.0719%	−0.1356%	−0.2943%

观察表 5-4、表 5-5 和表 5-6，虽然方案 A 的搜索方法比较简单，但是对于低分辨率或者动态较小的序列，方案 A 仍有较好的编码结果。当视频序列的分辨率较高，或者动态较大时，如视频序列 "BasketballDrive" 和 "BasketballDrill"，由于方案 A 的搜索范围较小，方案 A 会引入较大的 B-D rate 损失(12.1%和 2.1%)。

方案 B 弥补了方案 A 在搜索范围上的缺陷，在粗搜过程中采用了较大的搜索范围。因此，视频序列 "BasketballDrive" 和 "BasketballDrill" 的 B-D rate 增益也分别降低到了 0.9%和−0.5%。

方案 C 采用了较复杂的搜索方法，视频序列 "BasketballDrive" 和 "BasketballDrill" 的 B-D rate 增益进一步降低到了−0.5%和−0.6%。

方案 C*并没有采用像素截位，因此其总体的编码效果是最好的。

由于本节提出的 IME 架构支持微代码可配置，因此使用该 IME 架构下复现了 Zhou 等[7]的算法，对应使用的配置方案如表 5-7 所示。

表 5-7　复现 IME 算法的配置方案

Class	步骤	起始点	参考窗形状	降采样
Zhou 等[7]	0	(0, 0)	W208 H104 菱形	是(1/16)
	1	前一步 最佳 MV	W3 H2 矩形	否(QLCU0)
	2			否(QLCU1)
	3			否(QLCU2)
	4			否(QLCU3)

续表

Class	步骤	起始点	参考窗形状	降采样
Zhou 等[7]	5	前一步 最佳 MV	W3 H2 矩形	否(QLCU0)
	6			否(QLCU1)
	7			否(QLCU2)
	8			否(QLCU3)

值得注意的是，在 Zhou 等[7]的算法中的精搜过程，除了对粗搜的最佳 MV 附近做了小范围搜索，还对 MVP(预测的运动向量)附近做了小范围搜索。由于 Zhou 等[7]的工作应用在 H.264 中，块的基本单元大小仅有 16×16，因此其块划分的种类也较少。如果需要引入 MVP 附近的搜索，也只需要检查 1 个 16×16、2 个 16×8、2 个 8×16 和 4 个 8×8 即可。但是正如前面提到的，HEVC 的 PU 划分种类非常多，很难在本设计中引入 MVP 附近的搜索，因此在 5.3.4 节转置过程中改用各个 QLCU 的最佳 MV 替代 MVP，在最佳 MV 附近做进一步小范围搜索。在本节的 IME 架构下，Zhou 等[7]的方案需要的时钟周期约为

$$576 + [32 + (208 \times 2 - 1) \times (104 \times 2 - 1)/16] + [32 + (3 \times 2 - 1) \times (2 \times 2 - 1)] \times 8 = 6353$$

其中，第一部分 576 代表转置所需要的时钟周期；第二部分 $[32 + (208 \times 2 - 1) \times (104 \times 2 - 1)/16]$ 代表步骤 0 所需要的时钟周期，第三部分 $[32 + (3 \times 2 - 1) \times (2 \times 2 - 1)] \times 8$ 代表 5.3.4 节转置过程中所需要的时钟周期。

对 Zhou 等[7]的方案进行的 B-D rate 测试结果显示，其总体平均(Average All)的 B-D rate 增益约为 3.09%，因此可以判断 Zhou 等[7]的算法不适用于 HEVC 实现，原因在于 Zhou 等[7]的算法采用的降采样率过大，会极大影响最终的编码质量。

2. 编码速度分析

A 方案所需的时钟周期约为

$$96 + [32 + (16 \times 2 - 1)^2 / 2] \times 4 = 2146$$

其中，96 是转置所需要的时钟周期；32 是将原始像素从原始像素存储器读到原始像素阵列中，同时将参考像素从参考像素存储器读到参考像素阵列中所需要的时钟周期；$(16 \times 2 - 1)^2 / 2$ 指的是宽度 16、高度 16 的菱形参考窗的候选点的数量；$\times 4$ 是因为 4 个 QLCU 依次进行了相同的搜索步骤。这个吞吐率可以保证时钟频率在 500MHz 时，A 方案支持的最高编码帧率约为 4K $\times$ 2K @ 139fps。

B 方案所需的时钟周期约为

$$96 + \left[32 + (48 \times 2 - 1) \times \frac{32 \times 2 - 1}{4} \right] + \left[32 + (11 \times 2 - 1)^2 \right] \times 4 = 3516$$

因此，在时钟频率为 500MHz 时，B 方案支持的最高编码帧率约为 4K × 2K @ 85fps。
C 方案所需的时钟周期约为

$$96 + \left[32 + (48 \times 2 - 1) \times \frac{32 \times 2 - 1}{4} \times 4 \right] + [32 + (11 \times 2 - 1)^2] \times 4 = 8005$$

因此，在时钟频率为 500MHz 时，C 方案支持的最高编码帧率为 4K × 2K @ 37fps。

3. 资源代价分析

相较 Fan 等[13]的工作，硬件面积有大幅的减少，如表 5-8 所示。

表 5-8　硬件面积比较

模块	优化前[13]	优化后	减少比例
水平-垂直 参考像素存储器	18KB	6.75KB	62.5%
转置存储器	1KB	removed	100.0%
微代码存储器	—	352bit	—
SAD 树	166.4Kgate	124.3Kgate	25.3%
寻址控制逻辑	3.3Kgate	2.8Kgate	15.2%
参考像素阵列 更新逻辑	53.0Kgate	17.9Kgate	66.2%
参考像素 寄存器阵列	56.5Kgate	40.4Kgate	28.5%
原始像素 寄存器阵列	56.5Kgate	40.4Kgate	28.5%
共计	19KB/335.7Kgate	6.79KB/225.7Kgate	64.3%/32.8%

观察表 5-8，相较于 Fan 等[13]的工作，我们提出的硬件架构在存储器用量上减少了 64.2%，仅为 6.79KB，在门数上减少了 32.8%，仅为 225.7Kgate。

硬件面积的减少主要是因为采用了 3bit 像素截位。参考像素阵列更新逻辑的面积减少是因为相较于文献[13]，本设计仅支持 3 个更新方向。转置存储器面积的减少是因为本设计在转置过程中复用了参考像素寄存器阵列。

4. 总体分析

本节对所提出的整像素运动估计架构进行了仿真测试，Class A～E 的视频序列均仿真通过。此外，将综合结果与业界的相关工作进行了比较，如表 5-9 所示。值得注意的是，SAD 树的门数是指换算到 16 × 16 大小时的门数。

表 5-9 本节提出的 IME 架构与其他文献的比较

指标	Ye 等[14] VCIPC'14	Medhat 等[15] ICECS'14	Jou 等[16] TCSVT'15	Fan 等[13] TCSVT'18	本架构
工艺	FPGA	FPGA	65nm	65nm	65nm
搜索方法	PCTS	FCSA	PEPZS	—	A/B/C 方案
时钟周期 (cyc/LCU)	3255	8952	2197	8228	2146/3516/8004
工作频率	200MHz	550MHz	270MHz	500MHz	500MHz
分辨率	4K × 2K@30fps	4K × 2K@30fps	4K × 2K@60fps	4K × 2K@30fps	4K × 2K@ 139/85/37fps
支持的 块大小	—	8 × 8～32 × 32	8 × 8 ～ 64 × 64	8 × 8～64 × 64	8 × 8～64 × 64
最大 搜索范围	—	[−16, 16]	[−64, 64]	[−64, 64]	[−64, 64] H [−32, 32] V
参考像素 SRAM 大小	—	9KB	36KB	18KB	6.75KB
SAD 树大小	32 × 32	32 × 32	16 × 16	32 × 32	32 × 32
SAD 树门数	—	—	27K	37K	30K
B-D rate 增量	1.9%	0.92%	4.04%	−0.50%	0.55/−0.07/−0.14%

在编码效果方面，我们提出的 IME 架构在 B 方案和 C 方案时的 B-D rate 增益均为负值，远优于 Ye 等[14]、Medhat 等[15]和 Jou 等[16]的工作。虽然 B-D rate 效果不如 Fan 等[13]的工作，但是在搜索起始点、参考窗形状和降采样率等参数的灵活性上都比 Fan 等[13]的工作要更好。

在编码速度方面，本节提出的方案 A 在处理单个 LCU 时仅需要 2146 个时钟周期，与 Jou 等[16]的工作接近。但是，A 方案的 B-D rate 增量仅为 0.55%，远优于 Jou 等[16]工作的 4.04%。

在硬件面积方面，在同样换算到 16 × 16 大小的 SAD 树以后，本节提出的 IME 架构与 Jou 等[16]工作中的 SAD 树的门数是差不多的。而在 SRAM 大小上，本节提出的 IME 架构是这些工作里面最小的。

在灵活性上，我们提出的 IME 架构可以通过微代码配置成各种复杂度的运动估计算法，这是远优于其他工作的。

参 考 文 献

[1] TUAN J C, CHANG T S, JEN C W. On the data reuse and memory bandwidth analysis for full-search block-matching VLSI architecture[J]. IEEE Transactions on Circuits and Systems for Video Technology, 2002, 12(1): 61-72.

[2] CHEN C Y, HUANG C T, CHEN Y H, et al. Level C+ data reuse scheme for motion estimation with corresponding coding orders[J]. IEEE Transactions on Circuits and Systems for Video Technology, 2006,

16(4): 553-558.

[3] YANG L, YU K, LI J,et al. An effective variable block size early termination algorithm for H.264 video coding[J].IEEE Transactions on Circuits and Systems for Video Technology, 2005, 15(6):784-788.

[4] YOO H M, SUH J W. Fast coding unit decision algorithm based on inter and intra prediction unit termination for HEVC[C]. 2013 IEEE International Conference on Consumer Electronics (ICCE), Las Vegas, 2013:300-301.

[5] SHEN L, LIU Z, ZHANG X, et al. An effective CU size decision method for HEVC encoders[J].IEEE Transactions on Multimedia, 2013, 15(2):465-470.

[6] TSUTAKE C, YOSHIDA T. Block-matching-based implementation of affine motion estimation for HEVC[J]. IEICE Transactions on Information and Systems, 2018(101): 1151-1158.

[7] ZHOU D, ZHOU J, HE G, et al. A 1.59 gpixel/s motion estimation processor with −211 to +211 search range for UHDTV video encoder[J]. IEEE Journal of Solid-State Circuits, 2014, 49(4):827-837.

[8] HU L, GU J, HE G, et al. A hardware-friendly hierarchical HEVC motion estimation algorithm for UHD applications[C]. 2017 IEEE International Symposium on Circuits and Systems (ISCAS), Baltimore, 2017: 1-4.

[9] DUNG L, LIN M. Wide-range motion estimation architecture with dual search windows for high resolution video coding[J]. IEICE Transactions on Fundamentals of Electronics Communications and Computer Sciences, 2008, 91(12): 3638-3650.

[10] JIANG Q, HUANG L, FAN Y, et al. Quarter LCU based integer motion estimation algorithm for HEVC[C]. 2016 IEEE International Conference on Image Processing (ICIP). Phoenix, 2016: 2018-2021.

[11] PAUL A, WANG J F, WANG J C, et al. Projection based adaptive window size selection for efficient motion estimation in H.264/AVC[J]. IEICE Transactions on Fundamentals of Electronics Communications and Computer Sciences, 2006(89): 2970-2976.

[12] KIM S, PARK C, CHUN H, et al. A novel fast and low-complexity motion estimation for UHD HEVC[C]. 2013 Picture Coding Symposium (PCS), San Jose, 2013: 105-108.

[13] FAN Y, HUANG L, HAO B, et al. A hardware-oriented IME algorithm for HEVC and its hardware implementation[J]. IEEE Transactions on Circuits and Systems for Video Technology, 2018, 28(8): 2048-2057.

[14] YE X, DING D, YU L. A hardware-oriented IME algorithm and its implementation for HEVC[C]. 2014 IEEE Visual Communications and Image Processing Conference, Valletta, 2014: 7-10.

[15] MEDHAT A, SHALABY A, SAYED M S, et al. Fast center search algorithm with hardware implementation for motion estimation in HEVC encoder[C]. 2014 21st IEEE International Conference on Electronics, Circuits and Systems (ICECS), Marseille, 2014: 155-158.

[16] JOU S, CHANG S, CHANG T. Fast motion estimation algorithm and design for real time QFHD high efficiency video coding[J]. IEEE Transactions on Circuits and Systems for Video Technology, 2015, 25(9): 1533-1544.

第6章 分像素运动估计

自然界中任何物体的运动都是连续的，单凭整像素运动估计来预测物体运动是远远不够的。分像素运动估计(FME)的目的是让视频的精度能够达到更小的单位，提高视频质量，改善视频压缩的效率。分像素运动估计需要依托整像素运动估计的结果，在整像素精度上进行更细致的搜索。本章将详细介绍 FME 的算法原理、优化方向和 VLSI 实现。

本章将首先介绍 HEVC 标准中,分像素运动估计的亮度分量和色度分量的插值方法，以及 HM 中分像素运动估计的搜索方法。接着，探讨学术界中分像素运动估计的相关工作，这些工作的主要关注点在于如何优化搜索算法，以及简化插值方法。然后，我们提出了一种基于 4 步搜索策略的分像素运动估计算法和粗略运动向量预测(CMVP)方法，并进行了对应的 FME 硬件架构设计和 VLSI 实现。最后，我们对所提出的 FME 架构进行了测试，展示了包括硬件面积和编码速度在内的指标结果。

6.1 概　　述

6.1.1 基本原理

自然场景中的图像一般是模拟和连续的，图像中物体的运动也是连续的，因此运动的偏移也不会是整数像素的跳跃式运动。为了提高预测的准确性，分像素精度的运动估计被引入视频压缩编码技术中。需要注意的是，通过各种方式采样到的视频，本身并不包含分像素。分像素须由整像素经过一定的插值计算才能够得到。因此在整像素运动估计和分像素运动估计之间(图 6-1)，需要在参考帧图像的搜索范围内进行分像素点的插值计算。

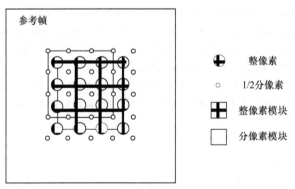

图 6-1　分像素点运动估计

与 H.264/AVC 编码标准类似，在 H.265/HEVC 标准中，对于视频序列的亮度(Luma)分量，其分像素运动估计的精度为 1/4 像素；相应地，对于 YUV 4:2:0 视频序列的色度(Chroma)分量，其分像素运动估计的精度为 1/8 像素。但是，相较于 H.264/AVC 中使用的 6 抽头滤波器(用于 1/2 像素插值)和 2 抽头滤波器(用于 1/4 像素插值)，H.265/HEVC 将更多的邻近像素用于插值：在 1/2 亮度像素的插值过程中，HEVC 采用了 8 抽头滤波器，而在 1/4 亮度像素和 3/4 亮度像素的插值过程中，HEVC 采用了 7 抽头滤波器；在色度像素的插值过程中，HEVC 采用了 4 抽头滤波器。亮度插值的对应位置如图 6-2 所示，其中 a 和 d 是 1/4 精度像素插值位置，b 和 h 是 1/2 精度像素，c 和 n 是 3/4 插值位置的像素。

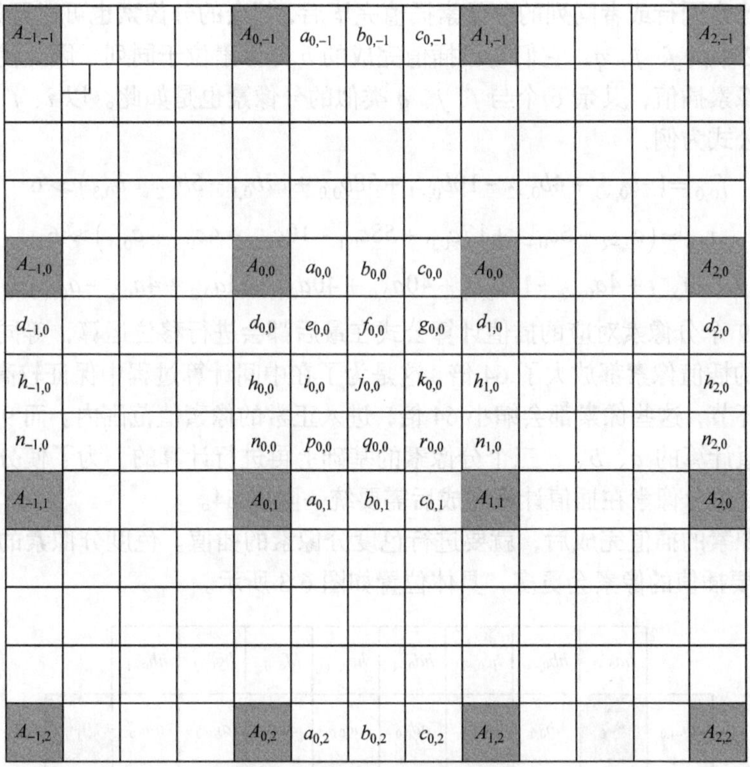

$A_{-1,-1}$					$A_{0,-1}$	$a_{0,-1}$	$b_{0,-1}$	$c_{0,-1}$	$A_{1,-1}$		$A_{2,-1}$
$A_{-1,0}$					$A_{0,0}$	$a_{0,0}$	$b_{0,0}$	$c_{0,0}$	$A_{0,0}$		$A_{2,0}$
$d_{-1,0}$					$d_{0,0}$	$e_{0,0}$	$f_{0,0}$	$g_{0,0}$	$d_{1,0}$		$d_{2,0}$
$h_{-1,0}$					$h_{0,0}$	$i_{0,0}$	$j_{0,0}$	$k_{0,0}$	$h_{1,0}$		$h_{2,0}$
$n_{-1,0}$					$n_{0,0}$	$p_{0,0}$	$q_{0,0}$	$r_{0,0}$	$n_{1,0}$		$n_{2,0}$
$A_{-1,1}$					$A_{0,1}$	$a_{0,1}$	$b_{0,1}$	$c_{0,1}$	$A_{1,1}$		$A_{2,0}$
$A_{-1,2}$					$A_{0,2}$	$a_{0,2}$	$b_{0,2}$	$c_{0,2}$	$A_{1,2}$		$A_{2,2}$

图 6-2　亮度分像素插值示意

图中深灰色的部分是整像素点，首先就需要依据这些整像素点进行插值。不同位置的分像素所用插值滤波器的系数不同，如表 6-1 所示。

表 6-1　亮度分像素插值滤波器系数

像素位置	抽头系数
1/4 (0.25)	−1，4，−10，58，17，−5，1
1/2 (0.50)	−1，4，−11，40，40，−11，4，−1
3/4 (0.75)	1，−5，17，58，−10，4，−1

观察图 6-2 可以发现，分像素位置分为两种：一种是与整像素点位于同行或者同列的分像素，另一种则是不与整像素同行或者同列的分像素。因此针对这两种不同的分像素，可分为两步分别对它们进行插值。

首先对与整像素同行或者同列的分像素进行插值。如图 6-2 中的 d、h、n 这三个分像素，它们与整像素同列，因此使用垂直方向的整像素进行插值。同理，a、b、c 与整像素同行，则使用水平方向的整像素进行插值。以 a、h、c 这三个分像素的插值公式为例：

$$a_{0,0} = -A_{-3,0} + 4A_{-2,0} - 10A_{-1,0} + 58A_{0,0} + 17A_{1,0} - 5A_{2,0} + A_{3,0} \tag{6-1}$$

$$c_{0,0} = A_{-2,0} - 5A_{-1,0} + 17A_{0,0} + 58A_{1,0} - 10A_{2,0} + 4A_{3,0} - A_{4,0} \tag{6-2}$$

$$h_{0,0} = -A_{0,-3} + 4A_{0,-2} - 11A_{0,-1} + 40A_{0,0} + 40A_{0,1} - 11A_{0,2} + 4A_{0,3} - A_{0,4} \tag{6-3}$$

当与整像素同行或者同列的分像素插值完毕后，其余的分像素也可以开始进行插值。例如，图 6-2 中的 f、j、q，它们与已插值完成的 b 分像素位于同列，因此使用 b 像素对它们进行分像素插值，其余 6 个与 f、j、q 类似的分像素也是如此。以 i、f、r 这三个分像素的插值公式为例：

$$f_{0,0} = \left(-b_{0,-3} + 4b_{0,-2} - 10b_{0,-1} + 58b_{0,0} + 17b_{0,1} - 5b_{0,2} + b_{0,3} \right) \gg 6 \tag{6-4}$$

$$r_{0,0} = \left(c_{0,-2} - 5c_{0,-1} + 17c_{0,0} + 58c_{0,1} - 10c_{0,2} + 4c_{0,3} - c_{0,4} \right) \gg 6 \tag{6-5}$$

$$i_{0,0} = \left(-a_{0,-3} + 4a_{0,-2} - 11a_{0,-1} + 40a_{0,0} + 40a_{0,1} - 11a_{0,2} + 4a_{0,3} - a_{0,4} \right) \gg 6 \tag{6-6}$$

这中间 9 个分像素对应的插值计算公式在最后都会进行移位运算，等同于整体缩小了 64。所有的插值像素都放大了 64 倍，这是为了在中间计算过程中保证较高的精度，在后续的预测环节，这些像素都会缩小 64 倍，进入正常的像素值范围内。而 9 个分像素是在已完成插值计算的 a、b、c 三个分像素的基础上再进行计算的，为了使分像素的大小统一，故这 9 个分像素在插值计算完成后需要统一除以 64。

亮度分像素的插值完成后，就要进行色度分像素的插值。色度分像素的插值精度是 1/8，因此需要插值的像素会更多，具体位置如图 6-3 所示。

	$ha_{0,-1}$	$hb_{0,-1}$	$hc_{0,-1}$	$hd_{0,-1}$	$he_{0,-1}$	$hf_{0,-1}$	$hg_{0,-1}$	$hh_{0,-1}$	
$ah_{-1,0}$	$B_{0,0}$	$ab_{0,0}$	$ac_{0,0}$	$ad_{0,0}$	$ae_{0,0}$	$af_{0,0}$	$ag_{0,0}$	$ah_{0,0}$	$B_{1,0}$
$bh_{-1,0}$	$ba_{0,0}$	$bb_{0,0}$	$bc_{0,0}$	$bd_{0,0}$	$be_{0,0}$	$bf_{0,0}$	$bg_{0,0}$	$bh_{0,0}$	$ba_{1,0}$
$ch_{-1,0}$	$ca_{0,0}$	$cb_{0,0}$	$cc_{0,0}$	$cd_{0,0}$	$ce_{0,0}$	$cf_{0,0}$	$cg_{0,0}$	$ch_{0,0}$	$ca_{1,0}$
$dh_{-1,0}$	$da_{0,0}$	$db_{0,0}$	$dc_{0,0}$	$dd_{0,0}$	$de_{0,0}$	$df_{0,0}$	$dg_{0,0}$	$dh_{0,0}$	$da_{1,0}$
$eh_{-1,0}$	$ea_{0,0}$	$eb_{0,0}$	$ec_{0,0}$	$ed_{0,0}$	$ee_{0,0}$	$ef_{0,0}$	$eg_{0,0}$	$eh_{0,0}$	$ea_{1,0}$
$fh_{-1,0}$	$fa_{0,0}$	$fb_{0,0}$	$fc_{0,0}$	$fd_{0,0}$	$fe_{0,0}$	$ff_{0,0}$	$fg_{0,0}$	$fh_{0,0}$	$fa_{1,0}$
$gh_{-1,0}$	$ga_{0,0}$	$gb_{0,0}$	$gc_{0,0}$	$gd_{0,0}$	$ge_{0,0}$	$gf_{0,0}$	$gg_{0,0}$	$gh_{0,0}$	$ga_{1,0}$
$hh_{-1,0}$	$ha_{0,0}$	$hb_{0,0}$	$hc_{0,0}$	$hd_{0,0}$	$he_{0,0}$	$hf_{0,0}$	$hg_{0,0}$	$hh_{0,0}$	$ha_{1,0}$
	$B_{0,1}$	$ab_{0,1}$	$ac_{0,1}$	$ad_{0,1}$	$ae_{0,1}$	$af_{0,1}$	$ag_{0,1}$	$ah_{0,1}$	$B_{1,1}$

图 6-3　色度分像素插值示意

与亮度分像素的插值十分类似，色度分像素插值也是分为两步。首先对与整像素点同行同列的分像素点进行插值，然后对其余的分像素点进行插值。色度分像素插值滤波器系数如表 6-2 所示。

表 6-2　亮度分像素插值滤波器系数

像素位置	抽头系数
1/8 (0.125)	−2，58，10，−2
2/8 (0.250)	−4，54，16，−2
3/8 (0.375)	−6，46，28，−4
4/8 (0.500)	−4，36，36，−4
5/8 (0.625)	−4，28，46，−6
6/8 (0.750)	−2，16，54，−4
7/8 (0.875)	−2，10，58，−2

分像素的计算公式与计算方法与亮度分像素一致，以(0,0)位置的 ad、da、dd 为例，其余计算细节便不再赘述。

$$ad_{0,0} = -6B_{-1,0} + 46B_{0,0} + 28B_{1,0} - 4B_{2,0} \tag{6-7}$$

$$da_{0,0} = -6B_{0,-1} + 46B_{0,0} + 28B_{0,1} - 4B_{0,2} \tag{6-8}$$

$$dd_{0,0} = \left(-6ad_{0,-1} + 46ad_{0,0} + 28ad_{0,1} - 4ad_{0,2}\right) \gg 6 \tag{6-9}$$

HM 中分像素运动估计采用了两步搜索法：

(1) 以整像素运动估计搜索出来的最佳整像素运动矢量为中心，得到其附近的 8 个 1/2 像素点，并插值得到这 8 个 1/2 像素点对应的亚像素参考块。计算这 9 个点(8 个 1/2 像素点和 1 个整像素点)的代价，取代价最小的点作为第 1 步的最佳亚像素运动矢量。

(2) 以第 1 步的最佳亚像素运动矢量为中心，得到其附近的 8 个 1/4 像素点，并插值得到这 8 个 1/4 像素点对应的亚像素参考块。计算这 9 个点(8 个 1/4 像素点和 1 个 1/2 像素点)的代价，取代价最小的点作为最终的最佳亚像素运动矢量。

如图 6-4 所示，黑色块代表起始的整像素运动矢量，灰色块代表第 1 步中的 8 个 1/2 像素点，圆块代表第 2 步中的 8 个 1/4 像素点。每个 PU 仅需要 16 次插值和变换操作，这大大降低了实现分像素运动估计的难度。

在进行第 5 章整像素运动估计和本章分像素运动估计之前,HEVC 标准提出了 Merge 模式和 AMVP 模式，以达到节约编码比特数、提高编码效率的目的。

1. Merge 模式

在 Merge 模式下，利用已编码 PU 的运动信息为当前 PU 建立一个候选运动矢量集，其中包含 5 个候选运动矢量，对其进行遍历，选择其中率失真代价最小的一个直接作为当前 PU 的 MV,以此代替当前 PU 的运动估计过程。这样大大降低了计算量,且当前 PU 的 MV 等于空域或时域上相邻块的 MV,不存在 MVD,大幅省去了编码 MVD 的比特数。

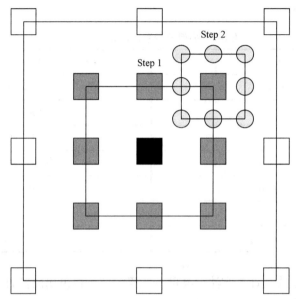

图 6-4   HM 中的分像素运动估计方法

该候选运动矢量集的建立过程如下。

(1) 空域:该步骤为候选运动矢量集提供小于或等于 4 个候选运动矢量。一般情形下,按照图 6-5(a)中 $A_1 \rightarrow B_1 \rightarrow B_0 \rightarrow A_0 \rightarrow B_2$ 的顺序进行搜索。若搜索块存在,就将该位置 PU 的 MV 填入候选运动矢量集中。图 6-5(b)和图 6-5(c)代表两种特殊情形,即当前 PU_2 分别采用 $N \times 2N$ 和 $2N \times N$ 划分时。这些情况下,将 PU_1 的 MV 信息填入候选矢量集是没有意义的,若对候选矢量集进行遍历后发现,PU_1 的 MV 是最佳值,PU_2 选用与 PU_1 相同的 MV,则会导致与 $2N \times 2N$ 划分没有区别。因此,PU_2 不可能选用 PU_1 的 MV,那么就无须对该块进行遍历。也就是说,这两种情况下,搜索顺序分别为 $B_1 \rightarrow B_0 \rightarrow A_0 \rightarrow B_2$ 和 $A_1 \rightarrow B_0 \rightarrow A_0 \rightarrow B_2$。

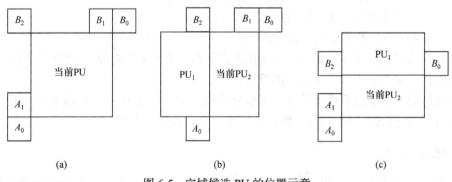

图 6-5   空域候选 PU 的位置示意

(2) 时域：该步骤为候选运动矢量集提供小于或等于 1 个候选运动矢量。利用图 6-6 中 $H \rightarrow C$ 的顺序，找到该块在上一帧中空间上相同位置的 PU(同位 PU)，对其 MV 进行伸缩计算得到，其中 C 和 H 分别为先前已编码帧中和 PU 相同位置的预测块以及右下角块。图 6-7 为伸缩计算的示意图，cur_pic 和 col_pic 分别代表当前帧图像和前一帧图像；cur_PU 和 col_PU 分别代表当前 PU 和同位 PU；cur_ref 和 col_ref 分别代表当前 PU 和同位 PU 的参考帧；td 和 tb 分别代表当前帧和前一帧到各自参考帧之间的距离。候选运动矢量 curMV 按照式(6-10)计算得到。

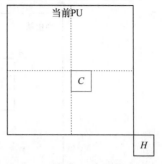

图 6-6　时域候选 PU 的位置示意

$$curMV = \frac{td}{tb}colMV \tag{6-10}$$

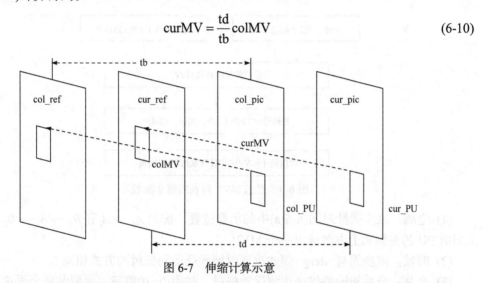

图 6-7　伸缩计算示意

当空域和时域上的搜索完成后，合并相同的候选运动矢量，若候选运动矢量集中 MV 的个数小于 5，则用(0,0)填满。

2. AMVP 模式

高级运动向量预测(advanced motion vector prediction，AMVP)是 H.265/HEVC 标准提出的一项技术，如图 6-8 所示。AMVP 基本原理是对于当前正在搜索的预测单元 PU，利用其时域和空域邻近块的运动矢量，为其建立一个候选预测矢量列表，包含两个预测运动矢量 MVP[0]和 MVP[1]。编码器从其中选择最优的 MVP，传递给运动估计的模块作为其搜索的起点；运动估计完成后，得到 MV 与该 MVP 的值会非常接近，那么计算出的 MVD 就会较小，用对 MVD 进行编码代替对 MV 编码，需要的比特数将大大减少，由此来提升编码效率。解码端会建立同样的 MVP 列表，再结合码流中读取的 MVD 信息，即可恢复出 MV。

$$MVD = MV - MVP \tag{6-11}$$

候选预测运动矢量集的建立流程如图 6-9 所示。

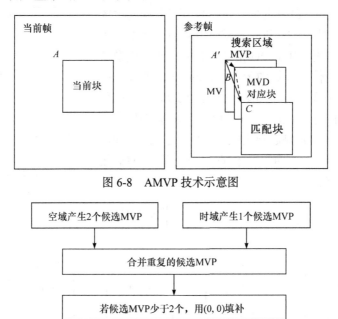

图 6-8   AMVP 技术示意图

```
┌─────────────────────┐      ┌─────────────────────┐
│   空域产生2个候选MVP  │      │   时域产生1个候选MVP  │
└─────────────────────┘      └─────────────────────┘
              │                          │
              └──────────┬───────────────┘
                         ▼
          ┌───────────────────────────┐
          │      合并重复的候选MVP       │
          └───────────────────────────┘
                         │
                         ▼
          ┌───────────────────────────┐
          │  若候选MVP少于2个，用(0, 0)填补 │
          └───────────────────────────┘
                         │
                         ▼
          ┌───────────────────────────┐
          │  取前两个MVP建立最终候选MVP列表 │
          └───────────────────────────┘
```

图 6-9   候选 MVP 列表的建立流程

(1) 空域：该步骤针对图 6-5(a)中的示意位置，按照 $A_0 \rightarrow A_1$ 和 $B_0 \rightarrow B_1 \rightarrow B_2$ 的顺序从当前 PU 的左侧和上方各选出一个 MVP。

(2) 时域：该步骤与 Merge 模式挑选时域候选运动矢量的方式相同。

(3) 合并：合并相同的候选预测运动矢量，并用(0, 0)填满，保留前两个候选预测运动矢量作为最终的 MVP[0]和 MVP[1]。

Merge 模式和 AMVP 模式有诸多类似，这里列表 6-3 以便区分和理解。

表 6-3   Merge 模式和 AMVP 模式比较

模式	Merge 模式	AMVP 模式
候选向量数目	5	2
特点	采用运动合并技术处理运动参数	对运动参数直接编码
所需传送内容	候选 PU 块的索引信息	MVD 与预测 MV 在候选列表中的序号

6.1.2   现有成果

分像素运动估计运行部分有着非常高的计算复杂度，在运行过程中甚至会占据 HEVC 整体运行 40%～60%的时间,因此研究如何提高它的效率便显得尤为重要。在 FME

的设计中，复杂度较大的计算单元是亚像素插值器和 SATD 代价计算，因此，很多工作都对这个问题提出了不同的解决方案。

1. 算法优化

Lin 等[1]在其 FME 算法中减少了分像素搜索点的数目。前面提到，传统两步搜索方法需要分两步检查 17 个亚像素点，但是在 Lin 等[1]的工作中，只在一步中检查 6 个亚像素点，这个方法可以大幅减少插值过程的计算量。

Chen 等[2]提出了一种名为 AMPD(advanced mode pre-decision)的方法。整像素运动估计在计算到各个分块的最小代价后，得到编码块可能的几种粗略划分；分像素运动估计在其计算过程中，只对这几种可能的划分进行检查，这样可以大幅减少 FME 检查的分块数量。

Chen 等[3]指出传统两步搜索的两个搜索步骤之间有重叠的区域，也就是说这些重叠区域的像素会被取出两次，会带来不必要的带宽。因此，Chen 等[3]在其工作中提出了一种单步搜索策略，搜索了整像素运动矢量附近的 5×5 区域内的 25 个亚像素搜索点，并且这个 5×5 区域内的 1/2 像素点和 1/4 像素点是同时检查的，这可以大幅减少参考像素的带宽。

He 等[4]提出了一种 5T12S 的 FME 算法。该 FME 算法选取了一个梯形区域内的 12 个候选亚像素点，其中 5 个候选亚像素点需要做变换操作。He 等[4]并没有使用 HEVC 标准中规定的 7 抽头滤波器来插值得到 1/4 亚像素，而是在整像素和 1/2 像素基础上利用一种 2 抽头的滤波器来得到 1/4 像素。因此，1/4 亚像素候选点的变换系数可以从整像素和 1/2 像素中得到，这样可以大幅减少变换操作的次数。

Kim 等[5]提出在运动估计过程中使用 4 抽头滤波，而在运动补偿过程中使用 8 抽头滤波。

Xiao 等[6]提出了一种优化可扩展且具有成本效益的算法，其中每一个搜索点都被分配了一个具有成本效益的优先级，这使得它更有可能更早或更晚地被用于检查最佳运动矢量。

Zhang 等[7]提出利用卷积神经网络进行 FME。与 HM 相比，该方法可以降低 0.45% 的 B-D rate。

Fan 等[8]提出了一种基于多方向抛物线预测的无插值的运动估计方案。

Liu 等[9]提出了一种针对运动补偿的内容自适应插值方案。相比于 HM，该方法节省了 5.13% 的比特率。

Yan 等[10]将分数像素 MC 表述为一个图片间回归问题，并采用卷积神经网络模型解决了这一问题。与 HM 相比，该方法节省了 3.9% 的比特。

Yu 等[11]提出了一种失真感知多任务学习框架来进行分数插值。相比于 HM，该方法节省了 5.0% 的 B-D rate。

Li 等[12]提出了一种六参数二维误差面模型的 FME 算法。与 HM 参考软件(HM-15.0)相比，其提出的 3 种 FME 模式可以减少 35.1%、29.4%、22.5%的编码时间，但引入了 3.04%、0.79%、0.43%的 BDBR 增量。

Li 等[13]提出了使用基于数据统计的滤波器代替标准的分像素插值。相比于 HM，该方法可以实现 1dB 的增益。

Park 等[14]提出了一种有条件地跳过 FME 的方法。与 HM 相比，该方法有效地减少了总编码时间和内存访问量。

2. VLSI 实现

Penny 等[15]提出了一种低功耗和内存感知的硬件架构，该架构在算法和数据层面都利用了近似计算，从而降低了耗散功率和内存带宽。所提出的设计在使用 40nm 标准单元库合成时，能够对 4K 和 8K 视频进行实时插值，功耗为 22.04～62.06mW。

Badry 等[16]提出了一种新的无插值的分像素运动估计算法(FME)。性能分析表明，FME 可省 96%的计算成本，而 B-D rate 增量仅为 2.2%。在 65nm 下，该设计实现了 602MHz 的最高频率，可以处理 4K @ 71fps 的视频。

Seidel 等[17]提出了一种针对 FME 的编码和节能硬件设计策略。该架构可以支持 2160P @ 120fps 的视频。

Penny 等[18]介绍了一种基于机器学习的自适应近似硬件设计方法，通过改变 FME 滤波器系数和/或丢弃拍子，可对 FME 进行多级逼近。而利用动态的逼近方法，该方法可以降低 50.54%的功率，而只引入 1.18%的 BDBR。

Xu 等[19]介绍了一种金字塔块匹配运动估计引擎的设计和 VLSI 实现，该引擎由级联整数运动估计(IME)和分数运动估计(FME)组成。其中，IME 又分为级联 3 级、1/4 子样本搜索、半子样本搜索和整数样本搜索，FME 又分为级联 2 级半样本插值和 1/4 样本插值。

Da Silva 等[20]通过减少每个滤波器中的抽头数来降低内存访问和硬件成本。近似的设计使加法器/减法器的数量减少了 67.65%，内存带宽减少了 75%，而编码性能的损失小于 1%。当合成到 FPGA 器件上时，所需的逻辑元件减少了 52.9%，而频率却略有增加。

Penny 等[21]提出了一种针对 MC 和 FME 的多标准采样插值器硬件设计，全面支持 MPEG-2、MPEG-4、H.264/AVC、HEVC、AVS 和 AVS2。所提出的设计在使用 45nm 标准单元库合成时，能够支持 4320P @ 60fps。在 MPEG-2 和 AVS2 工作模式下，电路占地面积为 65508 μm^2，功耗范围为 14.58～65.316mW。

Afonso 等[22]所采用的策略主要是使用 4 个方形的预测单元(PU)，而不是在运动估计(ME)中使用所有 24 种可能的 PU。这种方法减少了约 59%的总编码时间，而相应地，在相同的图像质量下，比特率增加了 4%。

León 等[23]提出一个简单的 SAD 的硬件实现，以便使用分数插值像素来确定最佳匹配块。此外，所提出的架构在半像素和 1/4 像素过程中都重复使用插值单元。

Mert 等[24]提出了利用相邻整数像素搜索位置的 SAD 值估计子像素搜索位置的 SAD，以轻微的质量损失为代价，显著降低计算复杂度。该实现支持所有的预测单元，可以支持四路 4K@38fps。

6.2　算　法　优　化

6.2.1　搜索方法

在本节提出的分像素运动估计的算法中，我们采用了 4 步搜索策略。

(1) 以整像素运动估计搜索出来的最佳整像素运动矢量为中心，得到其附近的 8 个 1/2 像素候选点，并插值得到这 8 个 1/2 像素候选点对应的分像素参考块。计算这 9 个候选点(8 个 1/2 像素候选点和 1 个整像素候选点)的代价，取代价最小的候选点对应的运动矢量作为第(1)步的最佳亚像素运动矢量。

(2) 以粗略运动向量预测(详见 6.2.2 节)得到的 MVPA(图 6-5(a))为中心，得到其附近的距离为 1/4 像素的 8 个候选点，并插值得到这 9 个候选点(8 个周边候选点和 1 个 MVPA 像素点)对应的参考块。计算这 9 个候选点的代价，取代价最小的候选点对应的运动矢量作为第(2)步的最佳运动矢量。

(3) 以粗略运动向量预测得到的 MVPB(图 6-5(a))为中心，得到其附近的距离为 1/4 像素的 8 个候选点，并插值得到这 9 个候选点(8 个周边候选点和 1 个 MVPB 像素点)对应的参考块。计算这 9 个候选点的代价，取代价最小的候选点对应的运动矢量作为第(3)步的最佳运动矢量。

(4) 比较第(1)步、第(2)步和第(3)步的最小代价，得到最终的最佳运动矢量。

我们提出的搜索算法检查了 $9\times 3=27$ 个搜索点，比 Lin 等[1](6 个)、Chen 等[3](25 个)和 He 等[4](12 个)工作中搜索点数目都要更多。此外，该搜索算法除检查了最佳整像素运动矢量附近的亚像素搜索点，还检查了两个粗略预测矢量附近的搜索点，也就是说，该算法覆盖的范围更广。

在第(2)步和第(3)步中，由于 MVPA 和 MVPB 不一定是整像素运动矢量，因此其周围 8 个候选点可能为整像素候选点，也有可能是 1/2 亚像素搜索点或者 1/4 亚像素搜索点。在本节搜索算法对应的硬件设计中，1/4 亚像素搜索点对应的参考块并不依赖于 1/2 亚像素搜索点的插值结果。我们的设计会增加插值模块的硬件代价，但也因此能够支持 9 个候选点的同时搜索。

6.2.2　粗略运动向量预测

在分像素运动估计的代价估计阶段，我们采用了残差的 SATD 变换值和 MVD 的代价之和作为评判标准。其中，MVD 指的是当前候选运动矢量与 AMVP 得到的预测矢量之差。但是,在我们的 HEVC 编码器硬件设计中,LCU 的块划分模式在 FME 后续的 RDO 阶段才能获得,所以 FME 阶段无法得到精确的 AMVP 结果。因此,我们提出了粗略运动向量预测(coarse motion vector prediction,CMVP)方法,其基本原理是不考虑 LCU 的划分,对于每个 PU,其预测矢量为对应位置的 8 × 8 块的最佳运动矢量。CMVP 获得的预测矢量是 MVPA 和 MVPB。

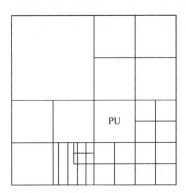

图 6-10   粗略运动矢量预测(CMVP)

如图 6-10 所示,黑色线代表了最终 RDO 计算得到的块划分模式。对于 16×16 的 PU 块,其 AMVP 得到的 A_0 矢量应该是图 6-10 中竖线 16 × 16 块的最佳运动矢量;在本设计的 FME 中,通过 CMVP 得到的 A_0 矢量是图 6-10 中竖线 8 × 8 块的最佳运动矢量。考虑到横线 8 × 8 块属于竖线 16 × 16 块,我们通过该横线 8 × 8 块得到的最佳运动矢量应该近似于 AMVP 中 A_0 矢量的大小。

6.3   VLSI 实现

我们提出的分像素运动估计的硬件设计架构如图 6-11 所示。

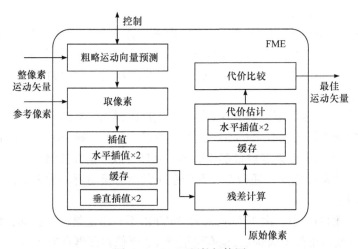

图 6-11   FME 硬件架构图

本节设计的分数运动估计硬件模块只检查 $2N \times 2N$ 和 $N \times N$ 的 PU 块,且基本处理单元为 8 × 8 的 PU。对于 16 × 16、32 × 32 和 64 × 64 的 PU,其代价由其下的 8 × 8 块计算求和得到。

(1) 首先,粗略运动向量预测(CMVP)模块计算得到 MVPA 和 MVPB,并把当前检查的搜索中心点送到后续的取像素模块。

(2) 取像素模块以当前检查的搜索中心为中心(IMV、MVPA 或者 MVPB),从参考像素存储器读出 16 × 16 的参考像素块。

(3) 插值模块依次经过水平插值、转置和垂直插值，将该搜索中心及其附近 8 个候选点对应的参考像素块(合计 9 个参考像素块)，送到后续的残差计算模块。

(4) 残差计算单元负责将这 9 个参考像素块与原始像素块做差，得到每个候选点的残差。

(5) 在代价估计单元中，将对残差做 SATD 操作，并对 MVD 计算代价，得到 9 个候选点的代价。

(6) 代价比较单元比较这 9 个候选点的代价，得到最小代价以及相应的最佳亚像素运动矢量。

6.3.1　插值

插值模块由水平插值模块、缓存模块和垂直插值模块组成，插值模块数据处理的流程如图 6-12 所示。

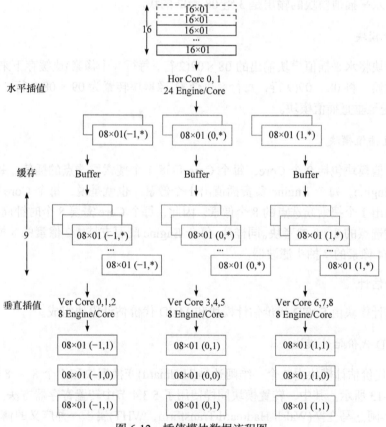

图 6-12　插值模块数据流程图

插值模块的输入是在参考帧中，以搜索中心点为中心，上下左右各拓展由 8 像素组成的共计 16×16 大小的整像素块。由于我们提出的分像素运动估计的硬件设计是每 8 个时钟周期处理一个 8×8 块，因此每个时钟周期向插值模块输入 1 个 16×02(2 行，每行 16 像素)的块。

插值模块的输出是 9 个 08 × 01(1 行，每行 8 像素)的块，这 9 个块分别对应了 9 个候选点参考块中的 1 行。因此，8 个时钟周期就可以完成这 9 个候选点的 8 × 8 参考块的插值。

1. 水平插值模块

水平插值模块包括 2 个 Core，每个 Core 各对 1 个 16 × 01(1 行，每行 16 像素)的块进行插值操作。每个 Core 中包含 24 个 Engine，每个 Engine 负责插值 1 像素。该像素可能是 1/4 像素，或者 1/2 像素，或者整像素。也就是说，每个 Engine 既要支持 1/2 像素的 8 抽头滤波器，也要支持 1/4 像素的 7 抽头滤波器。

将搜索中心点的位置标记为(0，0)，那么该步骤搜索的 9 个候选点可以被标记为 (−1，−1)∼(1，1)。将 24 个 Engine 分为 3 组，每组 8 个 Engine。3 组 Engine 分别负责插值出(−1，*)、(0，*)和(1，*)候选点的水平方向的参考像素。

因此，水平插值模块的输出是 3 组 08 × 02 的块。

2. 缓存模块

缓存模块将水平插值模块输出的 08 × 02(2 行，每行 8 个像素)块缓存下来，在缓存到第 9 行的时候，将 08 × 09(9 行，每行 8 个像素)像素块转置为 09 × 08(8 行，每行 9 个像素)像素块送至垂直插值模块。

3. 垂直插值模块

垂直插值模块包括 9 个 Core，每个 Core 负责 1 个搜索候选点的插值。每个 Core 中包含 8 个 Engine，每个 Engine 负责插值出 1 个像素。也就是说，每个 Core 每个时钟周期可以插值出 1 个搜索候选点的 8 个像素。因此，每个 Core 需要 8 个时钟周期来插值出对应搜索候选点的 8 × 8 参考块。同样地，每个 Engine 既要支持 1/2 像素的 8 抽头滤波器，也要支持 1/4 像素的 7 抽头滤波器。

6.3.2 代价估计

代价估计模块由 SATD 代价估计模块和 MVD 代价估计模块组成。

1. SATD 代价估计模块

SATD 代价估计模块由 2 个一维阿达马(Hadmard)变换模块和 1 个 8 × 8 转置模块组成，如图 6-13 所示。其中，转置模块同样使用了 5.3.4 节中转置寄存器方法。

沃尔什-阿达马变换(Walsh-Hadmard Transform，WHT)属于一种广义的傅里叶变换，这里用到的一维阿达马变换如下所示，其中 $b_i(x)$ 表示 x 的二进制表达式中第 i 位。

$$F(\mu) = \sum_{x=0}^{N-1} f(x) g(x, \mu) \tag{6-12}$$

$$g(x, \mu) = \frac{1}{N} (-1)^{\sum_{i=0}^{n-1} b_i(x) b_i(\mu)} \tag{6-13}$$

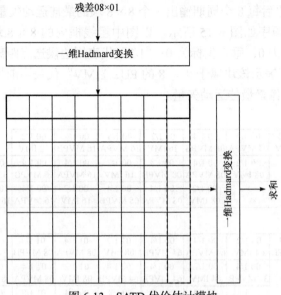

图 6-13　SATD 代价估计模块

2. MVD 代价估计模块

MVD 代价估计函数如式(6-14)~式(6-16)所示。λ 函数和 getbits 函数均包含了浮点数运算，在我们提出的分像素运动估计的硬件设计中，采用了 3 位二进制定点小数来替代 λ 函数和 getbits 函数中的浮点数。相较于浮点数运算，定点化引入的 B-D rate 增量为 0.3%。

$$\mathrm{cst}(\mathrm{qp,mvd}) = \lambda(\mathrm{qp}) \times \mathrm{getbits}(\mathrm{mvd}) \tag{6-14}$$

$$\mathrm{getbits}(\mathrm{mvd}) = \log(\mathrm{mvd}+1) \times [2.0 / \log(2.0)] + 1.718 \tag{6-15}$$

$$\lambda(\mathrm{qp}) = 2^{\frac{\mathrm{QP}}{6}-2} \tag{6-16}$$

6.3.3　性能评估

我们提出的分像素运动估计硬件设计的模块时空图如图 6-14 所示，图中的序号代表该模块当前正在处理的 8×8 块的编号。

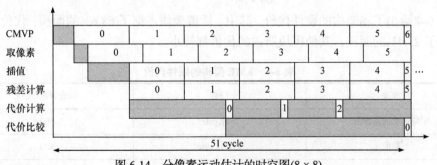

图 6-14　分像素运动估计的时空图(8×8)

观察图 6-14 可以发现，从开始分像素运动估计到输出第一个 8×8 块的最佳运动矢量需要 51 个周期，之后每 8 个周期输出一个 8×8 块的最佳运动矢量。

8×8 块的计算顺序如图 6-15 所示。以图中粗线框内的 8×8 块为例："00"代表该 8×8 块水平坐标为 0，垂直坐标为 0；"1/2"代表周边候选点距离搜索的中心点的距离为 1/2 像素；"08"表示该块属于 8×8 的 PU；"IMV"代表当前搜索的中心点为整像素运动估计得到的整像素最佳运动矢量。

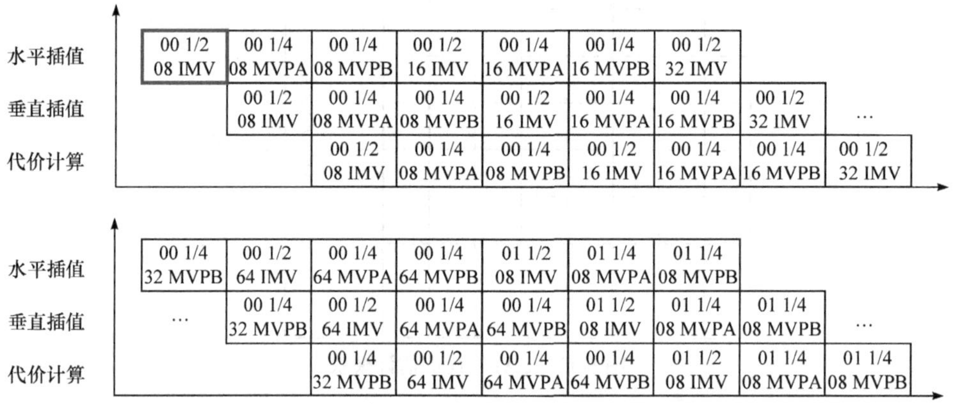

图 6-15   8×8 块遍历顺序图

观察图 6.15 可以发现，8×8 块的计算顺序如下。

(1) 遍历三个候选的搜索中心：IMV、MVPA 和 MVPB。

(2) 遍历该块所在的各个层次的 PU：8×8、16×16、32×32、64×64。

(3) 遍历 LCU 块内的所有 8×8 块(Zig-Zag 顺序)。

因此，本节提出的 FME 硬件设计的总周期数约为

$$8 \times 3 \times 4 \times \frac{64 \times 64}{8 \times 8} + 51 = 6195$$

本节提出的分像素运动估计模块的工作频率为 500MHz，因此其对 UHD 4K×2K 分辨率视频序列的编码帧率为

$$\frac{500 \times 10^6}{\frac{3840 \times 2160}{64 \times 64} \times 6195} \approx 40$$

表 6-4 给出了本架构的硬件代价。其中，插值模块占据了 68.6% 的面积；代价估计模块占据了 27.4% 的面积；其他模块所占的代价都较小。

表 6-4   FME 架构的硬件代价

模块	门数	综合频率/MHz
粗略运动向量预测	7.4Kgate	500
插值	258.1Kgate	500
残差计算	4.3Kgate	500

续表

模块	门数	综合频率/MHz
代价估计	103.3Kgate	500
代价比较	2.1Kgate	500
整体架构	376Kgate	500

我们对所提出的分像素运动估计架构进行了仿真测试，Class A～Class E 的视频序列均仿真通过。此外，我们将综合结果与业界的相关工作进行了比较，如表 6-5 所示。

表 6-5　FME 架构与其他文献的比较

参数	Lin 等[1]	Kao 等[25]	He 等[4]	本架构
编码标准	H.264	H.264	HEVC	HEVC
候选点个数	6	17	25	27
最小 PU 大小	8×8	—	16×8	8×8
工艺/nm	130	180	65	65
工作频率/MHz	128	154	188	500
分辨率	1080P@30fps	1080P@30fps	4K×2K@30fps	4K×2K@40fps
SRAM/kB	—	9.7	19.2	8.16
门数	68.9Kgate	321Kgate	1183Kgate	376Kgate

在分像素运动估计的搜索候选点方面，我们提出的 FME 架构的搜索点数达到了 27 个，是这几个工作里面最多的。这是因为本节采用的插值引擎能够同时支持 1/2 像素和 1/4 像素的插值，且 1/4 像素的插值不需要依赖 1/2 像素的插值结果，因此整个架构的吞吐率较高。

在硬件门数方面，本节提出的 FME 架构比 He 等[4]的工作要更简单，这主要是因为我们提出了相对更简单的 FME 搜索算法，且简化了候选点代价估计的算法。但是，相比较于 Lin 等[1]和 Kao 等[25]的工作，我们提出的 FME 架构硬件门数要高一些，这是因为我们使用的 HEVC 编码器的插值方法比 H.264 编码器的插值方法更加复杂。

参 考 文 献

[1] LIN Y K, LIN C C, KUO T Y,et al. A hardware-efficient H.264/AVC motion-estimation design for high-definition video [J]. IEEE Transactions on Circuits and Systems Ⅰ, 2008, 55(6): 1526-1535.

[2] CHEN T C, CHEN Y H, TSAI C Y, et al. Low power and power aware fractional motion estimation of H.264/AVC for mobile applications [C]. 2006 IEEE International Symposium on Circuits and Systems (ISCAS), Island of Kos, 2006: 4.

[3] CHEN Y, CHEN T, TSAI C, et al. Algorithm and architecture design of power-oriented H.264/AVC

baseline profile encoder for portable devices [J]. IEEE Transactions on Circuits and Systems for Video Technology, 2009, 19(8): 1118-1128.

[4] HE G, ZHOU D, LI Y,et al. High-throughput power-efficient VLSI architecture of fractional motion estimation for ultra-HD HEVC video encoding [J]. IEEE Transactions on Very Large Scale Integration (VLSI) Systems, 2015, 23(12): 3138-3142.

[5] KIM S, JEONG J, PARK S, et al. A fast fractional-pel motion estimation using 4-tap chroma interpolation filter for HEVC encoder [J]. Advanced Science and Technology Letters, 2017(146): 23-29.

[6] XIAO W, WANG T, LI H, et al. An optimally scalable and cost-effective algorithm for 1/8-pixel motion estimation for HEVC[C].2017 Data Compression Conference (DCC), Snowbird, 2017: 468-468.

[7] ZHANG H, SONG L, LUO Z, et al. Learning a convolutional neural network for fractional interpolation in HEVC inter coding[C]. 2017 IEEE Visual Communications and Image Processing (VCIP), St. Petersburg, 2017: 1-4.

[8] FAN R, ZHANG Y, LI B, et al. Multidirectional parabolic prediction-based interpolation-free sub-pixel motion estimation[J]. Signal Processing: Image Communication, 2017(53): 123-134.

[9] LIU X, DING W, SHI Y, et al. Content adaptive interpolation filters based on HEVC framework[J]. Journal of Visual Communication and Image Representation, 2018(56): 131-138.

[10] YAN N, LIU D, LI H, et al. Convolutional neural network-based fractional-pixel motion compensation[J]. IEEE Transactions on Circuits and Systems for Video Technology, 2018, 29(3): 840-853.

[11] YU L, SHEN L, YANG H, et al. A distortion-aware multi-task learning framework for fractional interpolation in video coding[J]. IEEE Transactions on Circuits and Systems for Video Technology, 2021, 31(7): 2824-2836.

[12] LI Y, LIU Z, JI X, et al. HEVC fast FME algorithm using IME RD-costs based error surface fitting scheme[C]. 2016 Visual Communications and Image Processing (VCIP), Chengdu, 2016: 1-4.

[13] LI S, NANJUNDASWAMY T, ROSE K.Jointly optimized transform domain temporal prediction and sub-pixel interpolation[C]. 2017 IEEE International Conference on Acoustics, Speech and Signal Processing (ICASSP), New Orleans, 2017: 1293-1297.

[14] PARK S. A sub-pixel motion estimation skipping method for fast HEVC encoding[J]. ICT Express, 2019, 5(2): 136-140.

[15] PENNY W, CORREA G, AGOSTINI L, et al.Low-power and memory-aware approximate hardware architecture for fractional motion estimation interpolation on HEVC[C]. 2020 IEEE International Symposium on Circuits and Systems (ISCAS), Seville, 2020: 1-5.

[16] BADRY E, SHALABY A, SAYED M S.A hardware friendly fractional-pixel motion estimation algorithm based on adaptive weighted model[C].2017 29th International Conference on Microelectronics (ICM), Beirut, 2017: 1-4.

[17] SEIDEL I, RODRIGUES FILHO V, AGOSTINI L, et al. Coding- and energy-efficient FME hardware design[C]. 2018 IEEE International Symposium on Circuits and Systems (ISCAS), Florence, 2018: 1-5.

[18] PENNY W, PALOMINO D, PORTO M, et al.Power/QoS-adaptive HEVC FME hardware using machine learning-based approximation control[C]. 2020 IEEE International Conference on Visual Communications and Image Processing (VCIP), Macau,2020: 78-81.

[19] XU K, HUANG B, LIU X, et al. A low-power pyramid motion estimation engine for 4K@30fps realtime HEVC video encoding [C]. 2018 IEEE International Symposium on Circuits and Systems (ISCAS), Florence, 2018: 1-4.

[20] DA SILVA R, SIQUEIRA Í, GRELLERT M.Approximate interpolation filters for the fractional motion estimation in HEVC encoders and their VLSI design[C]. 2019 32nd Symposium on Integrated Circuits

and Systems Design (SBCCI), Sao Paulo, 2019: 1-6.

[21] PENNY W, GOEBEL J, PAIM G,et al.High-throughput and power-efficient hardware design for a multiple video coding standard sample interpolator[J].Journal of Real-Time Image Processing, 2019, 16(1): 175-192.

[22] AFONSO V, MAICH H, AUDIBERT L,et al.Hardware implementation for the HEVC fractional motion estimation targeting real-time and low-energy[J].Journal of Integrated Circuits and Systems, 2016, 11(2): 106-120.

[23] LEÓN J S, CÁRDENAS C S, CASTILLO E V.A high parallel HEVC fractional motion estimation architecture[C]. 2016 IEEE ANDESCON, Arequipa, 2016: 1-4.

[24] MERT A C, KALALI E, HAMZAOGLU I. Low complexity HEVC sub-pixel motion estimation technique and its hardware implementation[C]. 2016 IEEE 6th International Conference on Consumer Electronics-Berlin (ICCE-Berlin), Berlin, 2016: 159-162.

[25] KAO C Y, WU C L, LIN Y L. A high-performance three-engine architecture for H. 264/AVC fractional motion estimation[J]. IEEE Transactions on Very Large Scale Integration (VLSI) Systems, 2009, 18(4): 662-666.

第7章 重建环路

大部分图像都有一个特征：平缓的区域占据了一幅图像的大部分信息，而细节内容占据图像信息很小的一部分。换言之，图像数据中以直流分量、低频分量为主导，高频分量占小部分。基于这样一个特性，可以通过适当的变换使图像能量在空间域的分散分布转换成在变换域的相对集中分布，以实现空间冗余的去除。视频图像编码中的变换编码是将空间域像素形式描述的图像转换至变换域，以变换系数的形式呈现。

量化相比于变换，是一个有损过程，是视频压缩失真的主要来源之一。它在变换的基础上对变换系数进一步处理，压缩视频信息量，减小视频码率。量化根据量化步长，也可用量化参数(QP)表示，将变换系数映射取整得到较小的数值，使得待编码比特数进一步降低。一般来说，QP越大，视频压缩后码率越小，但是图像细节丢失，质量越差；反之又得不到较高的压缩率。因此，如果想在视频码率和图像质量之间追求一个平衡，根据需要调节QP即可。

重建环路指的是在重建的过程中，对于当前块的处理必须依赖于前一块的处理结果，预测、变换、量化、反量化、反变换和重建的这一系列过程成为一条首尾相连的环路。

本章给出HEVC重建环路的相关背景知识，介绍当前学术界已有的硬件实现，并在此基础上分析VLSI实现下重建环路所面临的实际问题，并有针对性地在模块层次和架构层次对重建环路进行优化。

7.1 概　　述

在HEVC标准中，重建环路由图7-1中所示部分构成。其中，由预测像素和原始像素相减所得到的残差像素被送往离散余弦变换(DCT)模块和量化(Q)模块，用以得到熵编码(CABAC)模块所需要的变换系数。与此同时，这些变换系数还被送往反量化(IQ)模块和反变换(IDCT)模块用以产生重建后的残差和重建后的像素。为了能够保证解码端和编码端的一致性，预测像素必须基于解码端也能够获得的重建像素来完成，因此，在重建像素和预测像素之间存在着数据依赖。

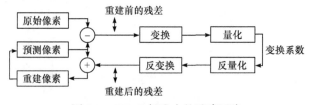

图 7-1　HEVC标准中的重建环路

对于帧内预测而言，这种数据依赖会在极大程度上影响编码速度，因为帧内预测所需要的重建像素来自相邻的变换块，只有在对前一个 TU 的重建完成之后，对当前 TU 的预测才能够开始执行。图 7-2 给出了这一问题的具体说明。如图 7-2 所示，对于 1 号 TU 的预测必须在 0 号 TU 的重建完成之后，这是因为 1 号 TU 的预测需要 0 号 TU 的最后一列重建数据。类似地，2 号 TU 的预测需要 1 号 TU 的最后一行重建数据；对于 3 号 TU 的预测则需要 2 号 TU 的最后一列重建数据。换言之，对于所有 TU 而言，其预测都必须等待前一块 TU 重建完成。这一限制无疑大大影响了重建环路的处理速度。

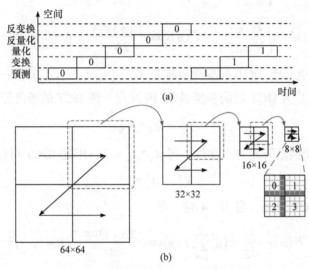

图 7-2　重建环路中 TU 处理的时空图

由第 4 章帧内预测的相关介绍可知，由于前预测过程的存在，大量不可能的模式、PU 划分或者 TU 划分是可以被提前剔除的。但是，根据现有算法来看，在保证编码效果的前提之下，绝大多数方案只能够给出备选模式、PU 划分或者 TU 划分的粗略范围。

7.1.1　基本原理

1. DCT 基本算法

将一维 N 个实数采样值变换为 N 个变换域上的变换系数的过程称为一维 DCT (discrete cosine transform)。定义如式(7-1)所示。

$$F(u) = \frac{2}{N} \cdot c(u) \sum_{n=0}^{N-1} f(n) \cos \frac{(2n+1)u\pi}{2N}, \quad u = 0, \cdots, N-1$$

$$c(u) = \begin{cases} \dfrac{1}{\sqrt{2}}, & u = 0 \\ 1, & \text{其他} \end{cases}$$

(7-1)

其中，$f(n)$ 为一维采样值；$F(u)$ 为一维变换系数。

DCT 是一个线性的可逆过程，将 N 个变换系数重构为 N 个实数采样值的过程称为逆

DCT(inverse DCT, IDCT)。IDCT 计算过程如式(7-2)所示。

$$f(n) = \sum_{u=0}^{N-1} c(u)F(u)\cos\frac{(2n+1)u\pi}{2N}, \quad n=0,\cdots,N-1 \tag{7-2}$$

N 点一维 DCT/IDCT 的模为 2/N，将 N 点一维 DCT 和 IDCT 归一化后表示如式(7-3)和式(7-4)所示。

$$F(u) = \sqrt{\frac{2}{N}}\cdot c(u)\sum_{n=0}^{N-1} f(u)\cos\frac{(2n+1)u\pi}{2N}, \quad u=0,\cdots,N-1 \tag{7-3}$$

$$f(n) = \sqrt{\frac{2}{N}}\cdot\sum_{u=0}^{N-1} c(u)F(u)\cos\frac{(2n+1)u\pi}{2N}, \quad n=0,\cdots,N-1 \tag{7-4}$$

令 A_N 表示 N 点一维 DCT 的变换矩阵，$X_N^{\mathrm{T}}=[x_0,x_1,\cdots,x_{N-1}]^{\mathrm{T}}$ 为一维 N 点采样值，$Y_N^{\mathrm{T}}=[y_0,y_1,\cdots,y_{N-1}]^{\mathrm{T}}$ 为 DCT 后的变换系数，则 N 点一维 DCT 的矩阵形式如式(7-5)所示。

$$Y_N^{\mathrm{T}} = A_N * X_N^{\mathrm{T}} \tag{7-5}$$

由于 DCT 的变换矩阵具有正交性，即 $A_N*A_N^{\mathrm{T}}=I$，因此 IDCT 可以由式(7-6)得到。

$$X_N^{\mathrm{T}} = A_N^{\mathrm{T}} * Y_N^{\mathrm{T}} \tag{7-6}$$

以 4 点一维 DCT 为例，当 $N=4$ 时，有

$$F(u) = \frac{1}{\sqrt{2}}\cdot c(u)\sum_{n=0}^{3} f(n)\cos\frac{(2n+1)u\pi}{8}, \quad u=0,\cdots,3 \tag{7-7}$$

4 点一维 DCT 的变换核用矩阵形式表示为

$$A_4 = \begin{bmatrix} \dfrac{1}{2} & \dfrac{1}{2} & \dfrac{1}{2} & \dfrac{1}{2} \\[2mm] \sqrt{\dfrac{1}{2}}\cos\left(\dfrac{\pi}{8}\right) & \sqrt{\dfrac{1}{2}}\cos\left(\dfrac{3\pi}{8}\right) & -\sqrt{\dfrac{1}{2}}\cos\left(\dfrac{3\pi}{8}\right) & -\sqrt{\dfrac{1}{2}}\cos\left(\dfrac{\pi}{8}\right) \\[2mm] \dfrac{1}{2} & -\dfrac{1}{2} & -\dfrac{1}{2} & \dfrac{1}{2} \\[2mm] \sqrt{\dfrac{1}{2}}\cos\left(\dfrac{3\pi}{8}\right) & -\sqrt{\dfrac{1}{2}}\cos\left(\dfrac{3\pi}{8}\right) & \sqrt{\dfrac{1}{2}}\cos\left(\dfrac{3\pi}{8}\right) & -\sqrt{\dfrac{1}{2}}\cos\left(\dfrac{3\pi}{8}\right) \end{bmatrix} \tag{7-8}$$

同理，二维 $N\times M$ 空间的 DCT/IDCT 定义为

$$F(u,v) = \frac{2}{N}c(u)c(v)\sum_{n=0}^{N-1}\sum_{m=0}^{M-1} f(n,m)\cos\frac{(2n+1)u\pi}{2N}\cos\frac{(2m+1)v\pi}{2M} \tag{7-9}$$
$$u=0,\cdots,N-1, \quad v=0,\cdots,M-1$$

$$f(n,m) = \frac{2}{N}\sum_{u=0}^{N-1}\sum_{v=0}^{M-1} c(u)c(v)F(u,v)\cos\frac{(2n+1)u\pi}{2N}\cos\frac{(2m+1)v\pi}{2M} \tag{7-10}$$
$$n=0,\cdots,N-1, \quad m=0,\cdots,M-1$$

令 K_N 和 F_N 分别表示 $N\times N$ 的二维变换结果矩阵和采样值矩阵，则二维 $N\times N$ 空间

的 DCT 和 IDCT 分别如式(7-11)和式(7-12)所示。

$$K_N = A_N * F_N * A_N^\mathrm{T}$$ (7-11)

$$F_N = A_N^\mathrm{T} * K_N * A_N$$ (7-12)

由式(7-8)可知,离散余弦变换的矩阵系数中包含实数,实际应用过程中使用有限位数的计算结果来近似实数运算的结果,这种浮点 DCT 会引入浮点乘法计算,并且正变换与逆变换由于精度误差不是完全匹配,可能产生偏移误差。为了解决浮点 DCT 复杂度高和正逆变换不匹配的问题,H.264/AVC、AVS、HEVC 等视频编码标准都采用了整数 DCT。

2. 整数 DCT

在 MPEG-1/2/4、H.261 和 H.263 等视频编码标准中,变换编码均采用浮点 DCT。浮点 DCT 复杂度高而且可能产生偏移误差。然而在 H.264 标准中,采用了大量的预测,从而使 H.264 对上述的不匹配问题非常敏感。为了避免不匹配问题,并且简化计算过程,H.264、AVS 和 HEVC 等视频编解码标准开始采用整数离散余弦变换。整数离散余弦变换可以有效地降低算法的硬件实现复杂度并且保证性能损失在可接受范围内。H.264 采用 4×4 整数变换,该变换是浮点变换的近似,与 4×4 浮点变换相比,4×4 整数变换仅仅带来了平均 0.02dB 的性能损失。

HEVC 对残差进行一个类 DCT 的整数变换,可以支持从 4×4 到 32×32 的变换尺寸。与 H.264 中使用的整数变换系数相比,HEVC 中使用的整数变换系数的变换效果更接近 DCT。HEVC 标准中规定了 4×4、8×8、16×16、32×32 的类 DCT 整数变换使用的矩阵,如下所示。

4×4 的 DCT 整数变换矩阵:

$$\begin{bmatrix} 64 & 64 & 64 & 64 \\ 83 & 36 & -36 & -83 \\ 64 & -64 & -64 & 64 \\ 36 & -83 & 83 & -36 \end{bmatrix}$$ (7-13)

8×8 的 DCT 整数变换矩阵:

$$\begin{bmatrix} 64 & 64 & 64 & 64 & 64 & 64 & 64 & 64 \\ 89 & 75 & 50 & 18 & -18 & -50 & -75 & -89 \\ 83 & 36 & -36 & -83 & -83 & -36 & 36 & 83 \\ 75 & -18 & -89 & -50 & 50 & 89 & 18 & -75 \\ 64 & -64 & -64 & 64 & 64 & -64 & -64 & 64 \\ 50 & -89 & 18 & 75 & -75 & -18 & 89 & -50 \\ 36 & -83 & 83 & -36 & -36 & 83 & -83 & 36 \\ 18 & -50 & 75 & -89 & 89 & -75 & 50 & -18 \end{bmatrix}$$ (7-14)

16×16 的 DCT 整数变换矩阵:

$$\begin{bmatrix}
64 & 64 & 64 & 64 & 64 & 64 & 64 & 64 & 64 & 64 & 64 & 64 & 64 & 64 & 64 & 64 \\
90 & 87 & 80 & 70 & 57 & 43 & 25 & 9 & -9 & -25 & -43 & -57 & -70 & -80 & -87 & -90 \\
89 & 75 & 50 & 18 & -18 & -50 & -75 & -89 & -89 & -75 & -50 & -18 & 18 & 50 & 75 & 89 \\
87 & 57 & 9 & -43 & -80 & -90 & -70 & -25 & 25 & 70 & 90 & 80 & 43 & -9 & -57 & -87 \\
83 & 36 & -36 & -83 & -83 & -36 & 36 & 83 & 83 & 36 & -36 & -83 & -83 & -36 & 36 & 83 \\
80 & 9 & -70 & -87 & -25 & 57 & 90 & 43 & -43 & -90 & -57 & 25 & 87 & 70 & -9 & -80 \\
75 & -18 & -89 & -50 & 50 & 89 & 18 & -75 & -75 & 18 & 89 & 50 & -50 & -89 & -18 & 75 \\
70 & -43 & -87 & 9 & 90 & 25 & -80 & -57 & 57 & 80 & -25 & -90 & -9 & 87 & 43 & -70 \\
64 & -64 & -64 & 64 & 64 & -64 & -64 & 64 & 64 & -64 & -64 & 64 & 64 & -64 & -64 & 64 \\
57 & -80 & -25 & 90 & -9 & -87 & 43 & 70 & -70 & -43 & 87 & 9 & -90 & 25 & 80 & -57 \\
50 & -89 & 18 & 75 & -75 & -18 & 89 & -50 & -50 & 89 & -18 & -75 & 75 & 18 & -89 & 50 \\
43 & -90 & 57 & 25 & -87 & 70 & 9 & -80 & 80 & -9 & -70 & 87 & -25 & -57 & 90 & -43 \\
36 & -83 & 83 & -36 & -36 & 83 & -83 & 36 & 36 & -83 & 83 & -36 & -36 & 83 & -83 & 36 \\
25 & -70 & 90 & -80 & 43 & 9 & -57 & 87 & -87 & 57 & -9 & -43 & 80 & -90 & 70 & -25 \\
18 & -50 & 75 & -89 & 89 & -75 & 50 & -18 & -18 & 50 & -75 & 89 & -89 & 75 & -50 & 18 \\
9 & -25 & 43 & -57 & 70 & -80 & 87 & -90 & 90 & -87 & 80 & -70 & 57 & -43 & 25 & -9
\end{bmatrix}$$

$$\text{(7-15)}$$

限于篇幅，这里没有列出 32×32 DCT 整数变换矩阵，具体的数据可以查看 HEVC (H.265)标准文档 8.6.4.2 节。

HEVC 中为了确保每次 1D-DCT/IDCT，数据位宽为 16bit，在每次变换后需要将所得系数按规定进行缩放。

在 2D-DCT 的第一次变换后，将所得的变换系数进行如式(7-16)所示的缩放。

$$y = (x + \text{offset}) \gg (M - 1 + (B - 8)), \quad \text{offset} = \left(1 \ll (M - 2 + (B - 8))\right) \quad \text{(7-16)}$$

在 2D-DCT 的第二次变换后，将所得的变换系数进行如式(7-17)所示的缩放。

$$y = (x + \text{offset}) \gg (M + 6), \quad \text{offset} = \left(1 \ll (M + 5)\right) \quad \text{(7-17)}$$

在 2D-IDCT 的第一次变换后，将所得的变换系数进行如式(7-18)所示的缩放。

$$y = (x + \text{offset}) \gg 7, \quad \text{offset} = 1 \ll (7 - 1) \quad \text{(7-18)}$$

在 2D-IDCT 的第二次变换后，将所得的变换系数进行如式(7-19)所示的缩放。

$$y = (x + \text{offset}) \gg (12 - (B - 8)), \quad \text{offset} = 1 \ll (11 - (B - 8)) \quad \text{(7-19)}$$

其中，x 是输入；y 是输出；B 代表位深；N 代表变换尺寸；$M = \log_2 N$。

3. DCT 整数变换矩阵特性

DCT 整数变换是对离散余弦变换的近似，它用整数矩阵代替 DCT 原始的实数矩阵。原始实数矩阵有一些特有属性，如可分离性、对称性、递归性。HEVC 中采用的 DCT 整数变换矩阵也保留了这些特性。

1) 可分离性

2D-DCT 和 2D-IDCT 分别如式(7-20)和式(7-21)所示。

$$K_N = A_N * F_N * A_N^{\mathrm{T}} = \left(A_N * \left(A_N * F_N \right)^{\mathrm{T}} \right)^{\mathrm{T}} \tag{7-20}$$

$$F_N = A_N^{\mathrm{T}} * K_N * A_N = \left(A_N^{\mathrm{T}} * \left(A_N^{\mathrm{T}} * K_N \right)^{\mathrm{T}} \right)^{\mathrm{T}} \tag{7-21}$$

由上述推导可以看出，二维变换可以通过两次一维变换实现，即先对输入数据做行(列)变换，然后对中间结果做列(行)变换。因此，二维变换的硬件实现可由两部分组成：一维变换硬件实现模块和转置矩阵模块。式(7-20)和式(7-21)中的推导过程是行列分解法的基础。

2) 对称性

在 HEVC 定义的 N 阶(4，8，16，32)DCT 整数变换矩阵中，每一行系数 $(a_{i0}, a_{i1}, \cdots, a_{i(N-1)})$ 都有如式(7-22)所示的特性。

$$\begin{aligned} a_{ix} &= a_{i[N-1-x]}, \quad i = 0, 2, 4, \cdots, N-2 \\ a_{ix} &= -a_{i[N-1-x]}, \quad i = 1, 3, 5, \cdots, N-1 \end{aligned} \tag{7-22}$$

其中，$x = 0, 1, 2, \cdots, N-1$。

式(7-22)表明 N 阶 DCT 整数变换矩阵中每一行元素具有对称性：偶数行元素左右对称，奇数行元素左右反对称。整数矩阵还有另外一个特性，以 8×8 变换矩阵为例，可以看到，第 0、2、4、6 行的左半部分元素合起来形成的 4×4 矩阵，即为 HEVC 中的 4×4 变换矩阵。用同样的方式可以发现，16×16 变换矩阵的 0、2、4、6、8、10、12、14 行的左半部分元素合起来形成的 8×8 矩阵即为 HEVC 中的 8×8 变换矩阵。32×32 的变换矩阵也有相同的规律。根据上述特性，HEVC 中一个 N 阶(N = 4，8，16，32)DCT 整数变换矩阵可按式(7-23)~式(7-26)的方式进行分解。

$$A_N = P_N * \begin{bmatrix} A_{N/2} & 0 \\ 0 & R_{N/2} \end{bmatrix} * B_N \tag{7-23}$$

$$A_N^{\mathrm{T}} = B_N * \begin{bmatrix} A_{N/2}^{\mathrm{T}} & 0 \\ 0 & R_{N/2}^{\mathrm{T}} \end{bmatrix} * P_N^{\mathrm{T}} \tag{7-24}$$

其中，P_N 是置换矩阵：

$$P_N(i, j) = \begin{cases} 1, & i = 2j \text{ 或 } i = (j - N/2) \times 2 + 1 \\ 0, & \text{否则} \end{cases} \tag{7-25}$$

B_N 是蝶形运算矩阵：

$$B_N = \begin{bmatrix} I_{N/2} & \widetilde{I_{N/2}} \\ \widetilde{I_{N/2}} & -I_{N/2} \end{bmatrix} \tag{7-26}$$

其中，$I_{N/2}$ 是 $N/2$ 阶的单位矩阵；$\widetilde{I_{N/2}}$ 是 $N/2$ 阶的反对角线单位矩阵。

由前面对变换矩阵的规律总结可知，式(7-23)中的 $A_{N/2}$ 为 A_N 中偶数行的左半部分元素组成的新矩阵，同时，$A_{N/2}$ 也是 $N/2$ 阶的整数变换矩阵，并且可以继续分解。$R_{N/2}$ 来自 A_N 的奇数行，具体来说是 A_N 中奇数行的右半部分元素的相反数组成的新矩阵，R_N 和 $R_N^{\mathrm{T}}(N=4,8,16)$ 矩阵有一些特点，如式(7-27)～式(7-30)所示。

$$\left[\left|a_{i0}\right|,\left|a_{i1}\right|,\cdots,\left|a_{i(N-1)}\right|\right]=\left[\left|a_{j0}\right|,\left|a_{j1}\right|,\cdots,\left|a_{j(N-1)}\right|\right],\quad i,j=0,1,\cdots,N-1 \tag{7-27}$$

$$\left[\left|a_{0i}\right|,\left|a_{1i}\right|,\cdots,\left|a_{(N-1)i}\right|\right]=\left[\left|a_{0j}\right|,\left|a_{1j}\right|,\cdots,\left|a_{(N-1)j}\right|\right],\quad i,j=0,1,\cdots,N-1$$

$$\left|R_N\left(i,j\right)\right|=\left|R_N^{\mathrm{T}}\left(i,j\right)\right| \tag{7-28}$$

当 $i=0,2,\cdots,N-2$ 时，有

$$R_N\left(i,j\right)=R_N^{\mathrm{T}}\left(i,j\right),\quad j=0,2,\cdots,N-2$$
$$R_N\left(i,j\right)=-R_N^{\mathrm{T}}\left(i,j\right),\quad j=1,3,\cdots,N-1 \tag{7-29}$$

当 $i=1,3,\cdots,N-1$ 时，有

$$R_N\left(i,j\right)=-R_N^{\mathrm{T}}\left(i,j\right),\quad j=0,2,\cdots,N-2$$
$$R_N\left(i,j\right)=R_N^{\mathrm{T}}\left(i,j\right),\quad j=1,3,\cdots,N-1 \tag{7-30}$$

式(7-27)显示 R_N 中每行或每列元素的绝对值组成的集合相同。式(7-28)显示 R_N 和 R_N^{T} 中对应位置元素的绝对值相同。式(7-29)和式(7-30)显示了 R_N 和 R_N^{T} 中对应位置元素的符号关系：偶数行中，偶数列对应位置的元素符号相同，奇数列对应位置的元素符号相反；奇数行中，偶数列对应位置的元素符号相反，奇数列对应位置的元素符号相同。这些特性将极有利于优化硬件实现的资源代价。

4. 量化与反量化

在 H.264/AVC，HEVC 等采用整数变换的视频编码标准中，将量化与变换相结合，把量化的除法与变换归一化结合起来，可以只通过乘法和移位实现量化操作，避免了除法操作，减小了硬件实现复杂度。相比 H.264/AVC 编码标准的量化压缩算法，HEVC 中的量化算法更加复杂，包括一系列的乘、除、加、减运算。另外，HEVC 中可以采用率失真优化的量化(rate distortion optimized quantization，RDOQ)技术，为 TU 选择最佳的量化系数，但是不可避免地增加了计算复杂度。

具体的量化计算过程如式(7-31)所示，对于 RDOQ = OFF 的情况：

$$\mathrm{level}=\left(\mathrm{coeff}\times Q+\mathrm{offset}\right)\gg\left(21+\mathrm{QP}/6-M-(B-8)\right) \tag{7-31}$$

对于 RDOQ = ON 的情况，计算会有相应调整。

反量化计算过程如式(7-32)所示，其中裁剪的步骤确保了变换系数量化后的值 coeffQ 保持 16bit 位宽。

$$\text{coeff}Q_0 = \left(\left(\text{level} * \text{IQ} \ll (\text{QP}/6) \right) + \text{offset} \right) \gg \left(M - 1 + (B - 8) \right)$$

$$\text{offset} = 1 \ll \left(M - 2 + (B - 8) \right) \tag{7-32}$$

$$\text{coeff}Q = \min \left(32767, \max \left(-32768, \text{coeff}Q_0 \right) \right)$$

其中，参数 Q 和 IQ 的定义如下：

$$Q = f(\text{QP}\%6), \quad f(x) = \{26214, 23302, 20560, 18396, 16384, 14564\}, \quad x = 0, \cdots, 5$$

$$\text{IQ} = g(\text{QP}\%6), \quad g(x) = \{40, 45, 51, 57, 64, 72\}, \quad x = 0, \cdots, 5$$

其他参数，例如，coeff 代表经过二维整数离散余弦变换后的系数；level 代表量化后的系数；coeff$Q$ 代表反量化后的系数值；参数 QP 代表量化参数；B 代表位深；N 代表变换尺寸；$M = \log_2 N$。

7.1.2 现有成果

作为 HEVC 编码器中非常重要的组成部分，非常多的文章讨论了重建环路中各个模块的 VLSI 实现。

对于帧内预测器模块，早在 2011 年，Li 等[1]就给出了 4×4 的 PU 的预测器引擎，所用门数仅为 9K，当然，其相应的吞吐率也只有 1.5 像素/周期，这显然无法满足现今对于高清乃至超高清视频的编码要求。Zhu 等[2]提出了一种支持全尺寸的预测器引擎，但该引擎仅支持 DC 和 Planar 模式，却占用了 70K 的门数。Palomino 等[3]给出了一种支持全尺寸且支持更多模式的预测器架构，该引擎的吞吐率和流水级更为合理，最终仅占用了 36.7K 的门数。美中不足的是，该架构未考虑对于参考像素的管理，因此，其参考像素需要从外存中频繁地读入和写出。考虑到读写外存的延迟和数据依赖，该方法并不适合于高清视频的编码。Zhou 等[4]给出了对于参考像素管理的解决方法，其代价是一块 512×64 的 SRAM、一块 24×64 的 SRAM 和两块 72×8 的寄存器缓冲。Liu 等[5]给出了一个吞吐率为 128 像素/周期的预测器架构，相应地，该方案也占用了高达 817K 的门数。

对于 DCT/IDCT 模块，Conceição 等[6]和 Jeske 等[7]分别提出了一种仅支持 16×16 TU 的一维 DCT 架构和一种仅支持 32×32 TU 的二维 DCT 架构。Park 等[8]给出了一种支持全尺寸 TU 的二维 DCT 架构，但该架构并未考虑不同块大小下的可复用性，因此，总门数偏大。Shen 等[9]给出了一种支持全尺寸 TU 的二维 IDCT 架构，该架构充分考虑了不同块大小之间的复用性，大大减少了资源代价。美中不足的是，其吞吐率仅为 4 像素/周期。Meher 等[10]的架构在保证了全尺寸、复用性的同时，还将吞吐率提高到了 32 像素/周期。

对于转置矩阵模块，Tu 等[11]和 Langemeyer 等[12]选择了基于 SDRAM 的架构，当然，这大大节省了对于片上存储器的消耗，但却引入了非常大的延时，不适合于高清视频的编码应用。Bojnordi 等[13]和 Jang 等[14]选择了基于 SRAM 的架构，这些架构通过将 SRAM 分割成若干个 Bank 以解决访问冲突。然而，这些 Bank 或者位宽过宽，或者深度过浅，因此其所占门数和吞吐率都不甚令人满意。Shang 等[15]在分割 Bank 的同时，还采用了一种对角线的数据映射方法，最大能够支持 32 像素/周期的吞吐率，且代价较为合适。

7.1.3 设计考量

正如前面所列出的，非常多的文章提出了具有参考价值的架构，但大多只考虑了单个模块的性能，而没有将这些模块放在一个实际的应用场景中进行考量。这一现状导致这些模块单独看来非常优异，但在集成之后却不能够发挥出应有的性能。例如，Liu 等[5]的预测器能够支持 128 像素/周期的吞吐率，但考虑到重建环路中所存在的数据依赖和对于参考像素的存取延迟，这么高的吞吐率似乎没有太大的意义；Meher 等[10]的变换模块能够支持 32 像素/周期的吞吐率，但考虑到 Shang 等[15]的转置矩阵只在 32 × 32TU 的情况下才能提供等同的吞吐率，因此在较小 TU 的情况下，大部分吞吐率将被浪费。

为了更优地实现整个重建环路，需要分析 VLSI 实现下重建环路所面临的一些实际问题。由前面可知，重建环路在硬件代价上和周期代价上都是 HEVC 编码器的实现瓶颈。硬件代价直接来源于复杂的预测模式和 32 × 32 的 DCT；周期代价则来源于棘手的数据依赖、PU 模式的选择和 CU、PU、TU 块划分的决定。

相比于硬件代价，周期代价更为重要，因为这直接决定了该编码器是否能够胜任对于高清视频的实时处理。数据依赖能够基于原始像素预测来打断，但这会引入非常高的 B-D rate 增量；PU 模式的选择，CU、PU、TU 块划分的决定能够通过有效的快速算法来滤除大部分可选项。但在保证编码效果的前提下，剩余需要遍历的模式和划分一般仍然较多。因此，提高对于单个 TU/PU 的处理速度对于重建环路来说是十分必要的。为了达成这一目标，模块的吞吐率固然重要，但模块间的数据交互也必须被考虑到。

在解决了周期代价后，硬件代价也不容忽视。为了节省硬件资源，VLSI 实现不仅应当考虑不同尺寸下，DCT 等模块自身的复用，还应当考虑 DCT 和 IDCT、Q 和 IQ 之间的复用。

还应当注意，在 HEVC 编码器中，依据不同的架构，重建环路所承担的任务可能是不一样的，例如，仅负责重建；负责 PU/TU 划分的决定；负责 PU 模式和 PU/TU 划分的决定。VLSI 实现时应根据不同的应用场景，选择更为合适的架构，从而更好地权衡面积、速度、功耗等指标。

针对上述问题，本章在模块层次上和架构层次上都对重建环路的 VLSI 实现进行了优化。

7.2 VLSI 实现的模块优化

7.2.1 变换与反变换模块

根据式(7-23)和式(7-24)，可以对 1D-DCT/IDCT 的运算过程进行划分，由这种划分可以得到一种模块化的 1D-DCT/IDCT 硬件设计方法，进而得到高吞吐率且 1D-DCT 和 1D-IDCT 硬件复用的结构。

1. 模块化的设计方法

将式(7-23)代入式(7-5)，可得 1D-DCT 的计算过程如式(7-33)所示。

$$Y_N^T = A_N * X_N^T = P_N * \begin{bmatrix} A_{N/2} & 0 \\ 0 & R_{N/2} \end{bmatrix} * B_N * X_N^T$$

$$= P_N * \left\{ \begin{bmatrix} A_{N/2} & 0 \\ 0 & R_{N/2} \end{bmatrix} * \begin{bmatrix} Q_A \\ Q_S \end{bmatrix} \right\} \tag{7-33}$$

$$= P_N * \begin{bmatrix} A_{N/2} * Q_A \\ R_{N/2} * Q_S \end{bmatrix}$$

其中

$$\begin{bmatrix} Q_A \\ Q_S \end{bmatrix} = B_N * X_N^T, \quad H_N = \begin{bmatrix} A_{N/2} * Q_A \\ R_{N/2} * Q_S \end{bmatrix}$$

由式(7-33)知，N 点 1D-DCT 的计算可以分为三步：①N 点矩阵向量积 $B_N * X_N^T$；②$N/2$ 点矩阵向量积 $A_{N/2} * Q_A$ 和 $R_{N/2} * Q_S$；③N 点矩阵向量积 $P_N * H_N$。相比于直接实现矩阵向量积 $A_N * X_N^T$，将 $A_N * X_N^T$ 分解为小尺寸矩阵和稀疏矩阵的向量积，可以极大地减小矩阵向量积 $A_N * X_N^T$ 的硬件实现复杂度。N 点 1D-DCT 的硬件实现可以分为四个基本矩阵向量积模块，即 $B_N * X_N^T$ 模块、$A_{N/2} * X_{N/2}^T$ 模块、$R_{N/2} * X_{N/2}^T$ 模块、$P_N * X_N^T$ 模块。由基本模块可以实现高性能的 1D-DCT。值得注意的是，N 点 1D-DCT 计算过程中需要进行一次 $N/2$ 点 1D-DCT 运算。对应在硬件设计中，N 点 DCT 运算的硬件资源可以复用 $N/2$ 点 DCT 运算的硬件资源，这种复用可以递归，以 4 点 DCT 为基本单元，$A_{N/2} * X_{N/2}^T$ 模块仅包含 $A_4 * X_4^T$ 模块即可。下面给出这些基本模块的结构。

1) $B_N * X_N^T$ 模块(BE_N 模块)

B_N 是一个稀疏矩阵，由单位矩阵和反对角单位矩阵组成，每行只有两个 1 或者–1。根据 B_N 的特点，$B_N * X_N^T$ 的矩阵向量积操作可以通过蝶形操作实现，如式(7-34)所示。

$$B_8 * X_8^T = \begin{bmatrix} 1 & 0 & 0 & 0 & 0 & 0 & 0 & 1 \\ 0 & 1 & 0 & 0 & 0 & 0 & 1 & 0 \\ 0 & 0 & 1 & 0 & 0 & 1 & 0 & 0 \\ 0 & 0 & 0 & 1 & 1 & 0 & 0 & 0 \\ 0 & 0 & 0 & 1 & -1 & 0 & 0 & 0 \\ 0 & 0 & 1 & 0 & 0 & -1 & 0 & 0 \\ 0 & 1 & 0 & 0 & 0 & 0 & -1 & 0 \\ 1 & 0 & 0 & 0 & 0 & 0 & 0 & -1 \end{bmatrix} * \begin{bmatrix} x_0 \\ x_1 \\ x_2 \\ x_3 \\ x_4 \\ x_5 \\ x_6 \\ x_7 \end{bmatrix} = \begin{bmatrix} x_0 + x_7 \\ x_1 + x_6 \\ x_2 + x_5 \\ x_3 + x_4 \\ x_3 - x_4 \\ x_2 - x_5 \\ x_1 - x_6 \\ x_0 - x_7 \end{bmatrix} \tag{7-34}$$

值得注意的是，当计算 $N/2$ 点 DCT 的时候，$N/2$ 点蝶形运算模块执行蝶形操作，N 点蝶形运算模块不执行蝶形操作而是将输入数据传给下一级，即执行 $I_N * X_N^T$ 的矩阵向量积，其中 I_N 代表单位矩阵。在支持多变换尺寸的硬件设计中需要增加额外的选择电路。

图 7-3 显示了计算矩阵向量积 $B_8 * X_8^T$ 和 $I_8 * X_8^T$ 的硬件结构。sel 是控制信号，根据输入向量的尺寸产生，用来选择进行蝶形操作或者直通操作。当 sel = 0 时，模块进行直通操作；当 sel = 1 时，模块进行蝶形操作。16 点和 32 点的蝶形运算模块也可以按上述方

式得到。为方便起见，下面用 BE_N 表示 N 点蝶形运算模块。

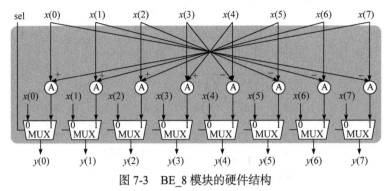

图 7-3　BE_8 模块的硬件结构

2) $R_{N/2} * X_{N/2}^{\mathrm{T}}$ 模块(R_N 模块)

式(7-27)显示 R_N (N = 4,8,16) 中每行元素的绝对值组成的集合相同，每列元素的绝对值组成的集合也相同，且行元素绝对值组成的集合等于列元素绝对值组成的集合，将该集合记为 M，X_N^{T} 中每个元素都要和集合 M 中元素的相乘。N^2 次乘法可以利用 N 个 MCM(multi constant multiplier)实现，MCM 中的常系数即为集合 M 中的元素。$N(N-1)$ 次加法可以通过 N 个 $1\mathrm{og}_2N$ 级的加法器树阵列实现，第 N 个加法器树的输入根据 R_N 中第 N 行的元素从 N 个 MCM 中选择，并且根据第 N 行元素的正负性更改输入的正负性。常数乘法器可以利用移位和加法实现，MCM 可以共享各个 CM 中的硬件，相比于分别实现各个 CM，MCM 可以减小乘法的硬件实现开销。以 4 点矩阵向量积为例，$R_4 * X_4^{\mathrm{T}}$ 的计算过程如式(7-35)所示。

$$R_4 * X_4^{\mathrm{T}} = \begin{bmatrix} 18 & 50 & 75 & 89 \\ -50 & -89 & -18 & 75 \\ 75 & 18 & -89 & 50 \\ -89 & 75 & -50 & 18 \end{bmatrix} * \begin{bmatrix} x_0 \\ x_1 \\ x_2 \\ x_3 \end{bmatrix} \tag{7-35}$$

图 7-4 为 $R_4 * X_4^{\mathrm{T}}$ 的硬件结构。图 7-4(a)中显示 R_4 模块由 4 个 MCM 模块和 4 个两级加法器树模块实现。4 个 MCM 模块计算出 16 个积项，从中选择四项作为两级加法器树模块输入，并根据矩阵中元素符号的正负性对输入的正负性进行修正。例如，加法树 1 的输出对应 R_4 中第一行元素[-50, -89, -18, 75]与 X_4^{T} 的向量积，所以加法器树 1 选择 $t_{0,50}$、$t_{1,89}$、$t_{2,18}$、$t_{3,75}$ 作为输入，其中 $t_{i,g}$ 表示 $g*x_i$。由于 R_4 中第一行元素的正负性依次为负、负、负、正，在加法树 1 的输入端对输入进行符号处理，输入变为 $-t_{0,50}$、$-t_{1,89}$、$-t_{2,18}$、$-t_{3,75}$。图 7-4(b)为 MCM 的结构，系数为(18, 50, 75, 89)，仅用四个加法器就可实现，极大地减小了实现乘法的硬件开销。

3) $A_{N/2} * X_{N/2}^{\mathrm{T}}$ 模块(A4 模块)

由前面可知，$A_{N/2} * X_{N/2}^{\mathrm{T}}$ 模块仅包含 $A_4 * X_4^{\mathrm{T}}$ 模块即可，记为 A4 模块。A4 模块实现 4 点 DCT，A_4 矩阵可以按照式(7-23)继续分解，如式(7-36)所示，所以 A4 模块仍可以按照

模块化的方法进行设计。矩阵向量积 $B_4 * X_4^T$ 和 $P_4 * X_4^T$ 仍表示蝶形操作和排序操作。矩阵向量积 $A_2 * X_2^T$ 和 $R_2 * X_2^T$ 利用 MCM 和加法器阵列实现。图 7-5 显示了 A4 模块的硬件结构。

$$A_4 = P_4 \times \begin{bmatrix} A_2 & 0 \\ 0 & R_2 \end{bmatrix} \times B_4 \qquad (7\text{-}36)$$

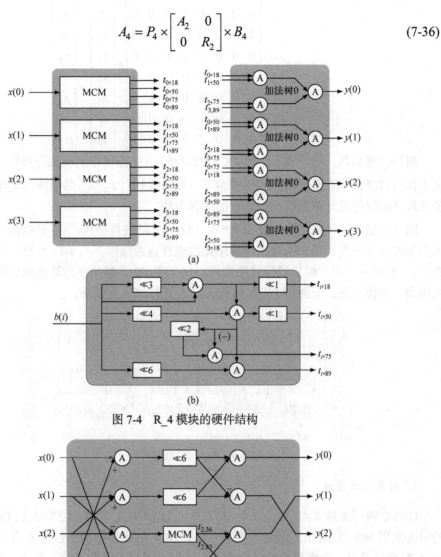

(a)

(b)

图 7-4 R_4 模块的硬件结构

图 7-5 A4 模块的硬件结构

其中

$$A_2 = \begin{bmatrix} 64 & 64 \\ 64 & -64 \end{bmatrix}, \quad R_2 = \begin{bmatrix} 36 & 83 \\ -83 & 36 \end{bmatrix}$$

4) $P_N * X_N^T$ 模块(RE_N 模块)

P_N 是一个稀疏矩阵,每行和每列都只有一个 1,因此,$P_N * X_N^T$ 的矩阵向量积操作实

际是对 X_N^{T} 中元素的排序操作。以 8 点的矩阵向量积为例，$P_8 * X_8^{\mathrm{T}}$ 的计算过程如式(7-37)所示。

$$P_8 * X_8^{\mathrm{T}} = \begin{bmatrix} 1 & 0 & 0 & 0 & 0 & 0 & 0 & 0 \\ 0 & 0 & 0 & 0 & 1 & 0 & 0 & 0 \\ 0 & 1 & 0 & 0 & 0 & 0 & 0 & 0 \\ 0 & 0 & 0 & 0 & 0 & 1 & 0 & 0 \\ 0 & 0 & 1 & 0 & 0 & 0 & 0 & 0 \\ 0 & 0 & 0 & 0 & 0 & 0 & 1 & 0 \\ 0 & 0 & 0 & 1 & 0 & 0 & 0 & 0 \\ 0 & 0 & 0 & 0 & 0 & 0 & 0 & 1 \end{bmatrix} * \begin{bmatrix} x_0 \\ x_1 \\ x_2 \\ x_3 \\ x_4 \\ x_5 \\ x_6 \\ x_7 \end{bmatrix} = \begin{bmatrix} x_0 \\ x_4 \\ x_1 \\ x_5 \\ x_2 \\ x_6 \\ x_3 \\ x_7 \end{bmatrix} \tag{7-37}$$

值得注意的是，当计算 $N/2$ 点 DCT 的时候，$N/2$ 点排序模块执行操作，N 点排序模块不执行排序操作而是将输入数据传给下一级，即执行 $I_N * X_N^{\mathrm{T}}$ 的矩阵向量积。在支持多变换尺寸的硬件设计中需要增加额外的选择电路。

图 7-6 显示了计算矩阵向量积 $P_8 * X_8^{\mathrm{T}}$ 和 $I_8 * X_8^{\mathrm{T}}$ 的硬件结构。sel 是控制信号，根据输入向量的尺寸产生，用来选择进行排序操作或者直通操作。当 sel = 0 时，模块进行直通操作；当 sel = 1 时，模块进行排序操作。16 点和 32 点的排序运算模块也可以按上述方式得到。方便起见，下面用 PE_N 模块表示 N 点排序运算模块。

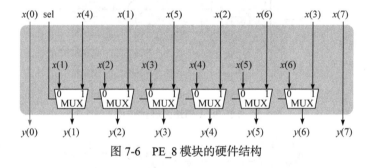

图 7-6　PE_8 模块的硬件结构

2. 高吞吐率设计

HEVC 同时支持 4 点、8 点、16 点、32 点整数 DCT 变换，因为 N 点 DCT 的硬件结构中会复用 $N/2$ 点 DCT 的硬件，所以 32 点 DCT 的硬件结构中包含 4 点、8 点、16 点 DCT 的硬件单元。由模块化的设计方法，可以得到同时支持 4 点、8 点、16 点、32 点 DCT 的硬件结构。

图 7-7 所示为支持 4 点、8 点、16 点、32 点 DCT 的硬件结构。其中，size 为输入向量的尺寸大小，根据 size 信号产生 sel 信号，用来选通 BE_N 和 PE_N 模块。

图 7-7 的结构一次只能处理一条 4 点、8 点、16 点或 32 点的一维输入向量的 DCT，吞吐率受输入向量尺寸的影响较大，当输入向量的尺寸较小时，造成大部分的硬件资源空置，硬件资源利用率不高。并且考虑到充分利用后级的转置矩阵，32 点/周期的吞吐率是一个合适的选择。适当地调整算法，可以得到一种高吞吐率的结构。吞吐率为 32 点/

周期的 1D-DCT 硬件变换结构一个周期可以处理 8 条 4 点输入向量、4 条 8 点输入向量、2 条 16 点输入向量、1 条 32 点输入向量。由基于模块化的设计方法易知,为获得高吞吐率,相比于上述基本结构,固定吞吐率为 32 点/周期的 DCT 变换结构需要增加一些基本单元,如一个 BE_16 模块、三个 BE_8 模块、一个 R8 模块、三个 R4 模块等。图 7-8 显示了固定吞吐率为 32 点/周期的高吞吐率 1D-DCT 变换硬件结构。

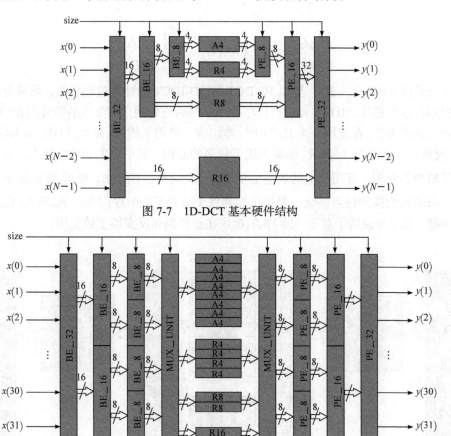

图 7-7 1D-DCT 基本硬件结构

图 7-8 高吞吐率的 1D-DCT 变换基本硬件结构

3. 复用结构的设计

HEVC 标准的编码器中同时需要 DCT 和 IDCT 计算,解码器中需要 IDCT 计算,相比于 H.264 仅支持 4×4、8×8 的 DCT,HEVC 还支持 16×16 和 32×32 的大尺寸 DCT,DCT 和 IDCT 的硬件开销随着变换尺寸的增大而急剧增加。通过一定的算法改进 DCT 和 IDCT 可以用一套硬件实现,相比于 DCT 和 IDCT 的分立实现,复用结构可以大大减小硬件开销。

将式(7-24)代入式(7-6),可得 1D-IDCT 的计算过程如式(7-38)所示。

$$Y_N^T = A_N^T * X_N^T = B_N * \begin{bmatrix} A_{N/2}^T & 0 \\ 0 & R_{N/2}^T \end{bmatrix} * P_N^T * X_N^T$$

$$= B_N * \left\{ \begin{bmatrix} A_{N/2}^{\mathrm{T}} & 0 \\ 0 & R_{N/2}^{\mathrm{T}} \end{bmatrix} * \begin{bmatrix} Q_0 \\ Q_1 \end{bmatrix} \right\}$$

$$= B_N * \begin{bmatrix} A_{N/2}^{\mathrm{T}} * Q_0 \\ R_{N/2}^{\mathrm{T}} * Q_1 \end{bmatrix} = B_N * G_N$$

(7-38)

其中

$$\begin{bmatrix} Q_0 \\ Q_1 \end{bmatrix} = P_N^{\mathrm{T}} * X_N^{\mathrm{T}}, \quad G_N = \begin{bmatrix} A_{N/2}^{\mathrm{T}} * Q_0 \\ R_{N/2}^{\mathrm{T}} * Q_1 \end{bmatrix}$$

比较式(7-33)和式(7-38)，易知 1D-DCT 和 1D-IDCT 的计算过程相似，均可分三步进行，但运算过程相反。IDCT 先进行排序操作，然后进行两个 $N/2$ 点的矩阵向量积操作，最后进行蝶形操作。在复用一维 IDCT 时，本结构只复用了的 A_N 和 R_N 模块，而未涉及 B_N 和 P_N 模块。这是因为 A_N 和 R_N 模块占用了较多的面积，复用产生的效益较大；B_N 和 P_N 占用了较少的面积，复用产生的效益也较小，除此之外，由于 B_N 和 B_N^{T} 分别处于正变换的第一级和反变换的最后一级，复用可能导致十分棘手的时序问题；P_N 和 P_N^{T} 也存在同样的问题。图 7-9 说明了对于一维 DCT 模块在正变换和反变换上的复用。

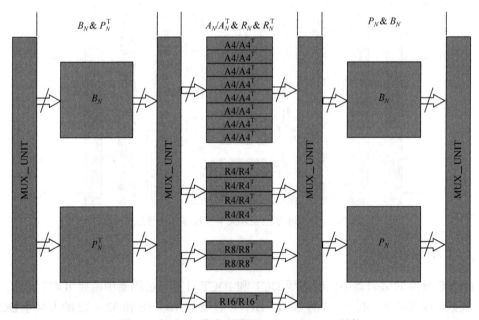

图 7-9　恒定 32 像素/周期的 1D-DCT/IDCT 结构

7.2.2　转置存储器

有研究者提出了一种基于单端口 SRAM 的转置矩阵的地址映射算法。该结构采用一种对角线螺旋式的数据映射方式，可以实现与 TU 尺寸相等的数据吞吐率。如图 7-10 所示，对于 8×8 的 TU，如果每周期可以写入 8 个数据，即每周期可以得到图 7-10 左侧矩阵的某一行数据(如 00, 01, ⋯, 07)，按照对角线螺旋式的数据映射方式存放在 8 个 Bank

中，则取出图左矩阵的某一列数据(如 00，10，···，70)仅需要一个周期，因此该映射方式的吞吐率为 8 点/周期。当 TU 为 32 × 32 时，只要能保证 DCT 的吞吐率为恒定的 32 点/周期，该转置存储器的吞吐率也可以达到 32 点/周期。

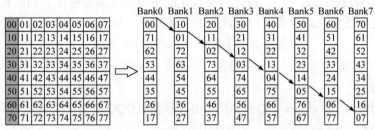

图 7-10　单端口 SRAM 的转置矩阵的地址映射算法

为了能够支持恒定 32 点/周期的变换/反变换模块，此处对该映射方法进行了扩展。具体地，在处理 32 × 32 的 TU 时，仍然按照上述方法进行映射。在处理 16 × 16 的 TU 时，按照图 7-11 所示的方式映射，映射到每个 bank 的前 7 个地址。在处理 08 × 08 的 TU 时，按照图 7-12 所示的方式映射，映射到每个 bank 的前 2 个地址。此处，每一个方格代表一个像素，并用其所在的行和列进行标记。如像素 2-5 表示该像素位于第 2 行第 5 列。显然地，在这一方式下，无论是 32 × 32 块，还是 16 × 16 块，或 8 × 8 块都能够满足 32 像素/周期的转置速度。

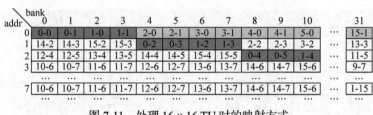

图 7-11　处理 16 × 16 TU 时的映射方式

bank addr	0	1	2	3	4	5	6	7	8	···	29	30	31
0	0-0	0-1	0-2	0-3	1-0	1-1	1-2	1-3	2-0	···	3-5	3-6	3-7
1	4-4	4-5	4-6	4-7	5-4	5-5	5-6	5-7	6-4	···	7-1	7-2	7-3
	···												

图 7-12　处理 8 × 8 TU 时的映射方式

以下给出该映射方式的伪代码：

$$\text{Addr}_{i,j} = \left\lfloor j / \left(\frac{32}{N} \right) \right\rfloor$$

$$\text{Bank}_{i,j} = \left(\left(\left(\left\lfloor i / \left(\frac{32}{N} \right) \right\rfloor + \left\lfloor j / \left(\frac{32}{N} \right) \right\rfloor \right) \% \left(\frac{N^2}{32} \right) \right) \times \left(\frac{32}{N} \right)^2 \right.$$
$$\left. + \left(i \% \left(\frac{32}{N} \right) \right) \times \left(\frac{32}{N} \right) + \left(j \% \left(\frac{32}{N} \right) \right) \right)$$

其中，i 和 j 分别代表像素所在的行和列；N 代表当前 TU 的大小；Addr 代表映射的地址；Bank 代表映射的 Bank。例如，16 × 16TU 中的 14-5 像素将被映射到地址 Addr=2，

Bank=5 中。

7.2.3　量化与反量化模块

由式(7-31)和式(7-32)可知，量化和反量化的主要运算都是乘法、加法和移位，因此 HEVC 中量化和反量化的计算可以由统一的公式表示，如式(7-39)所示。

$$output = (input * q + offset) \gg shift \qquad (7-39)$$

其中，input 表示输入系数；q 表示量化或反量化的系数；offset 表示补偿量；shift 表示移位的比特数。

在量化过程中，参数 $q = f(QP\%6)$，offset 根据 RDOQ 的开关情况进行调整，$shift = 21 + QP/6 - M - (B-8)$。

在反量化过程中，参数 $q = g(QP\%6) \ll (QP/6)$，$offset = 1 \ll (M-2+(B-8))$，$shift = 1 \ll (M-1+(B-8))$。

由计算过程可知，量化、反量化以及量化与反量化硬件复用模块的硬件设计均可分为两部分：参数计算模块和主体运算模块。

图 7-13 所示为 Q/IQ 复用模块的参数计算单元，输出为 q、offset、shift 三个基本参数。输入为量化步长 QP、控制信号 CTRL、位深 B，QP 用来确定量化和反量化操作的具体参数；CTRL 用来控制运算过程：CTRL = 0 进行量化操作，CTRL = 1 进行反量化操作。量化的 offset 由 A_1 和 A_2 决定，$offset = A_1 \ll A_2$。

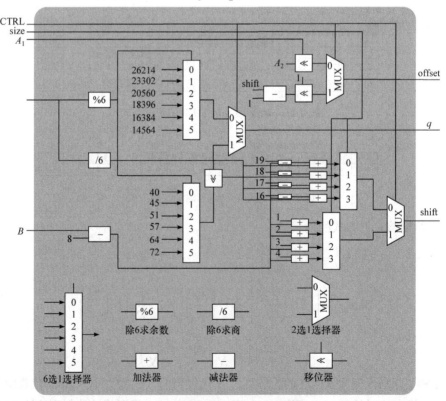

图 7-13　Q/IQ 复用结构的参数计算单元

图 7-14 所示为 Q/IQ 复用结构的主体运算单元，量化与反量化可分为乘、加、移位、截位四部分，为了获得更高的性能，可以将主体运算单元分两级流水进行：乘法操作为第一级，加法、移位和截位操作为第二级。

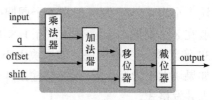

图 7-14　Q/IQ 复用结构的主体运算单元

图 7-15 所示为 N 路并行的 Q/IQ 硬件复用结构，该结构可以支持 N 路并行的量化，反量化以及量化与反量化复用的操作。由于同一个变换单元的量化参数相同，因此在编码器结构中，参数计算操作在时序上可以提前，在 DCT 期间进行。为和前级的 DCT 性能匹配，量化和反量化操作多采用多路并行结构来提高吞吐率，共享一个参数计算单元可以减小量化和反量化的硬件实现开销。

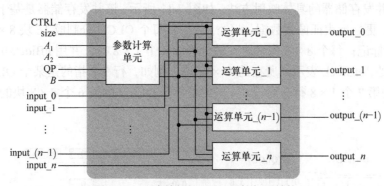

图 7-15　N 路并行的 Q/IQ 硬件复用结构

7.2.4　并发存储器

图 7-16 给出了与变换量化模块相关的数据交换。可以看到，变换量化模块几乎是整个编码器的核心，因为它与像素读入、预测、熵编码、去方块化都存在数据交互。如果对于这些交互处理不当，编码器的效率会在很大程度上受到影响。以下给出各个模块输入输出格式的分析。

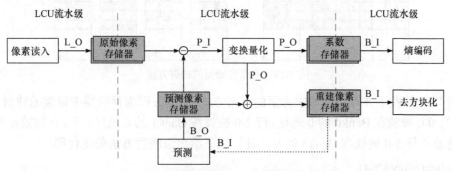

图 7-16　变换量化模块与其他模块的数据交换

注：L_I/O：行进行出；P_I/O：并发出去；B_I/O：块进块出

对于变换模块而言，一般都是基于行列分解的结构实现的，即先进行列(行)变换，再进行行(列)变换，因此，该模块的输入输出格式与当前块的大小直接相关。具体地，如果块大小为 4×4，则一般在 4 个周期内连续输出 4 行 1×4 像素；若块大小为 8×8，则一般在 8 个周期内连续输出 8 行 1×8 像素；以此类推。为了提高吞吐率，采用一种恒为 32 像素/周期变换模块，如果块大小为 4×4，则能够输出 8 行 1×4 像素(2 个 4×4 块)；如果块大小为 8×8，则能够输出 4 行 1×8 像素；以此类推。此处，我们将这种格式称为并发格式。

对于预测、去方块化和熵编码模块，由于其处理的基本单元是 4×4 块，因此，一般采用 4×4 块的输入输出格式。此处，我们将这种格式称为块格式。对于像素读入，考虑到总线和外部存储器的突发传输特性，像素一般按照光栅顺序读入。此处，我们将这种格式称为行格式。

本章提出的并发存储器就是为了以极少的资源代价完成对于上述格式的快速转换。以下将给出并发存储器的具体映射方法。如图 7-17 所示，该并发存储器是基于 4 个 Bank 实现的。为了更好地表征像素数据，此处，我们将每个 QLCU 分割成 16 块 8×8 像素块，并用 0~f 来标记；每个 8×8 像素块又被分割成 8 个 1×8 行，并用 nBlock-0~nBlock-7 来标记。此处，nBlock 表示其所在的 8×8 块。例如，行 3-7 指的是某个 QLCU 的第 3 个 8×8 块的第 7 个 1×8 行；而行 6-4 指的是某个 QLCU 的第 6 个 8×8 块的第 4 个 1×8 行。

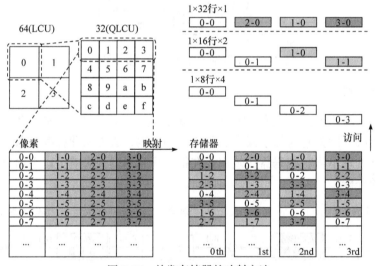

图 7-17   并发存储器的映射方法

图 7-17 的左下方即为图像中像素的排布方式，右下方即为存储器中像素的映射方式。例如，行 0-0 被放在 Bank0 的 0 地址；行 2-0 被放在 Bank1 的 0 地址；行 1-0 被放在 Bank2 的 0 地址；行 3-0 被放在 Bank3 的 0 地址。以下给出该映射方法的伪代码：

```
switch(nBlock%4)
    case 0：bank = (nRow + 0)%4
    case 1：bank = (nRow + 2)%4
    case 2：bank = (nRow + 1)%4
    case 3：bank = (nRow + 3)%4
```

end

$$addr = 32 \times nQLCU + 8 \times floor(nBlock/4) + nRow$$

其中，$nRow$ 代表该行在 8×8 块中的相对行数；$nBlock$ 代表其所在 8×8 块在 QLCU 中的相对块数；$nQLCU$ 代表其所在 QLCU 的编号；bank 和 addr 分别代表映射后所在的 Bank 和地址。例如，行 2-5 将被映射在 Bank2 的地址 5 中。

显然，所有左右相邻的 4 个 1×8 行都被映射到了不同的 Bank 中，因此，不管是 1×32 行、1×16 行，还是 1×8 行都能够没有冲突地被访问；特别地，所有上下相邻的 2 个 1×16 行和相邻的 4 个 1×8 行也被映射到了不同的 Bank 中，因此，不管是 2×16 像素块，还是 4×8 像素块都能够没有冲突地被访问。

7.3　VLSI 实现的架构优化

7.3.1　重建环路周期计算

图 7-18 给出重建环路的复用架构。根据该架构，我们可以得到如图 7-19 所示的时空图。

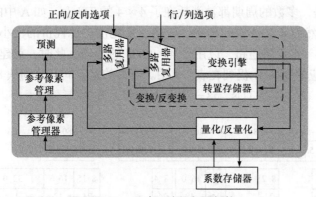

图 7-18　重建环路的复用架构

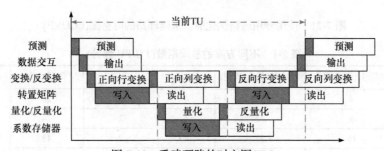

图 7-19　重建环路的时空图(TU)

暂不考虑预测及其数据交互，我们可以得到如式(7-40)所示的周期公式。

$$L_{1D\_IDCT} = L_{1D\_DCT}$$

$$L_{IQ} = L_{Q}$$

$$L_{TM} = L_{CM} = N^2 / T - 1$$

$$C = L_{1D\_DCT} + L_{TM} + L_{1D\_DCT} + L_Q + L_{CM} + L_{IQ}$$
$$+ L_{1D\_IDCT} + L_{CM} + L_{1D\_IDCT} + N^2/T - 1 \qquad (7\text{-}40)$$
$$= 4L_{1D\_DCT} + 2L_Q + 4N^2/T - 4$$

其中，L_x 代表各个模块的流水线级数或者延迟，x 可以是 1D-DCT/IDCT、量化/反量化 (Q/IQ)、转置矩阵(TM)和系数存储器(CM)；N 代表 TU 尺寸；T 代表吞吐率。

7.3.2 TU/PU 划分和 4×4 专用通路

按照上述结构，我们可以给出当重建环路负责 TU/PU 划分时的时空图，如图 7-20 所示，其对应的周期(A)列在了表 7-1 中。

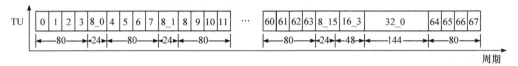

图 7-20　使用专用通路前，重建环路的时空图(LCU)(A)

值得注意的是，多数的周期都被消耗在了 4×4 的 TU 上，如 A 中的 4×4 的 TU 占比为 5120/8000。然而 4×4 块的预测、变换、量化仅占总代价的极小部分。基于上述分析，本节采用 4×4 专用通路，以用于 4×4 TU 的处理。此时，重建环路的时空图如图 7-21 所示，对应的周期(B)仍列在表 7-1 中。可喜的是，周期分别从 8000 减至 5664。但由于数据依赖，在"其他 TUs"这一通路上充满了流水线气泡。

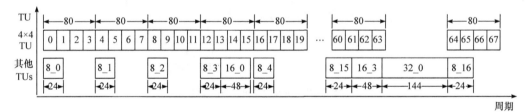

图 7-21　使用专用通路优化前，重建环路的时空图(LCU)(B)

表 7-1　不同方案的总周期数(TU/PU 划分)

方案	TU 尺寸/(像素/周期)	吞吐率/(像素/周期)	L_{1D_DCT}	L_Q	周期小节	总周期
A	4	16	4	2	20	8000
	8	32	4	2	24	
	16	32	4	2	48	
	32	32	4	2	144	
B	4	16	4	2	20	5664
	8	32	4	2	24	
	16	32	4	2	48	
	32	32	4	2	144	
C	4	16	1	1	6	2880

方案	TU 尺寸/(像素/周期)	吞吐率/(像素/周期)	$L_{1D\text{-}DCT}$	L_Q	周期小节	总周期
	8	32	4	2	24	
C	16	32	4	2	48	2880
	32	32	4	2	144	

分析式(7-40)可知，当 N 较大时，周期主要由 $4N^2/T$ 决定；但当 N 较小时，$4L_{1D\text{-}DCT} + 2L_Q$ 却成为周期的主要来源。另一方面，4×4 块变换的复杂度远比大块变换简单得多。因此，本节对 4×4 专用通路进行了优化，使得两条流水线在处理速度上更为平均。优化后，重建环路的时空图如图 7-22 所示，对应的周期(C)仍然列在表 7-1 中。此时，周期数已经减至 2880 个周期，这样的周期数完全可以以极低的频率编码高清视频。

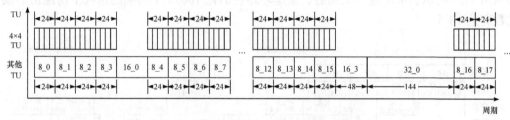

图 7-22 使用专用通路优化后，重建环路的时空图(LCU)(C)

7.3.3 PU 模式判决下的两种结构

当重建环路不仅负责 PU 划分还负责 PU 模式的决定时，可以选择两种不同的结构。若仍采用全复用的方式，则时空图如图 7-23 所示，其中，模式是依据变换和量化的结果决定的。对应的周期(D)列在表 7-2 中。

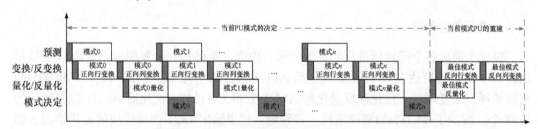

图 7-23 全复用时，重建环路的时空图(PU)(D)

这一架构所占用的资源与 TU/PU 划分下的重建环路是一致的，但该架构在遍历 5 个模式时，就已经消耗了 9816 个周期。

表 7-2 不同方案的总周期数(PU 模式判决)

方案	TU 尺寸/(像素/周期)	吞吐率/(像素/周期)	$L_{1D\text{-}DCT}$	L_Q	L_{PRED}	L_{MD}	周期小节	遍历模式数目	总周期
	4	16	4	2	1	1	16		
D	8	32	4	2	5	5	86	5	9816
	16	32	4	2	5	5	158		

续表

方案	TU 尺寸/(像素/周期)	吞吐率/(像素/周期)	L_{1D_DCT}	L_Q	L_{PRED}	L_{MD}	周期小节	遍历模式数目	总周期
D	32	32	4	2	5	5	426	5	9816
E	4	16	4	2	1	1	21	13	10092
	8	32	4	2	5	5	63		
	16	32	4	2	5	5	159		
	32	32	4	2	5	5	543		

值得注意的是，对于同一块不同模式的预测是不存在数据依赖的，因此，图中的对于模式 1 正向行变换和对于模式 0 的正向列变换完全可以并行。此时，重建环路的时空图如图 7-24 所示。采用这一架构后，重建环路在消耗 10092 个周期的情况下所遍历的模式数高达 13 个。

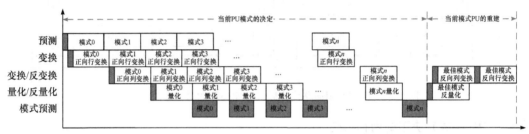

图 7-24　半复用时，重建环路的时空图(PU)(E)

7.4　性能评估

7.4.1　资源代价分析

表 7-3 给出各个模块所占用的资源代价。由表 7-3 可知，未复用前，变换/反变换模块的 ALUT 数目高达 108713 个，优化后 ALUT 数目减少为 47746 个，减少了 56.08%的资源消耗；未复用前，量化和反量化的 ALUT 数目为 11135，优化后 ALUT 数目减少为 6198 个，减少了 44.34%的资源消耗。特别地，这里给出 DCT 内部模块的复用情况，如表 7-4 所示，可以看到 DCT 内部的四个子模块都具有较高的复用率。

表 7-3　重建环路的资源代价(不包含预测部分)

编码	模块	最大频率/MHz	ALUT 数目/个	复用率
1	一维正向行变换	177.6	29311	
2	一维正向列变换	191.4	24497	
3	一维反向行变换	177.0	28812	
4	一维反向列变换	190.4	26093	
5	复用 1-4	161.2	47746	56.08%

续表

编码	模块	最大频率/MHz	ALUT 数目/个	复用率
6	量化	209.2	5953	
7	反量化	208.7	5182	
8	复用 6-7	189.4	6198	44.34%
9	转置矩阵	211.6	8131	
10	全复用架构	149.9	64070	
11	半复用架构	154.0	96658	

表 7-4　DCT 内部模块的复用情况

模块	正变换	反变换	正/反变换	复用率
AE_4	267	319	411	29.86%
RE_4	750	754	860	42.82%
RE_8	2959	2972	3380	43.01%
RE_16	11083	11083	12672	42.83%

对于全复用结构，由于该结构完全复用了一维正向行变换、一维正向列变换、一维反向行变换和一维反向列变换，因此，其 ALUT 代价仅为 64070，但相应地，在 500MHz 的工作频率下，该结构只能够遍历所有划分的 5 种帧内预测模式；对于半复用结构，由于该结构仅复用了一维正向列变换、一维反向行变换和一维反向列变换，因此，其 ALUT 代价为 97K，但相应地，在 500MHz 的工作频率下，该结构能够遍历所有划分的 13 种帧内预测模式。在编码器实现时，应根据帧内前预测所提供的模式的准确度、系统所需的编码效果要求和硬件代价要求综合选择合适的复用结构。

7.4.2　与其他文献的比较

1. 变换与反变换模块

表 7-5 所示为变换与反变换模块的比较。Conceição 等[6]实现了一个 2 维的 IDCT 模块，吞吐率为 32 像素/周期，但其仅支持 32×32 的变换，最高频率也只有 44MHz，因此，该结构只占用了 28000 的 ALUT；与之类似，Jeske 等[7]和 Martuza 等[18]的结构也只支持 16×16 和 8×8 的变换。Darji 等[23]的结构支持所有的 TU 尺寸，但并不支持复用，且最高频率仅为 24M。Kalali 等[21]的结构支持所有的 TU，拥有较高的吞吐率，但也因此消耗了较多的 LUT 资源。尽管本章采用的复用结构占用了 48K 的 ALUT，但该结构不仅支持所有尺寸的块，还同时支持 DCT、IDCT，吞吐率高达 32 像素/周期，最高频率也能够达到 161MHz。

表 7-5　变换与反变换模块的比较

文献	功能	尺寸	平台	工艺	吞吐率/(像素/周期)	门数	频率/MHz
Conceição 等[6]	2D IDCT	32	FPGA	Stratix Ⅳ	32	28K(ALUT)	44
Jeske 等[7]	1D IDCT	16	FPGA	Stratix Ⅲ	—	5K(ALUT)	88
Park 等[8]	1D DCT	4/8/16/32	ASIC	0.15μm	16	127K/105K	94
Shen 等[9]	2D IDCT	4/8/16/32	ASIC	0.13μm	4	134K	350
Meher 等[10]	2D DCT	4/8/16/32	ASIC	90nm	32	208K	187
Budagavi 等[16]	2D DCT/IDCT	4/8/16/32	ASIC	45nm	32	156K	250
Zhu 等[17]	2D DCT/IDCT	4/8/16/32	ASIC	90nm	N	412K/320K	311
Martuza 等[18]	2D DCT	8	FPGA	Virtex 4	1	706(LUT)	—
Zhao 等[19]	2D DCT	4/8/16/32	ASIC	45nm	N	206K	333
Yao 等[20]	1D IDCT	4/8/16/32	ASIC	65nm	1	40K	500
Kalali 等[21]	2D IDCT	4/8/16/32	FPGA	Virtex 6	N	34K(LUT)	150
Pastuszak 等[22]	2D DCT	4/8/16/32	ASIC	90nm	8/16/32	328K	400
Darji 等[23]	1D DCT	4/8/16/32	FPGA	Spartan 3E	—	12K(LEs)	24
本章设计	1D DCT/IDCT	4/8/16/32	FPGA	Stratix Ⅳ	32	48K(ALUT)	161

2. 转置存储器

Meher 等[10]的结构是基于寄存器实现的,其资源代价过大;Tu 等[11]和 Langemeyer 等[12]的结构则是基于 SDRAM 实现的,其周期代价过大。Bojnordi 等[13]和 Jang 等[14]的结构是基于 SRAM 实现的,尽管这些结构所需要的 Bank 数较少,但相应的吞吐率也较低,无法适应于高吞吐率的 DCT/IDCT 模块。Shang 等[15]和 Zhu 等[2]所需的 Bank 数与本章提出的结构一致,但对于较小的 TU 无法提供 32 像素/周期的吞吐率。相比之下,本结构基于 SRAM 完成,Bank 数目和深度都较为合适,能够在不同的 TU 下,提供恒定 32 像素/周期的吞吐率。转置存储器的比较如表 7-6 所示。

表 7-6　转置存储器的比较

文献	吞吐率/(像素/周期)	实现
Zhu 等[2]	N	SRAM(32 Bank)
Meher 等[10]	32	寄存器
Tu 等[11]	—	SDRAM
Langemeyer 等[12]	—	SDRAM
Bojnordi 等[13]	4	SRAM(8 Bank)
Jang 等[14]	2	SRAM(4 Bank)

续表

文献	吞吐率/(像素/周期)	实现
Shang 等[15]	N	SRAM(32 Bank)
本章设计	32	SRAM(32 Bank)

3. 量化与反量化模块

表 7-7 所示为量化与反量化模块的比较。

表 7-7　量化与反量化模块的比较

设计	文献[24]		本章设计
工艺库	SMIC 0.13μm		TSMC 65nm
门数	84.41K	63.96K	78.4K
工作频率/MHz	330	330	330
吞吐率/(像素/周期)	32	32	32
量化	√	×	√
反量化	×	√	√

相比于文献[24]中量化和反量化的分立实现,量化和反量化复用的结构可以节省约47.1%的硬件资源,而且还可以达到相同的性能。

参 考 文 献

[1] LI F, SHI G, WU F. An efficient VLSI architecture for 4×4 intra prediction in the high efficiency video coding (HEVC) standard[C]. 2011 18th IEEE International Conference on Image Processing, Brussels, 2011: 373-376.

[2] ZHU H, ZHOU W, QING D, et al. Efficient intra prediction VLSI architecture for HEVC standard[C]. 2013 IEEE International Conference of IEEE Region 10, Xi'an, 2013: 1-4.

[3] PALOMINO D, SAMPAIO F, AGOSTINI L, et al. A memory aware and multiplierless VLSI architecture for the complete intra prediction of the HEVC emerging standard[C]. 2012 19th IEEE International Conference on Image Processing, Orlando, 2012: 201-204.

[4] ZHOU N, DING D, YU L. On hardware architecture and processing order of HEVC intra prediction module[C]. 2013 Picture Coding Symposium, San Jose, 2013: 101-104.

[5] LIU Z, WANG D, ZHU H, et al. 41.7BN-pixels/s reconfigurable intra prediction architecture for HEVC 2560×1600 encoder[C]. 2013 IEEE International Conference on Acoustics, Speech and Signal Processing, Vancouver, 2013: 2634-2638.

[6] CONCEIÇÃO R, CLÁUDIO SOUZA J, JESKE R, et al. Hardware design for the 32×32 IDCT of the HEVC video coding standard[C]. 2013 26th Symposium on Integrated Circuits and Systems Design(SBCCI), Curitiba, 2013: 1-6.

[7] JESKE R, DE SOUZA J C, WREGE G, et al. Low cost and high throughput multiplierless design of a 16 point 1-D DCT of the new HEVC video coding standard[C]. 2012 VIII Southern Conference on

Programmable Logic, Bento Gonçalves, 2012: 1-6.

[8] PARK S Y, MEHER P K. Flexible integer DCT architectures for HEVC[C]. 2013 IEEE International Symposium on Circuits and Systems, Beijing, 2013: 1376-1379.

[9] SHEN S, SHEN W, FAN Y, et al. A unified 4/8/16/32-point integer IDCT architecture for multiple video coding standards[C]. 2012 IEEE International Conference on Multimedia and Expo, Melbourne, 2012: 788-793.

[10] MEHER P K, PARK S Y, MOHANTY B K, et al. Efficient integer DCT architectures for HEVC[J]. IEEE Transactions on Circuits and Systems for Video Technology, 2014(24): 168-178.

[11] TU B Z, LI D, HAN C D. Two-dimensional image processing without transpose[C]. Proceedings 7th International Conference on Signal Processing, Beijing, 2004: 523-526.

[12] LANGEMEYER S, PIRSCH P, BLUME H. Using SDRAMs for two-dimensional accesses of long $2^n \times 2^m$-point FFTs and transposing[C]. 2011 International Conference on Embedded Computer Systems: Architectures, Modeling and Simulation, Samos, 2011: 242-248.

[13] BOJNORDI M N, SEDAGHATI-MOKHTARI N, FATEMI O, et al. An efficient self-transposing memory structure for 32-bit video processors[C]. 2006 IEEE Asia Pacific Conference on Circuits and Systems, Singapore, 2006: 1438-1441.

[14] JANG Y F, KAO J N, YANG J S, et al. A 0.8 μ 100-MHz 2-D DCT core processor[J]. IEEE Transactions on Consumer Electronics, 1994(1): 703-710.

[15] SHANG Q, FAN Y, SHEN W, et al. Single-port SRAM-based transpose memory with diagonal data mapping for large size 2-D DCT/IDCT[J]. IEEE Transactions on Very Large Scale Integration (VLSI) Systems, 2014(40): 2423-2427.

[16] BUDAGAVI M, SZE V. Unified forward+inverse transform architecture for HEVC[C]. 2012 19th IEEE International Conference on Image Processing, Orlando, 2012: 209-212.

[17] ZHU J, LIU Z, WANG D. Fully pipelined DCT/IDCT/Hadamard unified transform architecture for HEVC codec[C]. 2013 IEEE International Symposium on Circuits and Systems, Beijing, 2013: 677-680.

[18] MARTUZA M, WAHID K. A cost effective implementation of 8×8 transform of HEVC from H. 264/AVC[C]. 2012 25th IEEE Canadian Conference on Electrical and Computer Engineering, Montreal, 2012: 1-4.

[19] ZHAO W, ONOYE T, SONG T. High-performance multiplierless transform architecture for HEVC[C]. 2013 IEEE International Symposium on Circuits and Systems, Beijing, 2013: 1668-1671.

[20] YAO Z, HE W, HONG L, et al. Area and throughput efficient IDCT/IDST architecture for HEVC standard[C]. 2014 IEEE International Symposium on Circuits and Systems, Melbourne, 2014: 2511-2514.

[21] KALALI E, OZCAN E, YALCINKAYA O M, et al. A low energy HEVC inverse DCT hardware[C]. IEEE Third International Conference on Consumer Electronics, Berlin, 2013: 123-124.

[22] PASTUSZAK G. Hardware architectures for the H.265/HEVC discrete cosine transform[J]. IET Image Processing, 2015(9): 468-477.

[23] DARJI A D, MAKWANA R P. High-performance multiplierless DCT architecture for HEVC[C]. 2015 19th International Symposium on VLSI Design and Test, Ahmedabad, 2015: 1-5.

[24] 马天龙. 基于 HEVC 的 DCT 设计研究及其 VLSI 实现[D]. 上海: 复旦大学, 2014.

第8章 环路滤波

视频图像经过预测、变换、量化、反量化、反变换环路后，会得到图像的重建数据，称为重建帧或者参考帧，并用来进行帧间预测。而基于块的混合编码算法会导致块与块之间的不连续性，量化也会导致一定的图像失真，这些会影响帧间预测的效率和视觉观感。为了改善这类问题，在反量化后会引入环路滤波来对图像进行进一步处理。经过滤波的重建图像一方面会作为显示输出，另一方面会作为参考帧，继续参与后续帧的运动补偿，因而环路滤波能够有效地提升视频的主客观水平。本章节将首先介绍 H.265/HEVC 标准环路滤波的算法原理，然后对已有的研究成果进行总结与分析，最后对相关于模块的硬件设计进行介绍。

8.1 概　　述

H.265/HEVC 的环路滤波技术包含去方块滤波(DBF)和样点自适应补偿(SAO)两种滤波器，二者可以合称为环路滤波器。DBF 先对重建图像进行处理以改善方块效应(blocking effect)，处理后的像素经由 SAO 进一步处理以改善振铃效应。

8.1.1 算法原理

1. 去方块滤波

基于块的视频编码形成的重构图像会出现方块效应，如图 8-1 所示，需要通过去方块滤波来去除。

与 H.264/AVC 的去方块滤波作用于 4 × 4 块边界处不同，H.265/HEVC 标准对 8 × 8 块边界进行去方块滤波处理，并且该 8 × 8 边界为除图像边界以外的 PU 或 TU 边界。这种改进明显减少了需要进行去方块滤波处理的边界数量，能更好地适应高分辨率视频编码的需要，并且不会造成明显的图像视觉质量降低。另外，H.265/HEVC 中基于更大的 8 × 8 块边界进行去方块滤波处理，待处理边界两边最多修正 3 个像素值，使得各个待处理的边界空间相对独立，空间像素的数据依赖性较小，更适合于并行处理。

图 8-1　图像中的方块效应

去方块滤波大致可分为滤波决策和滤波操作。滤波决策需要根据边界的实际情况，判断是否滤波以及采用何种滤波强度。首先，图像的自然边界不需要进行滤波，而对方块效应造成的假边界才需要滤波处理。其次，对于待滤波边界，要根据边界两侧像素的特征来判断滤波边界强度(BS)。最后，根据 BS 值以及 H.265/HEVC 标准中规定的计算过程，即可完成滤波操作。

1) 滤波决策

一维方块效应的示例如图 8-2 所示，各点的下标表示该像素点与边界的距离，各点的高低则表示该像素值的大小。

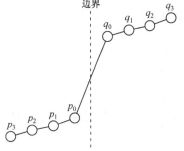

图 8-2　方块效应示例(一维)

如图 8-3 所示，为了更好实现图像主观质量和滤波计算复杂度之间的折中，H.265/HEVC 去方块滤波器仅对亮度和色度像素的 8×8 块边界进行滤波，而对其内部边界不进行滤波，并且滤波边界必须是 PU 或 TU 的边界(图像边界除外)。滤波操作以左右(垂直边界)或上下(水平边界)的两个相邻 4×4 块为单位，这两个 4×4 块分别称为 P 块和 Q 块。

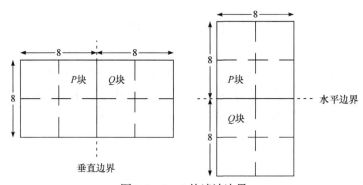

图 8-3　8×8 块滤波边界

实际图像中，去方块滤波需要考虑多种情况，因此需要进行滤波决策。滤波决策过程实际上就是依次对边界强度、滤波开关、滤波强弱进行判断。

(1) 边界强度。

滤波所采用的边界强度 BS，由 P 块和 Q 块的预测模式、运动矢量等信息判断，如表 8-1 所示。

表 8-1　H.265/HEVC 中滤波强度的判断条件

判断条件	BS
P 块或 Q 块为帧内编码块	2
P 块或 Q 块包含非零变换系数(TU 边界)	1
P、Q 两块的运动矢量差不小于 1 个整像素	1
P、Q 两块的参考帧或运动矢量数目不同	1
其他情况	0

边界强度为 0 则不进行滤波。而边界强度大于 0 的时候,还需要进一步判断是否打开滤波开关。

(2) 滤波开关。

人眼对于平坦区域中的不连续边界更加敏感,而对于像素本就变化剧烈的非平坦区域,人眼可能无法识别到不连续边界,此时若进行滤波操作,会减弱像素变化的剧烈程度,反而会引入失真。因此是否对不连续边界进行滤波,应由 P 块和 Q 块的行(或列)像素值变化情况决定。

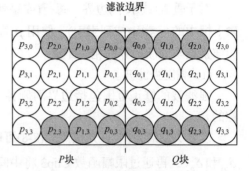

图 8-4 以垂直边界为例,显示了 P 和 Q 两个 4×4 块像素排列的情况。

图 8-4　垂直滤波边界两侧的 4×4 块

式(8-1)和式(8-2)定义的 $\mathrm{d}p_i$ 和 $\mathrm{d}q_i$,分别为 P 块和 Q 块第 i 行像素的变化率。

$$\mathrm{d}p_i = \left| p_{0,i} - 2p_{1,i} + p_{2,i} \right| \tag{8-1}$$

$$\mathrm{d}q_i = \left| q_{0,i} - 2q_{1,i} + q_{2,i} \right| \tag{8-2}$$

式(8-3)利用首行和末行像素(图 8-4 中的深灰色像素)的变化率,定义了该垂直边界的区域纹理度。

$$\mathrm{Texture}_{\mathrm{V}} = \mathrm{d}p_0 + \mathrm{d}q_0 + \mathrm{d}q_3 + \mathrm{d}q_3 \tag{8-3}$$

纹理度越大,说明该区域越不平坦,当超过一定程度时,则无须进行滤波。只有当区域纹理度满足式(8-4)的阈值限定时,才开启滤波。其中,阈值 β 取决于量化参数 QP,可通过查表获得。

$$\mathrm{Texture}_{\mathrm{V}} < \beta \tag{8-4}$$

(3) 滤波强度。

H.265/HEVC 中,色度分量只有一种滤波模式,但是亮度分量具有强滤波和弱滤波两种模式,因此需要对亮度分量的滤波强度进行判断。块效应在像素值平坦的区域更加明显,需要进行强滤波,实现更大范围和更大幅度的修正;而在相对非平坦的区域则进行弱滤波,防止过度修正导致失真。

滤波强弱的选择取决于 P、Q 两块首行和末行的像素。若 $i = 0$ 和 $i = 3$ 时式(8-5)~式(8-7)均满足,则该边界采用强滤波,否则采用弱滤波。

$$\mathrm{d}p_i + \mathrm{d}q_i < \beta/8 \tag{8-5}$$

$$\left| p_{3,i} - p_{0,i} \right| + \left| q_{3,i} - q_{0,i} \right| < \beta/8 \tag{8-6}$$

$$\left| p_{0,i} - q_{0,i} \right| < (5t_{\mathrm{C}} + 1)/2 \tag{8-7}$$

式(8-5)用于在滤波开关判决的基础上判断边界两侧像素值的变化率;式(8-6)用于补充判断边界两边像素值的平坦程度;式(8-7)用于判断边界处相邻两像素的数值变化程度是否在一定范围内,如果超过一定程度,则该边界可能是图像本身内容所致,不应过度修正，其中阈值 t_C 也取决于量化参数 QP，可通过查表获得。

2) 滤波操作

对于垂直(或水平)边界，每行(或每列)执行的滤波操作相同，因此本节将省略每个像素下标中的行索引(或列索引)，使用 p_i 和 q_i 表示 P 块和 Q 块中的像素点，下标 i 可理解为像素点与滤波边界的相对距离。

(1) 亮度强滤波。

强滤波的修正范围包括边界两侧各 3 个像素，并且对 P 块和 Q 块像素的处理是对称的。

以 P 块像素为例，首先按照式(8-8)可以得到 p_0、p_1 和 p_2 的中间滤波结果分别为 δ_{p0}、δ_{p1} 和 δ_{p2}，再通过限幅函数 Clip3 将中间结果 $\delta_{pi}\,(i=0,1,2)$ 限制在 $[p_i-2t_C,\,p_i+2t_C]$ 范围内，即得到强滤波操作的最终结果 p_i'，如式(8-9)所示。限幅操作的意义是将修正像素的补偿值限制在一定范围内，从而避免对像素的过度滤波。

$$\begin{cases}\delta_{p0}=(p_2+2p_1+2p_0+2q_0+q_1+4)\gg 3\\\delta_{p1}=(p_2+p_1+p_0+q_0+2)\gg 2\\\delta_{p2}=(2p_3+3p_2+p_1+p_0+q_0+4)\gg 3\end{cases} \tag{8-8}$$

$$p_i'=\text{Clip3}\big((p_i-2t_C),(p_i+2t_C),\delta_{pi}\big) \tag{8-9}$$

$$\text{Clip3}(a,b,x)=\text{Max}\big(a,\text{Min}(b,x)\big) \tag{8-10}$$

对 Q 块像素的滤波处理仅需将式(8-8)和式(8-9)中的 p 与 q 对调即可。

(2) 亮度弱滤波。

弱滤波操作中，P 块或 Q 块中每行(或每列)的修正范围可能为 0~2 个像素，需要根据像素值进行判断。

首先对每一行(或每一列)按式(8-11)计算其边界处的像素跨度，判断该行的边界是否为自然边界。若 $|\Delta|\geq 10t_C$，则认为该行边界确实是自然边界，修正 0 个像素；若 $|\Delta|<10t_C$，则进一步判断修正范围。

$$\Delta=\big(9(q_0-p_0)-3(q_1-p_1)+8\big)\gg 4 \tag{8-11}$$

式(8-12)和式(8-13)分别表示 P 块和 Q 块单侧的像素值平坦度，像素值变化越平缓，则边界处的方块效应越明显，需要修正的像素个数也越多。若式(8-12)成立，则修正 P 块中邻近边界处的两个像素 p_0 和 p_1，否则只修正 p_0；同样地，若式(8-13)成立，则修正 Q 块中邻近边界处的两个像素 q_0 和 q_1，否则只修正 q_0。P 块和 Q 块的判决是相互独立的，可能一侧只修改一个像素，而另一侧修改两个像素。

$$dp_0+dp_3<3\beta/16 \tag{8-12}$$

$$dq_0+dq_3<3\beta/16 \tag{8-13}$$

若修正范围为 1 个像素，则 p_0 和 q_0 滤波后的像素值分别为 p_0' 和 q_0'，如式(8-15)和式(8-16)所示。

$$\Delta_0 = \mathrm{Clip3}\left(-t_{\mathrm{C}}, t_{\mathrm{C}}, \Delta\right) \tag{8-14}$$

$$p_0' = p_0 + \Delta_0 \tag{8-15}$$

$$q_0' = q_0 - \Delta_0 \tag{8-16}$$

若修正范围为 2 个像素，则除了 p_0 和 q_0 以外，还需对 p_1 和 q_1 进行滤波，滤波后的像素值为 p_1' 和 q_1'，计算过程分别为式(8-17)和式(8-18)。

$$\begin{cases} \delta_{\mathrm{p}} = \left(\left(\left(p_2 + p_0 + 1\right) \gg 1\right) - p_1 + \Delta_0\right) \gg 1 \\ \Delta p = \mathrm{Clip3}\left(-t_{\mathrm{C}}/2, t_{\mathrm{C}}/2, \delta_{\mathrm{p}}\right) \\ p_1' = p_1 + \Delta p \end{cases} \tag{8-17}$$

$$\begin{cases} \delta_{\mathrm{q}} = \left(\left(\left(q_2 + q_0 + 1\right) \gg 1\right) - q_1 - \Delta_0\right) \gg 1 \\ \Delta q = \mathrm{Clip3}\left(-t_{\mathrm{C}}/2, t_{\mathrm{C}}/2, \delta_{\mathrm{q}}\right) \\ q_1' = q_1 + \Delta q \end{cases} \tag{8-18}$$

(3) 色度滤波。

色度滤波同样基于 8×8 滤波单元。只要边界强度为 2，且滤波开关打开，就对色度分量进行滤波，无须其他判断条件。并且色度滤波只有一种模式，仅修正边界两侧各 1 个像素，即 p_0 和 q_0。

色度滤波过程如式(8-19)～式(8-21)所示。

$$\Delta_{\mathrm{c}} = \mathrm{Clip3}\left(-t_{\mathrm{c}}, t_{\mathrm{c}}, \left(\left(\left(\left(q_0 - p_0\right) \ll 2\right) + p_1 - q_1 + 4\right) \gg 3\right)\right) \tag{8-19}$$

$$p_0' = p_0 + \Delta_{\mathrm{c}} \tag{8-20}$$

$$q_0' = q_0 - \Delta_{\mathrm{c}} \tag{8-21}$$

2. 样点自适应补偿

由于高频交流系数的量化失真，解码后会在图像的强边缘周围产生波纹现象，影响图像的主观质量，该现象称为振铃效应，如图 8-5 所示。

(a) 原图　　　　　　　　　　(b) 振铃效应

图 8-5　图像中的振铃效应

样点自适应补偿(SAO)以 CTB(编码树块)为基本单位，从像素领域入手降低振铃效应，简单来说就是对解码像素的波谷位置添加正补偿，波峰位置添加负补偿，以此减小像素失真。然而对每一个像素进行补偿会大大增加编码后码率，显然是不现实的，因此 SAO 首先对每个像素进行类别划分，并计算得到每种类别的补偿值(offset)，然后通过计算每种类别的率失真情况得到最优类别，再将最优类别对应的补偿值加到相应的像素点上。最优类别索引及其补偿值即作为 SAO 参数，被熵编码器编到码流中，一个 CTB 内的像素点使用同一套 SAO 参数来补偿重建像素。

SAO 包括边界补偿(edge offset，EO)和带状补偿(band offset，BO)两种模式。其中，边界补偿模式通过比较当前像素与周围像素的大小关系进行类别划分，比较适合有明显纹理的图像；带状补偿模式则由当前像素本身的值来决定分类，适用于较为平滑的图像。另外还有 Merge 模式，可复用相邻块的 SAO 参数。

1) SAO 模式类型

(1) 边界补偿模式。

边界补偿模式通过比较当前像素值与相邻像素值的大小对当前像素进行归类，然后对同类像素补偿相同数值。根据当前像素与周围像素选取的不同方向，边界补偿模式可分为 4 种模式，分别为水平(EO_0)、垂直(EO_1)、斜对角 135°(EO_2)和斜对角 45°(EO_3)，如图 8-6 所示。

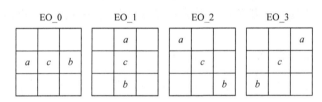

(c为当前像素，a和b为周围像素)

图 8-6　4 种边界补偿模式

一个 CTB 中的像素需要采用 4 种边界补偿模式进行遍历，然后基于率失真优化原理进行模式判决，选择最优的作为当前 CTB 的边界补偿模式。

选定边界补偿模式后，根据当前像素与周围像素的关系，又可以将 CTB 中的像素分为 5 种子类型，分类原则见表 8-2。类型 1 和类型 4 表示当前像素比周围像素都小或都大；类型 2 和类型 3 则表示当前像素与一侧相等，而比另一侧小或大；其他情况则属于类型 0。

表 8-2　5 种类型的判断条件

类型	条件	含义
1	$c < a$ && $c < b$	局部最小值
2	$(c < a$ && $c == b) \| (c == a$ && $c < b)$	边界
3	$(c > a$ && $c == b) \| (c == a$ && $c > b)$	边界
4	$c > a$ && $c > b$	局部最大值
0	其他	平滑区域

不同类型的像素采用不同的补偿方式。类型 0 表示平滑区域,该分类的像素不需要进行补偿。其余类型的补偿方式如图 8-7 所示,其中类型 1 和类型 2 的补偿值为正,类型 3 和类型 4 的补偿值为负,并且同类像素采用的补偿值相同,因此每个 EO 模式都有 4 个补偿值。

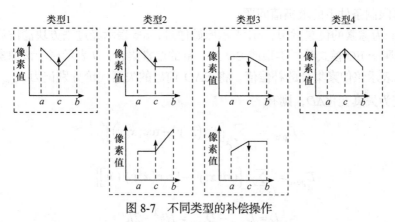

图 8-7　不同类型的补偿操作

(2) 带状补偿模式。

带状补偿模式是基于像素值大小进行分类的。将像素范围平均分为 32 个带,编号为 0~31,如图 8-8 所示。以常规的 8bit 量化深度为例,其像素值分布在 0~255 之间,则每个带包含 8 个像素值。而不同的带具有不同的补偿值。

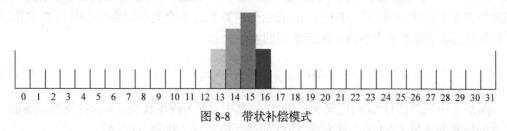

图 8-8　带状补偿模式

带状补偿模式下,以连续 4 个带为一组(共 29 组)进行模式判决。之所以为 BO 模式只选择了 4 个连续的带作为最优判决结果,是因为一个 CTB 中像素值的分布区域是有限的,4 个连续的带可以覆盖大部分像素点。判决得到最优 BO 模式后,只需要将四条连续带的起始带编号以及相应的 4 个补偿值作为 BO 模式信息参与编码,从而大大降低码率需求。

(3) Merge 模式。

与 H.265/HEVC 的帧内、帧间预测算法类似,SAO 中同样可以利用图像空间中的相似性,减小编码 SAO 参数的复杂度。如果当前 CTB 采用 Merge 模式,其亮度分量和色度分量均复用其左侧或上方 CTB 的 SAO 参数(模式及补偿值)。Merge 模式分为向左复用 (merge left)和向上复用(merge up)两种,仅需将标示向左或向上复用的标志位传递到熵编码即可。

使用 Merge 模式时,一个 CTU 的亮度和色度分量必须同时向左复用或向上复用。不使用 Merge 模式时,亮度和色度分量可独立选择划分模式及补偿值。

2) SAO 模式判决

SAO 的模式判决，是从备选模式中选择一个最优的参数组合传递到熵编码。最优模式判决采用率失真优化(RDO)的算法，也就是计算备选模式的率失真代价，代价最小的即为当前块的最优 SAO 模式，对应的补偿值即为最优补偿值。该问题通过拉格朗日算式即转化为非限制条件下的求极值问题。

设(x, y)为像素的位置索引，ori 表示原始像素，rec 表示经过去方块滤波后的重建像素，C 表示属于 EO 模式某子类型或 BO 某个带的像素集合，N 表示属于该像素集合的像素个数，h 表示该像素集合的补偿值。将 SAO 前后的失真代价分别记为 D_{prev} 和 D_{post}，二者之差记为失真变化ΔD，则有

$$D_{prev} = \sum_{(x,y)\in C}\left[\text{ori}(x,y) - \text{rec}(x,y)\right]^2 \tag{8-22}$$

$$D_{post} = \sum_{(x,y)\in C}\left\{\text{ori}(x,y) - \left[\text{rec}(x,y) + h\right]\right\}^2 \tag{8-23}$$

$$\Delta D = D_{post} - D_{prev} = Nh^2 - 2hE \tag{8-24}$$

$$E = \sum_{(x,y)\in C}\text{ori}(x,y) - \text{rec}(x,y) \tag{8-25}$$

该算法满足线性关系。例如，假定一个 CTB 的 SAO 模式选择 EO_0，则令 m_1、m_2、m_3、m_4 分别表示各类型的补偿值(类型 0 不补偿)，则该 CTB 的 EO_0 模式下的相对失真度如式(8-26)所示。其中，N_i 表示分别属于这 4 个类型的像素个数，E_i 表示这 4 个类型的原始像素和去方块滤波后像素的差值之和。

$$\Delta D = \sum_{i=1}^{4}\left(N_i m_i^2 - 2m_i E_i\right) \tag{8-26}$$

最后，率失真代价ΔJ的定义为式(8-27)。其中，R 为码率代价，λ 为拉格朗日参数，二者的估算方法见 8.4.3 节。在判决 SAO 的最优模式时，比较 ΔJ 即可。

$$\Delta J = \Delta D + \lambda R \tag{8-27}$$

另外，上述补偿值 h 的计算是一个迭代的过程，其初始值 h_0 为 round(E/N)，其中 round() 是取整函数，并且 h_0 要被限制在[$-$TH，TH]的阈值范围内(在 H.265/HEVC 的参考软件 HM-10.0 中，阈值 TH 的取值为 7)。然后为[0，h_0]内的所有候选值计算率失真代价，最小 ΔJ 对应的 h 即为相应像素集合的最优补偿值。

8.1.2 现有成果

由于 H.265/HEVC 中的去方块滤波算法较简单，且编码和解码端算法完全相同，无预测或估计过程，大多数工作集中在充分利用并行性提高吞吐率上。其中文献[1]~文献[5]主要关注 DBF 和 SAO 两个模块的流水处理，但它们大多针对解码端的实现，本节主要针对编码端实现环路滤波，不使用两者合并的流水线实现方案。

对于去方块滤波，H.265/HEVC 相对上一代的 H.264/AVC 标准有较大改进，提高了

算法编码效果,同时也提高了算法并行性,利于硬件实现。首先,亮度分量和色度分量可以实现并行处理,这是因为 H.265/HEVC 中色度分量的滤波判决只依赖于边界强度 BS 的值,并且 BS 值是由相邻块的预测模式决定的。其次,由于 H.265/HEVC 去方块滤波处理的是 8×8 块的边界,滤波边界的判决只需要与边界相邻的两个 4×4 块的像素值,与其余边界之间没有依赖关系,因此不同块的垂直或水平边界滤波也可以实现并行处理。

Zhou 等[6]提出了多路并行架构,用 8 块 SRAM 实现 4 路并行,显著提高了 DBF 吞吐率,可支持 8K@120fps 视频实时应用。

Shen 等[7]和 Cheng 等[8]使用多块 SRAM 来缓存 CTU 内部垂直边界和水平边界滤波中间过程的参考像素。

Ozcan 等[9]使用 10 块 SRAM 实现 H.265/HEVC 去方块滤波器,并使用转置寄存器实现垂直边界滤波和水平边界滤波的转换。

SAO 是 H.265/HEVC 新引入的环路滤波工具,能够基于重建像素的分类及重建像素与原始像素的差值统计,对重建像素添加补偿值,使之更加接近原始像素。编码端的 SAO 算法需要经过 RDO 过程,选择合适的分类及对应补偿值,解码端只需要将解码得到的补偿值加到重建像素上即可。编码和解码两端的 SAO 均有像素分类和像素补偿过程,只是编码端多了模式判决过程。根据 SAO 的算法流程,已有相关工作大多集中在优化参数统计过程的硬件实现,以及优化模式判决过程的码率估计算法两个方面。

在 SAO 参数统计的硬件实现相关工作中,大多使用正方形的统计范围,例如,El Gendy 等[10]和 Zhu 等[11]的基于 4×4 统计,以及 Zhou 等[12]基于 2×2 的统计。

在 SAO 码率估计的相关工作中:

Zhu 等[11]为了降低硬件实现的 SAO 码率估计算法的复杂度,为不同 SAO 模式分配了固定数字,而不是采用基于 CABAC 的码率结果。这样能充分降低算法复杂度,但是编码效果损失很大。

程魏[13]采用基于统计拟合的方法实现 SAO 码率估计,统计 SAO offset 和最终码率之间的关系,为不同模式和 YUV 提供不同的码率估计函数。这样能在一定程度上弥补固定数字带来的码率估计不足。

在 SAO 硬件实现中,也有一些其他方面的硬件优化。

Zhou 等[12]提出双时钟的设计来提高 SAO 吞吐率,在关键路径较短但时钟周期耗时较多的参数统计模块中使用较高的工作频率,而在模式判决这种时钟周期消耗较少但是关键路径较长的模块中,使用较低的工作频率。另外,还提出提前模式判决,根据像素分布减少待统计 SAO 模式数目,降低参数统计模块硬件代价。

Chen 等[14]采用 EO 的模式联合统计、BO 模式的预先判决,以及分块的 Merge 模式选择等方法,降低 SAO 硬件代价。

8.1.3 设计考量

已有的去方块滤波相关工作中,大部分相关工作均会缓存垂直边界滤波后的像素,然后经过水平边界滤波处理。这种需要中间缓存的硬件设计仍然延续了 H.264/AVC 去方块滤波的模块设计风格。但这种中间缓存的设计是 H.264/AVC 的去方块滤波算法自身的特性决定的,其基于 4×4 的滤波块设计导致垂直边界和水平边界之间存在数据依赖,必须要整个宏块的垂直边界处理完成后才能处理水平边界。

而 H.265/HEVC 中的去方块滤波算法优化了滤波逻辑,基于 8×8 的滤波单元使得相邻边界之间不存在数据依赖。因此只需处理完成一个 8×8 滤波单元内的垂直边界后,即可处理当前 8×8 块内的水平边界,而不需要等待整个 CTU 内部的垂直边界处理完成后再处理水平边界。这样的设计能够去除垂直边界和水平边界中间的像素缓存,减少大量片上 SRAM 的使用,降低硬件消耗。

综合分析 SAO 的已有工作,可以发现两个待优化的方向:一是参数统计过程,基于正方形的统计范围不适合实际应用中多样的待统计环境;二是 SAO 模式判决过程中的码率估计算法硬件实现较复杂,需要降低硬件实现难度,同时保证 SAO 编码效果。

8.2 去方块滤波 VLSI 实现

8.2.1 顶层架构

本节的 DBF 硬件设计是基于文献[15]实现的。

考虑遍历实现的 8×8 滤波单元能否满足 4K@30fps 设计要求,如果编码器工作在 500MHz 频率下,其处理一个 32×32 CTU 的周期数不能超过 $500M/(4K/32 \times 2K/32 \times 30) \approx 2034$,其中大部分分配给 RDO,其次分配给 RMD、IME、FME 等快速遍历模块,假定只有 1/10 的 cycle 分配给 DBF,则处理一个 8×8 单元能分配 $203/(32/8 \times 32/8) \approx 12$ 个周期。因为 DBF 中所有的垂直(水平)边界之间没有数据依赖,因此可以流水线执行,仅单个 8×8 滤波单元内部存在垂直和水平边界之间的数据依赖,分 5 个周期对此数据依赖进行处理,再加上色度分量的 8×8 滤波单元数量为亮度分量的 1/4,所以共计 $5 + 5/4 \times 2 = 7.5$ 个周期,因此用 12 个周期处理一个 8×8 滤波单元是可行的。

需要注意的是,以上计算基于单流水线的视频编码器,如果引入多流水级,将环路滤波模块放到不同的流水级,则允许的时钟周期数将更多。因此对于 DBF 模块,主要考虑资源的最优化。单滤波单元的遍历架构能够去除垂直边界和水平边界之间存在处理间隔导致的缓存压力,节省了大量片上 SRAM 资源。

据此,本节提出了如图 8-9 所示的 DBF 顶层架构,分为 DBF 控制模块、8×8 滤波单元管理模块、BS 计算模块和滤波模块。其中,滤波开关涉及像素级的操作,因此在硬件架构中将其放到滤波模块中;而边界强度的获取是基于边界两侧的 CTU,故将 BS 计算模块独立出来,数据流更清晰。

图 8-9 中各模块的功能如下。

(1) DBF 控制模块:实现滤波任务的发布,控制滤波单元的遍历、颜色通道以及外部 RAM 的交互接口,包括 ram_fmv(P 帧的运动矢量信息)和 ram_rec(滤波前的重建像素),取回的数据分别传输给 BS 计算模块和 8×8 滤波单元管理模块。

(2) BS 计算模块:接收 CTU 信息后,根据滤波单元的位置和当前边界两侧的编码参数计算边界强度,同时生成滤波判决所需的参数 β 和 t_C。

(3) 8×8 滤波单元管理模块：负责滤波单元的构建，根据滤波单元的位置信息输出 4×8 个像素值，其内部是一组缓存。

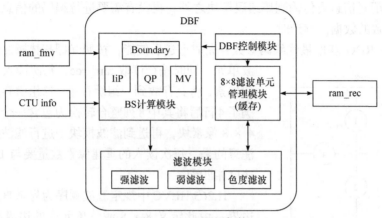

图 8-9 DBF 顶层架构

(4) 滤波模块：负责滤波操作，其中包括三类滤波器并行执行，通过判决选择其中之一输出。处理完两个垂直边界后，将输出转置后再次进行相同的操作处理水平边界。

8.2.2 8×8 滤波单元管理

8×8 滤波单元和 8×8 的 PU/TU 不同，滤波单元的主要目的是要将滤波边界所需的全部相关像素纳入 8×8 范围内，从而使滤波操作全部在滤波单元内部进行。因此滤波单元相较于实际的 CTU 存在一个向左上方 4×4 像素的偏移，如图 8-10 所示。一个 CTU 内部，具体划分不定，因此直接遍历内部所有的 8×8 块边界，如果是 PU/TU 边界，再判断边界强度选择相应的滤波方式。CTU 内部采用光栅扫描的方式，依次处理每一行的 8×8 滤波单元。

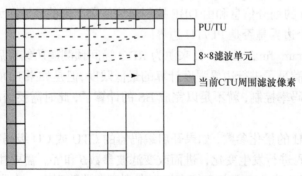

图 8-10 CTU 内 8×8 滤波单元处理顺序

由于滤波单元相对 CTU 存在左上方 4×4 的像素偏移，因此当前 CTU 的右边 4 列像素需要在下一个 CTU 进入 DBF 阶段时才能够完成重建，底部 4 行像素需要在下一行对应位置的 CTU 进入 DBF 阶段时才能够完成重建。需要注意的是，虽然当前 CTU 的完全滤波是在执行到下一行对应位置的 CTU 才结束，但并没有导致视频编码的延时。因为帧内预测的参考像素是环路滤波之前的重建像素,进行 DBF 是为了下一个 P 帧做参考帧,或者解码端重建完成后进行画质的改善,因此不存在参考像素导致的数据依赖延时。DBF 模块中除了配置信息要传输到熵编码模块之外,再没有需要进行编码的信息,因此不存在熵编码导致的数据依赖延时。

DBF 在 RDO 获取最优编码参数并完成重建后使能,按照光栅扫描顺序遍历所有滤波单元。同时按行读取 ram_rec,每次读入 1 × 32 个重建像素,将其存放到一组缓存中。这组缓存的作用是读满了 4 行后将其中 8 列整合转换为包含一个垂直边界的 4 × 8 像素块,再送到滤波模块中进行滤波操作。需要注意的是,每次读入的重建像素数量要与 DBF 的处理速度相匹配。

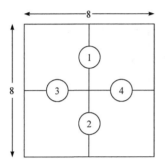

图 8-11   8 × 8 滤波单元和滤波顺序

H.265/HEVC 中规定滤波顺序为先垂直边界再水平边界,由此定义 8 × 8 滤波单元内的边界滤波顺序如图 8-11 所示,先处理 2 个垂直边界,将完成垂直滤波的 8 × 8 像素块转置后,再处理 2 个水平边界。

8.2.3　边界强度计算模块

BS 计算模块负责接受编码信息,包括 cbf、划分信息、MV、QP 和 IiP(P 帧中的 I 块),进而计算边界强度。

cbf 为宽 16bit 的 8 × 8 亮度块或 4 × 4 色度块的非零系数存在标志,它既会影响 BS,也会影响 QP。

划分信息记为 prt_pu,在 CTU 为 32 × 32 的情况下,划分信息 prt_pu 为宽 21bit 的四叉树划分标志,其中 prt_pu[20] 为 CTU 划分标志,prt_pu[19:16] 为 Zig-Zag 扫描顺序的 16 × 16 CU 的划分标志,prt_pu[15:0] 为 Zig-Zag 扫描顺序的 8 × 8 CU 的划分标志。BS 计算模块根据当前 CTU 的划分信息和由 DBF 控制模块传输而来的滤波单元位置,确定当前 8 × 8 滤波单元的四个边界是否是 PU/TU 边界。

MV 则读取自 ram_final_mod,其来源为 RDO 帧间预测遍历结束后的最优 MV。

以上信息已经满足了进行边界强度计算的最低限度,但是如果 RDO 中支持 IiP 模式,或者编码器开启了码率控制,就不足以完成 BS 的计算了,此时需要增加 QP 和 IiP 的 CU 级寄存器阵列。

QP 为当前 CTU 的量化参数,如果开启编码器的 CTU 或 CU 级码率控制,那么 CTU 内的 QP 会随着编码进行发生变化,进而改变滤波参数 β 和 t_C。需要注意的是,虽然 QP 在当前 CTU 已经发生变化,但并不能直接暂存到寄存器阵列中,这是 QP 的编码方式导致的:熵编码对 QP 的编码采用差分编码,即对变化前后的 QP 之差进行编码,但 QP 之差的编码又受 cbf(非零系数存在标志)影响,仅在 cbf_y&cbf_u&cbf_v! = 0(存在非零系数) 的位置进行编码,又因为编码按照 Zig-Zag 扫描顺序进行,故 QP 的分布难以描述。因此可以通过增加一个 (LCU/8) × (LCU/8) 的 QP 寄存器阵列,来实现对 LCU/CU 码率控制的支持。

IiP 为宽 16bit 的标志类信息,标志着 P 帧中的 I 块,IiP 会影响 P 帧的色度滤波。根据表 8-1 的 BS 计算过程,对于边界两边都是 P 块的情况,BS 为 1,不进行色度滤波,因此未使能 IiP 模式时,可以直接将 P 帧色度滤波从 DBF 控制模块的状态机中排除。若使能 IiP 模式,则存在 BS 为 2 的情况,因此有可能对 P 帧的色度分量进行滤波,但直接解开 P 帧色度通道的限制会导致大量的时序浪费,因此可以通过引入一个(LCU/8) × (LCU/8)的 IiP 寄存器阵列来标记 I 块。需要注意的是,若边界某一侧为帧内预测,则整个滤波单元都需要进行色度分量滤波,因此还需要增加两个寄存器组来分别保存上下文(左侧和上方块)。

8.2.4　时序和流水线设计

考虑 DBF 的时序流程:

(1) 滤波单元的读入分两次进行,每次从 8×8 滤波单元管理模块的缓存中读入 4×8 块,同时从寄存器阵列中读取 MV 信息进行 BS 的计算。由于 MV 到 BS 中间没有复杂运算,且 BS 和重建像素没有数据依赖关系,故将这些过程放入一个 cycle。

(2) 滤波模块存在乘法运算,但是不存在级联的乘法操作,只需要一个 cycle。

(3) 垂直边界的滤波计算完毕后进行 4×8 像素转置,转置操作在滤波模块内部进行,不需要考虑 4×8 滤波像素的读写冲突。转置操作需要 1 个 cycle。

(4) 两个水平边界处理完之后,需要将滤波后的重建像素写出到缓存中,注意要和读入错开时序。

基于上述的时序流程,可绘制如图 8-12 所示的流水线的时空图,其中灰色部分表示下一个滤波单元。

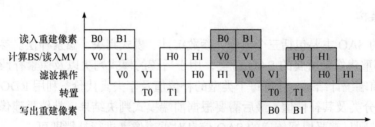

图 8-12　DBF 流水线时空图

注: B-Block(4×8); V-垂直边界(4×8); T-转置(4×8); H-水平边界(8×4)

对 I 块滤波时,先处理 Y 通道,之后依次处理 U、V 通道,时序图如图 8-13 所示。

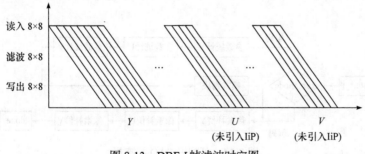

图 8-13　DBF I 帧滤波时空图

8.2.5　性能评估

表 8-3 将本设计与已有工作进行了对比。

表 8-3　DBF 硬件实现结果对比

	本设计	Shen[7]	Cheng[8]	Zhou[6]
CTU 尺寸	64×64	32×32	64×64	64×64
工艺	TSMC65nm	TSMC130nm	TSMC65nm	TSMC90nm
频率	500MHz	200MHz	300MHz	278MHz
门电路	30.79Kgate	31.00Kgate	36.00Kgate	31.58Kgate
SRAM 大小	0	44.0KB	53.2KB	68.2KB
时钟周期数/CTU	384	440	435	288
吞吐率	8K@120fps	4K@30fps	8K@84fps	8K@120fps

本章提出的基于 8×8 滤波单元设计，无须使用 SRAM 存储滤波垂直边界和水平边界的中间像素，大大降低了片上资源代价。此外，本设计的硬件门电路代价也相对较低，没有存储管理模块，也相对会减少相关硬件开销。

最终本设计实现的 DBF 硬件架构，能够满足 8K@120fps 高吞吐率的视频实时应用。

8.3　样点自适应补偿 VLSI 实现

8.3.1　顶层架构

编码端的 SAO 主要包括三个流程：参数统计、模式判决、像素补偿。参数统计是统计 LCU 内部重建像素所属的 SAO 分类，用于后续的模式判决以及像素补偿；模式判决过程是根据前端统计结果，计算每个类型的补偿值及率失真代价，利用 RDO 公式，选择最优的 SAO 分类及其补偿值；最后需要根据前端模式判决结果，补偿重建像素，完成输出。而解码端则只需要根据传递的 SAO 信息对重建像素进行补偿即可。

为了适应编码和解码的硬件设计，本节提出可配置的 SAO 状态机设计，根据需求可配置成编码或者解码方案。图 8-14 为状态机转换图及算法流程图，SAO 模块收到开始信号 start_i 后，即执行 SAO 算法流程，根据配置信号 run_mode 可以进行编码或者解码的状态机转换。

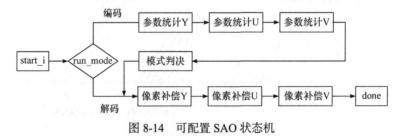

图 8-14　可配置 SAO 状态机

由于 SAO 的流程较清晰，且参数统计、模式判决、像素补偿三个过程间具有很强的数据依赖关系，因此本节提出的 SAO 架构中三个过程顺序执行，通过状态机控制流程，顶层架构如图 8-15 所示。

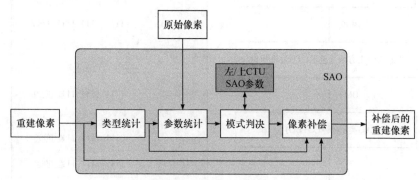

图 8-15   SAO 顶层架构

8.3.2   基于位图的参数统计模块

参数统计模块需要做两件事：一是类型统计，对重建像素分类，判断并统计像素点所属的 EO 和 BO 类型；二是差值统计，即每个模式内所有像素的原始值和重建值的差值之和。编码端有类型统计和差值统计两部分，解码端只需要知道每个像素所属类型即可。因此编码端的 SAO 需要读入重建像素和原始像素两部分，而解码端只需要读取重建像素即可。

而对于具体的 CTU 内 SAO 的计算过程，其统计范围将受以下因素影响。

(1) 由于 SAO 位于 DBF 之后，而 DBF 需要边界两侧各 4 个像素进行滤波，因此 SAO 不能处理当前 CTU 右侧和下方的 4 列/行像素。

(2) 处于图像边缘的 CTU 可能是不完整的，这种情况的 CTU 仅有一半在图像内部，外部的像素将不被统计。

(3) 处于图像边缘的 CTU，不同类型的 EO 模式对 CTU 的统计范围不同。例如，一帧图像最左侧 CTU 的 EO_0、EO_2 和 EO_3 类型不能统计最左侧的列像素，最下方 CTU 的 EO_1、EO_2 和 EO_3 类型不能统计最下方的行像素。

为了适应多样化的统计环境，硬件中采用位图(bitmap，BM)来规定统计范围，也就是开始一个 CTU 的统计之前，先设定好当前 CTU 每个 SAO 类型的位图，之后的分类统计以及差值统计过程都将基于此位图完成。参数统计模块每次处理 16 个像素，因此采用 16bit 的位图，位图每一位的值代表相应像素是否纳入统计范围。

本设计中，位图的生成流程如图 8-16 所示，具体如下。

(1) 根据当前 CTU 所在位置生成位图 BM0。如果当前 CTU 位于图像内部，则 BM0 是完整的 16bit，全为 1。如果当前 CTU 位于图像边缘，则 BM0 中的有效位根据实际 CTU 宽度改变。

(2) 基于 BM0，生成 BM1，CTU 内部未经去方块滤波处理的像素所对应的比特置 0。如亮度分量，右侧有四列像素未经滤波处理，同时右侧第五列也无法计入统计，要将这五个位置对应的比特置 0。

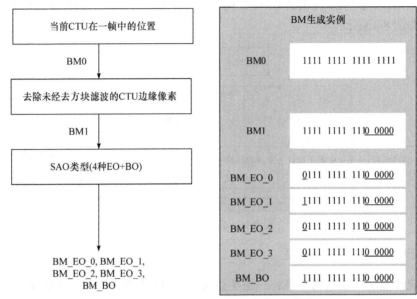

图 8-16　SAO 位图生成流程图及实例

(3) 基于 BM1 生成各个 SAO 类型所对应的位图，如果当前 16 像素在一帧图像左侧边界，则 BM_EO_0/2/3 需要将 BM1 高位置零。而 BM_BO 是针对像素值进行统计，所有 BM1 的比特位均有效。

参数统计模块流程图如图 8-17 所示。虚线框外的部分是编码端才有的内容，读取原始像素计算差值，在 CTU 内部对像素点所属类型以及差值进行统计并累加。在编码端，重建像素和原始像素的 16 个待统计样点同时读入，完成差值计算和类型判断后，直接放入累加器。待整个 CTU 统计完成后，输出统计的各个类型下的像素数目以及原始像素与重建像素的差值之和，分别对应式(8-24)中的 N 和 E。统计模块中，一共有 16 个分类引擎，针对 16 个像素分类；累加模块中，一共有 48 个累加引擎，分别计算 16 个 EO 模式以及 32 个 BO 模式的累加结果。这样便能够在一个时钟周期内完成 16 个像素的统计及累加。

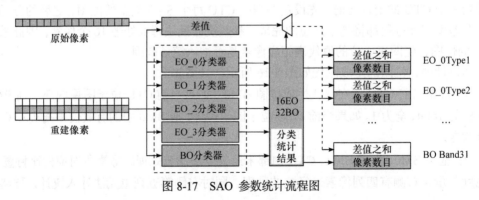

图 8-17　SAO 参数统计流程图

待整个 CTU 内部的 Y、U、V 三个分量均处理完成后，输出 16 个 EO 模式以及 32 个 BO 模式的数量和差值统计结果，用于后续模式判决过程。

8.3.3 码率估计算法

SAO 的 RDO 公式(8-27)，要求考虑码率代价 R。SAO 的码率计算主要有两种方法：一个是从熵编码中计算 SAO 带来的码率大小，另一个是用 SAO 自身参数估计码率大小。前者需要和 CABAC 模块进行数据交互，算法复杂，硬件实现难度极高，一般较少出现在硬件实现中；后者是硬件中常用的方法，算法较简单，效果下降不明显，可以在硬件代价和编码效果中取得较好的平衡。

本节提出基于 SAO 分类和补偿值 offset 估计码率，不同模式下的码率按式(8-28)近似。这样近似的原因在于，BO 模式包含的类型更多，因此其码率代价较 EO 模式更大一些；而 Merge 只需要传递标志位，相对于 EO 和 BO 模式，其码率近似可以忽略为 0。

$$\begin{cases} R_{\text{EO}} = |\text{offset}| + 1 \\ R_{\text{BO}} = |\text{offset}| + 2 \\ R_{\text{Merge}} = 0 \end{cases} \tag{8-28}$$

另外，SAO 的 RDO 公式中除了码率外，还需要考虑拉格朗日参数 λ。λ 是一个和 QP 有关的数值，其对平衡失真和码率至关重要。由于硬件中浮点数计算复杂，因此直接将 λ 取整以简化硬件实现。

8.3.4 模式判决流水线设计

SAO 的最终输出模式一共有四种类别：一是 Merge 模式，复用当前 CTU 上方或左侧块的 SAO 数据；二是四种 EO 模式之一，即 EO_0、EO_1、EO_2、EO_3 中的一个；三是 BO 模式 32 个带中的连续 4 个带；四是不进行补偿。

对于一个 CTU 来说，Y、U、V 三个分量有各自的模式，且每个模式都对应 4 个补偿值，而每个模式参与判决的代价，是其 4 个补偿值的代价之和。因而模式判决的过程应分为补偿值计算、代价计算、判决这三个步骤。其中 Merge 模式对应的补偿值已经知道，不需要经过再次计算，直接从左侧或上方的 SAO 信息中提取即可。图 8-18 为模式判决流水线设计图。

首先计算两个 Merge 模式对应的代价，然后计算 EO 模式和 BO 模式对应的补偿值和代价。每个补偿值都可计算出一个中间代价，而每计算出 4 个补偿值的中间代价，即可将其求和得到对应模式的代价。将当前模式的代价和之前最优的代价进行对比，即可迭代找到最优的代价，从而完成 SAO 模式判决。

每个时钟周期可以计算一个补偿值的中间代价。Merge 有左侧和上方两个模式，每个模式分 Y、U、V 三个分量，共需要 24 个时钟周期；EO 共四种模式、16 个子类型(类型 0 除外)、每个分量需要 16 个时钟周期；BO 模式共 32 个带，每个分量需要 32 个时钟周期。需注意：Merge 模式要 Y、U、V 三个分量的代价相加才能进行模式判决。

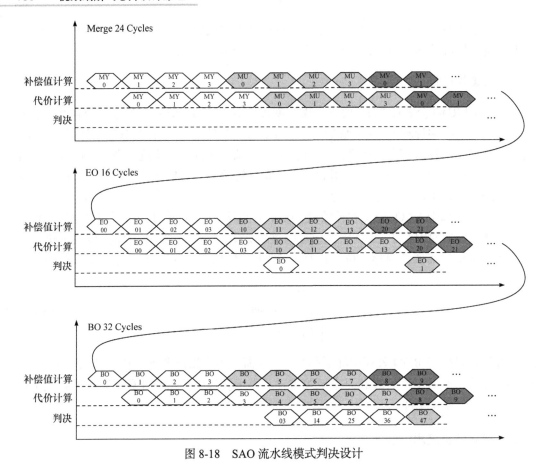

图 8-18   SAO 流水线模式判决设计

EO 模式每 4 个子类型判决一次。图 8-18 中补偿值计算和代价计算两行的 EOi0～EOi3 表示 EO_i 模式的子类型 1～子类型 4，模式判决行的 EOi 表示 EO_i 模式(i = 0，1，2，3)。

BO 模式每 4 个连续带判决一次。图 8-18 中补偿值计算和代价计算两行的 BOj 表示第 j 个带，模式判决行的 BOj(j + 3)表示从第 j 个带开始的连续 4 个带(j = 0，1，2，…，28)。

8.3.5   性能评估

SAO 编码端的工作对比如表 8-4 所示。由于其他工作仅包含参数统计和模式判决两部分，为了方便对比，本设计也只计入了这两部分的硬件代价及时钟周期。对比显示，本设计的硬件代价相对较少，吞吐率较高，最高可满足 8K@120fps 视频实时应用。

表 8-4   编码端 SAO 硬件实现结果对比

	本设计	Zhou[12]	Zhu[11]	Mody[16]	EL Gendy[17]
CTU 尺寸	64×64	64×64	64×64	64×64	64×64
工艺	TSMC65nm	SMIC40nm	TSMC65nm	TSMC28nm	TSMC65nm
频率	500MHz	1300MHz	200MHz	378MHz	425.9MHz

续表

	本设计	Zhou[12]	Zhu[11]	Mody[16]	Gendy[17]
门电路	62.92Kgate	51.00Kgate	156.30Kgate	300.00Kgate	89.30Kgate
时钟周期数/CTU	384+72	905	384	1600	384
吞吐率	8K@120fps	8K@120fps	8K@120fps	4K@60fps	8K@120fps

表 8-5 是解码端 SAO 相关工作的对比。相较而言，本设计有相对较低的硬件代价，这得益于高效的 SAO 分类器，能够以极低的硬件代价一次性实现 16 个像素的分类。

表 8-5 解码端 SAO 硬件实现结果对比

	本设计	Baldev[18]	Zhu[1]	Kim[19]
CTU 尺寸	64×64	32×32	64×64	64×64
工艺	TSMC65nm	90nm	TSMC65nm	28nm
频率	500MHz	826MHz	240MHz	660MHz
门电路	10.49Kgate	56.05Kgate	36.70Kgate	12.50Kgate
时钟周期数/CTU	384	/	/	/
吞吐率	8K@120fps	/	8K@120fps	/

参 考 文 献

[1] ZHU J, ZHOU D, HE G, et al. A combined SAO and de-blocking filter architecture for HEVC video decoder[C]. 2013 IEEE International Conference on Image Processing, Melbourne, 2013: 1967-1971.

[2] SHEN S, SHEN W, FAN Y, et al. A pipelined VLSI architecture for sample adaptive offset (SAO) filter and deblocking filter of HEVC[J]. IEICE Electronics Express, 2013, 10: 20130272.

[3] SHEN W, FAN Y, BAI Y, et al. A combined deblocking filter and SAO hardware architecture for HEVC[J]. IEEE Transactions on Multimedia, 2016, 18(6): 1022-1033.

[4] HAUTALA I, BOUTELLIER J, SIIVEN O. Programmable 28nm coprocessor for HEVC/H.265 in-loop filters[C]. 2016 IEEE International Symposium on Circuits and Systems (ISCAS). IEEE, 2016: 1570-1573.

[5] ZHU J, ZHOU D, GOTO S. A high performance HEVC de-blocking filter and SAO architecture for UHDTV decoder[J]. IEICE Transactions on Fundamentals of Electronics, Communications and Computer Sciences, 2013, E96. A(12): 2612-2622.

[6] ZHOU W, ZHANG J, ZHOU X, et al. A High-throughput and multi-parallel VLSI architecture for hevc deblocking filter[J]. IEEE Transactions on Multimedia, 2016, 18(6): 1034-1047.

[7] SHEN W, SHANG Q, SHEN S, et al. A high-throughput VLSI architecture for deblocking filter in HEVC[C]. 2013 IEEE International Symposium on Circuits and Systems (ISCAS). IEEE, 2013: 673-676.

[8] CHENG W, FAN Y, LU Y H, et al. A high-throughput HEVC deblocking filter VLSI architecture for 8k × 4k application[C]. 2015 IEEE International Symposium on Circuits and Systems (ISCAS). IEEE, 2015: 605-608.

[9] OZCAN E, ADIBELLI Y, HAMZAOGLU I. A high performance deblocking filter hardware for high

efficiency video coding[J]. IEEE Transactions on Consumer Electronics, 2013, 59(3): 714-720.

[10] EL GENDY S, SHALABY A, SAYED M S. Fast parameter estimation algorithm for sample adaptive offset in HEVC encoder[C]. 2015 Visual Communications and Image Processing (VCIP). IEEE, 2015: 1-4.

[11] ZHU J, ZHOU D, KIMURA S, et al. Fast SAO estimation algorithm and its VLSI architecture[C]. 2014 IEEE International Conference on Image Processing (ICIP). IEEE, 2014: 1278-1282.

[12] ZHOU J, ZHOU D, WANG S, et al. A dual-clock VLSI design of H.265 sample adaptive offset estimation for 8k ultra-HD TV encoding[J]. IEEE Transactions on Very Large Scale Integration (VLSI) Systems, 2017, 25(2): 714-724.

[13] 程魏. HEVC 环路滤波器和熵编码器算法研究及 VLSI 实现[D]. 上海: 复旦大学, 2016.

[14] CHEN G, PEI Z, LIU Z, et al. Low complexity SAO in HEVC base on class combination, pre-decision and merge separation[C]. 2014 19th International Conference on Digital Signal Processing. IEEE, 2014: 259-262.

[15] 唐根伟. HEVC 帧内预测和环路滤波算法研究及其 VLSI 设计[D]. 上海: 复旦大学, 2020.

[16] MODY M, GARUD H, NAGORI S, et al. High throughput VLSI architecture for HEVC SAO encoding for ultra HDTV[C]. 2014 IEEE International Symposium on Circuits and Systems (ISCAS). IEEE, 2014: 2620-2623.

[17] EL GENDY S, SHALABY A, SAYED M S. Low cost VLSI architecture for sample adaptive offset encoder in HEVC[C]. 2016 IEEE Computer Society Annual Symposium on VLSI (ISVLSI). IEEE, 2016: 170-175.

[18] BALDEV S, SHUKLA K, GOGOI S, et al. Design and implementation of efficient streaming deblocking and SAO filter for HEVC decoder[J]. IEEE Transactions on Consumer Electronics, 2018, 64(1): 127-135.

[19] KIM H M, KO J G, PARK S. An efficient architecture of in-loop filters for multicore scalable HEVC hardware decoders[J]. IEEE Transactions on Multimedia, 2017, 20(4): 810-824.

第 9 章 熵编码和熵解码

熵编码模块是 HEVC 编码器的最后一个部分，相对地，熵解码是 HEVC 解码器的第一个部分。在经过预测、变换、量化、环路滤波之后产生了大量的待编码数据，这些数据将统一送入熵编码模块进行最后的压缩。这一过程主要利用了信息熵的概念，信息熵理论由香农提出，表示离散随机事件出现的概率，若出现概率较小，不确定性就较高，导致其信息熵也比较大，也就是蕴藏更多的信息，同理，若事件出现概率比较大，不确定性比较低，信息熵比较小，信息量也就比较少。熵编码利用信息间的熵冗余，对于信息量大的用长码流表示，信息量小的用短码流表示，进而压缩数据。

本章首先介绍了熵编码算法的基本原理，并对 HEVC 标准下的熵编码进行分析，给出模块的基本流程，分析现有成果和设计考量。然后对熵编码和熵解码的相关子模块进行优化设计，得出设计结果与对比。

9.1 概 述

H.264 标准采用了两种熵编码方式，有上下文自适应变长编码(CAVLC)以及上下文自适应二进制算术编码(CABAC)。CAVLC 采用变长编码且不考虑各种数据的发生概率，因此较为简单，但同时压缩率比较低。而 CABAC 采用基于二进制的算术编码，先将数据全部二值化为 0 或者 1，接着基于不同的条件为其选择合适的上下文进行概率统计，然后基于概率进行二进制算术编码，由于 CABAC 考虑了数据的概率，并且使用了算术编码的方式，相对 CAVLC 压缩率更高，但是也带来了很大的计算复杂度。到了 HEVC 标准，只保留了效果更好的 CABAC 熵编码器，而弃用 CAVLC，并且为了降低复杂度和数据依赖性，HEVC 标准里减少了需要统计概率的数据的种类，并且考虑了并行的优化。不论熵编码还是熵解码过程，因为需要依赖已经编码的数据选择上下文和统计概率，所以有着严重的数据依赖性，也给熵编解码的硬件设计带来了很大的挑战。

9.1.1 基本原理

1. 编码分类与原理

编码分为定长编码和变长编码。定长编码是将所有的待编码的信息都用同样长短的编码去代表，最简单的例子是用 4 位二进制数表示十进制数(8421 码)：0-->0000、1-->0001、2-->0010、3-->0011。变长编码会根据信息熵冗余，频繁出现的用短的编码，不频繁出现的用长的编码。

在编码标准中使用的变长编码与信息熵冗余关系密切，这里详细介绍信息熵冗余理论。首先需要明确信息的概念，文字符号或图像与视频是一种能够被人所理解的表达方式，是消息；消息中需要被人们所了解的是信息，即消息是信息的载体。当信息被获得之后，这个事物未知的不确定的内容为人们所了解，事物的不确定性发生了变化，即信息的内容和事物的不确定性有关。香农对信息的定义是：信息是事物运动状态或存在方式的不确定性的描述。为了对信息进行压缩，有必要了解信息如何量化，即需要对信息的多少进行度量。由于信息与不确定性相关，当获得信息后，如果事件的不确定性降低了很多，那么该信息的信息量就比较大，反之信息量就比较小，由此可以得到信息量与不确定性或者说某随机事件发生的概率相关，定义如式(9-1)所示。

$$I(x_i) = \log \frac{1}{P(x_i)} \tag{9-1}$$

其中信源的概率空间为 $P(x) = \left[P(x_1), P(x_2), \cdots, P(x_q) \right]$，并且概率之和 $\sum_{i=1}^{q} P(x_i) = 1$，信源发出的符号 $X = [x_1, x_2, \cdots, x_q]$，$P(x_i)$ 即信源发出符号 x_i 的概率。式(9-1)的信息量只能表示某个符号的信息量，整个信源的信息量需要考虑所有符号信息量的数学期望，如式(9-2)所示。

$$H(X) = E\left[\log \frac{1}{P(x_i)} \right] = -\sum_{i=1}^{q} P(x_i) \log P(x_i) \tag{9-2}$$

$H(X)$ 就是信源熵的定义，从平均意义上表示信源信息量，对于实际通信中信源输出的符号序列通常存在某种相关性，因此需要用联合熵进行表征，并且已知前面符号时可以对后面出现的符号的信息量使用条件熵进行估计，这就是上下文。熵编码过程利用上下文信息的理论依据即条件熵。

2. 哈夫曼编码

以哈夫曼编码(Huffman coding)为代表，本章对可变字长编码(VLC)进行介绍。在介绍哈夫曼编码前，需要先引入另一个概念：哈夫曼树。哈夫曼树又称最优树，是一类带权路径长度最短的树，有着广泛的应用。

哈夫曼树的定义：假设有 n 个权值$\{w_1, w_2, \cdots, w_n\}$，试构造一棵有 n 个叶子结点的二叉树，每个叶子结点带权为 w_i，则其中带权路径长度最小的二叉树称为最优二叉树或哈夫曼树。

举个例子：假如现在有 A、B、C、D、E 这五个字符，它们出现的频率(权值)分别为 5、4、3、2、1，图 9-1 为哈夫曼树的构建过程(每次取两个权值最小的节点生成一棵树)。

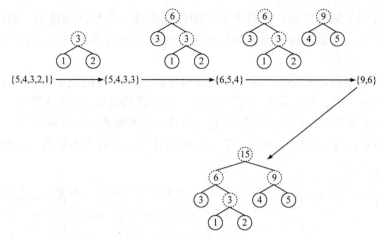

图 9-1 哈夫曼树

这样一棵哈夫曼树就生成了，接下来就可以对这五个字符进行编码了。首先用这五个字符把树中的权值替换掉，其次将树的左分支标记为 0，右分支标记为 1，然后从根结点一直到该字符所在结点所走过的分支(标记的数)连接在一起所得的值就是该字符的哈夫曼编码，如图 9-2 所示。

所得编码结果如表 9-1 所示。

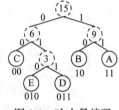

图 9-2 哈夫曼编码

表 9-1 哈夫曼编码结果

字符	编码
A	11
B	10
C	00
D	011
E	010

哈夫曼编码是一种无前缀编码，解码时不会混淆。其主要应用在数据压缩、加密解密等场合。

3. 算术编码

1) 简单的算术编码

算术编码的思想是用 0～1 区间上的一个数来表示一个字符输入流，它的本质是为整个输入流分配一个码字，而不是给输入流中的每个字符分别指定码字。算术编码是用区间递进的方法来为输入流寻找这个码字的，它从第一个符号确定的初始区间(0～1)开始，逐个字符地读入输入流，在每一个新的字符出现后递归地划分当前区间，划分的根据是各个字符的概率，将当前区间按照各个字符的概率划分成若干子区间，将当前字符对应的子区间取出，作为处理下一个字符时的当前区间。到处理完最后一个字符后，得到了最终区间，在最终区间中任意挑选一个数作为输出。解码器按照和编码相同的方法与步骤工作，不同的是作为逆过程，解码器每划分一个子区间就得到输入流中的一个字符。

例如，传输字符串 PASS。首先，可以得出这三种字符的概率分别为 $p(\text{P}) = 1/4$，$p(\text{A}) = 1/4$，$p(\text{S}) = 1/2$，在初始 0～1 的区间上，各字符的概率如图 9-3 所示。简单算术编码器基于这个概率分布，按照顺序依次进行编码，在不断更新子区间之后，得到最终的区间[0.109375,0.125)，如图 9-4 所示，在此区间内任取一个值作为输出，供解码一端解码还原。

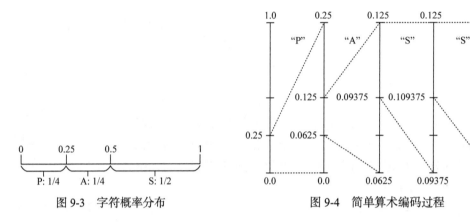

图 9-3　字符概率分布　　　　　图 9-4　简单算术编码过程

2) 二值化

在介绍二进制算术编码之前，先简单介绍二值化方法。二进制算术编码的输入是一连串的二元符号，二值化就是将原本的多元符号转换成二元符号的操作。常见的二值化方法有截断莱斯编码、K 阶指数哥伦布编码和定长二元编码。下面以截断莱斯编码为例介绍二值化方法。

截断莱斯编码有两个参数，即门限值 cMax 和参数 R，假设输入为 Val，可根据 cMax 和 R 计算出截断莱斯二元码串。输出由前缀码和后缀码组成，前缀值 P 的计算公式如式(9-3)所示。

$$P = \text{Val} \gg R \tag{9-3}$$

若 P 小于 $(\text{cMax} \gg R)$，则前缀码由 P 个 1 和一个 0 组成；若 P 大于或等于 $(\text{cMax} \gg R)$，则前缀码由 $(\text{cMax} \gg R)$ 个 1 组成。当输入 Val 小于 cMax 时，后缀值 S 的计算公式如式(9-4)所示。

$$S = V - (P \ll R) \tag{9-4}$$

后缀码为 S 的二元化串，长度为 R。当输入 Val 大于或等于 cMax 时，无后缀码。

3) 二进制算术编码

二进制算术编码由算术编码发展而来，因此基础的编码过程与算术编码一致，但是涉及的编码对象只有二进制字符"0"和"1"，基本思想是用范围 0～1 的小数概率区间表示一连串的输入二进制序列。因为涉及统计概率，所以整个算法过程需要不断迭代循环输出码字。

算法最开始需要统计输入信源符号的概率分布，由于只有"0"和"1"两种，所以概率分布可以用一维的概率区间范围表示，分布如图 9-5 所示。其中大概率符号(more probable symbol，MPS) 表明输入二进制串中出现概率比较大的符号，小概率符号(less probable symbol，LPS)表明输入二进制串中出现概率比较小的符号，显然 $P_{\text{LPS}} + P_{\text{MPS}} = 1$，$R$ 表示区间范围，L 表示区间下界，编码初始化的区间范围为[0,1]，概率统计过程实际上表现为编码区间不断迭代子分。如果下一个字符是 MPS 字符，那么新的区间范围 R' 使用 MPS 的区间，其值 $R' = R \times P_{\text{MPS}}$。

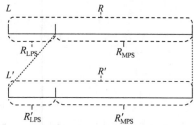

图 9-5 概率区间子分示意图

以输入二进制串"1101"为例，显然"0"出现的概率比较小，因此 LPS 为"0"，且 $P_{\text{LPS}} = 1/4('\text{d}) = 0.01('\text{b})$，相对的 MPS 为"1"，且 $P_{\text{MPS}} = 3/4('\text{d}) = 0.11('\text{b})$。初始状态下，编码区间的起始位置 low 值 $L = 0$，区间范围 range 值 $R = 1$。具体编码过程如下：

(1) 编码第一个二进制符号"1"，"1"是 MPS，则

$$L = L + R \times P_{\text{LPS}} = 0.01, \quad R = R \times P_{\text{MPS}} = 0.11$$

(2) 编码第二个二进制符号"1"，"1"是 MPS，则

$$L = L + R \times P_{\text{LPS}} = 0.0111, \quad R = R \times P_{\text{MPS}} = 0.1001$$

(3) 编码第三个二进制符号"0"，"0"是 LPS，则

$$L = L = 0.0111, \quad R = R \times P_{\text{LPS}} = 0.001001$$

(4) 编码第四个二进制符号"1"，"1"是 MPS，则

$$L = L + R \times P_{\text{LPS}} = 0.01111001, \quad R = R \times P_{\text{MPS}} = 0.00011011$$

最终的编码区间为 $[L, L + R] = [0.0111001, 0.10001101]$，编码输出取最后的编码区间中的任意一个小数值，为了得到最高的压缩效率，一般取码字最短的二进制小数作为编码码流，因此上述区间中我们取 0.1 作为最终码流。可以看出原来输入的 4bit 二进制串"1101"被压缩为仅 1bit 的输出码流。对应编码过程中的关键变量迭代表如表 9-2 所示，图 9-6 更为形象地描述了不断迭代子分编码区间的过程。由以上过程可以看出，整个编码过程需要保持记录以下三个变量：当前迭代区间的起点，即下界 low 值；当前迭代区间的大小，即范围 range 值；字符的概率，即 P_{MPS}，LPS 字符的概率可以由 $P_{\text{LPS}} = 1-P_{\text{MPS}}$ 算出。

表 9-2 二进制算术编码过程

步骤	输入符号	编码间隔	判决
1	1	[0.01, 1]	取 MPS 区间范围
2	1	[0.0111, 1]	取 MPS 区间范围
3	0	[0.0111, 0.100101]	取 LPS 区间范围
4	1	[0.01111001, 0.100101]	取 MPS 区间范围

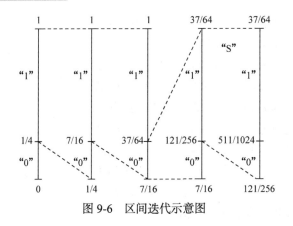

图 9-6   区间迭代示意图

4. HEVC 中的熵编码

二进制算术编码要求预先统计输入信源的分布概率，再进行编码，然而对于编码视频序列无法在编码最开始就统计所有输入数据的分布，不利于流水化设计，直接用随机概率编码随机输入并不能有效压缩数据。因此 HEVC 标准中的 CABAC 算法对二进制算术编码做了一些改进，使用了以下技术。

1) 自适应二进制算术编码

考虑到真实的视频编码场景，CABAC 引入了自适应的概念应对无法预先统计所有输入数据概率分布的问题。即在编码的最开始假定输入数据满足某种初始的概率分布，接着在算术编码的过程中每编码一个字符就对概率分布再次进行统计更新，理论上编码足够多的输入数据后概率分布就趋向于输入数据的真实分布，这种一边算术编码一边概率更新的过程称为自适应二进制算术编码。概率自适应更新直接计算过于复杂，在 HEVC 标准中将 LPS 概率区间进行离散化，离散区间为[0.01875，0.5]，对应计算公式如式(9-5)所示。

$$p_{i+1} = \alpha p_i, \quad i = 0, 1, 2, \cdots, 62$$

$$\alpha = \left(\frac{0.01875}{0.5} \right)^{\frac{1}{63}}, \quad p_0 = 0.5 \tag{9-5}$$

离散值一共 64 个，对应状态转换表如表 9-3 所示，表格第一行 pStateIdx 表示当前 LPS 字符概率量化后的值，第二行 transIdxLps 表示输入编码字符为 LPS 字符时更新、量化后的概率状态，第三行 transIdxMps 表示输入编码字符为 MPS 字符时更新、量化后的概率状态。

表 9-3   概率状态转换表

pStateIdx	0	1	2	3	4	5	6	7	8	9	10	11	12	13	14	15
transIdxLps	0	0	1	2	2	4	4	5	6	7	8	9	9	11	11	12
transIdxMps	1	2	3	4	5	6	7	8	9	10	11	12	13	14	15	16
pStateIdx	16	17	18	19	20	21	22	23	24	25	26	27	28	29	30	31
transIdxLps	13	13	15	15	16	16	18	18	19	19	21	21	22	22	23	24
transIdxMps	17	18	19	20	21	22	23	24	25	26	27	28	29	30	31	32

续表

pStateIdx	32	33	34	35	36	37	38	39	40	41	42	43	44	45	46	47
transIdxLps	24	25	26	26	27	27	28	29	29	30	30	30	31	32	32	33
transIdxMps	33	34	35	36	37	38	39	40	41	42	43	44	45	46	47	48
pStateIdx	48	49	50	51	52	53	54	55	56	57	58	59	60	61	62	63
transIdxLps	33	33	34	34	35	35	35	36	36	36	37	37	37	38	38	63
transIdxMps	49	50	51	52	53	54	55	56	57	58	59	60	61	62	62	63

表 9-3 中有三个特殊点：①pStateIdx 为 0 时，表示 LPS 字符的概率已经到了最大值，接下来若仍然输入一个 LPS 字符，此时 LPS 字符将变成概率较大的 MPS 字符，即 LPS 字符和 MPS 字符互换。②pStateIdx 为 62 时，表示 LPS 字符的概率为最小值，若仍然输入一个 MPS 字符，LPS 字符概率将进一步缩小，但是已经到了最小值边界，因此 LPS 的概率量化值将维持为 62。③pStateIdx 为 63 时，是算术编码结束标识，因此不参与自适应过程。

实时不断统计字符出现的概率涉及除法和小数计算，十分不利于硬件实现，将其查表化大大降低了计算复杂度。

2) 上下文模型

自适应的引入使得熵编码部分不需要知道编码字符的统计特性，但是最开始的初始概率需要仔细选择。若简单地把所有的输入数据统一定为 "0" 和 "1" 各占一半，会导致偏离真实分布太远，需要很久自适应后才能回归，那么将显著影响压缩率。熵编码部分输入数据为视频编码器前级模块产生的所有数据，不同种类的数据理应有不同的统计特性，因此熵编码引入上下文的概念。

上下文模型将 CABAC 输入的每个二进制符号进行分类，不同类的数据使用的上下文模型不同，独立进行算术编码的概率更新。例如，表示 CU 是否划分的数据和预测模式的数据上下文模型不同，所有的 CU 是否划分的数据维护一个上下文模型，不停地自适应统计概率进行更新，所有预测模式的数据将维护不同的上下文模型独立进行迭代更新。上下文模型可以分为四种：第一种是根据相邻已编码的块的信息建立概率模型；第二种是第 $n$bit 的概率模型依赖于已编码的 $n-1$bit；第三种概率模型依赖待编码数据在不同扫描方式下的位置；第四种依赖已编码数据的幅值。第三种和第四种都仅用于变换单元中的残差数据的编码。依照以上四种关系，可以将所有的输入数据建立不同的上下文模型，有着不同的初始概率值。

在 CABAC 中，为了限制误码的扩散和传播，规定了上下文模型的生命周期为片 (slice)，新的片开始时，会对所有的上下文模型依据量化参数(QP)初始化，确定算术编码的起点。

3) 乘法优化

区间子分过程涉及乘法，硬件开销很大，因此在 CABAC 算法中将这一过程同样优化为查找表，建立了一个 64 × 4 的表格，表格第一维对应了 LPS 概率量化后的 64 种状态 pStateIdx，即 σ，第二维由当前编码区间范围 range 值按照公式 $\rho = (range \gg 6) \& 3$ 得到，即 qRangeIdx，通过查表即可得到已经算好的乘法值，如表 9-4 所示。

表 9-4　编码区间索引表 rangeTabLps

pStateIdx	qRangeIdx				pStateIdx	qRangeIdx			
	0	1	2	3		0	1	2	3
0	128	176	208	240	32	27	33	39	45
1	128	167	197	227	33	26	31	37	43
2	128	158	187	216	34	24	30	35	41
3	123	150	178	205	35	23	28	33	39
4	116	142	169	195	36	22	27	32	37
5	111	135	160	185	37	21	26	30	35
6	105	128	152	175	38	20	24	29	33
7	100	122	144	166	39	19	23	27	31
8	95	116	137	158	40	18	22	26	30
9	90	110	130	150	41	17	21	25	28
10	85	104	123	142	42	16	20	23	27
11	81	99	117	135	43	15	19	22	25
12	77	94	111	128	44	14	18	21	24
13	73	89	105	122	45	14	17	20	23
14	69	85	100	116	46	13	16	19	22
15	66	80	95	110	47	12	15	18	21
16	62	76	90	104	48	12	14	17	20
17	59	72	86	99	49	11	14	16	19
18	56	69	81	94	50	11	13	15	18
19	53	65	77	89	51	10	12	15	17
20	51	62	73	85	52	10	12	14	16
21	48	59	69	80	53	9	11	13	15
22	46	56	66	76	54	9	11	12	14
23	43	53	63	72	55	8	10	12	14
24	41	50	59	69	56	8	9	11	13
25	39	48	56	65	57	7	9	11	12
26	37	45	54	62	58	7	9	10	12
27	35	43	51	59	59	7	8	10	11
28	33	41	48	56	60	6	8	9	11
29	32	39	46	53	61	6	7	9	10
30	30	37	43	50	62	6	7	8	9
31	29	35	41	48	63	2	2	2	2

4) 相比 H.264 的 CABAC

相比 H.264 的 CABAC，HEVC 标准做了更多的优化。

(1) 减少需要更新统计概率的上下文的种类，引入更多固定概率的待编码字符，即将编码字符分为三类：第一类是常规模式(regular mode)字符，需要上下文更新，输入不仅包括二进制字符，还需要当前字符的上下文模型，用于根据概率自适应更新编码区间。首先根据当前上下文模型 pStateIdx 和编码区间 ivlCurrRange 得到区间范围，接着根据编码字符是否为 MPS 字符进一步更新下界 ivlLow 值，最后更新上下文模型，归一化重整区间，如图 9-7 所示。归一化过程的具体流程如图 9-8 所示。注意，在 CABAC 的二进制算术编码区间递归划分时，区间采用 MPS 在前、LPS 在后的顺序。

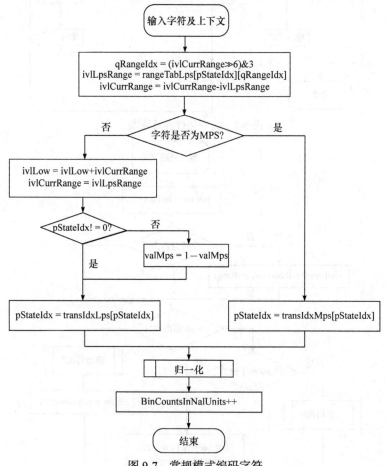

图 9-7　常规模式编码字符

第二类是旁路模式(bypass mode)字符，固定初始 LPS 概率为 0.5，不需要更新上下文，编码流程较为简单，如图 9-9 所示。在旁路模式中，为了使区间划分更简单，不采用直接对区间长度 R 进行二等分的方法，而是保持编码区间长度 R 不变，使区间下限 L 的值加倍，这可以通过对 L 的值左移一位实现。

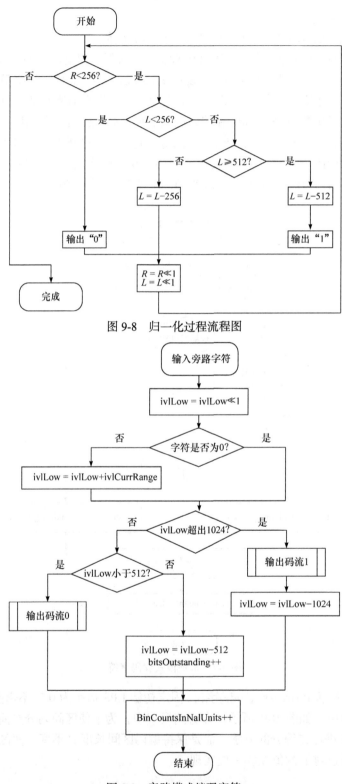

图 9-8   归一化过程流程图

图 9-9   旁路模式编码字符

第三类是终端模式(terminal mode)字符，仅编码结束标志，当帧结束时需要将编码器缓存的码流全部移除并且需要字节对齐，因此这里有一个额外的编码器对齐清洗的过程，如图 9-10 所示。

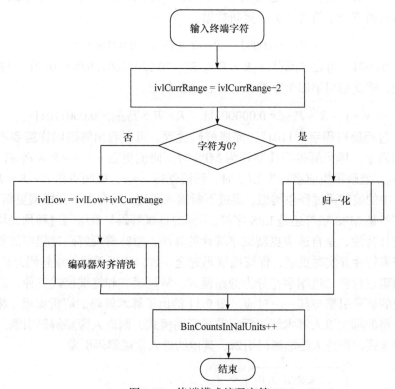

图 9-10　终端模式编码字符

(2) 减少选择上下文模型决策时的数据依赖。

(3) 聚合旁路模式字符，有利于提高吞吐率。

(4) 减少待处理的二进制字符数据量，对不同的输入数据采用不同的二值化方案。

5. HEVC 中的熵解码

熵解码基于二进制算术解码，其解码过程与编码过程完全相反，通过码流对比 LPS 与 MPS 的概率子区间逐步判断码字在哪个区间，即可解得相应的字符。以前面的编码码流"$v = 0.1$"为例，初始状态下，编码区间的起始位置 low 值 $L = 0$，区间范围 range 值 $R = 1$，且已知 LPS 为"0"，$P_{LPS} = 1/4(\text{'d}) = 0.01(\text{'b})$，相对的 MPS 为"1"，$P_{MPS} = 3/4(\text{'d}) = 0.11(\text{'b})$。具体解码过程如下。

(1) $v = 0.1$，落在区间范围$[R \times P_{LPS}, R] = [0.01, 1]$中，这对应 MPS 的区间范围，因此解得第一个字符为"1"，更新数据：

$$v = v - R \times P_{LPS} = 0.01, \quad R = R \times P_{MPS} = 0.11$$

(2) $v = 0.01$，落在区间范围$[R \times P_{LPS}, R] = [0.0011, 0.11]$中，这对应 MPS 的区间范围，

因此解得第二个字符为"1",更新数据:

$$v = v - R \times P_{LPS} = 0.0001, \quad R = R \times P_{MPS} = 0.1001$$

(3) $v = 0.0001$,落在区间范围$[0, R \times P_{LPS}] = [0, 0.001001]$中,这对应 LPS 的区间范围,因此解得第三个字符为"0",更新数据:

$$v = v = 0.0001, \quad R = R \times P_{LPS} = 0.001001$$

(4) $v = 0.0001$,落在区间范围$[R \times P_{LPS}, R] = [0.00001001, 0.001001]$中,这对应 MPS 的区间范围,因此解得第四个字符为"1",更新数据:

$$v = v - R \times P_{LPS} = 0.00000111, \quad R = R \times P_{MPS} = 0.00011011$$

由以上过程解得码字"1101",完成解码过程。可以看出解码同样需要不断迭代解码区间更新码字,即当解得当前字符为 MPS 时,码流更新 $v = v - R \times P_{LPS}$,区间更新 $R = R \times P_{MPS}$,当解得当前字符为 LPS 时,码流保持 $v = v$,区间更新 $R = R \times P_{LPS}$。

HEVC 中的熵解码过程也类似,通过不断输入码流,结合上下文模型更新的概率值,解出当前字符是 MPS 字符还是 LPS 字符,不同的是熵解码与熵编码过程预先均不知道输入数据的统计特性,是自适应更新概率统计的算法,意味着熵解码过程中需要统计已解码字符的概率特性并实时更新,保证编解码完全一致,实现无损的编解码过程。

由于编码过程将二进制字符分为旁路模式、常规模式和终端模式三种,因此熵解码需要有相应的解码引擎与其一一对应。图 9-11 给出了算术解码的解析流程,将上下文种类和是否旁路的标志输入算术解码后,若是旁路模式,则进入旁路解码引擎,若上下文种类为终端模式,则进入终端解码引擎,其他的进入常规解码引擎。

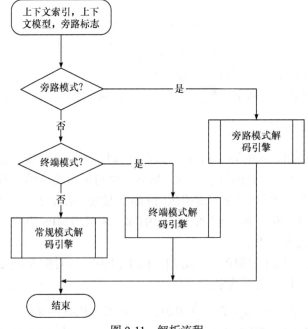

图 9-11   解析流程

常规模式解码引擎流程图如图 9-12 所示，对比常规模式编码图 9-7 可以发现流程非常相似，区别在于编码不仅需要知道上下文索引还需要输入字符，而解码只需要上下文模型及上下文索引。在初始化过程，编码与解码完全相同，接着解码判断 ivlOffset 值与当前区间范围 ivlCurrRange 的大小来确定解析出的编码字符是 MPS 还是 LPS。其中 ivlCurrRange 应与编码过程的区间范围完全一致，而 ivlOffset 初始值是输入裸码流(不包含头信息的码流)的前 9bit。归一化过程会判断是否接着输入 1bit 码流，与编码的归一化过程判断是否输出 1bit 码流一致。

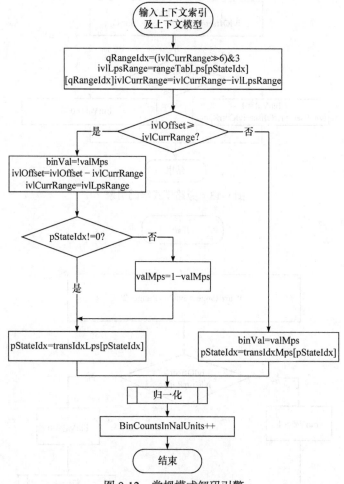

图 9-12　常规模式解码引擎

旁路模式解码引擎及终端模式解码引擎流程图如图 9-13 和图 9-14 所示，可以看出这两种模式相对较为简单，且与常规模式解码过程类似，关键判断条件是 ivlOffset 与 ivlCurrRange 大小比较。其中 read_bits(1) 代表输入 1bit 码流更新 ivlOffset 值。

9.1.2　现有成果

对于熵编码器，目前已有很多相关研究工作集中于熵编码部分的硬件设计，由于熵编码最早于 H.264 标准引入，因此早期的文献[1]基于 H.264 标准提出了一种动态流水线设计，利用 CABAC 的相关特性减少流水延迟从而提高性能，文献[2]和文献[3]着重考虑了熵编码器的功耗问题，提出了一种低功耗架构，主要思想是使用变长标签缓存和流水线设计。文献[4]首先引入了多字符并行的概念，并且优化了存储器的使用逻辑和上下文管理，实现了每周期处理两个以上字符的并行熵编码器。以上研究给了多路并行多级流水的熵编码器以启发，有着重要的意义。

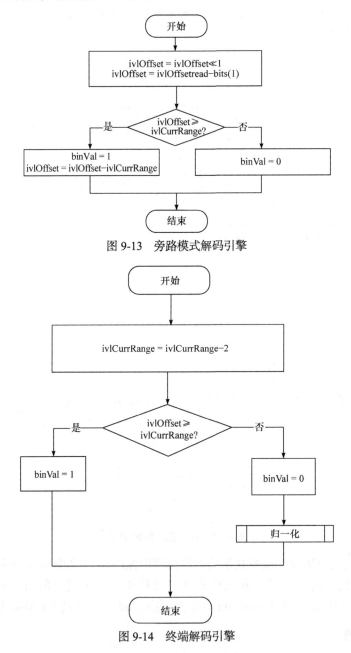

图 9-13   旁路模式解码引擎

图 9-14   终端解码引擎

一些研究工作致力于熵编码器中的某个模块，在可能存在瓶颈的上下文模型更新部分，文献[5]对上下文模型的存储器读写电路进一步优化，并且在语法元素层面上对上下文建模的过程进行了优化，这种做法使得更新上下文模块吞吐率提升以适应多路并行的算术编码部分。文献[6]同样对上下文模型部分进行了优化，使用了 6 块 SRAM 来并行上下文建模。

算术编码部分设计同样十分复杂，大量研究致力于这一部分的并行和流水线设计，文献[7]成功实现了四级二进制算术编码引擎，并优化了并行引入的关键路径。文献[8]进一步提出诸多优化技术，如提前归一化、分离旁路模式字符和双重状态更新等，进一步提高了算术编码性能。由于 HEVC 标准和 H.264 标准中的 CABAC 部分十分类似，以上技术虽在 H.264 标准下提出，但可以拓展至 HEVC 标准[9]。

完整的熵编码器需要包括从语法元素到码流的各个部分，基于以往熵编码各个部分的设计研究，文献[10]完整地实现了一个熵编码器，包含语法元素生成、相邻块信息管理、上下文模型和算术编码所有模块，但是其基于 H.264 标准。文献[11]拓展了文献[8]的相关工作，完整给出了从二值化到最终码流的基于 HEVC 的熵编码器，实现了较大的性能提升，然而相比完整的熵编码器，缺少判断语法元素及上下文建模的过程。文献[12]提出了一款完整的熵编码器芯片，但语法元素部分并行度和处理流程还有继续优化的空间。文献[13]设计了一款 H.264 编码器芯片，其中熵编码部分包括了完整熵编码器所需的所有功能，编码并行度为 1.94 个字符/周期。

对于熵解码器，目前已有部分对于熵解码各个部分的研究工作，对于语法元素部分的数据依赖，文献[14]修改了解码流程执行链，并且提出上下文模型同步加载用于并行，成功实现了并行和流水线设计。文献[15]提出了语法元素预测的思想，提前预测多个语法元素解决流水线冲突，并使用了双字符算术解码引擎，文献[16]和文献[17]同样分析了语法元素提前预测带来的性能提升，并指出这种技术能够有效减少语法元素转换。

算术解码部分是另一个瓶颈，许多文献致力于算术解码部分的关键路径优化并尝试并行，文献[15]和文献[18]对常规模式字符解码的电路进行了优化，有效减小了设计的关键路径。更进一步，文献[19]提出了提前查找表、可变时序路径的算术解码器的设计，使得解码单字符的性能再次提升。但是对于多字符算术解码，典型架构如文献[20]所示，每周期可以解码两个二进制符号，时钟频率随之下降。文献[21]提出了多算术解码引擎的并行结构，并且分离常规模式、旁路模式字符，相应地给出了部分语法元素的预测思路，对本章设计有着很多启发。

其他提高解码部分性能的做法如文献[22]和文献[23]，另辟蹊径考虑了修改算术编解码的算法，对区间进行了重新排序，从而解决数据依赖实现多路并行的解码器架构，然而与最终的 HEVC 标准有所差异。文献[24]则提出了多核并行的方式，充分利用了标准中的扩展特性，实现 4K 视频的解码。

9.1.3　设计考量

1. 熵编码部分

熵编码部分的输入数据是前级模块所产生的所有数据，然而直接对这些原始数据进行编码并不能充分压缩数据。例如，对于残差系数值的编码，考虑到残差系数值通常比较小，标准中规定了一系列相关的语法元素编码残差系数是否为 0，是否大于 1，是否大于 2 等，而不是直接编码当前语法元素的值，表 9-5 给出了 HEVC 标准下代表性的一些语法元素，实际语法元素要更多且更复杂。同时，为了使码流符合标准、便于解码，HEVC 标准严格规定了各类语法元素编码顺序。得到了各种语法元素后，再对语法元素二值化得到二进制串，最终算术编码部分对二进制串进行编码得到最终码流。

表 9-5　HEVC 中部分语法元素

种类	语法元素
SAO	sao_merge_up_flag、sao_merge_left_flag
	sao_type_idx_luma、sao_type_idx_chroma
	sao_offset_abs、sao_offset_sign、sao_band_position 等
CU	split_cu_flag、cu_tranquant_bypass_flag、cu_skip_flag
	pred_mode、part_mode、pcm_flag、rqt_root_cbf
PU	prev_intra_luma_pred_flag、mpm_idx、rem_intra_luma_pred_mode
	merge_idx、merge_flag、inter_pred_idc、mvp_l0_flag 等
TU	split_transform_flag、cbf_cb、cbf_cr、cbf_luma
	last_sig_coeff_x/y_prefix、last_sig_coeff_x/y_suffix
	sig_coeff_flag、coeff_abs_level_greater1/2_flag
	coeff_sign_flag、coeff_abs_level_remaining 等

HEVC 中的熵编码过程可以由图 9-15 的循环所表示。由此可将熵编码分为四部分：准备语法元素、二值化、更新上下文和算术编码。其中，准备语法元素将熵编码部分输入的整个 CTU 的数据进行预处理，得到 CABAC 需要编码的语法元素；二值化的作用是将语法元素变成二进制符号，原因是算术编码部分是基于二进制的算术编码，而语法元素可能是一个较大的数，需要遵循一定的规则将其二值化；更新上下文部分将每一种二进制符号进行概率统计，即上下文信息；算术编码部分进行最后的编码压缩，将输入的二进制串进行压缩得到最终的码流。

这里给出标准中熵编码部分的整体架构如图 9-16 所示，输入的语法元素首先经过二值化模块通过 K 阶指数哥伦布、截断莱斯编码、定长二元编码、截断一元编码以及一些特定的方式变成二进制串，语法元素预处理和二值化共同决定了每个二进制字符的种类和上下文种类，因此二值化之后才能判断各个字符选择常规模式还是旁路模式进入不同的编码模块。对于常规模式字符，需要基于前级模块选择的上下文进行概率估计和分配，更新上下文后进

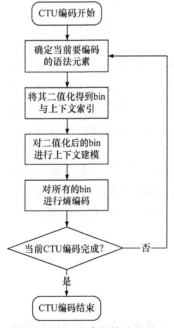

图 9-15　HEVC 中的熵编码过程

入常规算术编码引擎进行编码，对于旁路模式字符，由于其概率模型固定为 0 和 1，概率都为 0.5，因此不需要经过上下文更新直接进入旁路算术编码引擎进行编码。

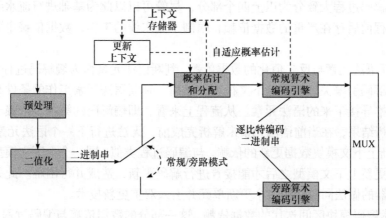

图 9-16　熵编码整体架构

熵编码是 HEVC 视频编码器的最后一个部分，需要处理前级模块产生的所有数据，主要存在以下设计难点。

(1) 处理流程复杂。前面介绍了熵编码的基本流程，可以看出在完成处理流程设计的同时考虑并行十分困难，电路即状态机设计复杂，可以仔细优化提升编码速度。

(2) 上下文模型更新存在数据依赖。上下文模型更新是一个串行的过程，使用同一上下文的 bin 需要等上下文更新后才能获得其正确的上下文。为了实现编码加速，并行技术必不可少，随之而来的问题即更新上下文过程并行可能出现数据冲突。并且随着并行程度的提高，设计更为复杂，关键路径也更长。

(3) 算术编码存在数据依赖。算术编码模块由于要自适应迭代编码区间，存在严重的数据依赖，这种特性也使得算术编码成为熵编码的瓶颈之一，如何平衡并行与关键路径成为这一部分的关键。

2. 熵解码部分

由前面可知，在熵编码部分主要分为四步进行，即准备语法元素、二值化、更新上下文模块和算术编码。相对地，熵解码过程可以分为以下几个过程：首先，判断语法元素部分按照标准中严格定义的编码顺序同步进行分析，得到当前需要解码出哪一种语法元素，这一部分同样需要分析相邻块信息，给出当前语法元素使用哪一种上下文模型送往后级模块。由于标准中的编码顺序与解出的语法元素值有关，因此这一部分的工作依赖于后级模块解出来的具体值。接着，算术解码部分先根据判断语法元素给出的上下文模型种类查表得到上下文模型，根据上下文模型里的数据解码引擎解析出当前解码区间范围 range 和偏移量 offset，进一步得到解码出的具体二进制字符。随后，更新上下文模块根据解码的二进制字符、上下文模型进行自适应更新以备下一次解码使用。最后，反二值化模块根据解码的二进制字符，判断语法元素的控制信息将二进制字符还原为语法元素的真实值，至此一个语法元素解析完成。此语法元素会送回判断语法元素模块决定下一个语法元素的种类以及上下文模型的类型。

熵解码是 HEVC 解码器的第一步，典型的视频解码器在熵解码之后即可进行视频重建过程。熵解码过程大致分为以上四个部分，尽管可以以此为基础进行流水线设计，然而熵解码过程前后存在严重的数据依赖，限制了流水线的工作，数据依赖主要表现在以下三个方面。

(1) 判断语法元素与反二值化的数据依赖。判断语法元素作为熵解码过程的起点，需要告诉后级解码引擎关键变量上下文模型，然而，判断语法元素工作的条件是已知已有的语法元素推导接下来的语法元素。从流程上来看，即熵解码的第一步依赖于熵解码最后一步的解析结果，在当前语法元素未解析完成前，无法进行下一个语法元素的解码。

(2) 更新上下文模块数据更新的依赖。与编码过程类似，同一个上下文模型必须等待前一个字符更新上下文模型之后才能接着进行解码更新，造成并行困难。此处的设计可以参考编码器的做法同时使用多个更新单元并引入双重更新技术。

(3) 算术解码模块区间迭代的数据依赖。这一部分的数据依赖与编码过程相同，在并行处理过程会引入较长的关键路径，影响熵解码的工作频率。

而后两个数据依赖实际上取决于第一个数据依赖，若不能并行判断语法元素，后级模块进行并行也毫无意义。因此相比熵编码可以通过一定的技术手段分离依赖进行深度流水，这一部分无法这么做，硬件设计面临很大的挑战。

9.2   熵编码的 VLSI 设计

9.2.1   顶层架构

HEVC 熵编码的整个过程是先编码 CU 级的语法元素，再编码 PU 级的语法元素，然后编码 TU 级的语法元素，最后遍历当前 CTU 里面的所有 CU 即可完成一个 CTU 的熵编码。为了提高吞吐率，本模块采用了深度流水的方式进行设计，并尽可能地提高并行度。具体表现为将准备语法元素、二值化、更新上下文和算术编码独立流水，语法元素的准备不依赖后续模块的结果，因此可以深度流水化。

对应架构图如图 9-17 所示，分为五个部分。原本准备语法元素和二值化两个部分打包在一起。原因是二值化后的每个二进制字符都需要分配一个上下文索引进行上下文更新，而上下文索引的获得依赖于相邻块的信息，同时依赖于二值化过程中当前二进制字符的位置。为了解决上下文的依赖进行流水，在准备语法元素的阶段参考相邻块的数据预分配一个上下文索引的范围起点，接着送入二值化模块得到准确的上下文索引。这种方法成功分离了准备语法元素和二值化两个部分，并且进一步进行了并行的设计，即一次准备四个语法元素送入二值化模块。这里多了一个分离字符的步骤，此部分的作用是分离常规模式和旁路模式两种字符，原因是旁路模式不需要统计概率，因此相比常规模式的字符，编码过程较为简单，为了提升并行度，这里先将旁路模式和常规模式的字符分离开，接着在算术编码的某一子模块将它们重新合在一起。更新上下文模块，值得注意的是，这里待处理数据已经完全变成二进制，考虑并行处理的时候会出现读写冲突，这里存储上下文使用的是寄存器。算术编码模块，采用四路并行五级流水的方式提升吞吐率。

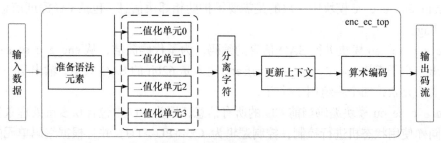

图 9-17 熵编码顶层框图

9.2.2 准备语法元素模块

准备语法元素模块包含众多子模块，这里将其框图单独列出，如图 9-18 所示。

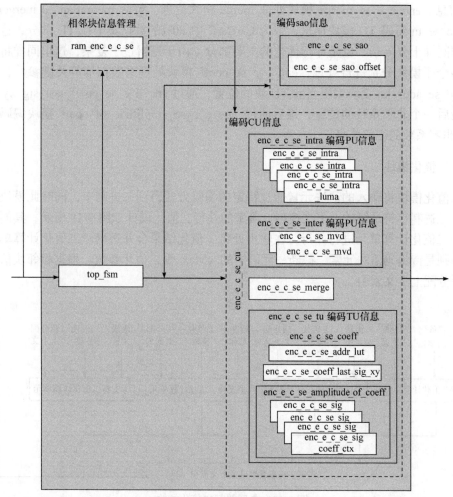

图 9-18 准备语法元素模块框图

top_fsm 是准备语法元素的顶层状态机，对应了 e_c 部分最上层的处理逻辑：帧开始初始化->编码 SAO 信息->根据划分跳转至第一个 CU 块->循环遍历所有 CU->CTU 编码结束。ram_enc_e_c_se 模块中存放的是需要维护的相邻块信息，包括 CU 深度信息、skip 模式的 flag。

enc_e_c_se_sao 模块进行 SAO 信息的编码，为了代码简洁，从 enc_e_c_se_sao 模块中分离出一个子模块 enc_e_c_se_sao_offset。输入是 62bit 的 SAO 数据，输出是一堆需要编码的语法元素，四个一组用于并行。

enc_e_c_se_cu 模块编码当前 CU 的所有信息，因为 CU 中包含众多待处理数据，这一部分同样使用状态机进行控制，控制逻辑为 CU->PU->TU，并且根据编码单元的种类将 PU 部分的状态细分，包括 intra(对应 enc_e_c_se_intra 模块)、inter(对应 enc_e_c_se_inter 模块)、特殊的 merge(对应 enc_e_c_se_merge)以及 skip 四种。enc_e_c_se_intra 模块如上所述，处理帧内预测模式信息，使用四个子模块 enc_e_c_se_intra_luma 达到并行加速的目的，需要 4 个周期处理完成。enc_e_c_se_inter 模块处理帧间的预测信息，即 mvd 与 mvp 信息。enc_e_c_se_merge 模块处理 merge 模式信息，包括 mergeflag 和 mergeidx。enc_e_c_se_tu 编码 TU 模块信息，因为 CABAC 中 80%的数据集中在 TU 部分，这一部分处理同样十分复杂，也是并行优化的主要部分。由于逻辑过于复杂，这里同样将其拆分成多个子模块分别进行处理，enc_e_c_se_coeff 模块处理系数扫描等关键参数，通过 enc_e_c_se_addr_lut 模块编码当前 TU 块的位置，通过 enc_e_c_se_coeff_last_sig_xy 模块编码最后一个非零系数的位置，最后通过 enc_e_c_se_amplitude_of_coeff 模块编码当前 TU 下非零系数的幅值信息。

9.2.3　二值化模块

二值化模块将输入的语法元素通过特定的编码方式得到二进制串，同时此模块将决定每个二进制字符最终的上下文模型。典型的并行二值化设计如图 9-19 所示，其同时使用四个二值化计算单元进行并行，在输出处将二值化结果合并送出。二值化计算单元的输入分别是待编码语法元素、截断一元码中的 cMax 等二值化参数、根据相邻块信息得到的预分配上下文索引。

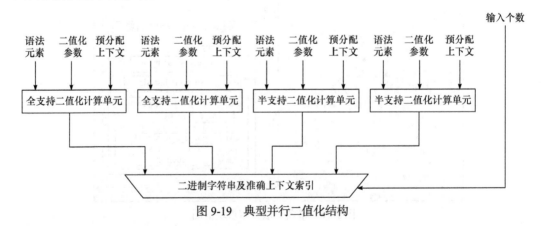

图 9-19　典型并行二值化结构

　　为了节省面积，这里四个二值化单元并不完全相同，其中两个二值化单元支持全部的二值化种类，包括用于系数编码的二值化、用于运动矢量差编码的指数哥伦布、定长编码、截断编码以及特殊编码方式，另外两个二值化单元仅支持部分简单的二值化方式，包括定长编码、截断编码以及特殊编码方式。这种设计结构充分考虑了 HEVC 标准下语法元素编码顺序的特点，即大部分语法元素都是较为简单的二值化方式。

　　然而，考虑到实际使用场景，在追求视频质量使用较小失真的偏小量化参数 QP 值或者复杂场景下预测比较差的情形，将会出现连续且大数值的残差系数。由于每个二值化单元处理能力有限，且单周期出现大量二进制字符其他模块也无法处理，考虑最差情况下编码的正确性，只能大量使用 FIFO 缓存，并且在可能出现集中数据的地方减少并行输入语法元素的个数来避免超出处理能力，导致二值化模块的处理能力由最差情况限制。为此，该设计对二值化模块进行了优化，分析可知最复杂的系数编码是数据最为集中的部分，在数值比较大的条件下，一个语法元素，如 coeff_abs_level_remaining 就可能产生高达 20 个二进制字符，很容易溢出。

　　对于非常大的值，判断其超出处理能力后可以先输出前一半，随后输出后一半，将二值化分两步进行处理。对于较少出现的集中连续大数值使用分步处理，同时准备语法元素模块和此模块间使用 FIFO 进行缓冲，而对于其他常见场景，此模块正常流水。从时序上来看，将少数集中的数据在时间上分散处理，与其他数据量较少的时刻进行合并，从而在各个时刻充分利用各个模块的吞吐率。而对于特别极限的场景，FIFO 模块向前级传递反压信号使其暂停即可保证编码正确性。优化后的二值化模块结构图如图 9-20 所示。

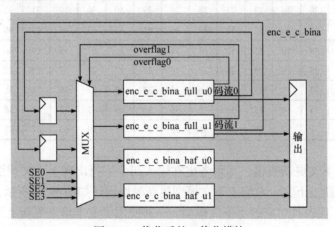

图 9-20　优化后的二值化模块

9.2.4　更新上下文模块

　　更新上下文模块对不同上下文模型进行独立更新，此模块最多同时更新四个上下文。由于对于相同的上下文，其上下文更新值依赖前一个字符的更新结果，对于同时输入的四个上下文，可能存在因上下文模型相同而出现读写冲突，因此这里使用寄存器以保证时序。在可能出现冲突的地方需要仲裁逻辑，且四个输入上下文都相同的极限条件，会出现四个更新上下文模块同时串联的情况，此时将会引入较大的关键路径。

参考文献[11]的做法，引入双重更新上下文单元，其状态转换表如表 9-6 所示，使用双重状态转换表使得更新上下文时，关键路径最差情况下不再经过四次更新表格，而是两个双重查找表，能够有效减小关键路径。表中 pStateIdx 是未更新前的上下文状态，输入两个字符可能存在 LpsLps、LpsMps、MpsLps、MpsMps 四种情况，对应更新后的上下文状态如表 9-6 所示。

表 9-6　双重概率状态转换表

pStateIdx	0	1	2	3	4	5	6	7	8	9	10	11	12	13	14	15
LpsLps	1	0	0	1	1	2	2	4	4	5	6	7	7	9	9	9
LpsMps	0	1	2	3	3	5	5	6	7	8	9	10	10	12	12	13
MpsLps	0	1	2	2	4	4	5	6	6	8	9	9	11	11	12	13
MpsMps	2	3	4	5	6	7	8	9	10	11	12	13	14	15	16	17
pStateIdx	16	17	18	19	20	21	22	23	24	25	26	27	28	29	30	31
LpsLps	11	11	12	12	13	13	15	15	15	15	16	16	18	18	18	19
LpsMps	14	14	16	16	17	17	19	19	20	20	22	22	23	23	24	25
MpsLps	13	13	15	16	16	18	18	19	19	21	21	22	22	23	24	24
MpsMps	18	19	20	21	22	23	24	25	26	27	28	29	30	31	32	33
pStateIdx	32	33	34	35	36	37	38	39	40	41	42	43	44	45	46	47
LpsLps	19	19	21	21	21	21	22	22	22	23	23	23	24	24	24	25
LpsMps	25	26	27	27	28	28	29	30	30	31	31	31	32	33	33	34
MpsLps	25	26	26	27	27	28	29	29	30	30	30	31	32	32	33	33
MpsMps	34	35	36	37	38	39	40	41	42	43	44	45	46	47	48	49
pStateIdx	48	49	50	51	52	53	54	55	56	57	58	59	60	61	62	63
LpsLps	25	25	26	26	26	26	26	27	27	27	27	27	27	28	28	63
LpsMps	34	34	35	35	36	36	37	37	37	38	38	38	39	39	39	63
MpsLps	33	34	34	35	35	35	36	36	36	37	37	37	38	38	38	63
MpsMps	50	51	52	53	54	55	56	57	58	59	60	61	62	63	63	63

有了双重上下文更新表格，即可考虑在输入四个字符出现上下文索引相等的情况时使用双重表格更新上下文，对应上下文模型更新模块设计如图 9-21 所示，其中 bin 代表二进制符号，ctx 代表其对应的上下文模型，一共使用了七个单个更新上下文单元和三个双重更新上下文单元，这十个上下文单元能够对四个输入的二进制字符的上下文索引是否相同的各种情况进行独立更新，输出经选择器选择即可得到准确的输出。由于使用了更多的更新单元，在缩短关键路径的同时面积有所增加。

9.2.5　算术编码模块

目前算术编码的四路并行的设计已经非常固定，因此优化空间不大，典型的四路并行结构如图 9-22 所示，如无特别说明，各个模块为一个 cycle 的延迟，分别包含以下几个子模块：enc_e_c_rlps，根据表格 rangeTabLps 查找乘法结果；enc_e_c_urange，更新当前编码的区间范围；enc_e_c_binmix，由于引入了字符分离的技术，在这里要将所有的编码字符合在一起；enc_e_c_ulow，更新当前编码区间的下界；enc_e_c_ulow_refine，下界与区间范围的整理，调整区间范围至标准范围，输出溢出位，在图 9-22 中这一模块包含在第四级流水中；enc_e_c_bitpack，打包前级输出的单 bit 码流，每一个 byte 输出一次。

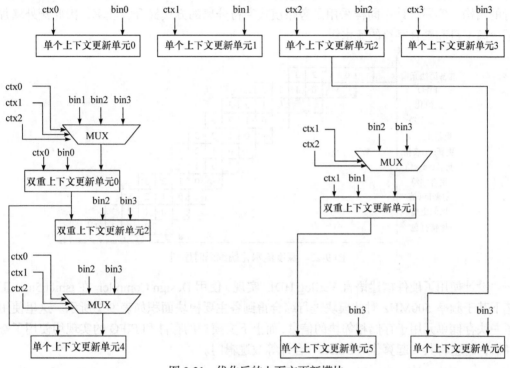

图 9-21　优化后的上下文更新模块

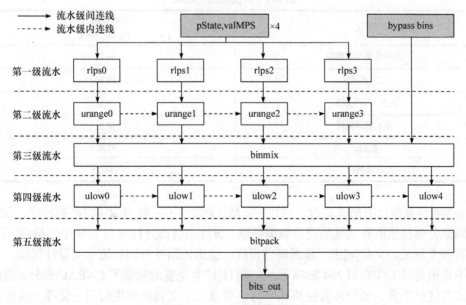

图 9-22　二进制算术编码

9.2.6 性能评估

最终完整的熵编码器的时序图如图 9-23 所示，从第一组语法元素的产生，经过层层流水到最终码流输出一共经过了 12 个时钟周期，其中 FIFO 和二值化模块产生了两个时钟周期的延迟。每一级流水线前后均不存在数据依赖，每级流水线之间均采用了多路并行的结构，实际设计中同样采用了旁路模式字符分离的方式提升吞吐率，因此额外增加了分离字符和聚合字符的流水级。

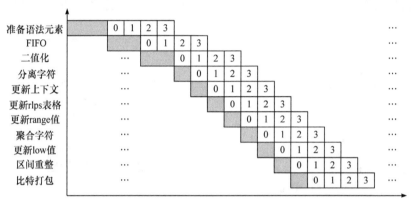

图 9-23　深度流水化熵编码时序图

设计使用了硬件描述语言 Verilog HDL 实现，使用 Design Compiler 在 tsmc65nm 工艺下基于频率 500MHz 对此模块进行综合得到各主要模块面积如表 9-7 所示。这里使用了一块存储单元用于存储相邻块的信息，而上下文模型的存储和 FIFO 的实现均使用了寄存器，这里将其一起算作"Buffer"合计等效逻辑门。

表 9-7　各模块综合结果

模块	等效逻辑门 (NAND2/K)
准备语法元素模块	36.82
二值化模块	19.96
更新上下文模块	19.18
算术编码模块	20.82
Buffer	47.98
总逻辑门	144.76

表 9-8 与其他已有研究进行了对比，文献[13]设计了一款 H.264 编码器芯片，因此其熵编码部分是包括所有功能的完整熵编码器，设计中编码并行度为 1.94 个字符/周期，非常具有参考意义。文献[6]进一步提高并行度，提出四路并行四级流水的设计架构，工作频率不是很高且工作在 H.264 标准下。文献[11]较为完整地实现了 CABAC 部分，提出了非常多的优化手段，如分离旁路模式字符、双重上下文表格和提前归一化等，这些技术

在本设计中被用于提升性能，然而文献[11]并没有对语法元素的并行进行说明，上下文模型索引的获得、相邻块信息的管理也没有给出，因此并不能直接应用于视频编码器芯片中。文献[12]提出了一款完整的熵编码器芯片，且基于已有的优化设计在二进制算术编码部分有着极高的吞吐率，但是设计中语法元素部分并行度和处理流程并没有仔细优化，其算术编码部分的高吞吐率似乎没有多大用处，同时为了性能提升，文献[12]牺牲了面积因素。本设计参考了部分并行技术，实际测试结果每周期能处理 4.29 个字符，综合频率进一步提升使得吞吐率很高，且面积相比文献[12]更具优势。本设计的吞吐率虽然相比文献[12]有所下降，但通过准备语法元素模块的系数并行优化、二值化模块改良、深度流水化并行化的技术，本设计的实际处理速度比文献[12]更优。

表 9-8　熵编码综合结果对比

参数	Ding 等[13]	Fei 等[6]	Zhou 等[11]	Li 等[12]	本章设计
Formats	H.264	H.264	HEVC	HEVC	HEVC
并行度/(个字符/周期)	1.94	4	4.37	4.67	4.29
综合频率/MHz	280	279	420	516	500
工艺/nm	90	90	90	65	65
吞吐率/(MB/s)	543	1116	1836	2410	2145
Gate(NAND2/K)	—	36.2	64.1	106.5	96.78
Buffer	—	SRAM	46.8	51.6	47.98

9.3　熵解码的 VLSI 实现

9.3.1　顶层架构

图 9-24 给出了熵解码模块的架构，由前面分析可知，该架构包括判断语法元素、上下文模块、算术解码和反二值化模块，此外实际的熵解码码流输入需要满足一定的条件，因此这里需要额外的码流输入模块控制输入码流。熵解码部分的输出在反二值化模块之后，得到具体的语法元素即可推导出重建视频数据的全部数据。

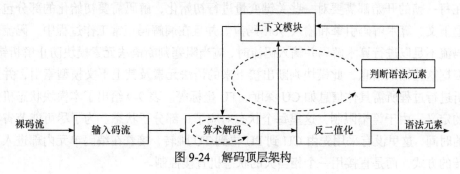

图 9-24　解码顶层架构

从顶层架构中能够更清晰地看出熵解码部分与熵编码模块的不同，熵编码架构图 9-16 只存在一个环路依赖，即在二进制算术编码部分，每个二进制字符的编码依赖于上一个字符编码后的编码区间、区间下界等关键变量，因此在并行设计此模块时出现了环状的并行结构。而熵解码部分却存在两个解码环路，图 9-24 中描述了环路的具体路径，第一个大环路穿过了熵解码部分除输入码流部分所有的模块，对应前一小节分析的判断语法元素与反二值化模块的数据依赖。第二个小环路位于算术解码模块，此环路与熵编码算术编码部分环路相同，由自适应迭代区间带来。这种双重数据依赖环路是熵解码比熵编码设计更具挑战的主要原因。

9.3.2　输入码流模块

解码过程判断解码是 LPS 字符还是 MPS 字符的关键变量是区间范围 range 和偏移量 offset 值。其中区间范围初始值 range 为定值 510，随后区间范围随着解码过程不断迭代重整。而偏移量 offset 值初始值为输入码流的最开始 9bit，这里的输入码流为裸码流，即去掉头信息仅包含熵编码语法元素产生的码流。并且在解码过程需要不断输入码流，因此输入码流部分需要建立一个码流寄存器，在初始化过程中一次移入 9bit 码流给 offset 设置初始值，接着根据图 9-11 的算术解码过程产生的是否输入码流以及输入多少比特码流信号输入码流重整 offset。为了避免频繁读入码流导致解码阻塞，输入码流部分采用一次输入一个字节的方式进行输入，当码流寄存器中剩余码流不够其他模块使用时，此模块使能，输入 8bit 码流扩充码流寄存器。

9.3.3　判断语法元素模块

判断语法元素模块的功能是根据已经解析的语法元素，判断接下来的语法元素种类，并且为其各个二进制字符分配上下文索引。因此，此模块的输入包括：①解码器需要知道此码流的一些配置信息，如编码的原视频的分辨率、编码 CTU 大小、是否打开环路滤波、跳过模式和多帧参考等特殊模式。②已解析语法元素。因该模块依赖于反二值化后输出的语法元素，因此需要将反二值化模块的解析结果输入作为控制信息控制状态跳转。③控制信息。控制信息有是否初始化标志、输入码流状态标志两种。熵解码与熵编码相同，在每一帧的开始都需要对一些关键变量进行初始化，解码需要初始化的部分包括所有的上下文、算术解码引擎和输入 9bit 码流。并且在熵解码正常工作过程中，码流寄存器中码流不足以进行算术解码并输入码流时，应当阻塞判断语法元素模块防止解析错误。

根据这些输入信息，此模块判断出接下来的语法元素及其上下文模型索引，并且给出解析进行过程所需具体信息如 CU 深度、TU 坐标等。表 9-9 给出了本模块状态机主要部分的定义，由于篇幅限制，这里每个状态对应了一部分子状态。为了尽可能节省状态跳转的时间，这里没有采用先由 CU 到 PU 再到 TU 跳转，接着在编码单元内部进入子状态跳转的方式，而是直接用一个相当大的状态机直接控制。

表 9-9　状态机部分状态及功能

状态	功能
IDLE	空闲态
READ_BYTE	读入码流
WAIT_BYTE	码流寄存不足，等待码流缓存更新
SAO	预测 SAO 语法元素，11 个子状态
SPLIT	划分语法元素预测聚合，2 个子状态
INTRA	帧内预测语法元素预测聚合，7 个子状态
INTER	帧间预测语法元素预测聚合，6 个子状态
MVP	关键变量 MVP 语法元素
QP	码率控制语法元素预测聚合，2 个子状态
TRAN	变换树跳转控制，7 个子状态
LAST	最后非零系数位置预测聚合，8 个子状态
COEFF	系数语法元素预测聚合，9 个子状态
TERM	CTU 结束

为了能够并行处理，判断语法元素部分对语法元素进行了聚合，即一个时钟周期内预测多个语法元素种类并分配上下文索引。这种设计思想与 HEVC 标准对解码过程复杂度的优化有密切的关系。HEVC 标准尽可能地减少了语法元素的转换，从数据上来看在解码过程的某一步骤将能同时预测多个语法元素种类而互不依赖，或者能够推测接下来接连几个语法元素种类，当已有语法元素解析完毕后再对推测进行修正。因此本模块的设计中采用了多字符输出并行的方式提升并行度，主要包括 CU 划分标志的聚合和系数部分的聚合。这里以 CU 是否划分标志的聚合为例进行说明。考虑基于 32 × 32 的 CTU 划分到最小 8 × 8 的 CU 最多编码两次 CU 划分标志，那么可以提前预测两个划分标志的上下文，在后级使用多字符并行算术解码引擎一次解开两个语法元素，当第一个 CU 划分标志使能时，保留第二个 CU 划分标志，当第一个 CU 划分标志未使能时，丢弃第二个 CU 划分标志。这种聚合方式能够避免每个 CTU 递归划分时需要不断查询已解码的 CU 划分标志，提前结束此部分的解码。

此模块最终架构如图 9-25 所示，由一个大型状态机控制同时输出多个字符的上下文种类，设计中充分考虑 32 × 32CTU 的特点以及各种语法元素编码过程中的相关规律，提出了聚合思路，十分适合级联多字符算术解码引擎实现并行熵解码器。

9.3.4　更新上下文模块

此模块功能较为简单，是用寄存器实现的三读三写存储器，每周期最多同时更新三个上下文，输入为判断语法元素模块生成的上下文索引，以及算术解码引擎解析出的上下文，输出的是更新后的上下文，用于输入算术解码引擎。

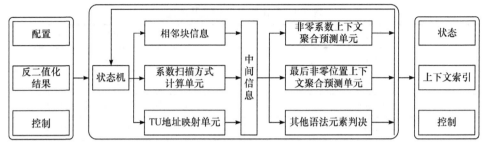

图 9-25　判断语法元素模块架构图

9.3.5　算术解码模块

此模块实现常规解码、旁路解码和终端解码三种解码引擎。常规解码引擎十分复杂，其设计是熵解码模块的瓶颈之一，目前已有很多相关工作对这一部分的设计进行了优化。文献[19]总结了文献[15]和文献[18]提出的一些优化技术。

(1) 偏移量 offset 的更新优化。对于 LPS 字符，偏移量的更新可以进行转化从而缩短路径延迟，如式(9-6)所示。

$$offset \cdot LPS = offset - rMPS = (offset - range) + rLPS \tag{9-6}$$

(2) rLPS 的归一化可以使用查找表的方式进行。

(3) 利用一些特殊场景，例如，range 如果最高位为 1，那么 range 值必然比 offset 值大，则 rLPS 的归一化过程至少移位 1bit，诸如此类专门的优化能够显著提升解码引擎的性能。

为了获得较优的性能，单字符常规模式解码引擎应用了以上部分优化手段，架构图如图 9-26 所示。

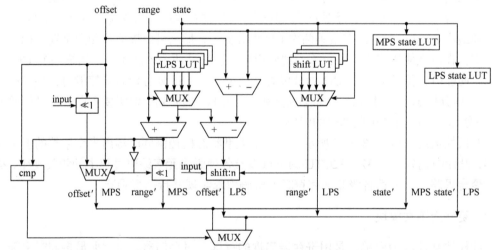

图 9-26　常规模式解码引擎架构图

由于前级模块均可以每周期处理多个字符，因此这里采用了三个算术解码引擎级联并行，如图 9-27 所示，最多同时解码三个常规模式的字符。

旁路模式字符解码过程相对较为简单，因此可以同时解码多个字符而不会引入新的关键路径，由图 9-13 可知旁路模式解码引擎仅使用了移位、或、比较以及一个减法操作，由此可得单个字符旁路模式解码引擎架构图如图 9-28 所示。

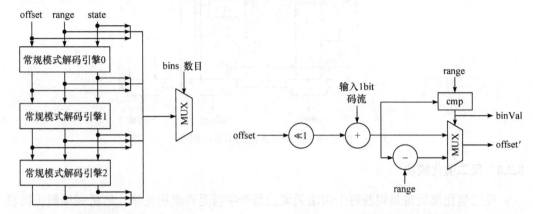

图 9-27　并行常规模式解码引擎架构图　　　　图 9-28　旁路模式解码引擎架构图

旁路模式解码引擎的并行与常规模式的并行类似，直接进行级联，再由输入需要解码字符的数目控制 offset 值的更新，即输入解码字符即可，架构图如图 9-29 所示。

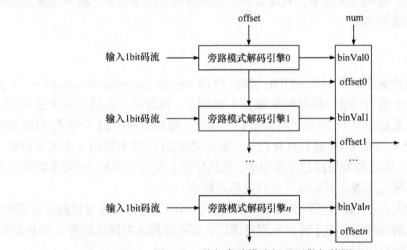

图 9-29　并行旁路模式解码引擎架构图

多路并行常规模式解码引擎以及多路并行旁路模式解码引擎和终端解码引擎一同构成了算术解码模块，此模块能同时输出多个常规模式字符和旁路模式字符，终端模式每个 CTU 只有一个字符，因此不需要并行设计，其电路图如图 9-30 所示，归一化过程由 range 值的大小决定，range 值小于 256 时需要循环归一化直至 range 值回到正常区间范围。

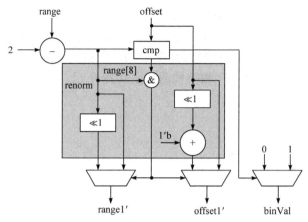

图 9-30　终端模式解码引擎电路图

9.3.6　反二值化模块

反二值化模块需要判断每个语法元素的每个字符是否解析完毕，解析完毕即将接收到的二进制串反二值化还原出具体的语法元素，若未解析完毕需暂时等待。由于解析字符的控制由语法元素判断模块状态机控制，每个状态输出的字符种类完全可控，因此此模块在得到判断语法元素模块的状态机的状态后即可控制是否能够还原出语法元素。简单的语法元素由于二值化方式简单，只需要移位加即可还原语法元素，较为复杂且特殊的语法元素利用查找表实现。

9.3.7　性能评估

设计使用了硬件描述语言 VerilogHDL 实现，使用 Design Compiler 在 tsmc65nm 工艺下基于频率 333MHz 进行综合，综合结果如表 9-10 所示。同时将本设计与其他已有设计进行对比，对比结果如表 9-11 所示，可以看到，本设计能够实现 2.24 个字符/周期的并行解码，且基于 32×32 的 CTU 进行优化设计。相比文献[21]，这里使用了优化后的常规模式算术解码引擎，因此有着更高的工作频率，虽然顶层上使用了文献[21]对系数剩余值的加速技术，但实际工作条件下本设计并行度相对较小。

文献[19]进一步优化了算术解码引擎部分的电路，提出了灵活可变延迟路径的架构，但是其仅涉及算术解码部分，由于时钟延迟的原因，实际使用此电路无法考虑图 9-27 的并行架构，因此实际应用困难。

虽然文献[22]和文献[23]吞吐率很高，然而其修改了标准中的编码顺序，已经无法作为通用解码器使用，因此这里并未列出。

表 9-10　各模块综合结果

模块	等效逻辑门(NAND2/K)
判断语法元素	17.99
算术解码	12.06
更新上下文模块	7.27

续表

模块	等效逻辑门(NAND2/K)
反二值化模块	52.50
Buffer	26.93
总逻辑门	116.75

表 9-11　熵解码综合结果对比

参数	Liao 等[15]	Zhao 等[21]	Zhou 等[19]	本章设计
Formats	H.264	H.265	H.265	HEVC
并行度/(个字符/周期)	1.84	2.36	0.96	2.24
综合频率/MHz	264	258	1053	333
工艺/nm	90	90	90	65
吞吐率/(MB/s)	485.76	610	1010	745.92
功能	FULL	FULL	AD	FULL
Gate(NAND2/K)	—	45.55	3.3	89.82
Buffer	—	52.21	—	26.93

参 考 文 献

[1] LI L, SONG Y, IKENAGA T, et al. A CABAC encoding core with dynamic pipeline for H. 264/AVC main profile[C]. APCCAS 2006-2006 IEEE Asia Pacific Conference on Circuits and Systems, Singapore, 2006: 760-763.

[2] KUO C C, LEI SF. Design of a low power architecture for CABAC encoder in H. 264[C]. APCCAS 2006-2006 IEEE Asia Pacific Conference on Circuits and Systems, Singapore, 2006: 243-246.

[3] TIAN X, LE T M, JIANG X, et al. Full RDO-support power-aware CABAC encoder with efficient context access[J]. IEEE Transactions on Circuits and Systems for Video Technology, 2009, 19(9): 1262-1273.

[4] OSORIO R R, BRUGUERA J D. High-throughput architecture for H. 264/AVC CABAC compression system[J]. IEEE Transactions on Circuits and Systems for Video Technology, 2006, 16(11): 1376-1384.

[5] WU L C, LIN Y L. A high throughput CABAC encoder for ultra high resolution video[C]. 2009 IEEE International Symposium on Circuits and Systems, Taiwan , 2009: 1048-1051.

[6] FEI W, ZHOU D J, GOTO S. A 1 Gbin/s CABAC encoder for H. 264/AVC[C]. 2011 19th European Signal Processing Conference, Barcelona, 2011: 1524-1528.

[7] CHEN Y H, CHUANG T D, CHEN Y J, et al. An H. 264/AVC scalable extension and high profile HDTV 1080p encoder chip[C]. 2008 IEEE Symposium on VLSI Circuits, Honolulu, 2008: 104-105.

[8] ZHOU J J, ZHOU D J, FEI W, et al. A high-performance CABAC encoder architecture for HEVC and H. 264/AVC[C]. 2013 IEEE International Conference on Image Processing, Melbourne, 2013: 1568-1572.

[9] RAMOS F L L, ZATT B, PORTO M, et al. High-throughput binary arithmetic encoder using multiple-bypass bins processing for HEVC CABAC[C]. 2018 IEEE International Symposium on Circuits and Systems (ISCAS), Florence, 2018: 1-5.

[10] CHEN J W, WU L C, LIU P S, et al. A high-throughput fully hardwired CABAC encoder for QFHD H. 264/AVC main profile video[J]. IEEE Transactions on Consumer Electronics, 2010, 56(4): 2529-2536.

[11] ZHOU D, ZHOU J, FEI W, et al. vUltra-high-throughput VLSI architecture of H. 265/HEVC CABAC encoder for UHDTV applications[J]. IEEE Transactions on Circuits and Systems for Video Technology, 2014, 25(3): 497-507.

[12] LI W, YIN X, ZENG X Y, et al. A VLSI Implement of CABAC Encoder for H. 265/HEVC[C]. 2018 14th IEEE International Conference on Solid-State and Integrated Circuit Technology (ICSICT), Qingdao, 2018: 1-3.

[13] DING L F, CHEN W Y, TSUNG P K, et al. A 212MPixels/s 4096× 2160p multiview video encoder chip for 3D/quad HDTV applications[C]. 2009 IEEE International Solid-State Circuits Conference-digest of Technical papers, San Francisco, 2009: 154-155, 155 a.

[14] YI Y, PARK I C. High-speed H. 264/avc cabac decoding[J]. IEEE Transactions on Circuits and Systems for Video Technology, 2007, 17(4): 490-494.

[15] LIAO Y H, LI G L, CHANG T S. A highly efficient VLSI architecture for H. 264/AVC level 5. 1 CABAC decoder[J]. IEEE Transactions on Circuits and Systems for Video Technology, 2011, 22(2): 272-281.

[16] SON W H, PARK I C. Prediction-based real-time CABAC decoder for high definition H. 264/AVC[C]. 2008 IEEE International Symposium on Circuits and Systems, Seattle, 2008: 33-36.

[17] YANG Y C, GUO J I. High-throughput H. 264/AVC high-profile CABAC decoder for HDTV applications[J]. IEEE Transactions on Circuits and Systems for Video Technology, 2009, 19(9): 1395-1399.

[18] ZHANG P. Fast CABAC decoding architecture[J]. Electronics Letters, 2008, 44(24): 1394-1396.

[19] ZHOU J, ZHOU D, ZHANG S, et al. Avariable-clock-cycle-path VLSI design of binary arithmetic decoder for H. 265/HEVC[J]. IEEE Transactions on Circuits and Systems for Video Technology, 2016, 28(2): 556-560.

[20] LIN P C, CHUANG T D, CHEN L G. A branch selection multi-symbol high throughput CABAC decoder architecture for H. 264/AVC[C]. 2009 IEEE International Symposium on Circuits and Systems, Taiwan, 2009: 365-368.

[21] ZHAO Y J, ZHOU J J, ZHOU D J, et al. A 610 Mbin/s CABAC decoder for H. 265/HEVC level 6. 1 applications[C]. 2014 IEEE International Conference on Image Processing (ICIP), Paris, 2014: 1268-1272.

[22] CHEN Y H, SZE V. A deeply pipelined CABAC decoder for HEVC supporting level 6.2 high-tier applications[J]. IEEE Transactions on Circuits and Systems for Video Technology, 2014, 25(5): 856-868.

[23] SZE V, CHANDRAKASAN A P. A highly parallel and scalable CABAC decoder for next generation video coding[J]. 2011 IEEE International Solid-State Circuits Conference, 2011, 47(1): 8-22.

[24] CHO S, KIM H M, KIM H Y, et al. Efficient in-loop filtering across tile boundaries for multi-core HEVC hardware decoders with 4 K/8 K-UHD video applications[J]. IEEE Transactions on Multimedia, 2015, 17(6): 778-791.

第 10 章　参考帧压缩

参考帧压缩引擎对存储在帧存储器中的数据进行压缩，以减少外部带宽和功耗。当运动补偿帧的像素必须写入外部 DRAM 时，参考帧压缩引擎将对这些像素进行压缩。在运动估计期间，参考帧压缩引擎解压缩先前帧的像素并将其传输到视频编解码器。大多数参考帧压缩算法由三个阶段组成：预测、熵编码和存储方式。

本章首先介绍参考帧压缩的三个阶段的研究成果，然后介绍一种优化的参考帧压缩的预测方法和熵编码算法，最后是其 VLSI 实现和性能评估。

10.1　概　　述

作为面向下一代的视频编码标准，H.265/HEVC 被应用到很多高分辨率的场景中。现如今，4K × 2K 的 UHD(ultra high definition)已经成为网络流媒体视频网站的主流分辨率。但是，对于支持 UHD 实时编码的视频编码器来说，帧间预测中的带宽问题逐渐成为系统设计的瓶颈。

以整像素运动估计的设计为例，假设视频序列的分辨率和帧率为 4K × 2K@30fps，搜索范围为横向[−64，64)，纵向[−32，32)。在开始运动估计之前，参考窗会从外存中载入片上存储器，其读参考像素带宽需求如式(10-1)所示。

$$\frac{3840 \times 2160}{64 \times 64} \times (64 \times 2 + 64) \times (32 \times 2 + 64) \times 30 \times 8 = 11.94(\text{Gbit/s}) \tag{10-1}$$

如果考虑到水平相邻 LCU 之间可以复用参考窗，那么读参考像素带宽需求仍有 11.94/3 = 3.98Gbit/s。如此高的访存带宽需求对于整个编码器系统的高速总线和低功耗设计都提出了很高的要求。

现如今，业界解决编码器带宽问题的主要方法有快速搜索算法、数据重用和参考帧压缩。快速搜索算法的主要思路是通过减少候选点的数目，从而减少需要载入的参考像素数量来达到减少系统访存带宽的目的。数据重用的目的是通过复用相邻块的参考帧像素，从而减少从外存中取出的参考像素数量。参考帧压缩是一种减少视频编码器访存带宽的有效方案，与快速搜索算法和数据重用方法不同，参考帧压缩不仅可以减小前面提到的读参考帧像素的带宽，还能减少编码器向外存写入重建帧像素的带宽。

10.1.1　衡量标准

参考帧压缩的基本原理是将编码器重建模块生成的重建帧压缩并存入外存，并在下一帧读取参考帧时将压缩数据解压送至运动估计模块，如图 10-1 所示。

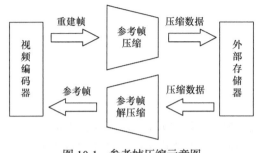

图 10-1　参考帧压缩示意图

对于现有的参考帧算法,有如下 4 个衡量标准。

(1) 压缩率。

压缩率(compression ratio,CR)用来表示压缩前后的参考帧数据大小比例,如式(10-2)所示。压缩率越小,代表该参考帧压缩算法的效果越好,访存带宽越小。

$$CR = \frac{压缩后的参考帧数据大小}{压缩前的参考帧数据大小} \quad (10-2)$$

(2) 吞吐率。

对于参考帧压缩模块来说,虽然可以通过提高算法的复杂度来达到降低压缩率的目的。但是,复杂的压缩算法一方面会带来较大的硬件开销,另一方面可能会导致帧压缩模块的吞吐率过小,不能满足高分辨率视频实时编码的要求。

(3) 模块透明度。

在编码器运动估计的过程中,参考像素的位置可能是随机的。因此,参考帧压缩模块必须支持编码器从任意位置取参考像素时能够立即解码,而不需要预先载入其他位置的参考像素。

(4) 硬件实现。

与视频编码器中其他模块一样,参考帧压缩的算法必须易于硬件实现,以简化硬件设计时的难度。

10.1.2　现有成果

参考帧压缩通常包括三个执行步骤:预测、熵编码和存储方式。下面将分别介绍这些步骤相关的成果。

1. 预测

对于预测步骤的算法,可以分为空域算法和频域算法两类。

在空域算法中,当前像素可以使用邻近的像素来预测,进而减少空域上的冗余信息,如 IRIP(intra-mode referenced in-block prediction)、DPCM(differential pulse-code modulation)、HMD(hierarchical minimum and difference)和 HAC(hierarchical average and copy)等算法。空域预测算法基于连续像素通常表现出显著的相关性这一事实。

在频域算法中,其基本原理是在变换后进行量化操作来消除图像中的高频信息,常见的变换方法有 MHT(modified hadamard transform)和 DCT。

1) IRIP

Fan 等[1]提出了一种块内参考帧预测算法,该算法不仅仅使用一个邻近像素来预测当前像素,而是使用若干邻近像素来预测当前像素。通过使用更多的周边预测像素,Fan 等[1]的工作可以获得更好的预测效果。

如图 10-2 所示，当前帧被划分为若干 8 × 8 的块，块内的像素被分为 3 类：起始像素(initial pixel，IP)，即(0，0)点；基本像素(basic pixel，BP)，即上方和左侧的像素；剩余的像素(normal pixel，NP)。

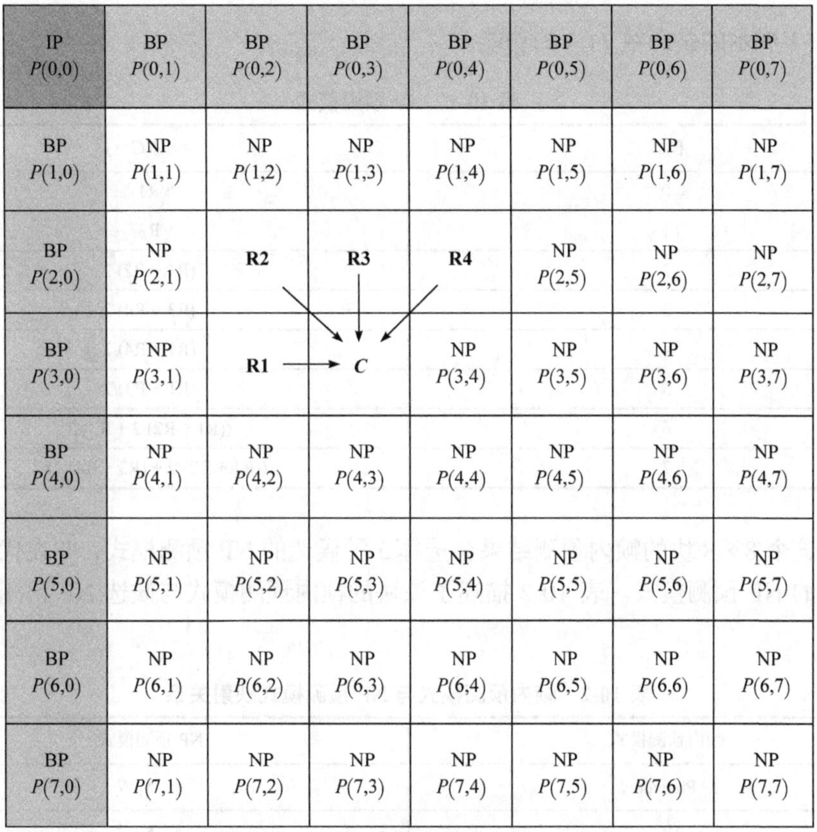

IP $P(0,0)$	BP $P(0,1)$	BP $P(0,2)$	BP $P(0,3)$	BP $P(0,4)$	BP $P(0,5)$	BP $P(0,6)$	BP $P(0,7)$
BP $P(1,0)$	NP $P(1,1)$	NP $P(1,2)$	NP $P(1,3)$	NP $P(1,4)$	NP $P(1,5)$	NP $P(1,6)$	NP $P(1,7)$
BP $P(2,0)$	NP $P(2,1)$	**R2**	**R3**	**R4**	NP $P(2,5)$	NP $P(2,6)$	NP $P(2,7)$
BP $P(3,0)$	NP $P(3,1)$	**R1**	*C*	NP $P(3,4)$	NP $P(3,5)$	NP $P(3,6)$	NP $P(3,7)$
BP $P(4,0)$	NP $P(4,1)$	NP $P(4,2)$	NP $P(4,3)$	NP $P(4,4)$	NP $P(4,5)$	NP $P(4,6)$	NP $P(4,7)$
BP $P(5,0)$	NP $P(5,1)$	NP $P(5,2)$	NP $P(5,3)$	NP $P(5,4)$	NP $P(5,5)$	NP $P(5,6)$	NP $P(5,7)$
BP $P(6,0)$	NP $P(6,1)$	NP $P(6,2)$	NP $P(6,3)$	NP $P(6,4)$	NP $P(6,5)$	NP $P(6,6)$	NP $P(6,7)$
BP $P(7,0)$	NP $P(7,1)$	NP $P(7,2)$	NP $P(7,3)$	NP $P(7,4)$	NP $P(7,5)$	NP $P(7,6)$	NP $P(7,7)$

图 10-2　块内压缩算法预测模式示意图

Fan 等[1]提出了两种预测方式：P1 预测和 P2 预测。

在 P1 预测中，BP 像素使用 IP 像素和 BP 像素来做水平和垂直方向上的预测，如式(10-3)~式(10-6)所示。

水平预测：

$$P_{\text{pred}}(0,x) = \text{BP}(0,x-1) \tag{10-3}$$

$$BP_{\text{Residual}}(0,x) = \text{BP}(0,x) - P_{\text{pred}}(0,x) \tag{10-4}$$

垂直预测：

$$P_{\text{pred}}(x,0) = \text{BP}(x-1,0) \tag{10-5}$$

$$BP_{\text{Residual}}(x,0) = \text{BP}(x,0) - P_{\text{pred}}(x,0) \tag{10-6}$$

在 P2 预测中，IP 像素和 BP 像素将被作为参考像素。如图 10-2 所示，每个像素有 4 个参考像素。C 是当前预测像素，R1~R4 是邻近参考像素。P2 预测的方法如式(10-7)和式(10-8)所示。

$$C(x, y) = f\left(R1_{(x-1, y)}, R2_{(x-1, y-1)}, R3_{(x, y-1)}, R4_{(x+1, y-1)}\right) \tag{10-7}$$

$$NP_{residual}(x, y) = NP(x, y) - C(x, y) \tag{10-8}$$

表 10-1 展示的是函数 $f(\ )$ 的功能。

表 10-1　NP 预测模式

模式	预测($C=$)
0	R1
1	R3
2	(R1 + R2)/2
3	(R3 + R4)/2
4	(R1 + R4)/2
5	(R1 + R3)/2
6	((R1 + R2)/2 + R3)/2
7	((R1 + R2)/2 + (R3 + R4)/2)/2

根据这个 8×8 块的帧内预测结果会选择 3 种候选的 NP 预测模式，并在代价比较后选择最终的 NP 预测模式。表 10-2 描述了该块的帧内预测模式与候选 NP 预测模式的映射关系。

表 10-2　帧内预测模式与 NP 预测模式映射关系

帧内预测模式	NP 预测模式
Planner	4, 5, 7
DC	4, 5, 7
2～10	0, 4, 5
11～18	0, 2, 6
19～26	1, 5, 6
27～34	1, 3, 4

2) DPCM

DPCM 是把当前像素和相邻像素相减，并使用两者之差来表示数据，如式(10-9)所示。

$$\begin{aligned} P_{pred_n} &= P_{n-1} \\ Res_n &= P_n - P_{n-1} \end{aligned} \tag{10-9}$$

其中，P_n 代表第 n 个像素点；P_{pred_n} 代表 P_n 的预测值；Res_n 代表 P_n 和 P_{n-1} 的残差。由于相邻像素点之间有很强的相关性，残差在零附近的概率很大。

在图 10-3 中，说明了一个 8×8 块的 DPCM 预测的简单示例。由于是从左上角像素开始解码，因此需要存储左上像素的像素值而不是差值。对于第一列下面的七个像素点，它们的预测方向是垂直的，残差是当前像素值和前一行像素值之间的差值。对于第二列到第七列的其余 56 个样本，它们的预测方向是水平的，残差是当前像素值和前一列像素值之间的差值。在进行减法运算之后，这些残差被传递到熵编码阶段进行进一步的处理。另外，解码步骤与编码步骤的过程相反。

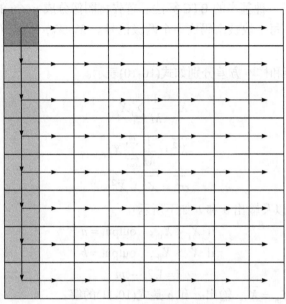

图 10-3 8×8 块的 DPCM 预测

文献[2]中提出了一种自适应的 DPCM(ADPCM)算法，它并不只使用一个扫描方向，而是在八个扫描方向中选择最佳模式。图 10-4 显示了推荐的八种不同的扫描顺序，箭头线显示了扫描顺序。最佳模式是根据 H.264 帧内预测结果来选择的。注意，H.264 中 4×4 帧内预测具有九种不同的模式，并且图 10-4 中排除了 DC 模式，因为 DC 模式没有用于顺序选择的信息。与仅使用一个扫描方向的算法相比，通过选择最佳模式，相邻像素之间的差异更小，因此数据可以用更少的 bit 来表示。例如，模式 0 适用于具有垂直条纹的图像，而模式 1 适用于水平条纹。

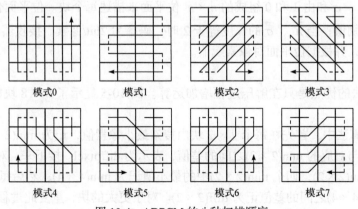

图 10-4 ADPCM 的八种扫描顺序

3) 块截断编码

块截断编码(BTC)是一种简单有效的图像压缩技术,它能独立地压缩每个分割的图像块。BTC 使用"矩保持量化器"来保持输入和输出的统计矩,特别是块的平均值和标准差。

文献[3]中介绍了一种基本的 BTC 算法。首先将图像分成 $n \times n$ 的像素块,然后分别对这些块进行编码,每个块被编码成一个两级信号。$X_1, X_2, \cdots, X_m \ (m = n^2)$ 是原始图像块中像素的值。

一阶矩、二阶矩和样本方差分别如式(10-10)表示。

$$\overline{X} = \frac{1}{M} \sum_{i=1}^{m} X_i$$

$$\overline{X^2} = \frac{1}{M} \sum_{i=1}^{m} X_i^2 \qquad (10\text{-}10)$$

$$\overline{\sigma^2} = \overline{X^2} - \overline{X}^2$$

定义阈值 X_{th},以及输出 a 和 b 如下所示:

$$\text{if } X_i < X_{\text{th}}, \quad \text{output} = a$$
$$\text{if } X_i > X_{\text{th}}, \quad \text{output} = b$$
$$i = 1, 2, \cdots, m$$

在文献[3]中,$X_{\text{th}} = \overline{X}$,输出 a 和 b 是式(10-11)的解。

$$m\overline{X} = (m - q)a + qb$$
$$m\overline{X^2} = (m - q)a^2 + qb^2 \qquad (10\text{-}11)$$

其中,q 代表大于阈值 X_{th} 的 X_i 的个数。解得 a 和 b 如式(10-12)所示。

$$a = \overline{X} - \overline{\sigma}\sqrt{\left[\frac{q}{m - q}\right]}$$

$$b = \overline{X} + \overline{\sigma}\sqrt{\left[\frac{m - q}{q}\right]} \qquad (10\text{-}12)$$

然后用 $\overline{X}$、$\overline{\sigma}$ 和由 1 和 0 组成的 $n \times n$ 位平面来描述每个块。位平面代表像素值是高于还是低于阈值;当 $\overline{X}$、$\overline{\sigma}$ 的长度等于 2 时,码率为 2bit/像素。接收器计算出 a 和 b 以重建图像块,并根据位平面对像素赋值。

4) HMD

HMD 算法的优点是只在解压过程增加运算。图 10-5 显示了 8×8 块的 HMD 算法示例。

在 HMD 算法中,首先在每个 2×2 块内搜索最小像素值,记为 $\min(2 \times 2)$。然后计算每个像素值与对应的 $\min(2 \times 2)$ 之间的差值,表示为 diffpixel。接下来,对于每个 4×4 块,有四个 $\min(2 \times 2)$,四个 $\min(2 \times 2)$ 中的最小值记为 $\min(4 \times 4)$,然后每个 $\min(2 \times 2)$ 和对应的 $\min(4 \times 4)$ 之间的差值记为 $\text{diff}(2 \times 2)$。对于更大的块,重复此过程即可。最后,采用变长编码(variable length coding, VLC)对最小值和差值进行压缩。

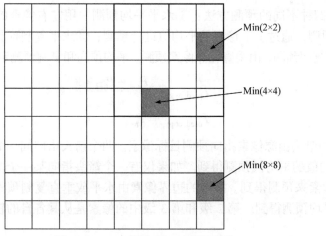

图 10-5　8 × 8 块的 HMD 算法示例

在解压缩过程中，通过将差值相加来计算出每个像素的值，如式(10-13)所述。

$$\text{pixel}[a][b][c] = \min(8\times8) + \text{difference}$$
$$= \min(8\times8) + \text{diff}(4\times4)[a] + \text{diff}(2\times2)[a][b] + \text{diffpixel}[a][b][c] \qquad (10\text{-}13)$$

其中，a、b 和 c 分别是 4×4 块、2×2 块和像素的索引。

5) HAC

HAC 是一种基于像素平均和复制的层级预测方法[4]。图 10-6 显示了 8×8 块的 HAC 预测算法。

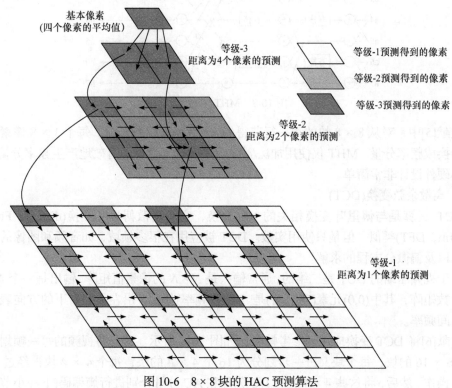

基本像素
(四个像素的平均值)

等级-3
距离为4个像素的预测

等级-1预测得到的像素

等级-2预测得到的像素

等级-3预测得到的像素

等级-2
距离为2个像素的预测

等级-1
距离为1个像素的预测

图 10-6　8 × 8 块的 HAC 预测算法

HAC 有四种不同的预测方法：①水平平均预测，用左右像素的平均值进行预测；②垂直平均预测，通过上下像素的平均值进行预测；③水平复制预测，由水平相邻像素预测；④垂直复制预测，由垂直相邻像素预测。平均预测和复制预测定义如式(10-14)所示。

$$P_{\text{pred, avg}_n} = \frac{P_{n-1} + P_{n+1} + 1}{2}$$

$$P_{\text{pred, copy}_n} = P_{n-1}$$

(10-14)

图 10-6 中箭头由源像素指向预测目标像素。两个箭头指向同一个像素表示这个像素由 2 个像素的值的平均值预测得到。如果仅有一个箭头指向某一个像素，则表示该像素由复制相邻像素来预测得到。除块的边界像素由水平或垂直复制预测外，大部分像素由水平或垂直平均预测得到。第 2 级和第 3 级中的像素是从其各自的较低级别中二次采样的像素。

6) MHT

与 DCT 和离散小波变换(DWT)相比，MHT 是一种相对简单的变换方法。图 10-7 说明了 MHT。实线和虚线分别表示加法和减法，SR 表示右移位操作。a0~a7 表示输入的像素值，h0~h7 表示输出的频率系数。

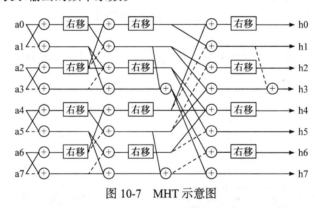

图 10-7　MHT 示意图

文献[5]中，对从 8 × 8 块的每一行获得的 1 × 8 像素执行压缩。每个 1 × 8 像素逐个输入转换成频率分量。MHT 仅使用加法/减法和右移位运算，但有效地产生频率分量。因此，其硬件设计非常简单。

7) 离散余弦变换(DCT)

DCT 运算是与傅里叶变换相关的一种变换，它与离散傅里叶变换(discrete Fourier transform，DFT)类似，但是只使用实数。DCT 被应用在很多领域，如音频和图像的有损压缩，以及偏微分方程的求解。

用于视频压缩的 DCT 是二维的，通常输入是 $N \times N$ 的像素值矩阵，输出是一个 $N \times N$ 变换系数矩阵，其中(0,0)元素(左上角)是 DC(零频率)分量，沿左上到右下的方向表示更高的空间频率。

文献[6]将 DCT 变换应用到参考帧中，如图 10-8 所示。首先将视频的每一帧划分为若干 16 × 16 的块，每个块又进一步划分为 16 个 4 × 4 的块，每个 4 × 4 块再经过 DCT 和量化操作。然后，将这些 4×4 块的 DC 分量和 AC 分量分别进行熵编码(下一小节会介绍熵编码),并打包进最终码流中。

2. 熵编码

参考帧压缩算法的熵编码模块对预测阶段得到的残差进行编码,并打包进最终码流中。熵编码模块是直接决定最终码流大小的模块。但是,正如前面提到,由于参考帧压缩模块是介于编码器和外部存储器之间的模块,其算法复杂性受到了很大的限制。因此,虽然学术界有很多压缩效率很高的熵编码算法,但是在参考帧压缩算法的设计过程中,只能选择一些复杂度相对不太高的熵编码算法。

常见的应用在参考帧压缩中的熵编码方法有哈夫曼编码、哥伦布编码(Golomb coding)和一些自定义的编码方法,如半定长编码(semi-fixed length,SFL)和截位编码(significant bit truncation,SBT)。

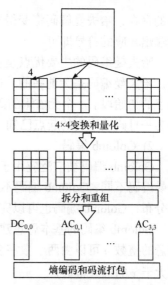

图 10-8　DCT 在参考帧压缩中的应用

1) 哈夫曼编码

哈夫曼编码是一种著名的、应用广泛的数据压缩方法。哈夫曼编码的基本思想是将较短的码字分配给出现概率较大的符号。因此,在编码处理之前,需要对整个数据进行扫描以获得每个符号的确切概率分布。之后,将按照以下步骤对每个符号进行编码。

(1) 创建一个按概率降序或升序排序的符号队列,每个符号都由其概率表示。

(2) 在集合中找到两个概率最小的符号,并创建一个复合符号,其概率是它们的概率之和。这个新创建的符号也用它的概率来表示,它将取代创建它的两个符号。如有必要,应根据其可能性重新排序。

(3) 两个最小可能性的符号的最后数字将被指定为"0"或"1",每个数字各分配一个,因为从哈夫曼编码的基本思想来看,每个集合中的两个最小可能符号的编码结果应该具有相同的长度,并且除了它们的最后一个数字之外应该是相同的;否则,它将不是一种最佳的编码方式。

(4) 反复执行步骤(2)和(3),直到数据中所有的符号均被编码。

下面对上述过程的一个简单例子进行说明。假设有一系列字符分布,如图 10-9(a)所示。图 10-9(b)说明了如何组合两个最小概率的符号,形成一个单一的复合符号,并逐步创建新的队列。由于位"0"和位"1"用于表示两个最不可能的符号,因此每个符号均可以用唯一的编码来表示。符号和编码之间的映射关系存储在一个名为哈夫曼表的特殊数据结构中,如图 10-9(c)所示。由于哈夫曼

符号	R	I	N	A	O	T	E
概率	0.05	0.05	0.1	0.15	0.2	0.2	0.25

(a)

符号	码字
R	11100
I	11101
N	1111
A	110
O	00
T	01
E	10

(b)　　　　(c)

图 10-9　哈夫曼编码示例

表的存在，哈夫曼解码将变得非常容易，只要选择包含要解码的字符串的哈夫曼表，然后输出相应的符号即可。

哈夫曼编码的主要优点是在大多数情况下比其他编码方法具有更高的编码效率。此外，哈夫曼编码是无前缀的，这意味着在哈夫曼码集中没有一个完整的码字是任何其他码字的初始段。一个无前缀的码字是唯一可解码的，因此哈夫曼代码可以很容易地打包，因为一旦码流序列的起点已知，就不需要额外的 bit 来指定每个码字的开始和结束位置。

2) Golomb 编码

Golomb 编码被广泛应用于各种图像领域的编码标准中，如 JPEG-LS 和 H.264。与哈夫曼编码不同，Golomb 编码不是建立在符号的概率分布上。即使不知道序列中符号的概率分布，Golomb 编码也可以完成编码工作。

Golomb 编码的基本思想建立在除法和取余运算的基础上。首先，指定参数 m，然后任意的整数 n 可以由两个数字表示：q 和 r，如式(10-15)式(10-16)所示(这里，$\lfloor x \rfloor$ 代表不大于 x 的最大整数)。

$$q = \lfloor n/m \rfloor \tag{10-15}$$

$$r = n - qm \tag{10-16}$$

在 Golomb 编码中，先编码 q 再编码 r。q 用一元码表示，即用 q 个连续 1 开头，末尾再加上一个 0。余数 r 可以取的值为 $0 \sim m-1$。如果 m 是 2 的指数次幂，那么 r 用 $\log_2 m$ 位的二进制可以很方便地表示。如果 m 不是 2 的指数次幂，那么 r 仍可以用 $\lceil \log_2 m \rceil$ 位的二进制表示。但是为了进一步减少码长，如果 r 小于 $2^{\lceil \log_2 m \rceil} - m$，那么 r 用 $\log_2 m - 1$ 位二进制表示；如果 r 等于或大于 $2^{\lceil \log_2 m \rceil} - m$，那么 r 才用 $\log_2 m$ 位二进制表示，其大小为 $r + 2^{\lceil \log_2 m \rceil} - m$(这里，$\lceil x \rceil$ 代表不小于 x 的最小整数)。具体的例子如表 10-3 所示。

表 10-3　Golomb 编码

$m=1$		$m=2$		$m=3$		$m=4$	
n	码字	n	码字	n	码字	n	码字
0	0	0	00	0	00	0	000
1	10	1	01	1	010	1	001
2	110	2	100	2	011	2	010
3	1110	3	101	3	100	3	011
4	11110	4	1100	4	1010	4	1000
5	111110	5	1101	5	1011	5	1001
6	1111110	6	11100	6	1100	6	1010
7	11111110	7	11101	7	11010	7	1011
8	111111110	8	111100	8	11011	8	11000
9	1111111110	9	111101	9	11100	9	11001
10	11111111110	10	1111100	10	111010	10	11010

Golomb-Rice 编码是 Golomb 编码的一种自适应方案。在 Golomb-Rice 编码中，参数 m 是 2 的幂，这使得 Golomb-Rice 编码易于使用，因为对 2 进行乘法和除法操作都可以通过移位来实现。表 10-4 显示了 $m = 2$、4、8、16 的 Golomb-Rice 编码。

表 10-4　Golomb-Rice 编码

$m = 2$		$m = 4$		$m = 8$		$m = 16$	
n	码字	n	码字	n	码字	n	码字
0	00	0	000	0	0000	0	00000
1	01	1	001	1	0001	1	00001
2	100	2	010	2	0010	2	00010
3	101	3	011	3	0011	3	00011
4	1100	4	1000	4	0100	4	00100
5	1101	5	1001	5	0101	5	00101
6	11100	6	1010	6	0110	6	00110
7	11101	7	1011	7	0111	7	00111
8	111100	8	11000	8	10000	8	01000
9	111101	9	11001	9	10001	9	01001
10	1111100	10	11010	10	10010	10	01010

在将 Golomb-Rice 编码应用于参考帧压缩之前，需要满足两个条件。首先，由于 Golomb-Rice 编码将较短的代码分配给较小的整数，因此并不是所有类型的数据都可以用 Golomb-Rice 编码有效地进行编码。它仅适用于较小整数具有较大发生概率的数据。例如，像素之间的残差和变换后的系数之间的残差。其次，Golomb-Rice 编码用于编码具有非负整数值的符号。因此，当编码序列中出现负整数时，一种方法是通过式(10-17)来将负整数转变为非负整数，另一种方法是用负整数的绝对值再加上一位符号位来表示这个数。

$$q' = \begin{cases} 2|q|, & q \geqslant 0 \\ 2|q| - 1, & q < 0 \end{cases} \tag{10-17}$$

3) 半定长编码和截位编码

还有一类是几种具体的编码方法，与哈夫曼编码和哥伦布编码相比，这些方法最显著的特点是它们的码字长度不是可变的而是半固定的，即固定在部分范围或一系列值内。

在文献[1]、文献[7]、文献[8]、文献[9]中，提出了相似的半定长编码方法。半定长编码基本上包括两个步骤：首先将像素信息分成小组，然后根据每个组的局部特征进行定长编码。例如，在文献[9]中，在使用半定长编码之前，在列相邻像素之间进行残差计算，这会将残差值集中在零附近。半定长码是根据编码表进行编码和解码的，如表 10-5 所示。由于残差值"0"出现的可能性最大，且[−4, 3]范围内的残差值出现的可能性已经非常大了，所以只用 1bit 表示"0"，其余用 4bit 表示。当残差值超出范围[−4, 3]时，使用 4 位特征码"1111"后接 9 位二进制表示残差值。

表 10-5　半定长编码表示例

残差值	码字	残差值	码字	残差值	码字
-4	1011	-1	1000	2	1101
-3	1010	0	0	3	1110
-2	1001	1	1100	其他	1111 + 残差值

截位编码是另一种简单编码方法，在文献[9]中用于在压缩中预测误差，如图 10-10 所示，8 个预测误差以二进制补码表示。

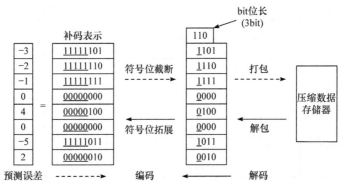

图 10-10　截位编码和解码

每个预测误差的下划线部分可以看作其符号位的扩展，可以将其截断而不会造成任何信息丢失。然后，截断的预测误差与每个预测误差的 bit 位长一起打包。在给出的示例中，8 个预测误差的 64 位被压缩为 35 位。解码过程是编码过程的逆过程。根据预测误差的位长，通过扩展其最高有效位将每个截断的预测误差恢复为 8 位值。

截位编码的最大优点是可以使用并行架构来实现。在可变长编码中，不同长度的码字通常被打包成一个没有明确边界信息的比特流。因此，比特流中间的任意码字的起始点是未知的，直到所有前面的码字都被解码。因此，可变长编码的码字必须逐个解码，难以实现解码器的并行架构，导致吞吐量低，解码时延高。而在定长编码中，这个问题不存在，因为所有的码字都具有相同的长度，很容易弄清楚一个码字的开始和结束位置。但由于其编码效率低，在参考帧压缩中不采用定长编码。如果将码字的长度半固定为截位编码，则可以在不损失太多编码效率的情况下实现并行解码器。

3. 存储方式

参考帧压缩模块在经过预测和熵编码运算后，生成了压缩数据。此时，原本定长的参考帧转变为了变长的码流。那么，这部分压缩数据以怎样的方式存入外部存储器，并以怎样的方式高效地从外部存储器中取出来，成为参考帧压缩模块硬件实现时的设计难点。

在现有的工作中，Silveira 等[10]、Fan 等[1]、Lee 等[8]和 Zhang 等[11]提出了一些提高参考帧存取带宽的存储方法；Lian 等[12]、Lee 等[13]、Zhou 等[14]和 Bao 等[15]的研究重点是

通过优化存储方法减少系统的功耗；Chao 等[16]
提出了一种减小存储空间的参考帧压缩方法。

　　在一些引入了变长熵编码方法的工作中，通
常会将每个基本压缩单元的压缩后的数据长度
信息存入片上或者片外的存储器，以此定位压缩
数据在外存中的位置。

　　以 Fan 等[1]的工作为例，使用 3 个 bank 和一
块片上 SRAM 来存储参考像素：PR bank、TR
bank、TLB bank 及 TLB RAM。每个基本单元块

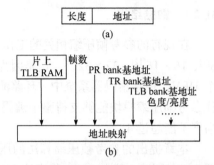

图 10-11　TLB 数据结构及外部存储器寻址

压缩后的数据在 PR bank 中的长度和起始地址都被存入寻址表 TLB 中，并且该寻址表也
被存储在外部存储器中。在编码器从外部存储器中读取每块压缩数据前，先从 TLB 查表
获得该块在外部存储器中的起始地址和长度，然后参考帧解压缩模块再去相应区域取出
压缩数据，如图 10-11 所示。

10.2　参考帧压缩的算法设计

　　正如前面所述，参考帧压缩的主要目的在于减少编码器的访存带宽，因此，大部分
现有工作都是针对算法的压缩率进行研究。

　　但是，10.1 节中的很多参考帧相关的算法虽然能满足高压缩率的要求，在编码的速
度上却不能支持高分辨率视频的实时编解码。如果这些参考帧压缩模块被应用于实际的
HEVC 编码系统中，那么该模块会成为整个系统的编码速度上的瓶颈。

　　Lian 等[12]提出了一种基于纹理分析的参考帧压缩方法，该压缩算法利用了周边 4 个
像素作为参考像素，压缩率达到了 31.5%。作者称该硬件设计支持 UHD 4K × 2K@94 fps
的实时编码，但是这个结论是基于 Level D 级的像素重用。而在实际的编码器设计中，整
像素运动估计的搜索方向一般是随机的或者不可预测的，在这种时候，该设计就不能支
持 UHD 4K × 2K 分辨率视频的实时编码。

　　Fan 等[1]提出了一种有损无损混合(mix lossy and lossless，MLL)参考帧压缩算法。原
始像素经过截位，截去的像素拼接在一起直接存入外部存储器中，剩下的像素经压缩后
存入外部存储器中。在编码器的整像素运动估计阶段，只有压缩的数据从外部存储器中
取出来，因此其预测过程是有损的。在编码器的分像素运动估计和运动补偿阶段，两部
分像素都从外部存储器中取出来，因此这两个过程是无损的。该算法的压缩率高达
45.4%～52.9%，但是其硬件设计每个时钟周期的吞吐率只有 0.76 个像素，因此该设计同
样不能支持 UHD 4K × 2K 分辨率视频的实时编码。

　　在本章中，将介绍一种优化参考帧压缩的预测方法和熵编码算法，目标是在 500MHz
下实现 UHD 4K × 2K@60fps 的实时编码。

10.2.1　数据结构

在现有的参考帧压缩相关的工作中，绝大多数工作的基本压缩块都大于 4×4，如 8×8[1]、16×16[12]、32×32[10]，这是因为更大的压缩块会带来更好的压缩结果。但是，在整个 HEVC 视频编码器系统中，环路滤波单元处理的基本单元块高度为 4。因此，为了能让参考帧压缩模块能够支持整个编码器系统的数据读写，本章提出的参考帧压缩模块的高度不能超过 4。

本章提出的参考帧压缩算法的压缩基本单元为 8×4，最终的压缩码流数据结构如图 10-12 所示。其中，"F"代表该 8×4 块左上角的像素(first pixel，FP)；"G"代表该 8×4 块的分组模式(regrouping mode，RM)；"M"代表该 8×4 块中每个分组的编码模式(coding mode，CM)；"D"代表编码后的残差(compressed residual，CR)；"T"代表符号位(trailing bit，TB)。数据的具体定义在后面中有详细叙述。

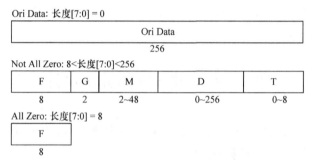

图 10-12　压缩码流数据类型

如图 10-12 所示，每个 8×4 块的压缩数据可能存在 3 种类型：Ori Data、Not All Zero 和 All Zero，分别代表了该残差分布的 3 种类型。在本设计中，我们用每个 8×4 块压缩后码流的长度信息标记其数据类型。每个 8×4 块压缩后的码流长度用一个 8bit 的数表示，并且和压缩后的码流一起存入外部存储器中。在参考帧压缩模块的解码阶段，在取回外部存储器中的压缩数据之前，需要预先读取该压缩块的码流长度信息，并以此判断该 8×4 块压缩码流的数据类型。如果码流长度等于 8，那么该 8×4 块压缩码流为 All Zero 类型；如果码流长度大于 8 且小于 256，那么该 8×4 块压缩码流为 Not All Zero 类型；如果码流长度等于 0，那么该 8×4 块压缩码流为 Ori Data 类型。

1. Not All Zero

Not All Zero 类型是本章提出的参考帧压缩算法中最基本的类型，代表该 8×4 块在经过了预测和熵编码阶段后，将残差的熵编码结果以及预测的模式信息打包进了最终码流。

2. Ori Data

由于本章提出参考帧压缩算法使用了变长的无损熵编码方法，且没有使用量化方法，因此经过预测和熵编码后，压缩后的码流长度可能会大于 256bit。如果此时仍使用压缩后的码流作为最终码流，那么就会影响最终的压缩效果。因此，当压缩后的码流长度大于或等于 256bit 时，我们将该 8×4 块的原始像素打包进最终码流中，并且将码流长度标记为 0，代表该 8×4 块压缩码流为 Ori Data 类型。

3. All Zero

All Zero 代表该 8×4 块在经过预测后，所有的预测残差都等于 0，也就是说，该 8×4 块的所有像素等于同一个值。因此，在这种情况下，本章提出的参考帧压缩算法只存储该 8×4 块左上角的像素，且以码流长度 8 来标记 All Zero 类型。

10.2.2　DPCM 预测

在预测之前，每帧图像会被划分为若干 8×4 的块。考虑到算法复杂度的限制，本章提出的参考帧压缩算法采用了 DPCM 预测方法，如图 10-13 所示，其中箭头表示该像素的预测方向。

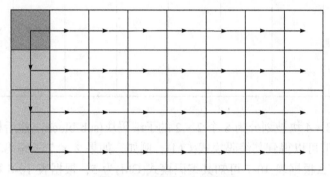

图 10-13　预测方向示意图

左上角的像素会被直接打包进压缩码流的"F"部分，该像素将会作为参考帧压缩模块解压缩阶段的起点；第 1 列的剩余 3 个像素的残差等于该像素与其上方像素的差值；第 2～8 列的 28 个像素的残差等于该像素与其左侧像素的差值。

10.2.3　小值优化的半定长编码

在熵编码阶段，本章针对预测残差的分布特征，对文献[7]中提出的半定长编码方案做了小值优化，如表 10-6 和表 10-7 所示。其中，表 10-7 中的 S 是残差的符号位，S̲ 代表 S 的取反值。

表 10-6　编码模式

编码模式 CM	0	1	2	3
M	00	01	10	110
编码模式 CM	4	5	6	7
M	1100	11110	111110	111111

表 10-7　小值优化的半定长编码

最大绝对值		0	1	2	3~4	5~8	9~16	17~32	≥33
编码模式 CM		0	1	2	3	4	5	6	7
D	0		0	00	000	0000	00000	000000	
	±1		1	S1	SS1	SSS1	SSSS1	SSSSS1	
	±2			10	S10	SS10	SSS10	SSSS10	
	±3				SS̲1	SSS̲1	SSSS̲1	SSSSS̲1	
	±4				100	S100	SS100	SSS100	
	±5					SSS̲1	SSSS̲1	SSSSS̲1	原始像素
	⋮								
	±8					1000	S1000	SS1000	
	⋮								
	±16						10000	S10000	
	⋮								
	±32							100000	

首先，每个 8×4 块被划分为 8 个 2×2 的子编码块(sub-block)，然后根据每个小块内残差的最大绝对值可以得到其编码模式(CM)。例如，如果 2×2 子编码块内残差的最大绝对值为 10，那么根据表 10-7 可知其编码模式(CM)为 5，根据表 10-6 可知该编码模式(CM)对应的"M"值为 11110。

如果此时 2×2 子编码块内的某个残差等于 -2^{CM-1} 或者 2^{CM-1}，那么需要在压缩码流的"T"部分增加 1 位表示该残差的正负性。如果该残差等于 -2^{CM-1}，那么在"T"中增加一位 0；如果该残差等于 2^{CM-1}，那么在"T"中增加一位 1。在确定了 2×2 子编码块的编码模式 CM 后，该 2×2 子编码块内的 4 个残差值可以根据表 10-7 得到其编码值。可以看到，CM 的值正好是"D"部分每个码字的长度。

如图 10-12 可知，对于每个 8×4 块，"F"部分和"G"部分的长度是固定的。在确定了"M"部分的数值后，可以得到"D"部分的长度，以及"D"部分中各个残差的长度。"T"部分的长度可以由该 8×4 块压缩数据的总长度减去"F"、"G"、"M"和"D"的长度得到。

在一些传统的编码方案中，如哈夫曼编码方案或者 Golomb 编码方案，最后的码流由一个个变长的编码值组成，且不能在解码前预先知道每个编码值的长度，因此后一个编码值的解码必须等到前一个编码值解码结束以后才能开始。而在本章使用的半定长编码方案中，在确定了"M"部分的数值后，"D"部分中各个残差的长度就可以由"M"计算得到，因此这些残差的解码可以同时进行。在本章的硬件设计中，这些残差的解码是由一些独立的硬件模块同时进行的，这可以大幅提高该参考帧压缩模块的解码速度。

10.2.4　子编码块分组

如果相邻的子编码块拥有相同的编码模式，那么这些子编码块可以组合在一起，用同一个"M"来表示这个子编码块组的编码模式，这种方法可以减少用来表示编码模式的"M"部分的长度。图 10-14 描述了 4 种分组方式以及对应的分组模式"G"。

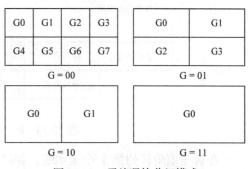

图 10-14　子编码块分组模式

10.3　参考帧压缩的 VLSI 实现

10.3.1　VLSI 实现

参考帧压缩模块的压缩阶段的流水级如图 10-15 所示。

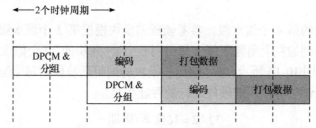

图 10-15　压缩阶段流水级示意图

在压缩阶段的第 1 个流水级，参考帧压缩模块对 8×4 编码块做 DPCM 预测，且将左上角像素放入最终码流的"F"部分，并根据残差获得每个 2×2 子编码块的编码模式"M"，在此基础上得到这些 2×2 子编码块的分组方式"G"。

在压缩阶段的第 2 个流水级，参考帧压缩模块对 8×4 块内的残差同时编码，并且放入最终码流的"D"部分。如果有残差等于 -2^{CM-1} 或者 2^{CM-1}，那么在"T"中加入相应的 0 或者 1。

在压缩阶段的第 3 个流水级，如果第 1 个流水级计算得到的该 8×4 块的所有残差等于 0，那么将左上角像素打包进最终码流中，并将码流长度记录为 8 存入外部存储器中；如果第 2 个流水级编码得到的"D"加上"F"、"G"、"M"和"T"的总码流长度大于或等于 256，那么将该 8×4 块的原始 32 个像素打包到最终码流中，并将码流长度记录为 0 存入外部存储器中；如果码流长度小于 256，那么将第 1 个流水级以及第 2 个流水级得到"F"、"G"、"M"、"D"和"T"部分打包到一起输出到外部存储器中，并将码流长度同样写入外部存储器中。

参考帧压缩模块的解压缩阶段的流水级如图 10-16 所示。

图 10-16　解压缩阶段流水级示意图

在解压缩阶段的第 1 个流水级，如果根据读到的码流长度判断该码流属于 All Zero 类型，那么该 8×4 块的所有像素都等于该 8bit 码流；如果根据读到的码流长度判断该码流属于 Ori Data 类型，那么该 256bit 的码流即代表该 8×4 块的 32 个像素；否则，该码流属于 Not All Zero 类型，那么参考帧压缩模块首先提取码流中的"F"部分，并根据"G"的模式计算各个子分块的编码模式"M"。在"M"的基础上，计算码流中"D"部分的总长度，并将"D"部分从码流中提取出来。最后，码流剩余的部分被提取到"T"中。

在解压缩阶段的第 2 个流水级，参考帧压缩模块根据第 1 个流水级中的编码模式"M"分离出"D"部分中各个残差的编码值。

在解压缩阶段的第 3 个流水级，参考帧压缩模块参照表 10-7，对"D"中各个残差同时解码。

在解压缩阶段的第 4 个流水级，参考帧压缩模块根据第 3 个流水级得到的残差值以及第 1 个流水级得到的左上角像素值恢复得到整个 8×4 块的 32 个像素。

如图 10-15 和图 10-16 所示，参考帧压缩模块的编解码阶段的每个流水级均为 2 个时钟周期，也就是说该参考帧压缩硬件设计的吞吐率是

$$32/2 = 16 \text{像素/周期}$$

如果应用场景为 YUV 4:2:0 的视频序列，那么每个像素由 1 个 Y 分量、1/4 个 U 分量和 1/4 个 V 分量组成，那么此时该参考帧压缩硬件设计的吞吐率是

$$16/1.5 = 10.67 \text{像素/周期}$$

10.3.2　性能评估

对 Class A～E 的序列进行测试，得到最终的压缩率的测试结果如表 10-8 所示。值得注意的是，这里的平均值是以 YUV4:2:0 视频序列中 Y、U、V 分量的比例计算。

表 10-8　参考帧压缩算法压缩率测试结果

Class	视频序列	Y/bit	U/bit	V/bit	平均值/bit
A	Traffic	138	126	106	131
	PeopleOnStreet	141	101	102	128
B	Kimono	136	113	96	126
	ParkScene	157	126	113	145
	Cactus	166	140	121	154
	BasketballDrive	147	111	100	133

续表

Class	视频序列	Y/bit	U/bit	V/bit	平均值/bit
B	BQTerrace	184	124	110	162
C	BasketballDrill	161	125	115	147
	BQMall	173	126	114	155
	PartyScene	203	145	136	182
	RaceHorsesC	160	123	117	147
D	BasketballPass	150	110	107	136
	BQSquare	186	111	108	161
	BlowingBubbles	188	146	124	170
	RaceHorses	171	130	127	157
E	FourPeople	138	89	84	121
	Johnny	133	85	83	117
	KristenAndSara	128	87	84	114
比特	平均值	158	117	108	144
压缩率	平均值	62.1%	46.0%	42.2%	56.1%

观察表 10-8，最终的平均压缩率 CR 约为 56.1%。其中，Class A 视频的压缩率均大于 Class C 和 Class D 视频的压缩率，这是因为 Class A 的视频分辨率较高，而高分辨率视频的邻近像素值更加接近，因此压缩的效果更好。

如果编码器帧间预测阶段采用的是 Level B 级的数据复用策略，且参考窗大小为 [−64，64)，那么针对 UHD 4K × 2K 分辨率的视频，本章提出的参考帧压缩模块压缩阶段支持的帧率约为

$$\frac{5.3\times10^9}{3840\times2160\times\left(1+\frac{128}{64}\right)\times\left(1+\frac{128}{64}\right)}\approx71.0\text{fps}^{①}$$

在压缩率方面，本章提出的参考帧压缩算法的平均压缩率约为 56.1%，比 Lian 等[12] 和 Guo 等[7] 的工作的压缩率要大，这是因为本设计采用了较小的编码块(8 × 4)和较简单的压缩算法，影响了最终的压缩效果。

在硬件面积方面，本章提出的参考帧压缩架构的面积是这几个工作里面最小的，等效逻辑门数目仅为 43.98K，这同样归因于较小的编码块和较简单的压缩算法。

在吞吐率方面，本章提出的参考帧压缩架构的吞吐率高达 5.3×10⁹ 像素/s，是这些工作里面最高的，同时也是这几个工作中唯一能够在 Level B 级的数据复用时，支持 UHD 4K × 2K@60fps 实时编码的硬件设计。

---

① 5.3×10⁹ 为吞吐率，3840×2160 为总像素数，$\left(1+\frac{128}{64}\right)\times\left(1+\frac{128}{64}\right)$ 为 Level B 数据重用的冗余访存因子。

参 考 文 献

[1] FAN Y, SHANG Q, ZENG X. In-block prediction-based mixed lossy and lossless reference frame recompression for next-generation video encoding[J]. IEEE Transactions on Circuits and Systems for Video Technology, 2015, 25(1): 112-124.

[2] LEE Y, RHEE C, LEE H. A new frame recompression algorithm integrated with H.264 video compression[C]. 2007 IEEE International Symposium on Circuits and Systems, New Orleans, 2007: 1621-1624.

[3] DELP E, MITCHELL O. Image compression using block truncation coding[J]. IEEE Transactions on Communications, 1979, 27(9): 1335-1342.

[4] KIM J, KYUNG C. A lossless embedded compression using significant bit truncation for HD video coding[J]. IEEE Transactions on Circuits and Systems for Video Technology, 2010, 20(6): 848-860.

[5] LEE T Y. A new frame-recompression algorithm and its hardware design for MPEG-2 video decoders[J]. IEEE Transactions on Circuits and Systems for Video Technology, 2003, 13(6): 529-534.

[6] CHEN W Y, DING L F, TSUNG P K, et al. A new frame-recompression algorithm and its hardware design for MPEG-2 video decoders[J]. IEEE Transactions on Circuits and Systems for Video Technology, 2003, 13(6): 529-534.

[7] GUO L, ZHOU D, GOTO S. A new reference frame recompression algorithm and its VLSI architecture for UHDTV video codec[J]. IEEE Transactions on Multimedia, 2014, 16(8): 2323-2332.

[8] LEE S, CHUNG M, PARK S, et al. Lossless frame memory recompression for video codec preserving random accessibility of coding unit[J]. IEEE Transactions on Consumer Electronics, 2009, 55(4): 2105-2113.

[9] SILVEIRA D, POVALA G, AMARAL L, et al. A real-time architecture for reference frame compression for high definition video coders[C]. 2015 IEEE International Symposium on Circuits and Systems (ISCAS), Lisbon, 2015: 842-845.

[10] SILVEIRA D, POVALA G, AMARAL L, et al. A low-complexity and lossless reference frame encoder algorithm for video coding[C]. IEEE International Conference on Acoustics, Speech and Signal Processing (ICASSP), Florence, 2014: 7358-7362.

[11] ZHANG P, GAO W, WU D, et al. An efficient reference frame storage scheme for H.264 HDTV decoder[C]. 2006 IEEE International Conference on Multimedia and Expo, Toronto, 2006: 361-364.

[12] LIAN X, LIU Z, ZHOU W, et al. Lossless frame memory compression using pixel-grain prediction and dynamic order entropy coding[J]. IEEE Transactions on Circuits and Systems for Video Technology, 2016, 26(1): 223-235.

[13] LEE Y H, CHEN C C, YOU Y L. Design of VLSI architecture of autocorrelation-based lossless recompression engine for memory efficient video coding systems[J]. Springer Circuits, Systems, and Signal Processing, 2014, 33(2): 459-482.

[14] ZHOU D, GUO L, ZHOU J, et al. Reducing power consumption of HEVC codec with lossless reference frame recompression[C]. 2014 IEEE International Conference on Image Processing (ICIP), Paris, 2014: 2120-2124.

[15] BAO X, ZHOU D, GOTO S. A lossless frame recompression scheme for reducing DRAM power in video encoding[C]. Proceedings of 2010 IEEE International Symposium on Circuits and Systems, Paris, 2010: 677-680.

[16] CHAO P, LIN Y L. Reference frame access optimization for ultra high resolution H.264/AVC decoding[C]. 2008 IEEE International Conference on Multimedia and Expo, Hannover, 2008: 1441-1444.

第 11 章　率失真优化

HEVC 视频编码标准中给出了大量用于视频数据压缩的算法和编码方式，目的就是通过选取这些编码方式使得在保证视频质量的前提下尽可能压缩码率。码率和编码质量是天平需要权衡的两端，低码率的视频更利于传输和存储，但失真度会大大增加，相反，低失真度的高质量视频则会使码率增加，增大网络传输的压力。如何在视频码率和编码质量之间权衡是视频编码中永恒的命题，这个过程称为率失真优化(RDO)。

本章首先介绍率失真优化的相关原理，然后对 HM 的率失真优化过程和现有的码率估计研究成果进行简介。本章提出一种硬件友好的码率估计算法，依次介绍算法优化和 VLSI 实现，最后对 VLSI 实现进行性能评估。

11.1　概　　述

11.1.1　基本原理

1. 视频失真描述

如何准确地衡量视频失真度是率失真优化的第一个问题。我们无法根据人眼主观感受来评价视频质量的高低，而是应该找到某种数学模式或者函数关系去量化重建图像与原始图像的失真。实际应用中常用误差平方和(SSE)、均方误差(MSE)、绝对误差和(SAD)以及峰值信噪比(PSNR)等方法来描述视频失真，如式(11-1)~式(11-4)所示，式中的(x,y)代表像素位置的横纵坐标，M 和 N 分别代表图像的宽和高。

$$SSE = \sum_{x=0}^{M-1}\left(\sum_{y=0}^{N-1}\left|f(x,y)-f'(x,y)\right|^2\right) \tag{11-1}$$

$$MSE = \frac{1}{MN}\sum_{x=0}^{M-1}\left(\sum_{y=0}^{N-1}\left|f(x,y)-f'(x,y)\right|^2\right) \tag{11-2}$$

$$SAD = \sum_{x=0}^{M-1}\left(\sum_{y=0}^{N-1}\left|f(x,y)-f'(x,y)\right|\right) \tag{11-3}$$

$$PSNR = 10\log_{10}\frac{(255)^2 MN}{\sum_{x=0}^{M-1}\left(\sum_{y=0}^{N-1}\left|f(x,y)-f'(x,y)\right|^2\right)} \tag{11-4}$$

2. 率失真曲线

根据香农第三定理，即离散编码时信息率和失真的极限定理，对于给定的失真度，

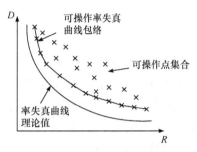

图 11-1　率失真曲线示意图

总可以找到一种编码方式，使得信源可达到的最小传输速率为 $R(D)$。香农第三定理是一个最优解的存在定理，但是实际上对于视频编解码信源的概率分布难以描述，视频失真也难以量化，其次对于最小值的求解，也很难求解得到真正的率失真函数，因此 $R(D)$ 只是一个理论上的最佳值。实际视频编码是在所有可能的参数里面选出最优的一组，如图 11-1 所示。

一组编码参数对应的 $(R，D)$ 是实际率失真曲线上的一个可操作点。由图 11-1 可知，可操作率失真曲线包络是一条靠近理论曲线的凸包络。率失真优化的目的就是找到一组编码参数使得对应的可操作点尽可能接近率失真曲线理论值，也就是在一组可能的操作点中确定使系统性能最优的操作点。

3. 视频编码中的率失真优化

率失真优化是一个有条件优化问题，如式(11-5)所示。式中，m^* 表示取得最小失真时的编码方式；$D(m)$ 和 $R(m)$ 分别是编码方式 m 下的失真和码率；R_T 是限制码率；S 是视频编码标准中定义的所有编码方式。

$$m^* = \underset{m \in S}{\text{argmin}}\, D(m),\, \text{subject to}\, R(m) \leqslant R_T \tag{11-5}$$

对于式(11-5)描述的有条件优化问题，可以采用拉格朗日优化法解决。通过引入拉格朗日因子 λ，可以将约束性求最值问题转换为非约束性求最值问题，如式(11-6)所示。

$$m^* = \underset{m \in S}{\text{argmin}}\{D(m) + \lambda R(m)\} \tag{11-6}$$

可以证明对于任意 $\lambda \geqslant 0$，当 $R_T = R\left(m^*(\lambda)\right)$ 时，约束性问题式(11-5)的最优解 $m^*(\lambda)$ 也是非约束问题式(11-6)的最优解。

令 $J = D + \lambda R$，可将其看成在可操作率失真曲线包络上，过某可操作点 $(R，D)$ 做一条斜率为 $-\lambda$ 的直线，直线与 y 轴的截距即为 $J = D + \lambda R$。考虑到理想率失真函数 $D(R)$ 为凸函数，根据凸函数的性质，凸函数加上一次函数仍是凸函数，故 $J(R) = D(R) + \lambda R$ 也是凸函数，其导数为 0 的点即为最小值：

$$\frac{\partial J}{\partial R} = \frac{\partial D}{\partial R} + \lambda = 0$$

可得

$$\lambda = -\frac{\partial D}{\partial R}$$

即直线 $J(R)=D(R)+\lambda R$ 与率失真曲线相切时，J 达到理论最小值。通过调整 λ 的可以调整编码时的侧重点，较大的 λ 值一般是码率有限同时失真重要性不高时的选择，较小的 λ 则通常是为了追求高视频质量，码率充足时的选择。视频编码中码率和量化参数息息相关，因此视频编码中 λ 的取值与量化参数有较为固定的映射关系。

当今世界上几乎所有的主流视频编解码标准都是基于编码块的混合编码，HEVC 的编码结构为基于 CTU 的四叉树划分，基于 CTU 的率失真优化流程可以从式(11-6)变为式(11-7)递归式描述。

$$m_i^* = \min\left\{ D_p(\mathrm{CU}) + \lambda R_p(\mathrm{CU}), \sum_{i=1}^{4}\left(D_{p+1}(\mathrm{CU}_i) + \lambda R_{p+1}(\mathrm{CU}_i) \right) \right\} \tag{11-7}$$

其中，下标 p 表示四叉树的深度，下标 i 表示更深一层四叉树中 CU 对应的 Z-scan 位置。上述的递归式需要保证失真和码率是加性的，码率显然是加性的，采用 SSE 或 SAD 的失真度也是加性的，可以满足条件。

基于 CTU 的率失真优化仅仅考虑当前 CTU 的最优解，其中的假设是一帧图像乃至整个视频序列都是一系列独立的局部最优解之和。但是考虑到相邻帧和相邻 CTU 之间都存在参考关系，有较强的相关性，当前 CTU 的编码参数不仅仅会影响自身，还会向后传播，对后续 CTU、后续帧造成影响，直到下一个 I 帧。有关全局率失真优化的相关研究在不断提出。

在视频编码器的硬件实现中，为了简便运算，通常认为独立率失真优化的假设成立，仍采用基于 CTU 的率失真优化方式。

11.1.2　现有成果

1. HM 的推荐算法

HM 中帧内预测的率失真优化过程如下。

(1) 分层递归遍历所有 CU 划分。

(2) 对每个 CU 确定 PU 划分，帧内预测中 PU 存在 2 种划分：SIZE_$2N \times 2N$ 和 SIZE_$N \times N$，后者在 CU 为 8×8 时存在。

(3) 对每个 PU 进行帧内预测的前预测过程：

① 通过 RMD 得到候选模式列表，采用 SATD 计算代价。

② 通过邻近已编码块构建 MPM 列表并增补候选模式列表。

(4) 对每个 PU 进行帧内预测的后预测过程：

① 计算候选模式列表中模式对应的失真度和码率，以及率失真代价。

② 编码器配置使能 PCM 模式，计算 PCM 模式对应的率失真代价。PCM 模式是 HEVC 帧内预测中定义的一种特殊的编码方式，编码器直接传输一个 PU 的像素矩阵而不经过预测、变换、量化等过程进行编码。适用于图案极不规则或者量化参数非常小(对失真的要求非常高)的情况。

HM 中帧间预测的率失真优化过程如下。

(1) 分层递归遍历所有 CU 划分。

(2) 对每个 CU 确定 PU 划分，帧间预测中 PU 存在 8 种划分：

① 遍历 SIZE_2N × 2N、SIZE_2N × N、SIZE_N × 2N、SIZE_N × N，和帧间预测一样，SIZE_N × N 仅存在于 8 × 8 情况下。

② 根据水平方向的缩放是否使能遍历 SIZE_nR × 2N、SIZE_nL × 2N。

③ 根据垂直方向的缩放是否使能遍历 SIZE_2N × nU、SIZE_2N × nD。

(3) 对每个 PU 进行帧间预测的前预测阶段：

① 通过邻近已编码块获取 MVPA 和 MVPB，计算各自的 SAD 值，用最优 MVP 作为整像素运动估计的起始点。

② 进行整像素运动估计，采用 SAD 计算代价，得到最优整像素 MV。

③ 进行分像素运动估计，采用 SATD 计算代价，以整像素 MV 为中心，搜索周围 8 个 1/2 像素 MV，再以最优的 1/2 像素 MV 为中心搜索 1/4 像素 MV，得到最优分像素 MV。

(4) 对每个 PU 进行帧间预测的后预测阶段：

① 计算最优分像素 MV 和 Merge 模式下 MV 候选列表的失真度和码率，以及率失真代价。

② 计算当前 PU 采用帧内预测模式的失真度和码率，以及率失真代价。

需要注意的是，计算每一种 PU 编码方式的率失真代价时，都需要根据编码器配置信息中的 MaxTUDepth(最深 TU 深度)对 TU 的划分进行遍历，选取率失真代价最小的 TU 划分方式。

2. 已有的码率估计算法

视频编码的输出码流中的绝大多数为系数矩阵的编码输出，因此码率估计的研究主体是系数矩阵的编码。自 H.264 以来，码率估计主要存在两种思路：一种是基于统计的方法，直接根据系数矩阵的数学特性拟合其输出码率大小，不经过具体的熵编码环节；另一种是基于 CABAC 流程，设计方法优化熵编码的中间步骤，或者在硬件中进行合理展开来减小上下文数据依赖。基于统计的方法在码率估计的时候有相当的误差，因为它不会将系数矩阵转换为对应的语法元素，也没有上下文建模的过程，因此它会忽略 MPS 与 LPS 对码率影响的差异性。而基于 CABAC 的简化又会无法消除上下文更新过程的数据依赖，通常不适合硬件化。

文献[1]认为码率与系数矩阵数值有关，因此它使用了 histogram 函数来统计系数的数值，并使用拟合的方法来估计最终码率。然而，TU 块中具有相同数值但位置不同的系数，编码后的码流大小是不同的，因此该方法会带来不小的误差，最终会使 B-D rate 上升 3.318%。

文献[2]分析了自信息与系数幅度和位置的相关性，并提出了使用自信息对码率进行拟合的方法。但是在计算概率密度函数时用到了一系列复杂的运算，如指数函数等，对硬件实现并不友好，作者也只在软件层面评估了此方法对编码速度的提升。文献[3]~文献[5]也同样使用了统计拟合的方法，他们都存在着对编码效率影响大以及硬件实现困难的问题。

文献[6]通过对 CABAC 过程的简化来加速对码率的估计。它使用线性回归的方法来代替 CABAC 过程中的算术编码步骤。经过这种简化后，码率估计时仅仅需要进行二值化以及上下文索引更新。

文献[7]从 CABAC 的运算过程出发，经过一系列的数学推导得到一张用于码率估计的查找表。该文献认为一个二进制符号在编码后所产生的码率仅与 MPS 存在性(equality of MPS and the current binary to be coded, EMB)以及上下文状态有关，因此在码率估计时，CABAC 中算术编码这一部分就可以跳过，而将其更换为一次查表操作。由于此方法是基于公式推导的，因此几乎不会引入码率估计的误差。

HM 中进行码率估计时也采用了一张类似的查找表，同时对上下文的更新粒度做了限制，仅在 LCU 级对上下文进行更新。基于查找表的优化方式虽然在软件上取得了很好的结果，但其资源代价并不利于硬件并行化的实现。HM 中使用的查找表有 128 个入口，每个数据包含 7bit 的整数部分以及 15bit 的小数部分，即一张表的大小为 2.8Kbit。在一个并行的硬件设计中，对每个二进制符号进行码率估计都需要这样一个表，这会造成很大的硬件代价。文献[8]使用线性函数来估计 LPS 二进制符号对应的码率，使用分段函数来估计 MPS 二进制符号对应的码率，该文献结果表明，此方法的 B-D rate 的影响几乎为零。这种方法的运算逻辑的硬件代价明显小于查表的方式。

文献[9]提出了 Context-Fixed Binary Arithmetic Coding(CFBAC)方法，这种方法使用固定的上下文状态，因此无须进行上下文的更新，从而避免了上下文更新之间的依赖，并使用查表的方式进行码率估计。这种方法非常适合并行化执行。

11.1.3 设计考量

视频编码过程中，帧内预测和帧间预测的后预测阶段需要计算得到较为精确的失真代价和码率代价。如图 11-2 所示为一个计算精确 RDO 代价所需的重建环路数据流图。

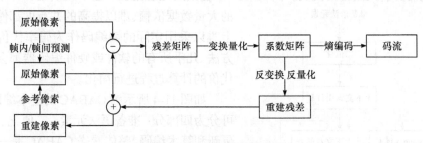

图 11-2 重建环路数据流图

后预测阶段为了获得超过前预测的失真代价精确度，不可避免地需要计算经过重建环路的重建像素和原始像素的差异代价(通常采用 SSE)。这意味着要在 RDO 模块中引入完整的重建环路，其中存在非常大的硬件资源代价和周期代价。前者主要来源于变换中 4×4～32×32 尺寸的 DCT 矩阵乘法，后者则由重建像素和预测像素之间的数据依赖导致。

如图 11-3 所示为 4×4 PU 的理想重建环路时序图，即便是一个优化良好的重建环路，它也至少需要 10 多个周期去完成对于一个 4×4 PU 的单个模式的处理。由于数据依赖的存在，下一个 PU 必须在当前 PU 重建像素更新结束后才能开始。

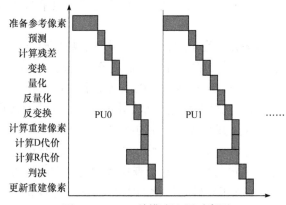

图 11-3　RDO 单模式遍历时序图

率失真优化过程中重建环路的周期代价十分关键，一种方案是通过直接用原始像素充当参考像素从而规避数据依赖，使多个 PU 并行执行从而降低周期。事实上这种用原始像素近似重建像素的做法通常会应用到 RMD 过程中，因为 RMD 需要遍历的模式更多，避免引入重建环路同时提升并行性收益更大。既然 RDO 过程必然会引入重建环路，那么再用上述近似牺牲预测准确性的方法就得不偿失了，而且这种做法会导致编码端和解码端的数据不一致，因此不在本章的考虑范围之内。

失真代价的计算在反变换之后，码率代价的计算在量化之后。为了不引入多余周期，尽量使失真代价、码率代价在较少的周期之内计算完成。采用 SSE 的失真代价可以较为容易地实现，但是码率代价在尽量少的周期内结束就非常困难了。RDO 过程中码率代价的计算最精准的就是实际熵编码结果的比特数，但这意味着 RDO 模块中除了要引入重建环路，还需要引入熵编码模块。而 CABAC 复杂的处理流程、上下文模型和算术编码中的大量数据依赖、难以提高的并行度都使得硬件上难以采用实际的熵编码作为码率代价的计算方法。几乎所有的软件或硬件编码器都会对码率代价的计算过程进行简化。

如图 11-4 所示为 CABAC 的基本编码流程，可分为四部分：准备语法元素、二值化、上下文更新和算术编码。整体看来 CABAC 是一系列复杂串行操作的结合。

总结 RDO 过程中存在两大实现难点：引入重建回路存在非常大的硬件代价和周期代价。重建环路的算法是 HEVC 标准中已定义的，因此研究大多集中于硬件方面，包括提升重建环路的

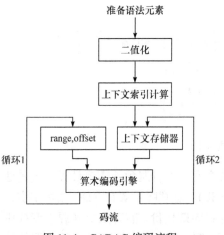

图 11-4　CABAC 编码流程

吞吐率、复用 DCT 计算单元、合理规划模块间的数据交互等；对于代价计算中码率估计的研究则在软件、硬件方面都有覆盖，主要是在不引入熵编码模块的前提下，更快速准

确地对于码率代价进行估计。

11.2　算 法 优 化

本章基于统计方法提出了一种硬件友好的码率估计算法，同时将基于文献[7]的最小粒度上下文更新的简化熵编码(SCABAC)算法作为参考。相较于 SCABAC 的方案，基于统计的方法仅引入了 1.6%的 B-D rate 增量。

在码率估计之外，本章还通过可配置的加权因子实现了可调节的帧间预测 skip 模式和 IiP 模式。在便于硬件化的基础上，加强了编码质量。

11.2.1　变换单元统计

对于系数编码，尽管 CABAC 通过引入了上下文去除了大量的信息熵，但是绝大多数情况下码率代价和 TU 系数之间仍然存在正相关性，即当 TU 系数矩阵越复杂时，编码所需的码流就越多。基于统计的算法的思路是：通过“某计算”得到能够表征当前 TU 系数复杂程度的值，再通过“某映射”得到码率代价。

从定性分析的角度，TU 系数的复杂度可以从两方面表征：①系数的幅度，由于 CABAC 在编码系数幅度时采用变长编码(哥伦布编码)，因此系数的幅度越大，其码流越大。②系数的位置，由于 DCT 会将大量的信息集中到直流分量中，即左上角，其他绝大部分位置为 0，因此 CABAC 在编码系数位置信息时，根据扫描顺序越远离原点，其码流越大。

基于上述分析，本章采用了“带权重的绝对值之和”作为表征 TU 系数复杂度的计算方法，计算如式(11-8)所示。

$$\text{fitIn} = \sum_{x=0}^{N-1}\sum_{y=0}^{N-1}(x+y+1)\cdot|\text{coef}(x,y)| \tag{11-8}$$

其中，x 和 y 为系数在系数矩阵中的横纵坐标；coef 为系数矩阵。

确定了拟合输入后，调用 SCABAC 方法进行拟合输出的获取，并按照尺寸和色彩通道进行分类汇总。如图 11-5 所示，分别给出了某视频序列给定 QP 情况下 32 × 32 亮度 TU 和色度 TU 的映射情况。其中，横轴为 TU 复杂度，纵轴是码率代价。可见码率代价和 TU 复杂度之间在统计上确实存在某种映射关系。

基于上述分析，本章利用 MATLAB 对上述数据进行了函数拟合，并在测试了 $y = ax + b$、$y = ax^3 + bx^2 + cx + d$、$y = ax^b + c$、$y = \ln(x) + b$ 等映射关系后，选用式(11-9)作为最终方案。

$$y = ax^b + c \tag{11-9}$$

为了进一步实现硬件化，算法做了以下优化。

(1) 数据定点化，根据数据的实际运算确定其要保留的小数位。

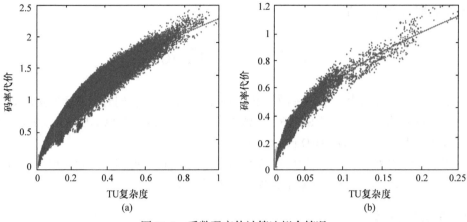

图 11-5   系数码率估计算法拟合情况

(2) 映射简化，$y = ax^b + c$ 简化为 $y = ax^{0.5} + c$。

(3) $x^{0.5}$ 的优化，基于 7 位查找表、定参数乘法器和移位器实现。

(4) λ 的优化，将 λ 合入拟合参数 a 和 c 中，节省一个乘法操作的周期。

经过测试，算法的硬件化引入了约 0.7% 的 B-D rate 增量。

11.2.2   其他信息统计

除了系数矩阵，还有预测信息和划分信息需要经过熵编码输出为码流，统计某视频在特定 QP 下非系数编码信息在整体的码流长度中大致的占比，结果如表 11-1 所示。由表可知，对于尺寸较小的 PU 来说，非系数编码信息不能忽略。

表 11-1   非系数编码码率占比

尺寸	帧内占比/%	帧间占比/%
4 × 4	26.44	0
8 × 8	7.01	15.25
16 × 16	1.87	3.63
32 × 32	0.45	0.77

基于预测信息和划分信息的熵编码流程分析其各自的码率估计形式。需要注意的是，前面所述的 CABAC 编码流程为常规(regular)编码，CABAC 还支持旁路(bypass)编码和终止(terminal)编码，分别用于无明确概率分布的语法元素编码和熵编码缓存码流的排空。对于 bypass，其二值化符号出现的概率各为 50%，理论上无法继续压缩。CABAC 中引入 bypass 模式是为了熵编码和熵解码过程的统一。

1. 预测信息

对于帧内预测，HEVC 通过构建 MPM 候选模式列表，将模式编码转换为 Index 或 Index + Mode 的编码，如表 11-2 所示。

表 11-2　MPM 列表码率估计

Index	编码方式
0	regular 1 ＋ bypass 1bit
1	regular 1 ＋ bypass 2bit
2	regular 1 ＋ bypass 2bit
无匹配项(−1)	regular 0 ＋ bypass 5bit

为了保持算法的一致性，仍然采用统计方式对预测信息进行码率估计，基于文献[7]的思路，直接统计 regular 模式编码 0 和 1 的码率，对于 bypass 模式则直接加上对应的 bit 数。码率估计过程中将 CABAC 中的编码替换为固定的统计值即可实现较好的效果。其他的预测信息和划分信息采取同样的方式进行处理。

对于帧间预测的非 Merge 模式，HEVC 通过构建 AMVP 候选 MV 列表，将 MV 编码转换为 Index ＋ MVD 的编码。其中对 Index 的编码较为简单，如表 11-3 所示。

表 11-3　AMVP 列表码率估计

Index	编码方式
MVPA(0)	regular 0
MVPB(1)	regular 1

而对 MVD 的码率估计算法则较为复杂，其流程如下。显然，MVD 的编码和系数矩阵类似，即 MVD 越大，码率越大。通过式(11-10)将二维向量 MVD 转化为一维标量 fitIn。

$$f(x) = \begin{cases} 0.718, & x = 0 \\ 1.718 + 2\log_2(1+x), & x > 0 \end{cases} \tag{11-10}$$

$$\text{fitIn} = f(\text{MVD}_x) + f(\text{MVD}_y)$$

计算 fitIn 和 SCABAC 的 MVD 码率估计结果，如图 11-6 所示，其中横轴为 fitIn，纵轴为码率估计结果。

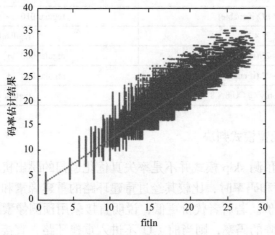

图 11-6　MVD 码率估计算法拟合结果

选择 $y = ax + b$ 作为拟合函数。

对于帧间预测的 Merge 模式 MV 编码，因为 MV 复用相邻块的 MV，故只需要对 Merge 候选 MV 列表的 Index(0~3)进行编码，如表 11-4 所示。

表 11-4　Merge 列表码率估计

Index	编码方式
0	regular0
1	regular 1　+　bypass 1bit
2	regular 1　+　bypass 2bit
3	regular 1　+　bypass 2bit

2. 划分信息

经过测试，增加预测信息和划分信息码率估计后，B-D rate 下降了约 0.3%。对于预测信息和划分信息一样需要进行硬件化，其中 regular 码率统计可用 LUT 实现，MVD 的 fitIn 计算式(11-10)可通过小数精度定点化和 LUT 实现 $\log_2(\ )$ 函数。帧内和帧间预测划分信息码率估计如表 11-5 和表 11-6 所示。

表 11-5　帧内预测划分信息码率估计

PU(only@CU 8 × 8)	编码方式
SIZE_$2N \times 2N$	regular 1
SIZE_$N \times N$	regular 0

表 11-6　帧间预测划分信息码率估计

PU	编码方式
SIZE_$2N \times 2N$	regular 1
SIZE_$2N \times N$	regular 011
SIZE_$2N \times nU$(if enable)	regular 010　+　bypass 1bit
SIZE_$2N \times nD$(if enable)	regular 010　+　bypass 1bit
SIZE_$N \times 2N$	regular 001
SIZE_$nL \times 2N$(if enable)	regular 000　+　bypass 1bit
SIZE_$nR \times 2N$(if enable)	regular 000　+　bypass 1bit
SIZE_$N \times N$(only @ CU 8 × 8)	regular 000

11.2.3　帧间预测可配置模式判决

本章定义的帧间预测 skip 模式并不是率失真优化递归的跳出机制，而是通过计算每个待测 MV 的失真度和码率时，比较其经过重建环路的重建像素和直接使用预测像素这两种情况的率失真代价。若后者代价更低，说明直接采用预测像素的失真增加值小于重建环路得到的系数矩阵的码率，则当前 CU 不进入重建环路，直接用预测像素充当参考像素(将残差置为 0)，可以极大程度上降低码流。本章通过增加加权因子来调控编码器是否更倾向于 skip 模式，其判决式如式(11-11)所示。

$$RDcstRec > cfgW \cdot RDcstPre \tag{11-11}$$

其中，后缀 Rec 代表重建的率失真代价；后缀 Pre 代表预测的率失真代价；cfgW 为加权因子。不等式成立时，skip 模式使能。

本章定义的 IiP(I block in P frame)模式即为帧间预测过程中的帧内预测环节。帧间预测过程采用的是运动估计，即视频中物体的平移，而实际生活中的运动绝大多数情况都带有旋转成分，而且转轴不确定，可能垂直于视频平面，也可能平行于视频平面。下一代视频编码标准 H.266/VVC 中引入了帧间预测的仿射运动估计，可以解决一部分旋转的问题。但是当物体的旋转轴存在平行于视频平面的分量时，仍非常有可能出现参考帧中没有的信息，如物体的背面。就算只考虑平移，视频的边界处也很有可能出现参考帧中没有的信息，如画面中出现了新的物体。HM 中已经支持 IiP 模式，本章通过增加加权因子来调控编码器是否更倾向于 IiP 模式，其计算式如式(11-12)所示，与 skip 模式类似：

$$RDcstP > cfgW \cdot RDcstI \tag{11-12}$$

其中，后缀 P 代表帧间预测的最优率失真代价；后缀 I 代表帧内预测的最优率失真代价，不等式成立时，IiP 模式使能。

11.3   VLSI 实现

11.3.1   顶层架构及时序

视频编码中的率失真优化递归式并不复杂，其中并没有大量重复进行的子问题求解，硬件实现中可以通过将 RDO 模块展开为 4×4、8×8、16×16、32×32、64×64 这 5 种尺寸的计算模块来提高并行度，只需要在关键节点上保持同步即可。关键节点指的是一个四叉子树的母节点和四个子节点完全计算出后，才会开始下一个四叉子树的母子节点并行执行。

需要注意的是，由 SATD 的计算过程可知，对于基于 SATD 代价的 RMD 过程，母节点某模式下的 SATD 值，通过四个子节点对应模式的 SATD 值的加减运算即可获得，因此 RMD 的遍历过程只需要 4×4 的块计算完毕即可。但对于需要经过重建环路的后预测过程来说，DCT 和 DST 矩阵并不具备该性质，因此所有尺寸的计算模块都要存在。

本章提出的架构如图 11-7 所示。其中包括任务发布模块、预测模块、重建环路模块、代价计算模块和模式判决模块。为了减小面积代价，RDO 的 VLSI 实现中暂不支持 64×64 的 CU。

图 11-7 中的箭头标志数据流向，模式判决模块的反箭头表示存在 feedback 数据，例如，遍历过程中模式判决模块中重建 Buffer 暂存的重建像素会 feedback 到预测模块中作为帧内预测的参考像素，模式判决模块模式判决的中间结果，即子四叉树的最优编码参数会 feedback 到任务发布模块中作为 MVP 和 MPM 的上下文寄存。

基于图 11-3 的单一模式重建环路时序图，RDO 实际执行模式遍历判决的时序如图 11-8

所示,同一 PU 的所有待遍历模式之间没有数据依赖,可以流水实现。重建环路中的数据依赖在 4×4 PU 中体现最为明显,因此 4×4 PU 的吞吐率是 RDO 模块的瓶颈。

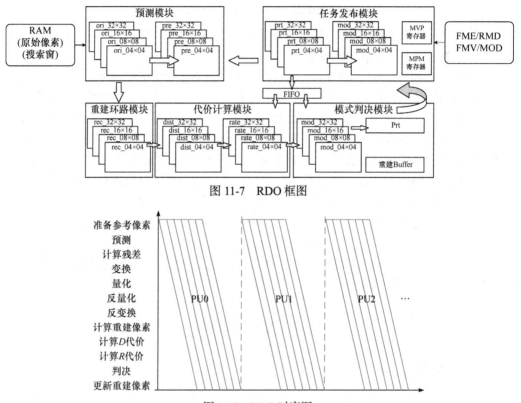

图 11-7　RDO 框图

图 11-8　RDO 时序图

需要注意的是,RDO 过程中为了实际处理数据方便,会将 8×8、16×16、32×32 的色度分量放到 4×4、8×8、16×16 的尺寸中进行处理。该过程在任务发布模块中发布 PU 位置、通道、模式等信息,将在模式判决模块中进行收集,将色度分量重新分配到对应的实际尺寸中。

11.3.2　任务发布模块

任务发布模块的功能是遍历所有 PU,以及对应 PU 的所有编码方式,即 RMD 和 FME 模块传输过来的帧内预测模式信息和帧间预测 MV 信息。本章 VLSI 实现对应的参考软件中 RMD 和 FME 算法只进行当前 PU 粗略编码方式判决,而不进行粗略划分判决。因此任务发布模块的输入为所有尺寸 PU 的粗略编码方式,以下统称帧内预测的角度模式和帧间预测的 FMV 为 rough mode。任务发布模块框图如图 11-9 所示。

在任务发布模块的 prt 模块中进行不同尺寸

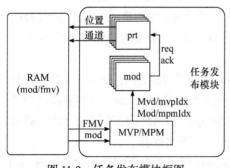

图 11-9　任务发布模块框图

PU 的 Z-scan 顺序和色彩通道遍历，输出位置和通道信息去 RAM 中取数据。

　　在任务发布模块的 mod 模块中根据读取到的 rough mode 数据进行当前 PU 的编码方式遍历。需要注意这里的模式遍历过程中会将 PU 中亮度和色度分量分开，将 8 × 8、16 × 16、32 × 32 PU 的色度分量下移一个层级处理，如表 11-7 所示。这种做法再次增加了 4 × 4 执行单元的时序压力。

表 11-7　RDO 不同层级执行单元的数据量

执行单元尺寸	待处理单元数量
4 × 4	(4 × 4 × 4 Lu + 2 × 4 × 4 Ch + 2 × 8 × 8 Ch) × 32/8 × 32/8
8 × 8	(4 × 8 × 8 Lu + 2 × 16 × 16 Ch) × 32/16 × 32/16
16 × 16	(4 × 16 × 16 Lu + 2 × 32 × 32 Ch) × 32/32 × 32/32
32 × 32	1 × 32 × 32 Lu

　　下面将用 trueSize 代称执行单元的尺寸，用 Size 代称其对应 PU 的尺寸。对于亮度分量，其 trueSize 和 Size 相同；对于色度分量，除了 4 × 4 色度分量的 trueSize 和 Size 相同之外，其余尺寸下 trueSize = Size/2。

　　mod 模块和 prt 模块通过握手协议保持一致，在 mod 遍历完当前 PU 的 rough mode 之前，prt 模块不会进行下一个 PU 的遍历。因为已经引入了握手操作，所以当需要额外引入其他模式遍历时仅仅修改 mod 模块内的模式遍历操作即可，可扩展性很强。在进行 IiP 模式判决时，只需要在帧间预测的 FMV 后面增加帧内预测模型，同时将当前块类型信息传递下去即可实现。

　　任务发布模块是 RDO 过程中唯一的模式信息来源，其本身需要生成后续所有模块中需要的 mod 类参数，如 MVP_idx、MPM_idx 等，下称 general mode，因此任务发布模块中需要包括 LCU 级的模型和 MV 寄存器阵列。任务发布模块和后续不直接连接的模块如代价计算模块和模式判决模块之间需要 FIFO 来暂存 general mode。

11.3.3　预测模块

　　预测模块将完成帧内和帧间的预测过程。对于帧内预测，基于当前角度预测模式进行预测像素的计算；对于帧间预测，基于当前 MV 进行运动补偿，即通过 MV 获取搜索窗中的参考像素作为预测像素。最终在得到预测像素后与原始像素作差得到残差。

　　帧内预测时，预测模块中仅 src 模块与 RAM(原始像素)存在交互，读取原始像素；帧间预测时，src 模块和 preP 模块会与 RAM(原始像素)和 RAM(参考像素)存在数据交互，读取原始像素和参考像素。

　　预测模块框图如图 11-10 所示。帧内预测部分和参考像素管理部分参考了文献[11]的实现。帧内预测过程中，为了快速得到预测像素，preI 模块的参考像素输入接口宽度为 $(64 + 64 + 1) \times 8 = 1032$。而参考像素的准备过程，即 ref 模块和模式判决模块中 buffer rec

的数据交互，和原始像素的读取是同时进行的，因此所有尺寸的 PU 得到预测像素的延时是相同的。帧间预测过程中，参考像素和原始像素通过两组接口在两个 RAM 中分别读取，因此不同尺寸的 PU 获取预测像素的延时仍是相同的。

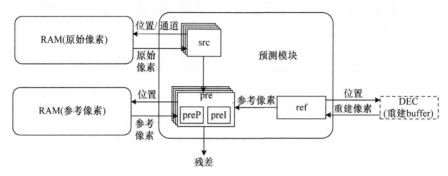

图 11-10　预测模块框图

预测模块通过握手协议和任务发布模块进行沟通，在当前编码方式的预测像素计算完毕之前不会遍历下一个 rough mode。

11.3.4　重建环路模块

由第 7 章的内容可知，重建环路模块中 DCT 矩阵可以转化为

$$\mathrm{DCT} = H_N \times X \times H_N^{\mathrm{T}} = \left(H_N \times \left(H_N \times X \right)^{\mathrm{T}} \right)^{\mathrm{T}} \tag{11-13}$$

其中，H_N 表示 $N \times N$ 的 DCT 矩阵。由式(11-13)推导可知，二维变换可以通过两次一维变换实现，即先对输入数据做行(列)变换，然后对中间结果做列(行)变换。因此，二维变换的硬件实现可由两部分组成：一维变换硬件实现模块和转置矩阵模块。

再基于 DCT 矩阵本身的对称性，其可以分解为

$$H_N = P_N \times \begin{bmatrix} H_{N/2} & 0 \\ 0 & R_{N/2} \end{bmatrix} \times B_N \tag{11-14}$$

P_N 和 B_N 分别代表置换矩阵和蝶形变换矩阵：

$$P_N(i,j) = \begin{cases} 1, & i = 2j \text{ 或 } j = 2(j - N/2) + 1 \\ 0, & \text{其他} \end{cases}$$

$$B_N = \begin{bmatrix} I_{N/2} & \widetilde{I_{N/2}} \\ \widetilde{I_{N/2}} & -I_{N/2} \end{bmatrix} \tag{11-15}$$

其中，$I_{N/2}$ 和 $\widetilde{I_{N/2}}$ 表示 $N/2$ 阶单位矩阵和反三角单位矩阵。

借助上述分解的直接映射，我们可以得到如图 11-11 所示的硬件结构。整个重建环路的时空图如图 11-12 所示。

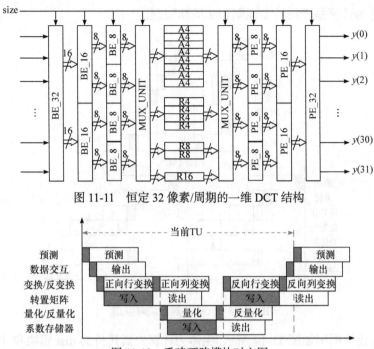

图 11-11 恒定 32 像素/周期的一维 DCT 结构

图 11-12 重建环路模块时空图

典型延时如表 11-8 所示。

表 11-8 重建环路模块(forward)延时典型值

尺寸(吞吐宽度)	ft1d	fwtp	fwqt
4 × 4(16)	1	1	1
8 × 8(8)	1	8	1
16 × 16(8)	2	32	1
32 × 32(8)	4	128	1

表 11-8 中 ft1d 对应行变换前的读取时间，对应读完 PU 第一行所需的周期数；fwtp 为 1D-DCT 操作，对应读完 PU 所有像素所需的周期数；fwqt 是量化操作，直接根据量化参数进行一次乘法，需要 1 周期。

11.3.5 代价计算模块

代价计算模块的功能是计算失真代价和码率代价。基于图 11-3 和图 11-12 绘制 PU 尺寸为 4×4 和大于 4×4 两种情况下的代价计算模块时空图，如图 11-13 所示。

由于数据吞吐宽度的限制，尺寸大于 4×4 的 PU 中代价计算模块大部分时间在读入重建像素或残差系数进行累加操作。由于变换和反变换均采用两级 1D-DCT 实现(图 11-13(b) 中变换和反变换中间虚线)，相当于变换和反变换共产生读入两次 PU 的所有数据所需的周期，而计算 R 代价和 D 代价只需要读入一遍 PU 的所有数据，这事实上给了大尺寸 PU 码率计算更多的时序空余。但是对于 4×4 块，由于读数据一次性读完，因此对于失真代价和码率代价的计算是严格的 1 周期和 3 周期限制。

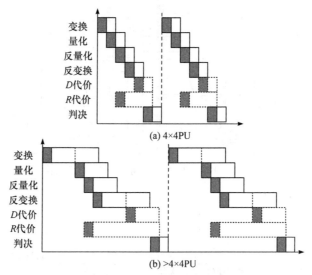

(a) 4×4PU

(b) >4×4PU

图 11-13　代价计算模块时空图

代价计算模块框图如图 11-14 所示。主体为计算失真代价的 dist 模块和计算码率代价的 rate 模块，param 模块提供算法中需要的参数信息，如其他编码信息在 regular 模式下的码率估计值 LUT、拟合函数中的系数 a、b、c 等。

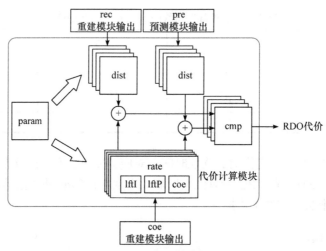

图 11-14　代价计算模块框图

对于失真代价(SSE)的计算，硬件中通过一组乘法器进行操作，可以在 1 周期中完成且没有时序压力。对于码率代价的计算，本章的算法将其分为三个模块：lftI 和 lftP 模块对应其余编码信息统计；coe 模块对应变换系数编码信息统计。

合理规划码率代价计算的时序，如图 11-15 所示：

lftI 和 lftP 通过 LUT 实现 regular 0/1 的码率估计，都是组合逻辑，打一拍。

lftP 中 MVD 的 fitIn 计算和拟合计算分成 2 拍。

coe 在第 1 个周期根据式(11-8)计算 fitIn，第 2 个周期计算 $x^{0.5}$，第 3 个周期计算式(11-9)拟合输出。

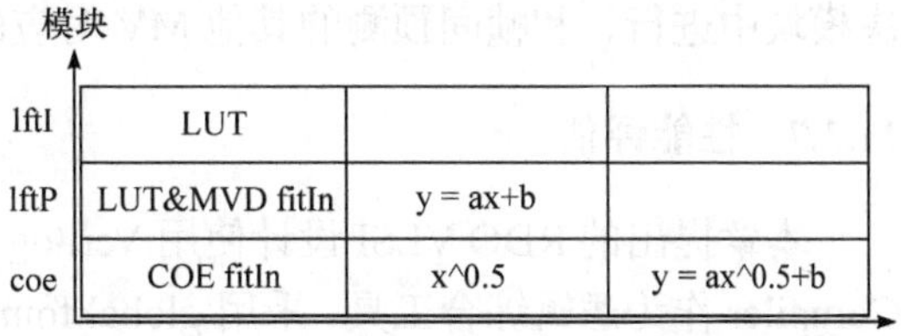

综上可以发现，一个周期中至多存在一次乘法，可以满足硬件视频编码器的时序要求和设计规划。代价计算模块中，在 PU 数据读完后，R 代价计算消耗 3 周期，D 代价计算消耗 1 周期，因此所有尺寸的 PU 得到率失真代价的延时仍是相同的。

图 11-15　代价计算模块 4×4 coe 模块时空图

param 模块将放在配置寄存器中的参数和 λ 相乘得到新的参数，这种做法是为了省掉一个乘法步骤，优化时序。通常一个 LCU 中的配置信息是固定的，在 LCU 编码开始，start 信号使能时同时激活 param 模块，在数据到达代价计算模块前计算完成即可。

代价计算模块引入两组 dist 模块是为了计算 skip 模式的率失真代价，计算式为式(11-11)。需要注意基于加权因子的可配置 skip 模式中新引入了乘法操作，实际执行过程中和 param 模块类似，需要将式(11-11)中的 cfgW 先乘到参数中。skip 模式也是编码参数的一部分，应该包括到任务发布模块的 general mode 中，所以在从代价计算模块到模式判决模块的数据传递过程中，会对任务发布模块通过 FIFO 传到模式判决模块的 general mode 进行覆写。

11.3.6　模式判决模块

模式判决模块的功能是根据代价计算模块输出的 RDO 代价对划分和模式进行判决，其流程框图如图 11-16 所示。其工作流程如下：mod 模块收集当前 PU 所有遍历模式的亮度和色度分量的 RDO cost，并从中选出当前 PU 代价最小的编码模式。当前四叉子树的母节点和子节点的率失真代价都计算完毕之后，对当前子树所在的块进行判决。

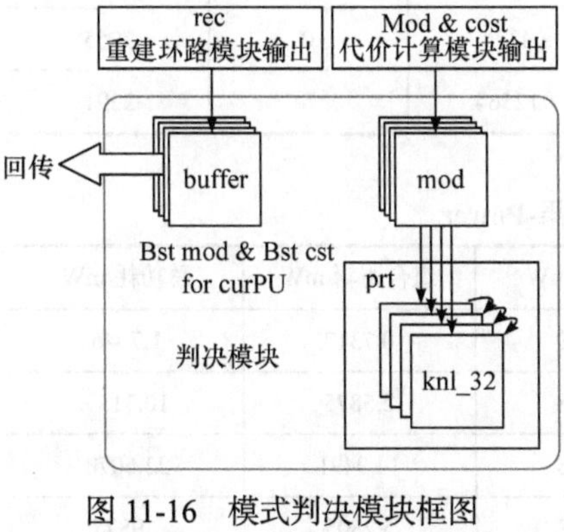

图 11-16　模式判决模块框图

需要注意的是模式判决模块过程中会重新把 trueSize 下的亮度和色度分量的率失真代价整合起来变成对应 Size 的 PU 的率失真代价，再进行判决。

prt 模块中的 knl 子模块不仅要获得对应尺寸的 mod 模块传输过来的模式和代价，而且自身结果也需要作为子块的判决结果传输给更上一个层级的 knl 模块对更大的块进行判决。整体上来看，硬件 RDO 的遍历思路是尺寸从小到大、深度由深到浅进行的。

buffer 会暂存所有层级的最右列和最下行的编码模式信息和重建像素，遍历过程中，在确定了四叉子树的最优模式和划分后，将对应的模式和重建像素从对应层级的 buffer 中取出来，feedback 到前级，其中模式信息的目的地是任务发布模块中的 MVP 和 MPM 寄存器阵列，重建像素的目的地是预测模块的 ref 模块。

相较于 skip 模式的判决可以在代价计算模块中进行，IiP 模式的判决只能放在模式判决模块中进行，和帧间预测的其他 MV 对应的率失真代价进行比较。

11.3.7　性能评估

本章提出的 RDO VLSI 设计使用 Verilog 硬件描述语言实现，使用 Synopsys 的 Design Compiler 作为逻辑综合工具，采用 global foundry 28nm 工艺在 500MHz 频率下进行综合，得到 RDO 各模块的资源代价如表 11-9、表 11-10 和表 11-11 所示。

表 11-9　RDO 顶层综合结果-Area

模块	综合面积/nm²	等效门代价/K
任务发布模块	24225.3563	51.76
预测模块	164208.7556	350.87
重建环路模块	488406.3806	1043.6
代价计算模块	52586.8196	112.37
模式判决模块	73547.0433	157.15
总计	802974.3554	1715.75

表 11-10　RDO 各模块综合结果-Cell

模块	端口	连线	组合逻辑单元	时序逻辑单元	宏定义	缓存/反相器
任务发布模块	3740	14819	9233	3216	2	1997
预测模块	47538	134249	86603	11552	24	14465
重建环路模块	26135	437338	304638	36211	21	43880
代价计算模块	15579	63569	41319	4324	0	7955
模式判决模块	10067	43483	20980	12564	8	3391

表 11-11　RDO 各模块综合结果-Power

模块	存储/mW	时钟网络/mW	寄存器/mW	组合逻辑/mW	总功耗/mW
任务发布模块	0.2567	0.1633	0.5529	0.7317	1.7046
预测模块	5.1064	0.4531	2.1688	2.5875	10.3159
重建环路模块	2.9762	0.9037	3.7788	14.9491	22.6078
代价计算模块	0	0.4429	2.2593	5.2805	7.9827
模式判决模块	0.41	0.2803	1.1105	0.9774	2.7782

视频编码器的硬件设计中会对占用周期数相近的模块进行流水级划分，如 RMD(I 帧)、IME&FME(P 帧)作为一级，RDO&重建环路作为一级，CABAC 作为一级。为了支持模块级流水，本章提出的设计中采用了 multi-bank 方法，即可以同时处理多个无数据依赖的 GOP 或 Slice 的不同模块的流水级。在 VLSI 实现中应该对不同 GOP 的 LCU 分别

进行上下文(左&上)的存储,对应到具体代码中就是将记录上下文信息的寄存器阵列或者 RAM 通过 generate 生成多份。表 11-9～表 11-11 所示的综合结果为 multi-bank ＝ 2 的情况,对于单流水级的视频编码器 VLSI 实现来说,面积和功耗代价将更低。

此外,由于 RDO 过程将 $4 \times 4/8 \times 8/16 \times 16/32 \times 32$ 这四个层级展开实现,综合结果也是 4 条处理通路的全部资源代价,单一通路的 RDO 综合面积大致是表 11-9 中等效门代价的 1/4,即约 446.25K。对于 $4 \times 4 \sim 32 \times 32$ 处理通路的具体分析如下:4×4 通路的数据吞吐量为 16 个像素/周期,是其他尺寸的 2 倍,因此组合逻辑和像素级的时序逻辑面积比为 2:1:1:1;任务发布模块的 SRAM 需要保存上方一行的 CU 级帧内预测模式和帧间预测运动矢量;预测模块的 SRAM 需要保存上方一行的像素,所有尺寸的处理通路共用;重建环路模块的 SRAM 需要保存当前 CU 的系数矩阵以传到后续的熵编码模块中,不同尺寸的 memory 面积比为 1:4:16:64;模式判决模块的 SRAM 需要保存当前 CU 的右侧和下方像素以及 general mode,不同尺寸的 memory 面积比为 1:2:4:8。

本章提出的码率估计算法 VLSI 实现(代价计算模块)和其他基于统计方法的码率估计算法 VLSI 实现对比如表 11-12 所示,其中排除了代价计算模块中为了对齐码率代价和失真代价所需的 FIFO。增加非系数编码信息码率估计在 rate 计算模块引入了较多 LUT,但对 RDO 整体来说面积不大,在大大降低了周期和时序压力的基础上,将 B-D rate 缩小了近一半。

表 11-12 码率估计 VLSI 实现与其他工作对比

参数		文献[10]	文献[1]	本章设计
Standard		HEVC	HEVC	HEVC
B-D rate/%		5.27	3.32	1.64
CMOS 工艺/nm		TSMC 65	TSMC 90	GF 28
频率/MHz		200	270	500
最大分辨率		2K(2048 × 1152)	4K(4096 × 2048)	4K(4096 × 2048)
帧率/fps		30/50	30	30
吞吐率/(像素/s)		70.8M	251.7M	251.7M
系统流水线		32 × 32	32 × 32	32 × 32
像素并行度/像素		16	16	16
NAND2	码率	13.23K	31.46K	62.19K
	失真	7.20K	18.53K	27.95K
延时(Cycle)		1	2	1

参 考 文 献

[1] CHANG J H, CHANG T S. Fast rate distortion optimization design for HEVC intra coding[C]. 2015 IEEE International Conference on Digital Signal Processing, Singapore, 2015: 473-476.

[2] ZHAO X, SUN J, MA S W. Novel statistical modeling, analysis and implementation of rate-distortion

estimation for H. 264/AVC coders[J]. IEEE Transactions on Circuits and Systems for Video Technology, 2010, 20(5): 647-660.

[3] SARWER M G, PO L M. Fast bit rate estimation for mode decision of H.264/AVC[J]. IEEE Transactions on Circuits and Systems for Video Technology, 2007, 17(10): 1402-1408.

[4] MA S W, GAO W, LU Y. Rate-distortion analysis for H.264/AVC video coding and its application to rate control[J]. IEEE Transactions on Circuits and Systems for Video Technology, 2005, 15(12): 1533-1544.

[5] YAN B, WANG M H. Adaptive distortion-based intra rate estimation for H.264/AVC rate control[J]. IEEE Signal Processing Letters, 2009, 16(3): 145-148.

[6] LI W, REN P. Fast CABAC rate estimation for HEVC mode decision[C]. 2015 IEEE International Conference on Multimedia Big Data, Beijing, 2015: 171-175.

[7] HAHM J M, KYUNG C M. Efficient CABAC rate estimation for H. 264/AVC mode decision[J]. IEEE Transactions on Circuits and Systems for Video Technology, 2010, 20(2): 310-316.

[8] WON K, JEON B. Rate estimation for CABAC with low complexity[C]. 2013 IEEE International Symposium on Broadband Multimedia Systems and Broadcasting(BMSB), London, 2013: 1-4.

[9] ZHANG Y Z, LU C. A highly parallel hardware architecture of table-based CABAC bit rate estimator in an HEVC intra encoder[J]. IEEE Transactions on Circuits and Systems for Video Technology, 2018, 29(5): 1544-1558.

[10] SHEN W W, FAN Y, HUANG L L, et al. A hardware-friendly method for rate-distortion optimization of HEVC intra coding[C]. Technical Papers of 2014 International Symposium on VLSI Design, Automation and Test, Taiwan, 2014: 1-4.

[11] 刘聪. HEVC 视频编解码器中帧内预测模块的 VLSI 实现研究[D]. 上海: 复旦大学, 2014.

第 12 章　码率控制

在视频编码的实际应用中，编码器往往需要包含码率控制模块以确保编码器的输出码率满足存储设备可提供的存储空间、传输信道可提供的传输带宽以及传输延迟的限制等条件。每一代视频编码标准的制定过程中都集成了相应的码率控制算法到其测试模型中，如 MPEG-2 的 TM5、AVC 的 JM 和 HEVC 的 HM 等。码率控制不属于编码标准的一部分，相较于标准规定好的技术具有更大的灵活性，在实际中可根据不同的应用场景来调整码率控制的策略，但应用中的码率控制算法多数还是在标准推荐的码率控制算法的基础上发展而来的。

本章首先简要说明码率控制的概念与三种基本方法，然后详细说明 R-Q 模型与 R-λ 模型并通过对各提案的比较分析，最后对码率控制模型的特点与改进方向做出总结。

12.1　概　　述

码率控制的目的是在精确达到目标码率的同时尽可能改善编码视频的质量，其主要分为两个步骤，即比特分配和比特控制。比特分配过程通常是根据目标码率和视频序列特性为每一个 GOP、帧和基本单元分配适当的目标比特数；比特控制过程是根据目标比特数，利用率失真模型计算量化参数或拉格朗日乘子进行编码，使编码器输出每一个基本单元、帧和 GOP 的比特数尽可能等于预先的目标比特。目前主流编码标准推荐的码率控制模型，如 AVC 推荐的 R-Q 模型以及 HEVC 推荐的 URQ 模型和 R-λ 模型，均可用上述两步概括。为了更好地理解具体的码率控制模型，首先介绍一些码率控制方法，如固定比特率编码(CBR)、可变比特率编码(VBR)、平均比特率编码(ABR)。

固定比特率编码是指编码器每秒输出的比特数是常数。但实际情况下视频序列的图像复杂度是变化的，这就导致视频编码所需的实际比特数是不断变化的。为了使编码器输出比特率与指定比特率保持一致，当图像比特率过小时，就填充无用数据；当图像比特率过大时，就扩大量化参数。因此，固定比特率编码模式的编码效率通常比较低，且在传输画面细节较多的视频序列时会由于扩大量化参数，出现画面模糊等现象。总的来说，固定比特率编码适用于带宽受限的信道，而不适用于存储。

可变比特率编码是相对固定比特率编码提出的概念。顾名思义，此方法中编码器每秒输出的比特数是变化的。当图像复杂度低时，其输出的比特率低；当图像复杂度高时，其输出的比特率高。动态比特率编码的优点是在保证视频和音频质量的情况下尽可能减小文件体积，缺点是不适用于对比特率稳定程度要求较高的图传系统。

平均比特率编码是上述两种方法的折中，通常设定有传输比特率的上下限，编码器每秒输出的比特数在设定的范围之内。一般情况下，图像复杂度不高时，编码器将按照设定的比特率输出，但当图像细节较多时，编码器会使用高于目标码率的数值进行编码以保证更好的质量。

12.2 码率控制提案

12.2.1 AVC 的 R-Q 模型

JVT-N046[1]提案中的码率控制算法的目的是向信道提供满足可用带宽的数据流，由GOP 级码率控制、图像级码率控制和基本单元级码率控制(可选)组成。此提案中的基本单元定义为同一帧中一组连续的宏块，每个单元至少应包含一个宏块。GOP 级速率控制完成以下工作：①计算该 GOP 中剩余图片的总目标比特数；②刷新第一个参考帧的初始量化参数。具体来说，当第 i 个 GOP 中的第 j 帧编码时，该 GOP 中的剩余图片的目标比特数按式(12-1)计算。

$$B_i(j) = \begin{cases} \dfrac{R_i(j)}{f} \times N_i - V_i(j), & j = 1 \\ B_i(j-1) + \dfrac{R_i(j) - R_i(j-1)}{f} \times (N_i - j + 1) - b_i(j-1), & j = 2, 3, \cdots, N_i \end{cases} \tag{12-1}$$

其中，f 为预定义的编码帧率；N_i 是第 i 个 GOP 中的图片总数；$R_i(j)$ 是编码第 i 个 GOP 中的第 j 帧时的信道速率；$V_i(j)$ 是编码第 i 个 GOP 中的第 j 帧时虚拟缓冲区已占用的比特数。虚拟缓冲区是为了减小编码速率和目标速率的差别，在编码器和传输信道间建立的一个数据缓冲区。$B_i(j)$ 和 $b_i(j)$ 分别为式(12-1)计算出的目标比特数和编码实际产生的比特数。$V_i(j)$ 会随着编码的进行按式(12-2)更新。

$$\begin{cases} V_i(1) = \begin{cases} 0, & i = 1 \\ V_{i-1}(N_{i-1}), & \text{其他} \end{cases} \\ V_i(j) = V_i(j-1) + b_i(j-1) - \dfrac{R_i(j-1)}{f}, & j = 2, 3, \cdots, N_i \end{cases} \tag{12-2}$$

由式(12-2)可知，每个 GOP 的初始虚拟缓冲区大小总为其前一个 GOP 中最后一帧的虚拟缓冲区大小，对于第一个 GOP 来说，其虚拟缓冲区大小为 0。

而第一个 GOP 的第一个参考帧的量化参数 QP 由其像素深度(bpp)决定，此提案中 bpp的定义如式(12-3)所示。

$$\text{bpp} = \frac{R_1(1)}{f N_{\text{pixel}}} \tag{12-3}$$

其中，N_{pixel} 为图像的像素数。不同范围的 bpp 对应不同的量化参数，此提案中的范围划分如式(12-4)所示。

$$QP_1(1) = \begin{cases} 40, & \text{bpp} \leqslant l_1 \\ 30, & l_1 < \text{bpp} \leqslant l_2 \\ 20, & l_2 < \text{bpp} \leqslant l_3 \\ 10, & \text{bpp} > l_3 \end{cases} \tag{12-4}$$

其中，QP 的下标表示 GOP 的序列号，如 QP_i 即表示第 i 个 GOP 的量化参数，而 QP 后括号中的数字则表示该 GOP 中第几个参考帧，如 $QP_1(1)$ 则表示第一个 GOP 中第一个参考帧的量化参数。式(12-4)中 l_1、l_2 和 l_3 对于标准化图像格式(CIF)和 1/4 通用中间格式(QCIF)的图片来说取值为 0.15、0.45 和 0.9。对于图片大小大于 CIF 的情况，此提案建议 $l_1 = 0.6$，$l_2 = 1.4$，$l_3 = 2.4$。其余 GOP 的第一个参考帧的 QP 值由其前一层 GOP 的初始 QP 或最后一帧 QP 值决定，具体如式(12-5)所示。

$$QP_i(1) = \max\left\{ QP_{i-1}(1) - 2, \min\left\{ QP_{i-1}(1) + 2, \frac{\text{Sum}(QP(i-1))}{N_p(i-1)} - \min\left\{ 2, \frac{N_{i-1}}{15} \right\} \right\} \right\} \tag{12-5}$$

其中，$N_p(i-1)$ 是第 $i-1$ 个 GOP 中的参考帧总数；$\text{Sum}(QP(i-1))$ 是第 $i-1$ 个 GOP 中参考帧的平均量化参数之和。

JVT-N046[1]在 GOP 级码率控制后紧接着进行图像级码率控制，在该级提案主要完成两步工作：预编码和后编码。预编码是为了计算每一张图片的量化参数，后编码则是根据实际的编码结果更新预编码中的参数。具体来说，预编码阶段的非参考帧和参考帧的量化参数的计算方式不同。对于非参考帧，如果其前后恰好均为参考帧，则按照式(12-6)计算其 QP。

$$QP_i(j+1) = \begin{cases} \dfrac{QP_i(j) + QP_i(j+2) + 2}{2}, & QP_i(j) \neq QP_i(j+2) \\ QP_i(j) + 2, & \text{否则} \end{cases} \tag{12-6}$$

其中，$j+1$ 表示当前非参考帧序数，而 j 和 $j+2$ 则表示其前后参考帧的序数。当两个参考帧之间有多个非参考帧时，其间非参考帧不使用式(12-6)，而是按式(12-7)计算。

$$QP_i(j+k) = QP_i(j) + \alpha + \max\left\{ \min\left\{ \frac{QP_i(j+L+1) - QP_i(j)}{L-1}, 2(k-1) \right\}, -2(k-1) \right\} \tag{12-7}$$

其中，k 为当前非参考帧在多个非参考帧中的序数，离前一个参考帧最近的非参考帧序数为 1；L 则为两个参考帧间隔的非参考帧总数；α 是依据两个参考帧的 QP 之差和 L 给定的参数，其依据如式(12-8)所示。

$$\alpha = \begin{cases} -3, & QP_i(j+L+1) - QP_i(j) \leqslant -2 \times L - 3 \\ -2, & QP_i(j+L+1) - QP_i(j) = -2 \times L - 2 \\ -2, & QP_i(j+L+1) - QP_i(j) = -2 \times L - 1 \\ 0, & QP_i(j+L+1) - QP_i(j) = -2 \times L \\ 1, & QP_i(j+L+1) - QP_i(j) = -2 \times L + 1 \\ 2, & \text{否则} \end{cases} \tag{12-8}$$

对于参考帧，此提案分两步计算：第一步为计算参考帧的目标比特；第二步为计算量化参数和进行率失真优化。总的来说，第一步的计算是使用式(12-9)进行的。

$$T_i(j) = \beta \times \widehat{T}_i(j) + (1-\beta) \times \widetilde{T}_i(j) \tag{12-9}$$

其中，β 为常系数，默认值为 0.5，当不存在非参考帧时值为 0.9，等式左项为参考帧的目标比特数，等式右项从左到右则分别表示图像本身和缓冲区对于参考帧目标比特数的影响。

式(12-10)体现了缓冲区对于比特分配的影响，其中 γ 是默认值为 0.5 的常系数，当不存在非参考帧时值为 0.25，对于目标缓冲层 S 的计算则依据式(12-11)。

$$\widetilde{T}_i(j) = \frac{R_i(j)}{f} + \gamma \times \left(S_i(j) - V_i(j)\right) \tag{12-10}$$

$$S_i(j+1) = S_i(j) - \frac{S_i(2)}{N_p(i)-1} + \frac{\overline{W}_{p,i}(j) \times (L+1) \times R_i(j)}{f \times \overline{W}_{p,i}(j) + \overline{W}_{b,i}(j) \times L} - \frac{R_i(j)}{f} \tag{12-11}$$

其中，$S_i(2)$ 为第 i 级 GOP 在第一个参考帧编码完成后计算的初始目标缓冲层大小(按 $S_i(2) = V_i(2)$ 计算)，而 $\overline{W}_{p,i}(j)$ 和 $\overline{W}_{b,i}(j)$ 则分别表示参考帧和非参考帧的平均复杂度权重。值得注意的是，式(12-11)中序数为 $j+1$ 的帧的缓冲层大小才是待计算的，序数为 j 的帧的各参数是已知的。参考帧和非参考帧的平均权重和权重的计算如式(12-12)所示。

$$\begin{cases} \overline{W}_{p,i}(j) = \dfrac{W_{p,i}(j)}{8} + \dfrac{7 \times \overline{W}_{p,i}(j-1)}{8} \\[2mm] \overline{W}_{b,i}(j) = \dfrac{W_{b,i}(j)}{8} + \dfrac{7 \times \overline{W}_{b,i}(j-1)}{8} \\[2mm] W_{p,i}(j) = b_i(j) \times \mathrm{QP}_{p,i}(j) \\[2mm] W_{b,i}(j) = \dfrac{b_i(j) \times \mathrm{QP}_{b,i}(j)}{1.3636} \end{cases} \tag{12-12}$$

由式(12-12)可知，参考帧的权重往往大于非参考帧的权重，且在计算当前帧的平均权重时，并不是一般的加权求平均，而是通过 1:7 的比例在帧数较少时稀释了某一帧权重突变对于平均权重的影响，在帧数较多时又避免了顺序靠后的帧权重对于平均权重影响较小的问题。

至此，式(12-10)中各参数涉及的计算过程已结束，接下来是图像本身对于目标比特数的影响，如式(12-13)所示。

$$\widehat{T}_i(j) = \frac{W_{p,j}(j-1) \times B_i(j)}{W_{p,i}(j-1) \times N_{p,r} + W_{b,i}(j-1) \times N_{b,r}} \tag{12-13}$$

其中，$N_{p,r}$ 和 $N_{b,r}$ 分别为当前 GOP 中剩余参考帧和非参考帧的数量。在完成参考帧的目标比特分配后，则进行量化参数的计算。此提案使用前面提到的二阶抛物线模型计算量化参数，如式(12-14)所示。

$$T_i(j) = c_1 \times \frac{\widetilde{\sigma}_i(j)}{Q_{\text{step},i}(j)} + c_2 \times \frac{\widetilde{\sigma}_i(j)}{Q_{\text{step},i}^2(j)} - m_{h,i}(j) \tag{12-14}$$

其中，$\widetilde{\sigma}_i(j)$ 和 $m_{h,i}(j)$ 分别表示第 i 个 GOP 中第 j 帧的平均绝对误差(MAD)和头比特与运动向量比特之和；c_1 和 c_2 为随着编码不断更新的参数。此模型使用线性模型对当前帧的 MAD 进行预测，详细计算如式(12-15)所示。

$$\widetilde{\sigma}_i(j) = a_1 \times \sigma_i(j-1-L) + a_2 \tag{12-15}$$

其中，a_1 和 a_2 初始为 1 和 0，会随着编码的进行不断更新。另外，Q_{step} 表示量化步长，也就是说此提案并不直接使用式(12-14)计算量化参数，而是先计算量化步长，再根据 AVC 中规定的量化参数与量化步长关系得到量化参数。得到量化参数后，此提案将完成帧编码与模型参数(式(12-14)中的 c_1 和 c_2 与式(12-15)中的 a_1 和 a_2)的更新，即后编码。

JVT-N046[1]提案的码率控制模型最后进行基本单元层的码率控制。基本单元层可大可小，可以将一帧看作一个基本单元，那么此时也就不进行基本单元层的码率控制，而如果将一个宏块看作一个基本单元，那么此时相当于宏块级的码率控制，而在一般情况下，一个基本单元由多个连续的宏块组成。基本单元级的码率控制与图像级的码率控制有相似之处，具体来说此级的码率控制按照以下五步进行。

(1) 计算基本单元的 MAD 值。

(2) 计算基本单元的目标图片比特数。该步又细分为如下几步进行。首先是根据复杂度的占比计算目标比特数：

$$\tilde{b}_l = T_r \times \frac{\widetilde{\sigma}_{l,i}^2(l)}{\sum\limits_{k=l}^{N_{\text{unit}}} \widetilde{\sigma}_{k,i}^2(j)} \tag{12-16}$$

其中，T_r 表示当前帧的剩余比特数。而目标比特数 $\tilde{b}_l =$ 目标图片比特数 $\hat{b}_l +$ 头比特数 m。故还需计算头比特数：

$$\begin{cases} \widetilde{m}_{\text{hdr},l} = \widetilde{m}_{\text{hdr},l-1} \cdot \left(1 - \frac{1}{l}\right) + \frac{\hat{m}_{\text{hdr},j}}{l} \\ m_{\text{hdr},l} = \widetilde{m}_{\text{hdr},l} \cdot \frac{1}{N_{\text{unit}}} + m_{\text{hdr},1} \cdot \left(1 - \frac{1}{N_{\text{unit}}}\right); \quad 1 \leqslant l \leqslant N_{\text{unit}} \end{cases} \tag{12-17}$$

其中，$\hat{m}_{\text{hdr},j}$ 是最近参考帧中基本单元的实际头比特数；$m_{\text{hdr},l}$ 则是根据先前所有参考帧中基本单元估计得到的头比特数。而式(12-16)与式(12-17)计算结果之差则为需要的目标图片比特数。

(3) 使用式(12-14)计算量化步长并转换为量化参数。

(4) 进行率失真优化和基本单元编码。

(5) 更新当前帧的剩余比特数和模型参数。

12.2.2　HEVC 的 URQ 模型

通过前面对 JVT-N046[1]提案中码率控制模型的介绍，相信读者对于 R-Q 模型有了初步的认知。不过随着编码标准的不断更新，新的模型也不断出现。R-Q 模型毫无疑问适用于 AVC 编码标准，但对于编码模式更多、基本单元层大小可变的 HEVC 编码标准来说，R-Q 模型能否依旧有很好的表现？是否存在其他性能更好的模型？

针对 HEVC 编码标准，在 JCT-VC 会议上有多种模型被提出，其中包括 R-Q 模型，R-λ 模型等。不过，由于 HEVC 编码标准与 AVC 编码标准存在区别，因此适用于 AVC 编码标准的 R-Q 模型需经过修改才能适用于 HEVC 编码标准。JCTVC-H0213[2]提案在 JVT-N046[1]的基础上提出了基于像素级码率控制的 URQ 模型，此模型使用与式(12-14)相似的二阶抛物模型，不过针对 HEVC 编码标准做出了一定修改，如式(12-18)所示。

$$\frac{T_i(j)}{N_{\text{pixels},i}(j)} = \alpha \cdot \frac{\text{MAD}_{\text{pred},i}(j)}{\text{QP}_i(j)} + \beta \cdot \frac{\text{MAD}_{\text{pred},i}(j)}{\text{QP}_i^2(j)} \tag{12-18}$$

比较式(12-18)与式(12-14)不难发现，URQ 模型直接计算量化参数，并且不含基本单元头比特的部分，最关键的是式(12-18)左项中的 $N_{\text{pixels},i}(j)$ 表示第 i 个 GOP 中的第 j 帧的像素数，则式(12-18)的等式左边表示一帧中每个像素的平均比特率，说明这是基于像素级别实现的码率控制，可理解为针对 HEVC 中大小可变的块尺寸进行的适应。要使用式(12-18)计算 QP 需要完成以下两步：①帧级或 LCU 级比特分配，得到第 i 个 GOP 中第 j 帧的目标比特 $T_i(j)$。②根据线性预测模型计算当前帧的平均绝对误差 $\text{MAD}_{\text{pred},i}(j)$。此提案中计算 MAD 依旧使用线性预测模型如式(12-19)所示。

$$\text{MAD}_{\text{pred},i}(j) = a_1 \cdot \text{MAD}_{\text{actual},i}(j-1-M) + a_2 \tag{12-19}$$

其中，a_1 和 a_2 为随预测进行不断更新的模型参数，初始值分别为 1 和 0；M 为当前帧与前一个最近参考帧之间的帧数，那么 $\text{MAD}_{\text{actual},i}(j-1-M)$ 自然表示与当前帧最近的前一个参考帧的 MAD 实际值。不难发现，对于每一个 GOP 的第一个参考帧，由于不存在用于预测 MAD 的参数，无法通过式(12-18)计算其 QP。在此提案中，针对第一个 GOP 中的第一个参考帧，和其余 GOP 中的第一个参考帧两种情况进行了处理。对于第一个 GOP 中的第一个参考帧，直接使用预设的 QP 值，而对于其余 GOP 中的第一个参考帧则通过式(12-20)确定。

$$\text{QP}_i(1) = \max\left\{\text{QP}_{i-1}(N_{\text{GOP}}) - 2, \min\left\{\text{QP}_{i-1}(N_{\text{GOP}}) + 2, \frac{\sum_{k=\text{ref}}^{N_{\text{GOP}}}\text{QP}_{i-1}(k)}{N_{\text{ref}}}\right\}\right\} \tag{12-20}$$

其中，N_{GOP} 为当前 GOP 中的参考帧数量。可以看出，除第一个 GOP 以外的 GOP，其第一个参考帧 QP 取值几乎由前一个 GOP 决定，而参考帧的 QP 又通过影响其 MAD 值影响其余帧的 QP 计算，因此预设 QP 的值对码率控制的效果有着重要的影响。而 HEVC 的编码模式相较 H.264 更加灵活多变，为不同视频源在不同编码模式下选择合适的初始

QP 值难度更大。除此以外，JCTVC-I0426[3]提案发现，相比于 QP，码率对于λ 更加敏感，在固定λ 的条件下，稍微改变 QP 的值并不会使码率改变太大，而这也是放弃 R-Q 模型的原因。

12.2.3　HEVC 的 Q-λ 模型

JCTVC-I0426[3]提案在随机访问(random access)、低延时(low delay)和 IBBB 三种编码结构下进行实验，其中随机访问和低延时结构为 HEVC 编码标准中的两种编码结构，而IBBB 为此提案使用的一种简单编码结构。另外，此提案认为 HEVC 编码标准中的帧内编码结构(all-intra)相比于其他两种结构的应用范围较窄，故没有将该结构用于实验。此提案对一定数量的图像序列进行编码，得到 QP 与λ 数据，进而通过曲线拟合的方法根据成对的 QP 和λ 离散数据点建立 QP-λ 模型。具体来说，此提案的实验步骤大致如下。

(1) 预设系列初始 QP 值，对于不同的编码结构使用不同的 QP 值进行编码(这里将图像编码时使用的初始 QP 值记为 QP_0)。

(2) 根据 HM6.0 的算法依据 QP_0 计算λ 。

(3) 使用固定λ 值对 LCU 进行编码，通过多 QP 优化确定每个 LCU 的最佳 QP。

(4) 对得到的 QP-λ 数据对做曲线拟合找出 QP-λ 关系。

经过上述步骤，此提案部分实验数据如图 12-1 所示。

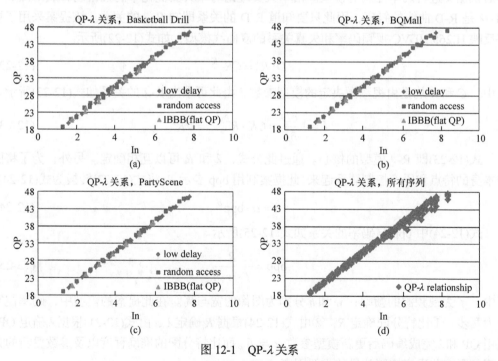

图 12-1　QP-λ 关系

图 12-1(d)的图像显示了考虑所有图像序列和编码格式的 QP-lnλ 数据图，其余图片则为某一图像序列的数据图。在此基础上，此提案发现 QP 与 lnλ 在不同图像序列和不同编码结构下都具有很好的线性关系。具体 QP-λ 模型如式(12-21)所示。

$$QP = a\ln\lambda + b \tag{12-21}$$

式(12-21)中的 QP-λ 关系适用于不同的编码结构和序列，且该提案进一步给出式(12-21)中参数 $a = 4.2005$，$b = 13.7122$，即 $QP = 4.2005\ln\lambda + 13.7122$。除此之外，此提案尝试使用式(12-21)改进原有的编码方式，具体思路分为两类：一是在 QP 确定后使用式(12-21)而不是 HM-6.0 的算法计算 λ；二是根据原来的 λ 使用式(12-21)计算 QP。为了决定使用哪种思路，提案对同一图像序列使用两种方式进行编码，其中一种为保持原有 QP 而将 λ 应用于所有图片，另一种为保持原有 λ 而将 QP 应用于所有图片，通过比较两种编码方式得到的比特率，从而分析编码过程中码率对于 λ 和 QP 的灵敏度。最终发现上述两种编码方法中前者产生的码率平均变化率远大于后者，后者的平均码率变化仅为 3%。由此，此提案得出重要结论如下：①相比于 QP，码率对于 λ 更加敏感。②当固定 λ 时，一定范围内 QP 的改变对于总的码率影响不大。理所当然，此提案建议根据原来的 λ 使用式(12-21)计算 QP。JCTVC-I0426[3]不仅提出了 QP-λ 模型，还根据实验证明 λ 相比于 QP 在决定码率的过程中起重要作用，是后续 JCTVC-K0103[4]提案得以提出 R-λ 模型的关键。

12.2.4　HEVC 的 R-λ 模型

JCTVC-K0103[4]提案提出了 R-λ 模型。顾名思义，R-λ 模型是通过建立 R-λ 的关系，而后根据 λ 进行码率控制的模型。由率失真理论与率失真优化中的拉格朗日成本函数可知 $-\lambda$ 是 R-D 曲线的斜率，因此只要知道 R-D 的关系即知 R-λ 的关系。该提案采用了更好反映 H.265/HEVC 视频码率和失真关系的双曲线模型，如式(12-22)所示。

$$D(R) = CR^{-K} \tag{12-22}$$

其中，C 和 K 均是由视频源决定的模型参数。由此可求出 R-λ 的关系如式(12-23)所示。

$$\lambda = -\frac{\partial D}{\partial R} = CK \cdot R^{-K-1} = \alpha R^{\beta} \tag{12-23}$$

式(12-23)即 R-λ 模型的核心。通过此公式，λ 和 R 可以互相确定。另外，为了将图像本身的特点和码率控制联系起来，此提案利用 bpp 表示 R，将式(12-23)转换为式(12-24)。

$$\lambda = \alpha \cdot \text{bpp}^{\beta} \tag{12-24}$$

式(12-24)中 bpp 与码率的关系如式(12-25)所示。

$$\text{bpp} = \frac{R}{f \cdot w \cdot h} \tag{12-25}$$

其中，f 为视频源的帧率；w 和 h 分别为图像的宽与高。在此提案的模型中，码率控制分为两步：①比特分配确定 R；②由式(12-24)根据 R 确定 λ，由式(12-21)根据 λ 确定 QP，使用 QP 和 λ 完成编码后更新模型参数 α 与 β。而比特分配的准确程度以及参数更新的方法正是影响此码率控制效果的重要因素。

JCTVC-K0103[4]提案的比特分配过程不涉及 R-λ 模型，与 JCTVC-H0213[2]提案的 URQ 模型类似，分为 GOP 级比特分配、帧级比特分配和 LCU 级比特分配三步。不过，由于不用像 URQ 模型在比特分配时对参考帧与非参考帧等情况分别处理，R-λ 模型的比特分配要简单得多。首先 GOP 级比特分配依照式(12-26)进行。

$$T_{\text{AvgPic}} = \frac{R_{\text{PicAvg}}\left(N_{\text{coded}} + \text{SW}\right) - R_{\text{coded}}}{\text{SW}} \tag{12-26}$$

$$T_{\text{GOP}} = T_{\text{AvgPic}}N_{\text{GOP}} \tag{12-27}$$

其中，T_{AvgPic} 为每帧的目标比特数；R_{PicAvg} 为目标信道速率下的每帧的目标比特数；N_{coded} 为视频序列已经编码的总帧数；R_{coded} 为这些帧的实际编码比特数。此提案在 GOP 级比特分配中使用了平滑窗口(slide window)法，式(12-26)中的 SW 为平滑窗口系数，目的是平滑比特波动，一般取值为 40，较小的 SW 容易导致 GOP 之间较大的比特波动。随后使用式(12-27)将 GOP 中的帧数与式(12-26)计算的每帧目标比特数相乘即可得到当前 GOP 的总目标比特数。而在帧级与 LCU 级码率分配当中，则引入权重 ω 的概念，每一帧和每一 LCU 依照自身权重与未编码内容的总权重之比在剩余的比特数中分配比特，具体如式(12-28)和式(12-29)所示。

$$T_{\text{CurrPic}} = \frac{T_{\text{GOP}} - \text{Coded}_{\text{GOP}}}{\sum_{\text{NotCodedPictures}}\omega_i} \times \omega_{\text{CurrPic}} \tag{12-28}$$

$$T_{\text{CurrCU}} = \frac{T_{\text{CurrPic}} - \text{Bit}_{\text{header}} - \text{Coded}_{\text{Pic}}}{\sum_{\text{NotCodedLCUs}}\omega_i} \times \omega_{\text{CurrLCU}} \tag{12-29}$$

式(12-28)对应帧级比特分配，式(12-29)对应 LCU 级比特分配，容易注意到式(12-29)相对式(12-28)多出 $\text{Bit}_{\text{header}}$ 部分，该部分将根据属于同一级别的先前编码图片的实际头位估计。除此之外，式(12-28)和式(12-29)中的权重参数来源不同，式(12-28)中的权重参数根据帧的编码结构以及 bpp 查表决定，而式(12-29)中的权重参数则根据前一已编码图片中的同级 LCU 的 MAD 计算，如式(12-30)所示。

$$\omega_{\text{LCU}} = \text{MAD}_{\text{LCU}}^2 \tag{12-30}$$

在比特分配完成后，便可使用式(12-24)与式(12-25)确定 λ，并根据确定的 λ 使用式(12-21)确定 QP。随着 QP 与 λ 的确定，便可对一个 LCU 或帧进行编码。编码完成后，便是关键的更新编码参数步骤。式(12-24)中的 α 与 β 是与视频源有关的参数，在第一次调用时使用设定的初始值，$\alpha = 3.2003$，$\beta = -1.367$。不过，由于两者会随着编码不断更新迭代，因此其初始值的设定对整个模型的实现效果影响不大。具体来说，α 与 β 的更新依照式(12-31)～式(12-33)进行。

$$\lambda_{\text{comp}} = \alpha_{\text{old}}\text{bpp}_{\text{real}}^{\beta_{\text{old}}} \tag{12-31}$$

$$\alpha_{\text{new}} = \alpha_{\text{old}} + \delta_\alpha\left(\ln\lambda_{\text{read}} - \ln\lambda_{\text{comp}}\right)\alpha_{\text{old}} \tag{12-32}$$

$$\beta_{\text{new}} = \beta_{\text{old}} + \delta_\beta\left(\ln\lambda_{\text{real}} - \ln\lambda_{\text{comp}}\right)\ln\text{bpp}_{\text{real}} \tag{12-33}$$

其中，下标 old 和 new 分别表示更新前后，编码后的实际 bpp_{real} 和由此计算的 λ_{comp} 在 α 与 β 的更新中起重要作用。另外，对于低码率的情况，这种更新方法无法使用，α 与 β 的更新需要进行特殊处理如下：$\alpha_{\text{new}} = 0.96\alpha_{\text{old}}$，$\beta_{\text{new}} = 0.98\beta_{\text{old}}$。

JCTVC-K0103[4]提案提出的 R-λ 模型摆脱了蛋鸡悖论,另外 λ 在编码过程中以浮点数参加运算,而 R-Q 模型中 QP 仅能以整数形式变化,相比于 QP,模型对于 λ 的调整更加精细。不过,K0103[4]提案中的 R-λ 模型存在一定问题:一是模型主要针对帧间预测编码,而对帧内预测编码涉及较少;二是模型在更新 α 和 β 参数时,方法较为简单粗糙;三是模型在比特分配时权重参数不能很好地体现图像特点。针对上述问题,JCTVC-M0257[5]与 JCTVC-M0036[6]均提出了对应的改进方案。

12.2.5 R-λ 模型的改进

1. JCTVC-M0257

JCTVC-M0257[5]提案提出了一种帧内码率控制方案。其在式(12-24)的 R-λ 关系上进一步考虑复杂度 C 的影响,修改后的 R-λ 关系如式(12-34)所示。

$$\lambda = \alpha \left(\frac{C}{R_{\text{target}}} \right)^{\beta} \tag{12-34}$$

其中,复杂度 C 基于 SATD 来度量,SATD 是将 Hadamard 变换应用于原始 8×8 块后获得的系数绝对值之和。为了适用于帧内预测,该提案引入了两个特殊修改后的 SATD 值:SATD_0 与 SATD_1。当 SATD_0 超过某一阈值时,模型会选用 SATD_1 评估复杂度。另外,帧的复杂度为所有单元的 SATD_1 或 SATD_0 之和。两者的具体定义如式(12-35)和式(12-36)所示。

$$\text{SATD}_0 = \text{SATD} - |h_{00}| \tag{12-35}$$

$$\text{SATD}_1 = \sum_{i=1}^{N-1}\sum_{j=1}^{N-1} |h_{ij}| \tag{12-36}$$

其中,h_{ij} 为 Hadamard 变换后矩阵的第 i 行第 j 列的值。在此提案中,复杂度还被用于 LCU 级的比特分配过程,LCU 的权重的计算由式(12-29)变为当前单元的复杂度和同帧中所有未编码的单元的复杂度累加结果之比,如式(12-37)所示。

$$\omega(i) = \frac{C^{\text{CTU}}(i)}{\sum_{j=i}^{M-1} C^{\text{CTU}}(j)} \tag{12-37}$$

另外,因为此提案对应的 HM-10 中的码率控制算法采用的是同一帧使用同一 λ 的模式,并没有逐单元地编码与更新参数,所以如果用于 LCU 的编码参数与实际差别较大,会导致实际比特数与分配比特数差别较大。针对这一问题,此提案对 LCU 级比特分配时剩余比特数的计算进行了修正,如式(12-38)和式(12-39)所示。

$$\widetilde{R}_{\text{left}} = R_{\text{left}} + \frac{\left(R_{\text{left}} - \sum_{j=i}^{M-1} R_{\text{initTarget}}^{\text{CTU}}(j) \right)(M-i)}{W} \tag{12-38}$$

$$R_{\text{initTarget}}^{\text{CTU}}(i) = \frac{C^{\text{CTU}}(i)}{\sum\limits_{j=0}^{M-1} C^{\text{CTU}}(j)} R_{\text{target}} \tag{12-39}$$

其中，式(12-38)等式左项是修正后的剩余可分配总比特数；W 是平滑窗口系数，此提案设为 4；M 是当前帧的总单元数。式(12-39)等式左项是计划分配给每个单元(CTU)的初始比特数，R_{target} 是当前帧的目标比特数。最后，针对 K0103[4] 提案中参数更新较为粗糙的问题，该提案使用了更为复杂的参数更新模型，如式(12-40)~式(12-42)所示。

$$\alpha_{\text{new}} = \alpha_{\text{old}} e^{\Delta\lambda} \tag{12-40}$$

$$\beta_{\text{new}} = \beta_{\text{old}} + \frac{\Delta\lambda}{\ln\left(\dfrac{C}{R_{\text{actual}}}\right)} \tag{12-41}$$

$$\Delta\lambda = \delta\beta_{\text{old}}\left(\ln R_{\text{actual}} - \ln R_{\text{target}}\right) \tag{12-42}$$

可通过调整式(12-42)的参数 δ 以调整 λ 的变化速度，在此提案中 $\delta = 0.25$。

2. JCTVC-M0036

JCTVC-M0036[6] 提案主要提出了一种自适应比特分配方法，应用于帧级和 LCU 级。该方法与 M0257[5] 提案相同，修改了 K0103[4] 提案的权重值确定途径，进而修改了比特分配的方式。此提案不是依靠复杂度计算权重，而是通过求解数值方程的方法解出当前帧的权重。用于求解的方程组如式(12-43)和式(12-44)所示。

$$\sum R_i = T_{\text{GOP}} \tag{12-43}$$

$$\lambda_0 : \lambda_1 : \lambda_2 : \lambda_3 = \omega_0 : \omega_1 : \omega_2 : \omega_3 \tag{12-44}$$

式(12-43)表示帧级比特分配的理想情况，即所有帧被分配的比特之和恰好等于 GOP 的目标比特。另外，在未应用码率控制时对 HM 分析可知，各帧的 λ 之比和权重之比相等，如式(12-44)所示。除此之外，此提案针对帧内编码帧的码率控制也做了一定改进。与 M0257[5] 提案不同，该提案并没有更改 R-λ 模型和模型参数更新方法。只是针对帧内编码所需比特数往往多于帧间编码的特点，一方面将 α 的取值范围上限由 20 扩大至 500，这样模型可通过大 λ 和大 QP 降低帧内编码消耗的比特数，使其与帧间编码消耗的比特数接近；另一方面将 log(bpp) 的范围由[-5.0, 1.0]更改为[-5.0, -0.1]使模型在大 bpp 下能够更精细地调整参数更新的速度。不过此提案采用了 M0257[5] 中 LCU 级比特分配的部分方法，在 LCU 级比特分配的过程中也增加了大小为 4 的平滑窗口。

12.3　码率控制模型的性能评估

在前面，本章对 JCTVC-H0213[2]、JCTVC-I0426[3]、JCTVC-K0103[4]、JCTVC-M0257[5]

及 JCTVC-M0036[6]提案的主要内容进行整理。这里对各提案概括如下：以 JCTVC-H0213[2]为例的 R-Q 码率控制模型因解决蛋鸡悖论需要一定的预测数据才能使模型运行。JCTVC-I0426[3]建立的 QP-λ 模型为 R-λ 模型的出现创造了条件。JCTVC-K0103[4]提出了 R-λ 模型，摆脱蛋鸡悖论，但在帧内编码的码率控制等方面存在不足。而 JCTVC- M0257[5]以及 JCTVC-M0036[6]在 JCTVC-K0103[4]的基础上对 R-λ 模型进行了改进。为了更好地评估各算法模型的质量，接下来本章将横向比较各提案码率控制模型的测试结果。而想要更好地理解模型的测试结果，需要先了解其测试条件。

12.3.1 HM 的测试条件和测试结果格式

JCTVC-J1100[7]提案定义了在第 10 次和第 11 次 JCT-VC 会议之间进行核心实验(CE)中使用的通用测试条件和软件参考配置，JCTVC-K0103[4]提案的测试就是在此提案定义的条件下进行的。而 JCTVC-M0257[5]提案和 JCTVC-M0036[6]提案也沿用了此提案的大部分测试条件。在 HEVC 中共设立了三种编码结构，即全帧内编码(AI)、低延迟(LD)和随机接入(RA)。全帧内编码是指每一帧图像都使用帧内预测编码；低延迟编码是指只有第一帧图像使用帧内方式编码，随后的各帧都作为普通的 P 帧或者 B 帧进行编码；随机接入是指周期性地插入一个纯随机接入帧，对这些随机接入帧可以独立解码，不需要参考前面已经解码的图像帧。JCTVC-J1100[7]提案定义了八种测试条件，包括上述 HEVC 的三种编码结构以及高效率和低复杂度的组合。具体的测试条件如表 12-1 所示。

表 12-1 JCTVC-J1100[7]提出的测试条件

序号	测试条件
1	Intra，main
2	Intra，high efficiency，10 bit
3	Random access，main
4	Random access，high efficiency 10 bit
5	Low delay，main
6	Low delay，high efficiency，10 bit
7	Low delay，main，P slices only(optional)
8	Low delay，high efficiency，P slices only，10 bit(optional)

在实际测试时，不是所有测试条件都要被使用，一次实验可能只使用上述测试条件集合的一个子集。例如，在测试一个内部编码工具时，可能只使用 Intra 配置。在测试条件的基础上，此提案定义了由 A～F 的系列测试序列，每个测试序列有其基本参数，包括帧数、帧率、比特深度以及测试条件。这里仅显示部分序列，包括 Class A 中的两个序列，以及 Class B～Class F 中的一个序列，具体内容如表 12-2 所示。

表 12-2　JCTVC-J1100[7]提出的测试序列

类别	序列名称	帧数	帧率/fps	位深	全帧内编码(Intra)	随机接入编码(Random access)	低延迟编码(Low-delay)
A	Traffic	150	30	8	Main/HE10	Main/HE10	—
A	Nebuta	300	60	10	Main/HE10	Main/HE10	—
B	ParkScene	240	24	8	Main/HE10	Main/HE10	Main/HE10
C	RaceHorses	300	30	8	Main/HE10	Main/HE10	Main/HE10
D	RaceHorses	300	30	8	Main/HE10	Main/HE10	Main/HE10
E	FourPeople	600	60	8	Main/HE10	—	Main/HE10
F	ChinaSpeed	500	30	8	Main/HE10	Main/HE10	Main/HE10

表 12-2 中，Intra、Random access 和 Low-delay 三个表头表示测试序列支持的测试条件，如测试序列支持 Intra 和 main 测试条件，则此测试序列在 Intra 表头下的对应内容则为 Main。可以看到并不是所有的测试类别都支持所有的测试条件，这使得它们的使用范围存在差别。另外，此提案为每个测试序列定义了初始量化参数 QP，具体值为 22、27、32、37，这些初始值被用于编码测试序列中的 I 帧。最后，此提案给出了统一的测试结果模板如表 12-3 所示。

表 12-3　JCTVC-J1100[7]提出的测试结果模板

Class	全帧内编码 Main			全帧内编码 HE10		
	Y	U	V	Y	U	V
A						
B						
C						
D						
E						
Overall						
F						
Enc Time/%						
Dec Time/%						

表 12-3 中的 Class 列表示测试序列的类别，Overall 表示各测试序列对应结果的平均值，此处的计算并不包含 Class F 测试序列，最后两项 Enc Time 和 Dec Time 分别表示测试序列的编码时间和解码时间，这两项可以体现算法复杂度，编解码耗时越长的算法自然复杂度越高。表 12-3 中第二行的 Y、U 和 V 三项对应亮度(Y)和色度(U 及 V)分量，其值为各分量的 B-D rate。B-D rate 是评价视频编码算法性能的主要参数之一，表示新算法编码的视频相对于原来的算法在码率和峰值信噪比(PSNR)上的变化情况，此提案使用分段三次插值法(piece-wise cubic interpolation)计算 B-D rate。除表 12-3 中包含的 B-D rate 以及编解码时间等结果外，此提案规定的测试结果文件中还包括码率误差，体现编码产

生的实际码率与分配的目标码率的差距。

12.3.2   几种码率控制模型的比较

此部分将对前面提及的码率控制模型进行比较评估，主要依靠其对应提案提供的测试结果文档进行。不过，由于各模型的提出时间存在差异，各模型之间的测试条件难免存在差异，将所有模型进行横向对比难以实现。如 JCTVC-K0103[4]提案的测试结果还未采用 B-D rate 衡量模型性能，而 JCTVC-K0103[4]提案虽已采用 JCTVC-J1100[7]提案的测试条件进行测试，但其用作比较的模型是 HM-8.0 中的码率控制算法。但由于在 JCTVC-K0103[4]提案前，HM 中未出现 R-λ 模型，根据 JCTVC-K0103[4]提案的测试结果比较 R-λ 模型和 URQ 模型的性能应是可行的。而 JCTVC-M0257[5]提案和 JCTVC-M0036[6]提案的测试条件相同，故可直接比较这两种提案的模型性能。

1. K0103 提案测试结果评估

之前提到，JCTVC-K0103[4]提案认为 AI 编码结构相比于 LD 和 RA 编码结构并不常用，故在测试时并没有使用 AI 编码结构的图像序列。而此模型在分层比特分配的条件下，测试结果如表 12-4 和表 12-5 所示。

表 12-4   JCTVC-K0103[4]的 RA 编码结构下的测试结果 （单位：%）

Class	随机接入编码 Main			随机接入编码 HE10		
	Y	U	V	Y	U	V
A	−24.1	−26.8	−27.0	−22.0	−4.4	−3.8
B	−26.8	−33.1	−35.0	−20.2	−6.9	−9.5
C	−26.5	−32.1	−31.5	−7.6	−3.4	−4.7
D	−20.3	−33.7	−33.0	−0.4	2.8	0.9
E	—	—	—	—	—	—
F	−37.7	−37.3	−38.1	−19.7	−13.5	−15.5
Overall	−27.1	−32.6	−33.0	−14.3	−5.1	−6.7
	−25.2	−15.9	11.3	−14.1	−4.9	−6.3
Enc Time	98			102		
Dec Time	98			100		

表 12-5   JCTVC-K0103[4]的 LD 编码结构下的测试结果 （单位：%）

Class	低延迟编码 B Main			低延迟编码 B HE10		
	Y	U	V	Y	U	V
A	—	—	—	—	—	—
B	−23.1	−14.2	−14.7	−51.5	−27.2	−26.2

续表

Class	低延迟编码 B Main			低延迟编码 B HE10		
	Y	U	V	Y	U	V
C	−10.7	−10.5	−10.1	−23.3	−7.6	−6.6
D	−6.9	−12.3	−11.1	−6.8	9.5	9.7
E	−22.7	5.6	12.1	−31.5	2.6	10.1
F	−3.7	−1.2	2.6	−12.6	0.7	2.7
Overall	−13.4	−7.5	−5.6	−26.2	−5.9	−3.9
	−16.3	−11.2	−8.2	−26.0	−6.6	−4.7
Enc Time	100			104		
Dec Time	99			102		

由表 12-4 和表 12-5 不难看出,在分层比特分配的条件下,JCTVC-K0103[4]提案提出的 R-λ 模型在保持与 HM-8.0 码率控制模型几乎相等的编解码时长的情况下,其 RA 和 LD 编码结构下的 Y、U 和 V 分量的 B-D rate 指标基本上全部优于 HM-8.0 的码率控制模型。

由表 12-6 可知,JCTVC-K0103[4]提案提出的 R-λ 模型在码率误差方面相较于 HM-8.0 无论是平均值还是最大值均有可观的提升。

表 12-6　JCTVC-K0103[4]中码率误差和 Y 分量峰值信噪比测试结果

测试类别	比特率误差(平均值/最大值)		Y PSNR 提升
分层比特分配	HM-8.0	JCTVC-K0103[4]	—
RA-Main	0.78%/2.78%	0.22%/3.33%	1.08 dB
RA-HE10	1.09%/9.59%	0.21%/2.84%	0.42 dB
LB-Main	0.16%/1.51%	0.10%/1.30%	0.55 dB
LB-HE10	0.73%/2.78%	0.10%/1.09%	1.12 dB
LP-Main	0.22%/3.93%	0.09%/1.06%	0.52 dB
LP-HE10	0.75%/3.14%	0.12%/1.14%	1.08 dB

2. M0257 和 M0036 提案测试结果评估

由于 JCTVC-M0257[5]提案核心是对 R-λ 模型在 AI 编码结构上的改进,故对 AI 编码结构下 JCTVC-M0036[6]提案和 JCTVC-M0257[5]提案的测试结果进行比较,如表 12-7 和表 12-8 所示。

表 12-7　JCTVC-M0036[6]和 JCTVC-M0257[5]的 Y 分量峰值信噪比结果比较

(单位：%)

测试条件	全帧内编码-Main				全帧内编码-Main10			
测试序列	不包括 Class F		包括 Class F		不包括 Class F		包括 Class F	
提案	JCTVC-M0036	JCTVC-M0257	JCTVC-M0036	JCTVC-M0257	JCTVC-M0036	JCTVC-M0257	JCTVC-M0036	JCTVC-M0257
不包括 LCU 不包括 update	0.0	−0.8	−0.4	−1.1	−0.1	−0.8	−0.5	−1.1
包括 LCU 不包括 update	1.5	1.9	1.5	1.3	1.0	1.7	0.9	1.1
不包括 LCU 包括 update	0.3	0.3	0.2	−0.5	0.3	0.2	0.1	−0.4
包括 LCU 包括 update	0.8	2.3	0.4	1.5	0.7	2.5	0.3	1.7

表 12-8　JCTVC-M0036[6]和 JCTVC-M0257[5]的码率误差结果比较　(单位：%)

测试条件	全帧内编码-Main				全帧内编码-Main10			
测试序列	不包括 Class F		包括 Class F		不包括 Class F		包括 Class F	
提案	JCTVC-M0036	JCTVC-M0257	JCTVC-M0036	JCTVC-M0257	JCTVC-M0036	JCTVC-M0257	JCTVC-M0036	JCTVC-M0257
不包括 LCU 不包括 update	15.1	18.1	15.5	17.7	15.1	17.9	15.5	17.6
包括 LCU 不包括 update	2.5	2.9	4.2	3.5	2.6	2.6	4.2	3.3
不包括 LCU 包括 update	2.1	1.4	3.5	1.5	2.1	1.5	3.5	1.8
包括 LCU 包括 update	0.6	0.4	1.3	0.7	0.3	0.3	1.1	0.6

　　表 12-7 和表 12-8 对比了两提案在 AI 编码结构的 A 测试序列下的 Y 分量 B-D rate 和码率误差。可以看出，当不开启 LCU 级码率控制时，JCTVC-M0036[6]提案的 Y 分量 B-D rate 表现略逊于 JCTVC-M0257[5]提案，但开启 LCU 级码率控制后，尤其同时开启模型参数更新后，JCTVC-M0036[6]提案的 Y 分量 B-D rate 表现便优于 JCTVC-M0257[5]提案。而在码率误差方面，仅在不开启 LCU 级码率控制且不开启模型参数更新时，JCTVC-M0036[6]提案的码率误差低于 JCTVC-M0257[5]提案。综合来说，在 Y 分量 B-D rate 的表现上，JCTVC-M0257[5]与 JCTVC-M0036[6]提案各有优劣，而在码率误差的表现上，JCTVC-M0257[5]提案优于 JCTVC-M0036[6]提案。

12.4 总结与讨论

在本章 12.1 节中提到，码率控制一般由比特分配和比特控制两步进行，而 AVC 的 R-Q 模型和 HEVC 的 R-λ 模型也大体可用上述两步概括。从 12.2 节中不难发现，R-Q 模型与 R-λ 模型的比特分配过程均在 GOP、图像和基本单元三级进行，而比特控制过程均在图像和基本单元级进行，可以说两个模型在总体思路上是有共通之处的。而深入到这些模型的实现细节，也可以发现它们的共通之处，例如，在图像和基本单元级的比特分配中，两模型都是根据图像或基本单元的权重进行，在 GOP 级的比特分配中，两模型都考虑到图像本身因素和缓冲区大小，只不过 JVT-N046[1] 提案中显式涉及虚拟缓冲区，而 JCTVC-K0103[4] 提案中使用平滑窗口法，可以认为是对缓冲区的一种隐式使用。而在进行率失真优化前，两模型都需确定量化参数和 λ，在完成编码后，又都需要对模型参数进行更新。但是，两模型实现相同步骤的方法又是不同的，例如，JVT-N046[1] 提案使用式(12-12)计算权重，JCTVC-K0103[4] 提案根据 bpp 和编码模式计算权重，JCTVC-M0036[6] 提案通过数值求解法计算权重。可以说，对码率模型的改进一方面是在现有模型下改变完成同一目标的方法，另一方面是根据编码标准和实际情况提出新的模型。接下来将比较各模型以找出影响码率控制模型的重要因素。

首先是 R-Q 模型(包括 URQ 模型)与 R-λ 模型的两点重要不同：一是 R-Q 模型使用的 R-D 模型是二阶抛物模型(式(12-14))，而 R-λ 模型使用的 R-D 模型是指数模型(式(12-22))；二是 R-Q 模型确定编码参数的顺序是先 QP 再λ，而 R-λ 模型恰好相反。而也是这两点不同导致 URQ 模型和 R-λ 模型应用于 HEVC 编码标准时性能存在差别。对于第一点，指数模型相比于二阶抛物模型能够更好地描述 HEVC 的率失真曲线。对于第二点，R-λ 模型的编码参数确定顺序相对于 R-Q 模型更为合理。R-Q 模型用于确定 QP 的公式其实也是它的 R-D 模型，这当然是一种很直接的关系，但也导致一些问题：一是 QP 值应是通过率失真优化(RDO)过程决定的，而 R-Q 模型为了通过 QP 确定λ，需要在 RDO 之前先给定 QP 值，否则会存在蛋鸡悖论；二是在码率控制模型中 QP 值总是整数，在对 QP 进行调整时不能进行精细变化；三是在率失真代价函数中，QP 与 R 实际并不一定存在一一对应的关系，在不同编码模式下的不同 QP 可以有相同的码率。而 R-λ 模型的优势在于找出了 R 与λ的对应关系，而λ的计算并不影响 RDO 过程，先计算λ再通过λ计算 QP 可避免蛋鸡悖论。另外，在模型中，λ为浮点数，调整λ相较于调整 QP 可更为精细。总的来说，适用于标准和应用场景的 R-D 模型以及更加合理的比特控制流程，对于码率控制模型的表现有重大影响。

而同样使用 R-λ 模型的 JCTVC-M0036[6] 和 JCTVC-M0257[5] 提案相较于 JCTVC-K0103[4] 提案在编码性能上又有提升，它们的改动集中在比特分配上。上述三个提案的比特分配均是基于权重进行的，不同之处在于它们决定权重的方式。JCTVC-K0103[4] 提案中图像级权重由 bpp 与编码模式决定，基本单元级权重由 MAD 计算，JCTVC-M0036[6] 提案中两级权重均由复杂度决定，而复杂度由 SATD 计算，JCTVC-M0257[5] 提案则通过数值求解的方法确定权重和 λ。另外，JCTVC-M0036[6]提案和 JCTVC-M0257[5]提案均在基本单元级比特分配中启用了平滑窗口法。而从模型的表现看来，JCTVC-M0257[5]提案与 JCTVC-M0036[6]提案的码率误差等性能指标均优于 JCTVC-K0103[4]提案。总的来说，比特分配的准确程度对于码率控制模型的表现有重大影响，兼顾低复杂度和高准确度的比特分配算法是优秀的码率控制模型所需要的。

　　根据上述比较分析，可知码率控制模型发展的目标是以更低的复杂度达成更好的率失真性能和更小的码率误差。为了达成这一目标，码率控制模型的改进方向可概括为两点：更精确的比特分配和更精准的比特控制。而实现这两点改进的方法有多种。例如，寻找更接近理想曲线的 R-D 模型，寻找效果更好的初始模型参数取值，这些虽然更多是经验上的工作，但却也是十分重要的改进方法。而从算法方面看，以何种方式衡量权重和复杂度，以何种方式更新模型参数，以何种方式进行率失真优化和比特分配都是码率控制模型的主要改进方向。不过，本章中仅对 R-Q 模型与 R-λ 模型进行说明，这两种模型是适用 AVC 和 HEVC 编码标准的，而随着新的视频编码标准(如 H.266)的发展与成熟，可以期待未来会有更加高效的码率控制模型出现。

参 考 文 献

[1] LIM K P, SULLIVAN G, WIEGAND T. Text description of joint model reference encoding methods and decoding concealment methods[C]. JVT-O079, Busan, 2005: 1-40.

[2] CHOI H, NAM J, YOO J. Rate control based on unified RQ model for HEVC[C]. JCT-VC 8th Meeting, San Jose, 2012.

[3] LIB. QP determination by lambda value[C]. JCT-VC 9th Meeting, Geneva, 2012.

[4] LIB. Rate control by R-lambda model for HEVC[C]. JCT-VC 11th Meeting, Shanghai, 2012.

[5] KARCZEWICZ M. Intra frame rate control based on SATD[C]. JCT-VC 13th Meeting, Incheon, 2013.

[6] LIB. Adaptive bit allocation for R-lambda model rate control in HM[C]. JCT-VC 13th Meeting, Incheon, 2013.

[7] BOSSEN F. Common test conditions and software reference configurations[C]. JCT-VC 10th Meeting, Stockholm, 2012.

第 13 章　解码错误恢复

H.265/HEVC 标准相较于前代 H.264/AVC 视频编码标准，可以在同等视频感知质量下节省约 50%的码流。但是，随着码流的减少，单位比特携带的信息量就大幅增加，使得码流对传输差错更为敏感。因此，必须采取高效的传输差错控制，使丢失图像恢复到人眼可接受的程度。本章将主要对差错控制中的差错掩盖技术进行介绍，并分别探究空域和时域差错掩盖上的技术优化方向与 VLSI 实现。

本章首先介绍不同位置(编码端、传输信道和解码端)、不同域(空域和时域)的差错掩盖技术的基本原理和研究现状。接着，在空域部分分析双线性插值和 Criminisi 算法的优缺点，并进行算法优化设计，提出基于 Criminisi 的 HEVC 块丢失掩盖算法，在实验测试部分展示所提算法的优越性。最后，在时域部分分析整帧丢失、边界匹配和解码端运动估计算法的优缺点，进行基于解码端运动估计的算法优化和硬件设计，并对硬件设计的性能进行分析和测试。

13.1　概　　述

13.1.1　基本原理

编码器用极高的计算复杂度换来了优异的压缩比，在如何提高编码质量和编解码速度的研究上已经取得显著的成果。高压缩率方便了视频信息的存储和传输，但同时也增加了视频码流对信道传输中错误的敏感度。因此，保证传输过程中视频流的鲁棒性成为解决压缩视频流在低带宽信道中传输的关键问题。数据丢包或传输误码在信道传输过程中由于多种干扰因素时有发生，对于 HEVC，极少量的传输误码或数据丢包会带来整个块的解码错误。如图 13-1 所示(脸部为马赛克处理，原视频为 H.264 开源测试序列)，第一帧丢失块的解码错误经过帧间预测扩散至后续帧，同时关键信息的错误甚至会导致解码过程中断。

(a) frame 1　　　　(b) frame 2　　　　(c) frame 3

图 13-1　错误块传递图

原始捕捉的视频通过编码端编码以后首先经过分包，然后通过网络传输到解码端，解码端接收到数据包以后进行拆包解码。但是网络传输往往是不可靠的，会出现随机的比特错误或者在较差的网络环境下直接发生丢包现象，而 HEVC 对于码流的差错十分敏感，为了提高视频码流的鲁棒性，有很多方法被提出来进行差错控制，进而降低码流对传输中错误的敏感度。差错控制技术包括编码端的冗余编码、传输过程中的交织传输、数据重传和解码端的差错掩盖等，其中差错掩盖(error concealment，EC)算法不需要编码端的额外信息，独立于编解码器。

1. 编码端控制

HEVC 标准在提出的时候本身就考虑到了需要对传输差错进行控制。为了应对不同的网络传输，视频数据应该被分为不同大小的分组，高效的分组策略必须考虑到数据的内容，并根据其重要性进行分组。HEVC 采用视频编码层和网络适配层的双层架构，编码层就是裸码流，承载的是视频压缩后的数据，网络适配层是对裸码流的封装，根据数据的性质封装为不同的 NALU(network abstract layer unit)。HEVC 中共定义了 0~63 这样的 64 种 NALU 的类型，当网络严重拥塞时，设备将根据 NALU 头表征的数据重要性进行分组丢弃。

此外，可以通过冗余编码，如前向纠错码[1]和循环冗余码等来控制错误的传输。冗余编码在码流中添加冗余信息，接收端通过对冗余部分进行校验来纠正错误数据，确保送到解码器的数据是正确的，但是该方法增加了码流的长度，反而加重了网络的负担。

2. 传输信道控制

通过数据重传实现编码端和解码端的交互。解码器在顺序解码的过程中，如果通过错误检测机制或者包计数器发现了错误或丢包，就向编码器反馈错误信息，请求数据重传。该方法增加了传输的次数，使传输效率大幅下降，不适合实时性较强的应用，同时，因为需要交互，也不适用于单工信道传输的应用，如广播电视等。

3. 解码端控制

上述的方法都可以一定程度上减少错误的传输或者降低错误在视频帧间扩散的概率，但是对于网络极端恶劣的情况，上述方法的使用会受到限制，此时只能在解码器端独立地进行差错控制。差错掩盖技术在解码端利用邻近的正确解码块的数据来预测当前丢失块，而不是通过冗余码流恢复传输包的信息来正确解码，所以不会带来码流长度的增加；也不需要反馈信道，不会像数据重传那样带来时延，具有更高的实际应用价值。

差错掩盖技术的目标是尽可能地修复受损区域，使错误解码的视频恢复到满足人的主观视觉体验的程度，同时也提供给后续解码帧作为参考像素。差错掩盖算法分为如下两个步骤：①确定码流丢包或误码所在编码块的位置；②利用邻近正确解码块的数据来重建当前块，从而在主观体验上提高当前视频的质量。因此，差错掩盖不能完全重建原始视频，只是完成了对差错部分的最优预测。如图 13-2 所示即为差错掩盖的效果图(脸部为马赛克处理，原视频为 H.265 开源测试序列)。

(a) 丢包后解码图像 (b) 差错掩盖后图像

图 13-2 差错掩盖效果图

13.1.2 现有成果

差错掩盖是差错控制的最后一道也是最有效的一道防线，相关算法的研究有很多，国内外的研究人员针对 MPEG、H.264/AVC 等压缩视频的差错掩盖已经取得了显著的成果，恢复效果令人满意，但针对 HEVC 标准的差错掩盖技术的研究才刚刚起步。不同于 H.264/AVC 的参考代码 JM，HEVC 标准参考代码库 HM 没有给出官方的差错掩盖代码，现有的研究也没有充分利用 HEVC 独特的编码结构，因此对 HEVC 标准下的差错掩盖研究很有必要。已有的针对 H.264/AVC 标准的差错掩盖技术对我们在 HEVC 背景下的研究具有很好的指导意义。类似于编码器中 I 帧和 P 帧的划分，差错掩盖技术按照参考信息的内容可以分为以下四类：空域、频域、时域和混合域。以下主要介绍空域、时域和基于 HEVC 的差错掩盖技术发展现状。

1. 空域差错掩盖技术

空域差错掩盖也就是帧内掩盖，对应于 HEVC 的帧内预测，是一种利用空域相关性的丢失块恢复的方法，其利用丢失块所在的当前帧内已正确解码块的像素去预测当前块的像素值。最常用的方法为利用图像本身的冗余性，对周围块进行插值来得到当前块的预测值，包括双线性插值[2]、多方向插值[3]以及加权方向插值法[4]等。插值算法简单易用，对于图像细节的恢复效果不理想。针对具体纹理信息的恢复，文献[5]提出了一种自适应的错误掩盖算法，它根据相邻正确解码块的纹理变化，选择一种最合适的纹理模型，然后基于纹理的延伸进行插值得到预测值，该方法能较好地恢复纹理，但比较依赖于纹理模型的选择，需要大量的训练样本。文献[6]采用霍夫变换检测丢失块周围的边缘，然后根据边缘方向反复的内插完成差错掩盖，该方法对复杂纹理的掩盖效果好，但需要硬件支持高复杂度的计算，不适合实时应用。文献[7]提出了一种基于边缘强度概念的空间隐藏技术，用于解决旧存档媒体中的"数字丢失"的错误，该方法可以以较低的计算复杂度重建复杂的边缘以及非线性特性，但它依赖于病理运动(pathological motion，PM)应用范围受到了限制。

2. 时域差错掩盖技术

时域差错掩盖技术也就是帧间掩盖，对应于 HEVC 的帧间预测，是一种利用时域相关性的丢失块恢复的方法。最基本的思路是预测出丢失块运动向量，利用参考帧的信息进行重建。由于视频的时间相关性很强，在正常的运动范围内，时域掩盖的效果要好于空域掩盖。文献[8]利用周围可靠块的 MV，通过边界匹配的方法选取最合适的 MV 来恢复当前帧不同尺寸的丢失块；该方法对有多个物体的视频图像帧很有效，但运算量比较大。文献[9]受 Kalman 滤波跟踪效率的启发，采用 Kalman 滤波对缺失的 MV 进行预测，并采用改进的双线性运动场插值(MFI)方法对少量未预测的 MV 进行补充恢复，该方法与丢失率无关，适用于丢失块较大的情况。文献[10]提出了一种基于块和运动补偿的自适应错误掩盖算法，采用了一种自组织映射(self-organizing map,SOM)的无监督的神经网络来预测 MV。对于整帧丢失的情况，文献[11]提出了一种称为运动矢量外推的方法，该方法假设运动是线性的，当前帧的运动与参考帧的运动相似，利用参考帧的运动矢量反推到当前帧，利用在块内重叠面积的大小选择合适的 MV。文献[12]基于矢量外推法将参考帧的宏块根据反推的运动矢量在丢失帧上进行投影，计算投影在当前修复块上占的总面积的比重作为权值，最后通过加权平均得到当前块的预测的运动矢量。

3. 结合 HEVC 特性的掩盖技术

以上方法都是基于 H.264/AVC 甚至更早之前的编码标准的，普遍丢失的宏块为 16×16，所以修复时一般不会考虑块内的信息分布，而如前面所说，HEVC 引入了灵活的四叉树划分、预测和变换单元，最大编码单元(largest coding unit，LCU)最大可以为 64×64。对于更大的编码块，一旦发生丢失，重建用的可靠信息变少，对于块内部的恢复将变得更为困难，而更细致的划分和预测方式带来了新的可利用信息。这些新的特性给针对 HEVC 标准的差错掩盖带来了新的挑战和选择。针对这些新的特性，文献[13]提出了基于数据隐藏的差错掩盖算法，在编码端利用残差变换系数携带信息给解码端使用，该技术能够恢复帧内及帧间信息，过程简单，但增加了比特，降低了编码效率，属于在错误掩盖性能和编码压缩性能间的折中处理，并且对于大量的丢包，效率会直线下降。文献[14]提出了一种基于残差的块融合运动补偿算法，来自同位块的运动矢量会被细化用于运动补偿，根据这些运动矢量的可靠性，块将被合并得到新的划分方式并赋予新的运动矢量。文献[15]提出首先根据图像特性将视频分为前景和后景,然后对于保持静止或纹理简单的后景区域采用大尺寸块进行匹配块选择，相反，对于在图像边缘处，纹理丰富的前景区域对块进行划分，用小尺寸的块进行块匹配。文献[16]和文献[17]都把运动矢量外推法与 HEVC 的块划分结构相结合，提出了基于可变大小块的运动矢量外推法来恢复整帧的丢失，该算法对于线性运动的视频掩盖效果好，但由于块与块间运动矢量的不精准会产生块效应。

综上所述，针对 HEVC 标准的差错掩盖算法的主流研究方向是以传统掩盖方法结合 HEVC 新特性为主，但各自还是存在各自的局限性，修复性能上还有很大的提升空间。

13.2   空域差错掩盖算法

13.2.1   设计考量

1. 双线性插值法

双线性插值法是空域差错掩盖中最常见的方法，H.264 的参考软件 JM 中对 I 帧的差错处理就是用的这种方法。对于丢失块，首先判断上、下、左、右四个块的解码正确性，作为参考块的备选。对于块内的具体丢失像素 p，利用 4 个紧邻块的像素 $p_i(i = 1,2,3,4)$ 进行恢复，权重根据像素间的距离 d_i 决定。如图 13-3 所示，丢失块的大小为 $N \times N$，则当前像素的掩盖值可以表示为

$$p = \frac{p_1 d_3 + p_2 d_4 + p_3 d_1 + p_4 d_2}{d_1 + d_2 + d_3 + d_4} \tag{13-1}$$

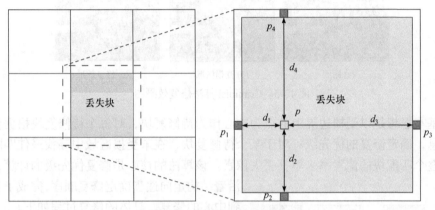

图 13-3　双线性插值示意图

因为双线性插值只是简单地采用均值来重建，所以恢复效果在平坦区域较为出色，但对于边缘细节丰富或纹理复杂的区域则并不理想。对于这类图像，往往会造成图像模糊，结构信息丢失的问题。对此，文献[3]提出了根据边缘方向做插值的算法，即方向内插法。方向内插法首先在丢失块的边界处进行边缘检测，根据边缘算子推测出的强边缘方向进行插值。如图 13-4 所示，斜线 MN 是在 8 个量化的方向中检测出的边缘信息最强的方向，过当前重建像素点 p 做一条平行于 MN 的线，该线与丢失块边界相交的两个点即为插值的参考点，掩盖值可以由式(13-2)得到。

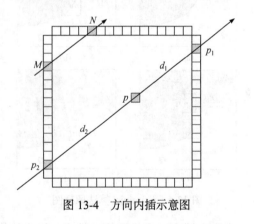

图 13-4　方向内插示意图

$$p = \frac{p_2 d_1 + p_1 d_2}{d_1 + d_2} \tag{13-2}$$

方向内插法的效果依赖于边缘推测的精确性，对于实际边缘方向与推测方向不符或者图像内部纹理更为复杂的情况，反而会造成纹理的突变。另外，逐像素的插值重建，虽然整个块在 PSNR 上表现较好，但丢失了块内相邻像素间的结构关联性，在人眼观感上不佳。而接下来介绍的基于图像修复算法的差错掩盖技术应用范围不受限制，且其在计算复杂度和恢复效果上取得了不错的平衡。

2. Criminisi 算法

Criminisi 算法[18]是一种经典的基于块匹配的修复算法，由 Criminisi 等在 2004 年提出，是一种针对较大受损区域的纹理修复算法，修复的效果如图 13-5 所示。

(a) 原图　　　　　　(b) 受损区域　　　　　(c) 修复效果

图 13-5　Criminisi 算法修复效果图

其基本思想是以受损边界上的点为中心作为待修复块，对每个待修复块根据像素和结构信息，确定修复的优先级；对于某个待修复块，在未受损区域中寻找最佳匹配块，然后将整个匹配块的像素拿来填补丢失像素。该算法的核心是修复优先级的计算，通过沿着结构走向逐步确定修复顺序，完成了从边缘到中心的修复，具体的修复过程如下。

图 13-6 中，Ω 表示受损区域，ϕ 表示未受损区域，$\delta\Omega$ 表示受损块的边界。

p 为边界上的一个修复优先级最高的待修复点，以 p 为中心选取的修复块记作 Ψ_p，在 ϕ 区域内搜索 Ψ_p 的最佳匹配块，最佳匹配块的判定根据差值平方和(SSD)决定，如图 13-6 中的 Ψ_q 即为搜索得到的最佳匹配块，将整个匹配块复制到待修复块上。修复的优先级计算方式如下。

图 13-6　Criminisi 算法原理图

首先，对边界 $\delta\Omega$ 上的所有点计算优先权值 $P(p)$，计算公式如式(13-3)所示，其中置信度 $C(p)$ 表示待修复块中可靠像素的比重，置信度越高，表示区域内可靠像素信息越多，能为待修复块提供的修补信息越多，图像就越早被修复。一般来说在受损区域的边界处，置信度高，而越是靠近受损区域中心，置信度就越低，因此置信度能基本保证修复顺序是由边缘向内部逐渐扩散，计算公式如式(13-4)所示；数据项 $D(p)$，如式(13-5)所示，表示等照度线在法向的投影，反映了该像素点处的线性结构强度，因此数据项保证优先填充结构强度大的位置，使图像的结构信息从边缘向内部延伸到受损区域内。

$$P(p) = C(p) \cdot D(p) \tag{13-3}$$

$$C(p) = \frac{\sum_{q \in (\Omega \cap \phi)} H(q)}{|\Psi_p|} \tag{13-4}$$

$$D(p) = \frac{|\nabla I_p^\perp \cdot n_p|}{\alpha} \tag{13-5}$$

其中，$|\Psi_p|$ 表示待修复块中的总像素数；$q \in \Omega$ 时，$H(q) = 0$，$q \in \phi$ 时，$H(q) = 1$；$\nabla I_p^\perp$ 是点 p 的等照度线；n_p 是单位法向量；α 是归一化因子，在 8bit 深度的图片中，α 为 255。

完成一次填充后，更新置信度 $C(p)$，对修复后新出现 s 的边界点计算优先权值 $P(p)$，排序后重复进行填充直到所有受损块都被修复完毕。总结整个算法流程如下，流程图如图 13-7 所示。

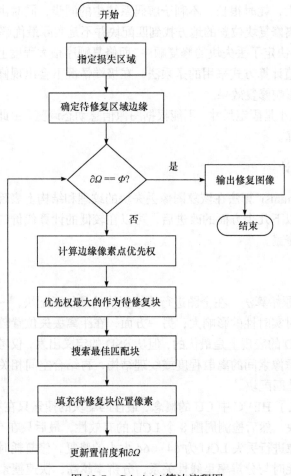

图 13-7 Criminisi 算法流程图

(1) 根据输入的待修复图像和 mask，手动指定损失区域；
(2) 确定边界像素点 $\delta\Omega$，如果没有边界点表示修复完成，退出；
(3) 计算边界像素点的优先权值；

(4) 根据权值选择待修复块；

(5) 遍历未受损区域寻找 SSD 最小的匹配块；

(6) 复制匹配块的像素信息到待修复块，同时更新置信度和 $\delta\Omega$。

可以看到，Criminisi 算法的修复顺序是由外而内的，从数据项选取的结构信息显著的区域开始延伸纹理至受损区域中心，符合人眼的视觉连通性，图像的纹理基本得到了保留，并没有普通插值修复的模糊的情况出现，在主观质量上符合人眼的视觉感受。尤其是当受损块面积较大时，Criminisi 算法的修复结果会更出色。但它同时还存在以下几个缺点。

(1) 权值计算中数据项的计算需要计算等照度线和边界法向量，计算复杂，且不一定适用于差错掩盖算法。

(2) 搜索最佳匹配块时，采用的方式为在未受损(包括已修复)区域进行全搜索，这样搜索的计算量非常大，耗时很长，不利于解码系统中的同步；同时由于图像固有的邻域像素相关性，在远离修复块位置的地方找到匹配块并不是实际最优解。

(3) 权值的大小决定了丢失块的修复顺序，而修复顺序很大程度上影响着最后的修复效果。算法中的权值计算方式采用的是乘法，在极端情况下会出现修复顺序错乱，导致修复偏差的累计，影响修复效果。

(4) 修复块的大小是固定尺寸，不能根据图像信息动态调整，由此会导致修复次数增多和修复效果的下降。

13.2.2　算法优化设计

如前所述，Criminisi 算法在恢复图像丢失块的纹理和结构上表现很好，算法也较为直观，在对其进行以下几个方面的改进后，可以在较低的计算代价的前提下高效地完成 HEVC 的空域差错掩盖。

1. 快速搜索法

对于 Criminisi 原始算法，在全图进行待修复块的最佳匹配块，一方面计算复杂度过高，搜索耗时多，对实时性的影响大；另一方面，在距离丢失位置较远的地方，即使搜索到的匹配块在 SSD 的表现上是最优的，但从 SSD 的定义出发，仅考虑了像素间的灰度值差异，而没有考虑像素间的离散程度或纹理结构，再结合空间相关性，这个匹配块很可能不是实际的最佳匹配块。

对此，我们引入了 HEVC 中 CU 的概念，最佳匹配块的搜索只在周围 8 个 LCU 中进行。首先定位丢失块，然后检测周围 8 个 LCU 的有效性，最后只在有效块中进行搜索。对同样分辨率的图像进行丢失 LCU 为 64×64 大小的修复，修复耗时有数十倍的减少，而且由于全搜索的耗时与分辨率呈线性关系，分辨率越高，快速搜索带来的搜索速度提升越明显。

同时，对于全搜索和快速搜索，分别比较其对修复效果的影响，可以看到，无论从 PSNR 还是从 SSIM 的评价标准上来看，快速搜索都与全搜索基本相同，在较为平滑的图像上甚至比全搜索的效果更好。

表 13-1 中 SSIM 为基于人类视觉系统的客观质量评估指标，其值越接近 1，表征图像质量越好。有关 SSIM 的介绍将在质量评估章节中详细展开，在此不做赘述。

表 13-1　快速搜索与全搜索修复效果对比

序列	分辨率	PSNR/dB		SSIM	
		全搜索	快速搜索	全搜索	快速搜索
BasketballPass	416 × 240	42.97	43.17	0.989	0.989
BQMall	832 × 480	38.42	38.38	0.994	0.994
FourPeople	1280 × 720	42.2	41.62	0.998	0.999

2. 自适应修复块尺寸

Criminisi 算法中，待修复块的尺寸固定选择为 9×9，这是经过大量实验得出的最通用的修复尺寸，但并不是对于所有视频都是最佳的选择。对于平坦区域，待修复块与周围块的变化十分平缓，此时 9×9 的小块虽然在修复效果上更优，但耗时较长；对于纹理丰富的块，此时纹理的变化过多，9×9 的块在修复上会造成块与块间的边缘不平滑，会出现明显的块效应。因此，需要找到一种自适应调节修复尺寸的方法更好地平衡修复效果与修复耗时。考虑到 HEVC 帧内预测的过程本身就是根据纹理结构来做四叉树划分的过程，对于丢失块，我们可以借用周围的正确解码块的划分深度信息来决定修复块的尺寸。

具体地，我们将匹配块的尺寸划分与 HEVC 的划分一一对应，以距离待修复点 p 最近的原始未受损区域中的点 q 所处的 CU 作为依据，动态地调整修复块的大小，计算公式为

$$\text{Size}(p) = \begin{cases} 17, & \text{Size}(q) = 32 \\ 9, & \text{Size}(q) = 16 \\ 5, & \text{Size}(q) = 8 \\ 3, & \text{Size}(q) = 4 \end{cases} \tag{13-6}$$

3. 优先权值改进

丢失区域的填充顺序是 Criminisi 算法的核心技术点之一，原算法中提出的优先权重计算方式同时考虑了可靠点数量和结构信息，由置信度 $C(p)$ 和数据项 $D(p)$ 的乘积决定，但是乘法对于极小的值十分敏感，对于等照度线方向与法向量垂直的情况，数据项 $D(p)$ 等于 0，此时，无论置信度的大小如何，权值 $P(p)$ 都为 0，即在修复顺序中排在了最后，显然这会导致修复顺序不理想，引入修复的偏差，而这个偏差会随着修复的进行而累积，最后导致填补完的图像不满足视觉的连通性；同样，实验结果表明，随着修复的进行，置信度 $C(p)$ 存在迅速降低至 0 附近的现象，此时，数据项 $D(p)$ 的重要性被忽视，也会导致修复顺序的错乱。

为了修复乘法带来的极端情况下权值大幅度跳跃的情况，最简单的做法是把乘法改

为加法，即

$$P(p) = C(p) + D(p) \tag{13-7}$$

此时，置信度和数据项在权值的计算中处于同样地位，显然也是不合理，因此可以进一步将式(13-7)改进为

$$P(p) = \alpha C(p) + (1-\alpha)D(p) \tag{13-8}$$

13.2.3 实验结果分析

本节的实验原视频均为 H.265 开源测试序列(脸部为马赛克处理)。

1. 权重 α 实验

本节对置信度和数据项对修复顺序的影响做了具体的实验，以期获得最优的权重 α，具体分析如下。

如图 13-8 所示，当设置 $\alpha = 0.1$，即大幅放大数据项所占的比重，减小置信度的权重时，图 13-8(b)中可以看到前三次迭代每次都是沿着门的上沿向内进行延伸，此处等照度线方向与边界的法向量方向一致，显然是一个结构信息比较强的区域，从图 13-8(c)中可以看出甚至存在完全贯穿修复块的情况。此时修复顺序会优先考虑延伸结构信息，不断向丢失块内部进行，但最终的修复结果上对所有应有的结构都恢复得不错，但存在图 13-8(d)所示的错误纹理的恢复，这是由置信度权重太低、修复时可参考点太少导致的。

(a) 块丢失的原始帧

(b) 3次迭代修复结果

(c) 22次迭代修复结果

(d) 最终修复结果

图 13-8 $\alpha = 0.1$ 时修复顺序

当设置 $\alpha = 0.9$，即大幅放大置信度所占的比重，减小数据项的权重时，结果有所不同。如图 13-9(b)所示，前三次迭代每次都在修复拐角处的点，拐角处的点显然是一个有效参考像素比较多的区域。图 13-9(c)中也可以看出，此时修复顺序会优先考虑已知点较多的区域，整体上是围绕着边界修复，一层一层向内侵蚀，而基本不会去主动延伸结构信息。这样存在的问题是如图 13-9(d)所示的门的边缘结构错乱，有过度延伸的区域，也

有没有修补完全的区域。

(a) 块丢失的原始帧

(b) 3次迭代修复结果

(c) 22次迭代修复结果

(d) 最终修复结果

图 13-9　$\alpha = 0.9$ 时修复顺序

对比上述的实验结果可知，在置信度较大时，数据项应该占有更大权重，优先进行结构的修复，当置信度较小时，应该提升置信度的权重，避免可靠像素过少导致的错误修复。因此，权重α应该是一个自适应于置信度 $C(p)$ 的值，本书中经过实验确定计算公式如式(13-9)所示，随着置信度的下降，其权重α逐渐变大。

$$\alpha = \begin{cases} 0.1, & 0.6 < C(p) < 1 \\ 0.4, & 0.4 < C(p) < 0.6 \\ 0.8, & 0.2 < C(p) < 0.4 \\ 0.95, & 0 < C(p) < 0.2 \end{cases} \tag{13-9}$$

2. 对比实验分析

将本节所提的算法与传统插值算法进行对比测试，这里首先选取了 3 个不同分辨率的典型测试序列，可以看出算法对于人的主观体验的恢复效果上远好于插值法。如图 13-10 所示的 BasketballPass 序列，可以看到对于丢失块在较为平坦的门框区域时，插值法也能基本恢复出门的边框和背景，但是整个丢失块都是高模糊状态，而本节的算

(a) 块丢失的原始帧

(b) 插值法掩盖效果

(c) 本节算法结果

图 13-10　BasketballPass 序列修复效果对比

法对于门框的恢复明显好于插值算法,并且不存在模糊的情况。只是门面上的纹理是通过周围纹理匹配而来的,实际不属于这里,但这只会影响 PSNR 的评判,完全不影响视频观感。

对于图 13-11 所示的 Johnny 序列的恢复,涉及嘴巴周围的复杂纹理,插值法处理时,嘴巴的形状还能大致保留,但是下巴处完全丢失了纹理,块效应很严重,严重影响观感。而本节的算法不但完好地修复了嘴巴,嘴巴与下巴的过渡也非常自然。缺点是由于本节算法是基于块匹配的,在脸的边缘有一点突兀的延展。

(a) 块丢失的原始帧　　　　　(b) 插值法掩盖结果　　　　　(c) 本节算法结果

图 13-11　Johnny 序列修复效果对比

图 13-12 的 BQTerrace 序列的丢失块位于遮阳伞的边缘,结构信息比较强烈,与前两个序列相同,插值法的结果能看出原来的边缘信息,但整体模糊,块效应严重。但本节的算法由于强烈依赖于边缘强度,因此非常适合这种类型的修复,可以看到修复结果看不出任何修复痕迹。

(a) 块丢失的原始帧　　　　　(b) 插值法掩盖结果　　　　　(c) 本节算法结果

图 13-12　BQTerrace 序列修复效果对比

上述三个序列分辨率是依次增大的,由此也可以看出,随着分辨率的增大,像素的空间相关性也在增大,所以无论是插值法还是本节提出的算法,性能上都有所提升。

13.3　时域差错掩盖算法

13.3.1　设计考量

1. 整帧丢失掩盖算法

在信道环境很差的情况下,会发生多数据包的丢失,此时整帧的数据都会被损坏;另外,在一些低分辨率、低码率的应用中,常常不在帧内再进行分包,整帧数据会一起传输，此时一旦发生丢包，整帧数据就完全丢失了。对于整帧丢失的情况，也属于时域差错掩盖。

对于整帧丢失的情况，周围没有可利用的正确解码块，因此只有通过相邻帧间的时域相关性来对当前丢失帧进行重建。最简单的整帧修复算法是整帧复制，假设运动矢量为零，用前一参考帧的图像完全替代当前帧。该方法对于静止视频或运动缓慢的物体的修复效果较好，且算法简单，但对于剧烈运动的物体，掩盖效果较差，虽然不影响当前帧的视觉质量，但对视频的连续性和后续帧的解码影响较大。在现有的参考软件 JM 和 HM 中，对于整帧的丢失都是采取的整帧复制的方法。类似的还有直接复制前一帧的所有编码块的运动矢量和块划分信息，然后分别进行运动补偿，该算法适合线性运动的视频。

运动矢量外推法(move vector extrapolation，MVE)是最常用的针对整帧丢失的差错掩盖算法。该方法假设帧内图像的运动是线性的。如图 13-13 所示为 MVE 算法的示意图，F_n 为丢失帧，其参考帧为 F_{n-1}。对 F_{n-1} 中所有的编码块，将其运动矢量反向延伸，外推映射到 F_n。F_{n-1} 帧上的所有块完成运动矢量外推之后，外推块在 F_n 上的投影会分别与不同丢失块中的编码块重合。对于每个待修复块，计算重合区域的面积，选择与当前块重合面积最大的外推块的运动矢量作为当前块的运动矢量，并以此预测的运动矢量进行运动补偿，将对应运动位置的像素用来掩盖丢失块。用此方法对丢失帧中的编码块依次进行重建，从而完成整帧的差错掩盖。为了使预测的运动矢量更精准，对丢失块运动矢量的预测可以通过对所有重叠外推块的运动矢量做加权平均，权值为与丢失块重叠的像素点数，计算方式如式(13-10)所示。

$$MV_{EC} = \frac{\sum_{k=1}^{N} MV_k \times \omega_k}{\sum_{k=1}^{N} \omega_k} \tag{13-10}$$

其中，MV_{EC} 为预测出来的运动矢量；MV_k 表示第 k 个外推块的运动矢量；N 为所有与当前重建块重合的外推块的数量；ω_k 为重叠的像素点数。运动矢量外推法(MVE)原理简单，计算复杂度不高，但只适用于线性运动的视频序列，同时由于忽略了编码块的划分信息，对块内物体采用相同运动矢量，会产生块效应。

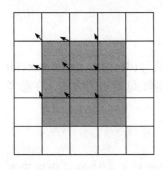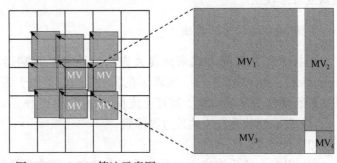

图 13-13　MVE 算法示意图

2. 基于块匹配的时域掩盖算法

边界匹配算法(boundary matching algorithm，BMA)是 JM 中实现的用来对 P 帧进行差错掩盖的算法，它假定的是相邻块之间的运动矢量有很强的相关性，首先通过判定相邻块的解码正确性，把所有相邻可靠的块运动矢量写入当前块的运动矢量候选表，然后遍历候选表中的运动矢量，去参考帧中找到对应块，根据对应块与受损块的匹配程度确定最匹配的运动矢量，同时利用此对应块的像素作为修复的值。具体匹配策略如图 13-14 所示，计算候选运动矢量对应的参考块的内边界像素值和待修复块的外边界像素值的 SAD，SAD 值最小的块即为最佳匹配块。计算方式如下：

$$\text{SAD}(j) = \frac{1}{N}\sum_{i=1}^{N}\left| Y\left(\text{MV}_j\right)_i^{\text{IN}} - Y_i^{\text{OUT}} \right| \tag{13-11}$$

其中，$Y\left(\text{MV}_j\right)_i^{\text{IN}}$ 表示 MV_j 对应参考块的内边界像素；Y_i^{OUT} 表示当前丢失块的外边界像素。

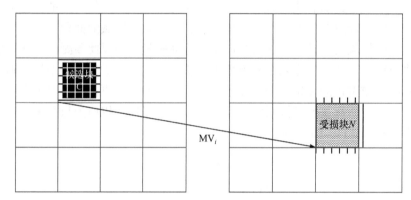

| | | 受损块外边界像素集合1　▨ 受损块 N

—— 候选块内边界像素集合 J　▓▓▓ 候选块 C

图 13-14　BMA 算法示意图

由于 BMA 算法的时间复杂度较低，并且能恢复出可以接受的视频质量，因此其应用最为广泛。但是对于运动较为复杂的情况，丢失块与周围块的运动矢量相差较大，此时恢复效果较差。

3. 解码端运动估计算法

同样采用块匹配方式来修复丢失块的还有解码端运动估计(decoder motion-vector estimation，DMVE)算法[19]，该算法在解码端采取类似于编码端帧间预测的方式，在参考帧内进行最佳 MV 的搜索，其算法流程图如图 13-15 所示。

(1) 获取当前丢失块的外边界像素；

(2) 确定搜索区域；

(3) 以左上角为搜索起点开始进行全搜索，每次计算匹配块与丢失块的外边界像素的 SAD 值；

（4）在上述最佳搜索点附近进行半像素精度的搜索，确定最佳的运动矢量，并基于此做运动补偿修复丢失块。

不同于 BMA 算法，DMVE 算法是利用空间相关性进行块匹配来预测最佳的运动矢量，DMVE 算法根据时域上的相关性进行匹配，它将匹配的方式改为计算参考块的外边界像素与当前丢失块的外边界像素的 SAD，即计算公式为

$$\mathrm{SAD}(j) = \frac{1}{N}\sum_{i=1}^{N}\left| Y\!\left(\mathrm{MV}_j\right)_i^{\mathrm{OUT}} - Y_i^{\mathrm{OUT}} \right| \qquad (13\text{-}12)$$

与式(13-11)的不同之处在于，$Y\!\left(\mathrm{MV}_j\right)_i^{\mathrm{OUT}}$ 采用的是参考块的外边界。DMVE 的计算方法不再过分依赖于当前块的运动矢量与周围块的运动矢量间的相似度，具有更广泛的应用范围。DMVE 对于运动估计都很准确，恢复效果较好，

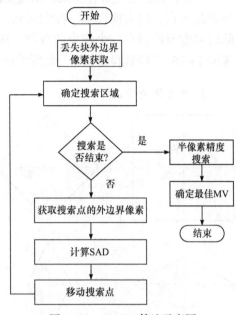

图 13-15　DMVE 算法示意图

但是计算过程与帧间预测过程相似，计算复杂度比较高，需要硬件加速。

13.3.2　算法优化与硬件设计

我们希望提出一种可配置的搜索方法，根据已正确解码块的先验信息，如果当前视频的分辨率较低或者运动范围较小，可以采用比较快的搜索配置，以加快差错掩盖的效率，减少计算功耗；反之，当视频分辨率高或运动剧烈的情况下，可以配置更精细的搜索策略，避免出现太差的掩盖效果。

1. 微代码控制结构

对于 HEVC 标准，整像素搜索的搜索策略是硬件设计的关键。我们以一些视频序列在编码时的整像素预测结果作为参考，对于高分辨率的 BasketballDrive 或运动剧烈的 BasketballPass，增大搜索窗可以获得较好的搜索结果。但是，对于分辨率较低的序列，如 416×240 分辨率的 BlowingBubbles，或者运动变化较小的大分辨率序列，如 Kimono，由于运动矢量的分布靠近搜索中心，大的搜索窗对效果的影响并不大。以 Kimono 为例，虽然分辨率为 1920 × 1080，但是其运动非常平稳，在采用±32 大小的搜索窗时，相比±64 带来的 B-D rate 增量为 0.26%；进一步缩小为±8 时，B-D rate 增量也仅有 1.11%。此外，运动矢量的分布也是有集中性的，如果将搜索窗的边界加以控制，可以进一步提高搜索效率。最后，半像素精度的搜索虽然可以提升预测的精度，使图像质量更佳，但对于差错掩盖来讲，对此付出的计算代价并不值得。

DMVE 算法与整像素搜索过程类似，充分利用先验信息，能同时获得更低搜索耗时和更精确的搜索结果，我们提出了一种微代码控制结构，通过 APB 总线来配置差错掩盖

模块的寄存器，通过寄存器来控制搜索的行为，而不是固化在硬件中。寄存器有三个：搜索起始点、搜索窗大小、搜索形状。总的来说，通过配置这三个寄存器，可以将实际的搜索窗限制在一个较小的范围，从而减少了搜索的次数。可配置的搜索窗可以参考图 13-16。当搜索起始点加上配置的搜索范围超出实际搜索窗时，菱形会畸变为六边形。

2. 参考像素管理

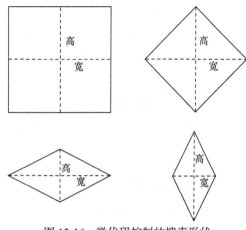

图 13-16　微代码控制的搜索形状

DMVE 算法中对参考像素的管理可以参考编码器中整像素预测的参考像素管理，因此我们提出的参考像素管理方法对整像素预测也具有指导意义。前面提到通过微代码控制搜索窗的形状和起始点，具体搜索时通过移动搜索候选点不断更新参考外边界像素和丢失块外边界像素的 SAD。如图 13-17 所示为候选点往各个方向移动时需要更新的参考块的外边界像素，其中灰色的部分表示不在之前的参考块外边界像素存储器中需要更新的像素，白色的部分表示可以复用的像素。

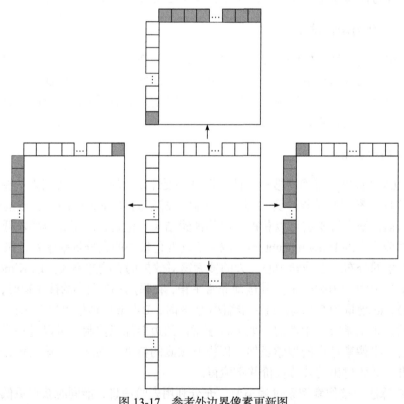

图 13-17　参考外边界像素更新图

可以看到，无论是垂直方向的移动还是水平方向的移动，需要更新的像素数都为 64 + 1 = 65 个，且单独的点与完整的 64 个像素并不处于相同行列，因此每次更新需要分别读入一行一列数据。

搜索窗中的参考像素是从外存搬运至片上的，存储方式为光栅存储方式，存储器按行进行存储，这样无法在一个周期内获取一列的像素值。为了减小读取参考像素的延迟，需要对其光栅存储的搜索窗整体进行转置处理，用额外的存储空间换取读列像素的效率。将新的参考像素管理方式与光栅存储的更新周期数进行对比：对于光栅存储，每次读入一行需要 1 个周期，读入 1 列需要 64 个周期，一共 65 个周期；而基于转置的行列存储方式，每次更新可以在 1 个周期内同时读入一行与一列数据，即对于每次搜索点的参考像素更新可以节省 64 个周期，对于一个 20 × 20 的小搜索窗全搜索就能减少 25600 个周期，可以在满足实时性的同时支持更大的搜索范围。

文献[20]中提出了一种基于 SRAM 的转置矩阵结构，该结构是针对二维 DCT 中的矩阵转置提出的，能够以极低的硬件代价提供较高的吞吐率，因此，我们参考了这种设计思路，对参考像素水平存储器进行转置，转置结果存储于垂直存储器。

这里以 8 × 8 的块的转置为例说明本节提出的转置方法，如图 13-18 所示是转置模块需要实现的功能，列序号是原始像素进来的顺序，每个周期进来一行 8 个像素，一共 8 个周期全部读完，行序号是转置后的输出顺序。

对此，最简单的实现方式是例化 8 个深度为 8、位宽是 1 个像素的存储器，对于每次进来的行像素，依次写到 8 个 RAM 中，这样每一块存储器中，都存放了 8 个转置完的像素，这样会导致写出转置像素时，由于其存储在存储器的不同地址，需要 8 个周期才能输出一列像素，对于整个 8 × 8 块则需要 64 个周期，造成极大的写出延时。对此将每行进来的像素在存储时进行一个相对于行地址的偏移，如图 13-19 所示，其中方块内的数字表示当前存储像素在一行中的位置。

通过这样的存储方式，当要送出第一列数据也就是方块内的标号为 0 的 8 个数据时，通过同时访问存储器 0 的地址 0，存储器 1 的地址 1，…，存储器 7 的地址 7，即可在一拍内把所有数据取出，对于第二列也就是方块内的标号为 1 的 8 个数据也可以以此类推，都分布在不同存储器的不同地址，支持一个周期内读出。

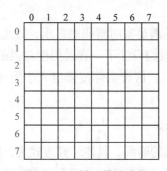

图 13-18　转置模块功能

	0	1	2	3	4	5	6	7
0	0	1	2	3	4	5	6	7
1	7	0	1	2	3	4	5	6
2	6	7	0	1	2	3	4	5
3	5	6	7	0	1	2	3	4
4	4	5	6	7	0	1	2	3
5	3	4	5	6	7	0	1	2
6	2	3	4	5	6	7	0	1
7	1	2	3	4	5	6	7	0

图 13-19　转置像素的偏移存储方式

对于连续的转置操作，有两种乒乓操作：第一种是通过两份相同的 8 × 8 的存储空间来实现乒乓操作，在从第一块读出列像素时，紧跟着的行像素写入第二份块存储空间，实现流水处理。第二种是通过地址控制逻辑的乒乓切换实现，用索引号 0、1 表示当前乒乓操作的序号，根据索引号改变写入、读出的控制逻辑。假设图 13-18 所示是索引为 0 时的处理逻辑，每行的像素都存在对应行数的地址中，如第一行的 0～7 分别存在存储器 0～7 的 0 地址；那么对于索引为 1 的转置块，每进来一行，则插空存在前一块被读出去的地址中，即每一行的数据是存在对应列数的地址中，如图 13-20 所示，有下划线的 0～7 表示流水处理的第二个 8 × 8 块的第一行数据，其被存放在刚被读出去的标号为 0 的 8 个地址上。

	0	1	2	3	4	5	6	7
0	0	1	2	3	4	5	6	7
1	7	1	1	2	3	4	5	6
2	6	7	2	1	2	3	4	5
3	5	6	7	3	1	2	3	4
4	4	5	6	7	4	1	2	3
5	3	4	5	6	7	5	1	2
6	2	3	4	5	6	7	6	1
7	1	2	3	4	5	6	7	7

图 13-20　索引为 1 的转置像素存储

综上所述，我们提出的 DMVE 算法的顶层架构如图 13-21 所示。

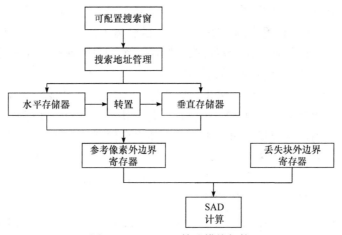

图 13-21　DVME 算法模块架构

13.3.3　实验结果分析

1. *差错掩盖速度分析*

本节提出 DMVE 算法的硬件实现的最终目的是要满足实时解码的需求，对此，我们对差错掩盖的耗时进行分析。对引入的微代码架构，我们设计了一套通用性较强的配置：搜索起始点为(0,0)，搜索窗大小为±30，搜索斜率为 1。假设实际搜索窗大小为±64，那么对于此配置方案，所需的时钟周期约为

$$256 + 2 + 60^2 / 2 = 2058$$

其中，“256”是转置整个 192 × 192 的实际搜索窗需要的时间，具体计算方式为：根据水平方向的参考窗复用，相邻 LCU 只需更新 64 × 192 的参考像素，由于吞吐率为 64 像素/周期，写入转置模块需要 192 个周期，从中取出需要 64 个周期，一共 256 个周期；“2”是从行列存储器中读入待匹配的外边界像素的时间；“$60^2/2$”是宽高各为 60 的菱形的总

搜索点数。

对于实验室现有的 HEVC 解码器，其在 ZCU102 的开发板上时钟效率为 125MHz，则此方案最高可以支持的帧率约为 4K × 2K@30fps[①]，基本满足大多数应用下的实时解码需求。

此外，还可以通过灵活地配置适应不同的需求，当需要最好的匹配性能时，可以配置为：搜索起始点为(0,0)，搜索窗大小为±64，搜索斜率为∞，此时相当于在实际搜索窗内进行完整的全搜索，根据同样的计算方式，一共需要 16642 个周期，此时，还以 30fps 为目标，只能支持 720P 视频的实时解码。当需要较快的处理速度时，可以配置为：搜索起始点为周围块 MV，搜索窗大小为±10，搜索斜率为 1/2，此时能支持 4K × 2K@135fps。

2. 资源利用率分析

对于本节提出的 DMVE 硬件实现，在 ZCU102 上进行综合实现，得到的资源利用率与实验室编码器的 IME 模块进行对比。如表 13-2 所示，可以看到对于比较紧张的 LUT 资源，DMVE 仅用了 IME 的 1/3，片上的存储也只占了 IME 的 1/2。对于 ZCU102，共有 274080 个 LUT，DMVE 仅占用了约 4.3%，而其他资源并不是视频编解码器的瓶颈，因此，DMVE 的资源开支处于可接受的范围，可以插入硬件解码器中。

表 13-2　FPGA 资源消耗对比

模块	LUT/个	Register	Bram	DSP
DMVE	11807	10260	12	0
IME	35317	30715	24	1

参 考 文 献

[1] WU J, CHENG B, WANG M, et al.Priority-aware FEC coding for high-definition mobile video delivery using TCP[J].IEEE Transactions on Mobile Computing, 2017, 16(4):1090-1106.

[2] CAO J, FENGTING L I. Error concealment techniques in MPEG-2 video decoders[J]. Journal of Tsinghua University(Science and Technology), 2004(44):921-924.

[3] KUNG W Y, KIM C S, KUO C C J. Spatial and temporal error concealment techniques for video transmission over noisy channels[J]. IEEE Transactions on Circuits & Systems for Video Technology, 2006, 16(7):789-803.

[4] 王威, 杨静, 刘西振. 一种基于 H.264 后处理空域错误隐藏方法[J]. 计算机与现代化, 2011(6):1-4.

[5] NANGAM P, KUMWILAISAK W, KEAWKUMNERD S. New spatial error concealment with texture modeling and adaptive directional recovery[C].ECTI-CON2010: The 2010 ECTI International Conference on Electrical Engineering/Electronics, Computer, Telecommunications and Information Technology, Chiang Mai, 2010:703-707.

[6] KOLODA J, SANCHEZ V, PEINADO A M. Spatial error concealment based on edge visual clearness for image/video communication[J]. Circuits, Systems, and Signal Processing, 2013, 32(2):815-824.

---

① $(3840 × 2160)/(64 × 64) × 2058 × 30 ≈ 125MHz$。

[7] HOQUE M M, PIMENTEL M L Q, HASAN M M, et al. Edge-based spatial concealment of digital dropout error in degraded archived media[J]. Electronics Letters, 2014, 50(14):996-997.

[8] XU Y L, ZHOU Y H. Adaptive temporal error concealment scheme for H.264/AVC video decoder[J]. IEEE Transactions on Consumer Electronics, 2008, 54(4):1846-1851.

[9] CUI S, CUI H, TANG K. An effective error concealment scheme for heavily corrupted H.264/AVC videos based on Kalman filtering[J]. Signal Image and Video Processing, 2014, 8(8):1533-1542.

[10] HUANG Y L, LIEN H Y.Temporal error concealment for MPEG coded video using a self-organizing map[J]. IEEE Transactions on Consumer Electronics, 2006, 52(2):676-681.

[11] PENG Q, YANG T W, ZHU C Q. Block-based temporal error concealment for video packet using motion vector extrapolation[C]. 2002 IEEE International Conference on Communications, Circuits and Systems and West sino expositions, Chengdu, 2002:10-14.

[12] WANG P C, LIN C S. Enhanced backward error concealment for H.264/AVC videos on error-prone networks[C].2013 International Symposium on Biometrics and Security Technologies, Chengdu, 2013:62-66.

[13] AGUIRRE-RAMOS F, FEREGRINO-URIBE C, CUMPLIDO R. Video error concealment based on data hiding for the emerging video technologies[C]. Pacific-Rim Symposium on Image and Video Technology, Guanajusto, 2013.

[14] CHANG Y, REZNIK Y A, CHEN Z, et al. Motion compensated error concealment for HEVC based on block-merging and residual energy[C]. 2013 20th International Packet Video Workshop, San Jose, 2013.

[15] 刘畅, 马然, 刘德阳,等. HEVC 中基于前后景区域的错误隐藏[J]. 电视技术, 2012, 36(015):8-11,35.

[16] CHANG L, RAN M, ZHANG Z. Error concealment for whole frame loss in HEVC[M]. Advances on Digital Television and Wireless Multimedia Communications. Berlin: Springer, 2012 :271-277.

[17] LIN T L, YANG N C, SYU R H, et al. Error concealment algorithm for HEVC coded video using block partition decisions[C]. 2013 IEEE International Conference on Signal Processing, Communication and Computing (ICSPCC) 2013, Kunming, 2013.

[18] CRIMINISI A, P PÉREZ, TOYAMA K. Object removal by exemplar-based inpainting[C]. 2003 IEEE Computer Society Conference on Computer Vision and Pattern Recognition (CVPR 2003), Madison, 2003:2.

[19] JIAN Z, ARNOLD J F, FRATER M R. A cell-loss concealment technique for MPEG-2 coded video[J]. IEEE Transactions on Circuits and Systems for Video Technology, 2000, 10(4):659-665.

[20] SHANG Q, FAN Y, SHEN W, et al. Single-port SRAM-based transpose memory with diagonal data mapping for large size 2-D DCT/IDCT[J]. IEEE Transactions on Very Large Scale Integration (VLSI) Systems, 2014, 22(11): 2422-2426.

第 14 章　图像质量评估

数字图像和视频在采集、压缩、传输及存储等过程中会发生各种各样的畸变，任何失真都可能导致视觉感知质量的下降。图像视频的质量失真，通常使用质量评估(quality assessment, QA)算法来建模。质量评估算法能准确地衡量编解码模型、通信传输系统、图像增强和重建算法的优劣，更能在社交媒体共享平台普及的今天，进行用户终端的图像视频质量监控。本章主要介绍图像质量评估(image quality assessment，IQA)的基本原理、算法分类和已有成果，并在先进的全参考图像质量评估模型的基础上进行算法优化和软件实现。

本章首先将详细介绍主观/客观质量评估的基础知识和现有模型，包括全参考、半参考和无参考质量评估方法，并总结质量评估领域公开数据集和常用性能评价指标。接着，在全参考评估模型 GDRW 的基础上进行算法优化，提出基于显著性窗口的高注意度区域感知图像指标 GSW。最后介绍 GSW 模型的软件实现过程和质量预测性能测试结果。

14.1　概　　述

14.1.1　图像质量评估分类

图像质量评估依据给出分数的主体不同可以分为主观图像质量评估(subjective image quality assessment，S-IQA)和客观图像质量评估(objective image quality assessment，O-IQA)，如图 14-1 所示。客观质量评估又可根据源图像参考信息比例分为全参考图像质量评估(full reference image quality assessment，FR-IQA)、半参考图像质量评估(reduced reference image quality assessment，RR-IQA)和无参考图像质量评估(no reference image quality assessment，NR-IQA)。

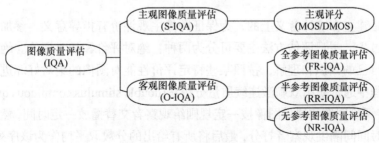

图 14-1　图像质量评估分类

14.1.2 主观图像质量评估

1. 主观图像质量评估标准

主观图像质量评估是根据观众的主观感受来对一张图像的质量给出评价。这种评估方式以观看者作为主体，在不同个体上存在差异，因此往往需要基于多名观测者和多幅图片进行结果获取。一种常用的操作流程是给出原始图像/参考图像和多幅失真图像/待评估图像，让观看者根据自己的观看体验来进行打分，观看感受越接近优良的图片获得的评分越高。

获得更优良的观看体验与图像的多方面因素有关，例如，人眼对于亮度的敏感度高于色度，并且对于在低频区域的噪声容忍度高于高频区域——总结来说，一幅明亮的保留了更多的纹理信息的图片往往比一幅色调偏暗并且纹理受到噪声影响的图片更能讨人眼的喜欢。对所有主观得分求和取平均后得到的主观评分便可用来指导后续的实验研究。

图像识别和风格迁移等领域是主观评分应用的主场，因为在这些情况下需要用到主观评分真实反映、评价结果可靠和技术实现相对简单的特性。但是同时也存在很多难以解决的问题，例如，需要对图像进行多次重复实验且无法用一个数学模型来对其进行描述，所以不存在可迁移性和可复制性。在具体实施的时候往往需要进行测试者招募和培训才能进行下一步的打分，并且主观评价结果还会受到观看仪器、观看环境和观测者自身状态等因素的影响，导致其十分耗时并难以实现实时的评价结果获得。

国际上已有成熟的主观评价技术和国际标准，例如，ITU-T Rec. P.910 规定了多媒体应用的主观评价方法；ITU-R BT.500-11 规定了电视图像的主观评价方法，就视频质量主观评价过程中的测试序列、人员、距离以及环境做了详细规定。平均意见得分(mean opinion score, MOS)[1]是图像质量最具代表性的主观评价方法，它通过对观察者的评价归一判断图像质量。类似的评价方式还有平均主观得分差异(differential mean opinion score, DMOS)。具体的操作方式是记每一种得分为 c_i，每一种得分的评分人数为 n_i，则相对应的 MOS 评分计算公式如式(14-1)所示：

$$\text{MOS} = \frac{\sum_{i=1}^{k} n_i c_i}{\sum_{i=1}^{k} n_i} \tag{14-1}$$

该方法是建立在统计意义上的，为保证图像主观评价有指导意义，参加评价的观察者数量不能过少。主观评估方法主要可分为两种：绝对评价和相对评价。绝对评价是由观察者根据自己的知识和理解，按照某些特定评价性能对图像的绝对好坏进行评价。在具体执行过程中通常采用双刺激连续质量分级法(double stimulus continuous quality scale, DSCQS)将待评价图像和原始图像按一定规则给观察者交替播放一定时间，然后在播放后留出一定的时间间隔供观察者打分，最后将所有给出的分数取平均作为该序列的评价值，即该待评图像的评价值。常见的绝对评价打分依据可以参考表 14-1。

表 14-1 绝对评价尺度

分数/分	质量尺度	妨碍尺度
5	丝毫看不出图像质量变坏	非常好
4	能看出图像质量变坏 但不妨碍观看	好
3	清楚看出图像质量变坏 且对观看稍有妨碍	一般
2	对观看有妨碍	差
1	严重妨碍观看	非常差

相对评估中没有原始图像作为参考，是由观察者对一批待评价图像进行相互比较，从而判断出每个图像的优劣顺序，并给出相应的评价值。在具体执行过程中通常采用单刺激连续质量评价方法(single stimulus continuous quality evaluation，SSCQE)将一批待评价图像按照一定的序列播放，此时观察者在观看图像的同时给出待评图像相应的评价分值。常见的相对评价打分依据可以参考表 14-2。

表 14-2 相对评价尺度

分数/分	相对测量尺度	绝对测量尺度
5	一群中最好的	非常好
4	好于该群中平均水平的	好
3	该群中的平均水平	一般
2	差于该群中平均水平的	差
1	该群中最差的	非常差

2. 图像质量评估数据集

研究主观评估的重要意义在于丰富质量评估研究的数据集。数据集通常由参考图像、失真图像和对应平均主观评分(MOS 或 DMOS)组成，是开发、校准和评价客观评估模型的重要基础。在研究中进行图像质量评价指标可靠性和高效性实验所依赖的主要有四个被普遍接受的常用大规模数据集：TID2008、TID2013、LIVE 和 CSIQ。

如表 14-3 所示，TID2008 数据集包含原始 25 张无损图片和 1700 张不同损失方式的失真图片，包括总计 17 种模型。TID2013 数据集包含原始 25 张无损图片和 3000 张不同受损方式的失真图片，并都给出对应的主观评分。TID2013 数据集包含 PSNR、WSNR、SSIM、MSSIM、VIF[2]、FSIM 等评价方式对每张图的计算结果。LIVE 数据集包含原始 29 张无损图片和 799 张不同受损方式的图片，并都给出对应的主观评分。CSIQ 数据集包含原始 30 张无损图片和 6 种劣化方式，总共包含 866 张不同受损方式的图片，并都给出对应的主观评分。

表 14-3   4 种用于图像质量评估的常用大规模数据集

数据集	源图片数目/张	包含失真类型/种	失真图片数目/张	打分人数/人
TID2008	25	17	1700	838
TID2013	25	24	3000	971
LIVE	29	5	779	161
CSIQ	30	6	866	35

这些数据集总计包含 6345 张有损图片，并且以平均主观评分(mean opinion score, MOS)和平均差异主观评分(different mean opinion score, DMOS)的形式给出了每一张图片相较于无损原始图片的得分，分数均落于[0,1]区间内。

以 TID2013 为例，它是目前包含失真种类和图片数目最多的数据集，总共包括 24 种失真类型，如表 14-4 所示。TID2013 主观分数 MOS 值由 971 个来自五个国家的实验观察者获得，总共进行了 524340 次失真图像的对比实验，MOS 值越大则图像质量越好。

表 14-4   TID2013 包含的失真类型

序号	失真类型
1	加性高斯噪声
2	颜色分量中的加性噪声强于亮度分量中的加性噪声
3	空间相关噪声
4	掩蔽噪声
5	高频噪声
6	脉冲噪声
7	量化噪声
8	高斯模糊
9	图像去噪
10	JPEG 压缩
11	JPEG2000 压缩
12	JPEG 传输错误
13	JPEG2000 传输错误
14	非离心模式噪声
15	不同强度的局部分块畸变
16	平均偏移（强度偏移）
17	对比度变化
18	色彩饱和度的变化
19	乘性高斯噪声
20	舒适噪声
21	噪声图像的有损压缩

续表

序号	失真类型
22	带抖动的图像颜色量化
23	色差
24	稀疏采样与重构

14.1.3　客观图像质量评估

客观图像质量评估的思想是使用某种特定的数学模型给出参考图像和评估图像之间的差异量化值。在实际应用的时候检验一种客观图像质量评估算法是否可靠的标准是它"是否与人的主观质量判断相一致"，即通过客观评价模型给出分数高的图像，同时也会有高的主观评价分数。

主观评分受到测试者的情绪喜好问题、实验搭建过程、显示器效果等因素影响；而客观评价方式完全不用担心上述的问题，一旦确定一种计算框架之后能够自动化给出评分。重点是如何设计出一种精准且稳定的图像质量预测模型。

在客观图像质量评估的分类中，全参考图像质量评估只能在拥有无失真且相同尺寸的原始图像存在的情况下进行，数学模型建立难度相对较低，但是同时也由于具备完全参考性而往往涉及更多的考虑因素。其核心想法是对两幅图像像素信息进行比较(或对某个特征进行验证)，目前研究较多，已有多种成熟并被广泛使用的评价指标。在实际应用情况中往往无法获得无失真的准确参考图像及同等尺寸的参考图像或者根本没有参考图像，这种情况下主观评估方式和全参考客观评估方式都束手无策，所以引入半参考和无参考客观评估具有很大的实用意义。半参考评估适用于只能获取部分源图像像素或特征的情况；而无参考评估则适用于完全无法获取源图像信息的评估情况。这两种评估方式由于难度很高，挑战性很高。

1. 全参考图像质量评估模型

目前常用的全参考图像质量评估指标都采用两阶段框架，如图 14-2 所示。第一阶段计算局部结构相似度/质量指标，第二阶段根据视觉显著性对局部结构相似度进行合并取平均，以得到一个总的最终质量评分。

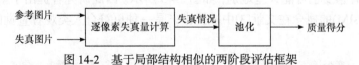

图 14-2　基于局部结构相似的两阶段评估框架

局部结构相似度(local structure similarity，LSS)可以在不同的特征空间(feature space)上进行计算，就像结构相似度(structure similarity，SSIM)直接在空间域上计算 LSS，多尺度结构相似度(multi-scale SSIM，MS-SSIM)在小波域上计算 LSS，图像特征结构相似度(feature structure similarity，FSIM)同时在相位空间和梯度空间上计算 LSS。这一步的重点是构造一个能够充分反映人类视觉系统的特征提取过程的特征空间。

目前国内外大部分研究工作都在上述的框架下开展，但是由于人眼系统对图像的感知是一个高级的、语义的过程，因此仅利用局部信息/结构相似并不能很好地模拟人的感知和评价过程，这也是研究图像质量评价标准需要克服的问题和有所突破的机遇点。

1) 峰值信噪比(PSNR)

峰值信噪比(peak signal-to-noise ratio，PSNR)是目前使用最为广泛的图像质量衡量指标之一，在很多领域都使用这个指标作为参考。PSNR 借助均方误差来计算图像的失真情况，PSNR 越大代表失真图像与参考图像的像素信息越接近，也就代表画质越好。其计算公式如下：

$$MSE = \frac{1}{MN} \sum_{i=0}^{M-1} \sum_{j=0}^{N-1} \left[I(i,j) - K(i,j) \right]^2 \tag{14-2}$$

$$PSNR = 10 \lg \left(\frac{MAX^2}{MSE} \right) \tag{14-3}$$

其中，I 是参考图像；K 是失真图像；M 和 N 为图片的长宽。上述计算公式只给出了一个通道的情况(对应灰度图的情况)，对于 RGB 格式的图像需要对三个色彩通道均进行相应计算后取平均值。

均方误差(mean square error，MSE)逐像素比较了两张图片之间的信息差异；MAX 为单个像素颜色数目，常用的位深为 8bit，也就是说像素颜色取值可能为 $MAX = 2^8 - 1 = 255$。

PSNR 是目前视频/图像处理领域应用最为广泛的客观数值评估指标之一，它的特点是概念直观且计算简便。但是这同时也是它的局限性所在，由于使用了非常简单的数学模型，它没法模拟人眼的观看习惯。PSNR 是基于逐像素点信息比较的，一幅图像中的每个像素点对图像质量结果造成的影响是等值的，这很不合理，因为这没有对信息的强度进行有区别的处理。例如，一幅人像图片中人脸区域的像素噪声和大面积平坦远景区域的像素噪声在同等幅度下，人的主观感受通常是前者难以忍受，而后者对于人眼其实没有什么大的刺激性。同时人的视觉系统对于亮度信息的敏感度是明显强于色度信息的，而不是像 PSNR 采用的数学模型那样对于所有的通道一视同仁。以上种种因素导致 PSNR 给出的图像质量计算结果往往与人的主观感受大相径庭。

2) 结构相似度(SSIM)

PSNR 存在巨大的局限性，即与主观感受之间的割裂性。即便在具有相同 MSE 的情况下，人眼观看感受也可能天差地别，如图 14-3 所示。因此研究者提出了新的评估标准。结构相似度(SSIM)的概念在文献[3]中被提出，是一种更符合人类观看直觉的图像质量评价标准。

(a) 原图　　　　　(b) MSSIM=0.9168　　　　　(c) MSSIM=0.9900

(d) MSSIM=0.6949　　　(e) MSSIM=0.7052　　　(f) MSSIM=0.7748

图 14-3　MSE=210 的不同图片主观感受偏差[3]

　　客观评价标准的设计中无法回避的一个问题是如何确定合适的可见性误差(visibility of error)函数。例如，在 PSNR 中这个函数就是均方误差。可见性误差函数会以某种标准计算参考图像和失真图像之间的某种特征的差距，最终计算结果将作为图像质量的打分来反映失真情况。

　　SSIM 的提出是基于以下客观事实的：人眼的观看习惯总是倾向于先对整个画面进行大致信息提取，再对细节进行进一步的观察；人眼对于较高频信息(存在某个范围区间)更敏感，而对于平坦和缓慢变化的区域不会分配过多的注意力。于是 SSIM 提出者便考虑将这些特性通过评估模型反映出来。

　　SSIM 由亮度对比、对比度对比、结构对比三部分组成。其具体的计算结构模型和计算公式结构如图 14-4 和图 14-5 所示。

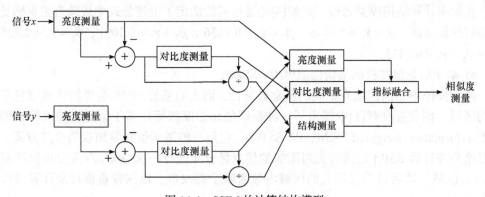

图 14-4　SSIM 的计算结构模型

$$\mu_x = \frac{1}{N}\sum_{i=1}^{N} x_i$$
(平均灰度作为亮度测量)

$$\sigma_x = \left(\frac{1}{N-1}\sum_{i=1}^{N}(x_i-\mu_i)^2\right)^{\frac{1}{2}}$$
(灰度标准差作为对比度测量)

$$\sigma_{xy} = \frac{1}{N-1}\sum_{i=1}^{N}(x_i-\mu_x)(y_i-\mu_y)$$
(灰度协方差作为结构测量)

$$l(x,y) = \frac{2\mu_x\mu_y + C_1}{\mu_x^2+\mu_y^2+C_1}$$

$$c(x,y) = \frac{2\sigma_x\sigma_y + C_2}{\sigma_x^2+\sigma_y^2+C_2}$$

$$s(x,y) = \frac{\sigma_{xy} + C_3}{\sigma_x\sigma_y + C_3}$$

$$S(x,y) = f(l(x,y),c(x,y),s(x,y))$$
$$= \frac{(2\mu_x\mu_y + C_1)(2\sigma_x\sigma_y + C_2)}{(\mu_x^2+\mu_y^2+C_1)(\sigma_x^2+\sigma_y^2+C_2)}$$

图 14-5　SSIM 的具体计算公式结构

3) 多尺度结构相似度(MS-SSIM)

自从 SSIM 被提出之后，由于其具有优秀的性能而受到了许多研究者的关注。同时，许多基于 SSIM 进行改良的图像质量评价指标也被提出。其中，MS-SSIM[4]在 SSIM 的基础上，引入了多尺度的概念。它的提出者指出观看者给出的主观评价分数受到图像到观看者的距离、显示屏分辨率和图像信息密集程度等因素的影响。

一个非常直观的例子是：观看者给一个相对模糊的分辨率为 1080P 的画面的主观观感打分，总是会比给一个较为锐利的分辨率为 720P 的画面的主观观感打分要低，这说明在进行图像质量评估的时候，画幅尺寸也是一个应该受到关注的因素。

考虑到上述的客观事实后，MS-SSIM 在不同图像尺度下多次计算两张图片的结构相似度，然后取综合结果作为最终的评估打分。其具体计算流程和公式如图 14-6 及式(14-4)所示，其中的主要思路创新为输入图像的长宽都以 2^{M-1} 为因子进行缩小。

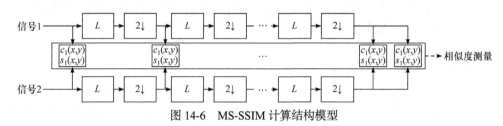

图 14-6   MS-SSIM 计算结构模型

$$\text{SSIM}(x,y) = \left[l_M(x,y) \right]^{\alpha_M} \prod_{j=1}^{M} \left[c_j(x,y) \right]^{\beta_j} \left[s_j(x,y) \right]^{\gamma_j} \tag{14-4}$$

在给出计算结构模型之后，文献[4]还通过实验确定了上述公式中最接近主观感受的各参数的最佳值：$\beta_1 = \gamma_1 = 0.0448$，$\beta_2 = \gamma_2 = 0.2856$，$\beta_3 = \gamma_3 = 0.3001$，$\beta_4 = \gamma_4 = 0.2363$，$\alpha_5 = \beta_5 = \gamma_5 = 0.1333$。

4) 基于信息量加权的结构相似度(IW-SSIM)

通常图像中不同区域有不同的视觉显著性，而人眼系统(HVS)会更加注重信息量较大的区域，因此在文献[5]中提出了一种新型的相似度指标即基于信息量加权的结构相似度(information-weighted SSIM，IW-SSIM)，它是一种基于信息量加权的合并方案。它的思路是在计算 SSIM 之前首先对图像的信息量分布进行一次感知，即区分出纹理复杂/稀疏的区域，然后给信息量大的区域内像素赋予高权重，以该权重模板来计算结构相似度。

相比之下，IW-SSIM 能获得比 SSIM 和 MS-SSIM 更好的评价效果，当然，花费的时间也更久。IW-SSIM 的提出者还指出，这种基于信息量加权的思路不光能应用在 SSIM 的改良上，将其应用于 PSNR 上也同样有不错的效果，所以他也同时提出了 IW-PSNR 这种评价方式。这两种模式在各个数据集的验证实验上均获得了不错的效果。IW-SSIM 的计算结构模型如图 14-7 所示。

5) 基于梯度信息的结构相似度(GSSIM)

基于梯度信息的结构相似度(gradient-based structural similarity for image quality assessment，GSSIM)[6]对 SSIM 做了进一步的改进。梯度图中包含非常重要的信息，局部对比度和局部结构能够很好地反映在梯度图中，因此利用梯度图来计算 SSIM 指标中的局部对比度相似性和结构相似性是一种自然的改进方案。

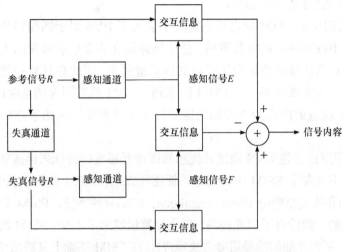

图 14-7　IW-SSIM 的计算结构模型

SSIM 不能较好地评价严重模糊图像的质量，主要是因为 SSIM 中的结构信息一项 $s(x,y)$ 在遇到图像模糊的情况时不能够很好地代表结构信息。因此 GSSIM 提出对图像进行梯度计算，得到图像的梯度图，然后再对图像的对比度相似性和结构相似性进行计算。其中用到的 Sobel 边缘算子如图 14-8 所示

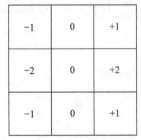

−1	0	+1
−2	0	+2
−1	0	+1

−1	−2	−1
0	0	0
+1	+2	+1

(a) 垂直边缘算子 V　　　　(b) 水平边缘算子 H

图 14-8　Sobel 边缘检测算子

设 X 和 Y 为原始图像和失真图像的梯度图，x 和 y 分别表示 X 和 Y 的局部图像块。在 x 和 y 上进行 SSIM 中 $c(x,y)$ 和 $s(x,y)$ 的相同计算，得到 $c_g(x,y)$ 和 $s_g(x,y)$，则 GSSIM 可由公式(14-5)计算得到：

$$\mathrm{GSSIM}(x,y) = [l(x,y)]^{\alpha} \cdot [c_g(x,y)]^{\beta} \cdot [s_g(x,y)]^{\gamma} \tag{14-5}$$

整体图像的结构相似度可由局部的 GSSIM 平均池化计算得到：

$$\mathrm{MGSSIM}(X,Y) = \frac{1}{M}\sum_{j=1}^{M}\mathrm{GSSIM}(x_j,y_j) \tag{14-6}$$

GSSIM 和 SSIM 对非模糊降质的图像的质量评价性能相差不大，但是对于模糊图像

的评价有明显的性能提升。

6) 图像特征结构相似度(FSIM)

FSIM[7]算法相比于 SSIM 的进步之处在于引入了 HVS 对于图像特征理解的优先度概念，一张图片中特征并不是等权重的，位于物体轮廓的像素能够帮助人眼确定和理解物体的结构，而背景区域的像素由于带有的信息量更少，因此在计算一张图片的质量分数的时候也理应对它们做出区分。FSIM 注意到了 HVS 理解图像信息时的特征优先度，因此它对 SSIM 改进的内容为考虑如何区分这些不同重要性的像素并给它们赋予合适的权重。

FSIM 能够很好地抓住 HVS 通过首先感知图像低层次的特征来迅速掌握图像内容的特性，在其指导下完善了 SSIM 中的统计特征比较方式。FSIM 使用了相位一致性(phase congruency，PC)和梯度幅值(gradient magnitude，GM)两种特征。FSIM 的预测分数与主观评估打分之间的一致性有了明显提高，但是计算量增加了不少。FSIM 的具体计算逻辑如图 14-9 所示，更为详细的推导可参考文献[7]。在 FSIM 基础上又提出了 FSIMc[7]，它增加对彩色图像的计算支持并对一致性信息做加权平均得到最终结果。

$$PC_{2D}(x) = \frac{\sum_j E_{\theta_j}(x)}{\varepsilon + \sum_n \sum_j A_{n,\theta_j}(x)}$$

计算PC

$$S_{PC}(x) = \frac{2PC_1(x)PC_2(x) + T_1}{PC_1^2 + PC_2^2 + T_1}$$

$$FSIM = \frac{\sum_{x \in \Omega} S_L(x)PC_m(x)}{\sum_{x \in \Omega} PC_m(x)}$$

$$G_x(x) = \begin{bmatrix} 3 & 0 & -3 \\ 10 & 0 & -10 \\ 3 & 0 & -3 \end{bmatrix} * \frac{1}{16} * f(x)$$

$$S_G(x) = \frac{2G_1(x)G_2(x) + T_2}{G_1(x)^2 + G_2(x)^2 + T_2}$$

$$PC_m(x) = \max(PC_1(x), PC_2(x))$$

取PC作为权重衡量因子

$$G_y(x) = \begin{bmatrix} 3 & 10 & 3 \\ 0 & 0 & 0 \\ -3 & -10 & -3 \end{bmatrix} * \frac{1}{16} * f(x)$$

$$S_L(x) = |S_{PC}(x)|^\alpha |S_G(x)|^\beta$$

耦合PC和GM

$$GM = \sqrt{G_x^2 + G_y^2}$$

计算GM

图 14-9 FSIM 的计算结构模型

7) 视觉显著性指数(VSI)

视觉显著性指数(visual saliency-induced index，VSI)[8]是一种利用图像显著性特征图失真情况来对图像质量进行评估的全参考评价标准。研究发现，质量失真会引起视觉显著性(visual saliency，VS)的改变，并且这种改变与失真有很强的相关性，对大部分的失真类型，显著性图的失真 MSE 值越大，相应的主观评分也越低，因此在文献[8]中提出了使用 VS 的 MSE 失真值来反映图像失真情况的标准。但是该方法在某些失真类型下效果不明显，并且如果图像本身具有较高的对比度，那么该方法便会失效。因此采用额外的特征作为补充来增强 VSI 的鲁棒性，一种普遍采用的方式是结合梯度幅值(gradient modulus，GM)和色度特征。利用 Scharr operator 计算图片的梯度：

$$G_x(x) = \begin{pmatrix} 3 & 0 & -3 \\ 10 & 0 & -10 \\ 3 & 0 & -3 \end{pmatrix} * \frac{1}{16} * f(x) \tag{14-7}$$

$$G_y(x) = \begin{pmatrix} 3 & 10 & 3 \\ 0 & 0 & 0 \\ -3 & -10 & -3 \end{pmatrix} * \frac{1}{16} * f(x) \tag{14-8}$$

$$G(x) = \sqrt{G_x^2 + G_y^2} \tag{14-9}$$

通过比较 GM 特征图的失真可以很好地反映出图像的对比度失真。

为了度量色度失真，可以将 RGB 色域的图片转换为 LMN 色域后提取需要的色度信息分量 M 和 N 进行比较：

$$\begin{bmatrix} L \\ M \\ N \end{bmatrix} = \begin{bmatrix} 0.06 & 0.63 & 0.27 \\ 0.30 & 0.04 & -0.35 \\ 0.34 & -0.6 & 0.17 \end{bmatrix} \begin{bmatrix} R \\ G \\ B \end{bmatrix} \tag{14-10}$$

对于两张图片 f_1 和 f_2，其 VSI 可通过如下方式计算得到：

$$S_{VS}(x) = \frac{2VS_1(x) \cdot VS_2(x) + C_1}{VS_1^2(x) + VS_2^2(x) + C_1} \tag{14-11}$$

该项为显著性图特征。

$$S_G(x) = \frac{2G_1(x) \cdot G_2(x) + C_2}{G_1^2(x) + G_2^2(x) + C_2} \tag{14-12}$$

该项为梯度幅值图特征。

$$S_C(x) = \frac{2M_1(x) \cdot M_2(x) + C_3}{M_1^2(x) + M_2^2(x) + C_3} \cdot \frac{2N_1(x) \cdot N_2(x) + C_3}{N_1^2(x) + N_2^2(x) + C_3} \tag{14-13}$$

该项为色度图特征。其中，C_1、C_2 和 C_3 是为避免出现分母为零情况的正常数。

最终 VSI 计算结果为

$$S(x) = S_{VS}(x) \cdot \left[S_G(x)\right]^{\alpha} \cdot \left[S_C(x)\right]^{\beta} \tag{14-14}$$

其中，α、β 参数用于调整每个因子的权重，可以根据实际需要和图片类型进行调节。

通过上述过程获取了每个像素的 VSI 计算结果之后，通过以下公式得到最终的整幅图像的 VSI 计算结果：

$$VSI = \frac{\sum_{x \in \Omega} S(x) \cdot VS_m(x)}{\sum_{x \in \Omega} VS_m(x)} \tag{14-15}$$

其中，Ω 是整个像素空间；$VS_m(x) = \max(VS_1(x), VS_2(x))$ 作为 $S(x)$ 的权重。计算过程如图 14-10 所示(脸部为马赛克处理)。

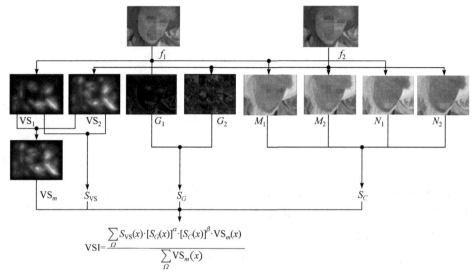

$$\text{VSI} = \frac{\sum\limits_{\Omega} S_{\text{VS}}(x) \cdot [S_G(x)]^{\alpha} \cdot [S_C(x)]^{\beta} \cdot \text{VS}_m(x)}{\sum\limits_{\Omega} \text{VS}_m(x)}$$

图 14-10　图像 VSI 指标计算流程图

2. 半参考图像质量评估模型

半参考图像质量评估仅从源图像中提取部分信息作为参考，提取出部分特征来构成评估质量的总指标。由于只需要源内容的部分信息，半参考评价方法有着数据传输量小、灵活性高的特点。一般而言，RR 评估模型的特征设计或在空间域中，或在变换域中进行，如在空间域中提取色彩相关图特征[9]，在变换域中使用图像或视频帧的小波系数[10]等。出色的 RR 评估模型应该在特征维度大小和图像质量预测的精确度之间保持平衡。

3. 无参考图像质量评估模型

由于没有无失真源图像的参考信息，无参考图像质量评估方法仅根据失真图像来预测图像质量分数，难度大于全参考和部分参考评估方法。近年来，社交自媒体平台如雨后春笋般发展，无失真源内容无从获得，失真类型复杂未知的图像也涌入大众视野，无参考图像质量评估方法也因此被越来越多的学者关注、研发和衡量。根据特征提取方式，无参考图像质量评估方法可以分为基于手工提取特征的传统方法和基于神经网络的深度学习方法。

早期的传统方法通过假设存在某一特定类型的失真来评价图像质量，即量化特定失真类型，如块效应、模糊(blur)、振铃效应、噪声、压缩或传输损伤等。JNBM[11]、CPBDM[12]和 LPCM[13]专注于评价 Blur 类型的失真图像，NJQA[14]和 JPEG-NR[15]分别评价噪声失真和 JPEG 压缩损伤失真。

近年来，表现优良的无参考图像质量评估模型大部分都是基于自然场景统计特性(natural scene statistics，NSS)，在不对失真类型做任何假设的前提下设计提取图像特征，通过机器学习回归算法进行质量预测。所选特征具有广泛的感知相关性，且合适的回归模型能自适应地将特征映射到数据集中的主观质量分数，因此基于 NSS 特征的无参考图像质量评估方法比早期的模型更加通用和一般化。NSS 表明经过适当规范化的高质量真实世界摄像图像会遵行一定的统计规律，基于 NSS 统计量的特征量更能准确预测图像失真。

BRISQUE[16]将自然图像的亮度进行归一化计算，发现其经验分布符合高斯统计特性。自然图像的亮度归一化系数近似服从高斯分布，而这样的经验分布会因人工合成或失真畸变等变化，因此量化经验分布的拟合参数能够准确预测质量分数。受 BRISQUE[16]启发，基于 NSS 的无参考图像质量评估方法在空域和不同变换域上进行了丰富的探索。GM-LOG[17]使用归一化高斯平滑梯度幅度映射和高斯拉普拉斯(Laplacian of Gaussian)映射。GM 特征度量局部亮度变化的强度，LOG 算子对小空间领域的强度对比进行响应，是视网膜神经节细胞的良好模型。进行 LAB 颜色变换的 HIGRADE[18]同时在空间域和梯度幅度域进行了 MSCN、对数偏导和 σ 域的计算。FRIQUEE[19]模型从不同色彩空间和感知驱动的变换域中提取 NSS 特征，色彩空间包括 RGB、LAB 和 LMS，变换域包括 σ 域和 DOG(difference of Gaussian)域等。不同于以上基于 NSS 特征的提取模型，传统无参考图像质量评估的另一个方向是词袋(bag of words，BOW)模型。CORNIA[20]通过从一组未标记图像中提取的原始图像块聚类来学习字典/码本，并通过应用额外的时间滞后池学习帧级质量分数，进而应用到视频质量评估。类似地，HOSA[21]基于码本，采用统计聚类方法，码本小且性能好。

基于深度学习的 BIQA 方法设法从原始图像数据中自动提取最适合预测质量分数的特征表示。CNNIQA[22]使用卷积神经网络进行图像质量估计，首先将输入的灰度图像进行对比度归一化，然后从图像中提取不重叠的块，由 CNN 来估计每个 Patch 的质量分数，并对 Patch 分数取平均，从而得到图像的质量估计。PaQ-2-PiQ[23]创建了新的主观图像数据库，包含了约 40000 张真实失真图像和约 4000000 个人类主观意见评分，并在新数据集的基础上提出了三个预测网络。

14.1.4 性能指标和评价准则

图像在获取、压缩、处理、传输、显示等过程中难免会出现一定程度的失真。如何衡量图像的质量、评定图像是否满足某种特定应用要求需要建立有效的图像质量评价体制。遗憾的是主客观评价的不一致性一直困扰着图像相关的研究者，如何使客观评价结果更加符合主观评价结果、提高图像质量评价的主客观一致性是一个亟待解决的问题。

为了确认某种客观评价指标和主观得分之间的一致性关系，学术界使用了四种一致性判断指标[24]，分别为斯皮尔曼一致性(Spearman rank-order，SROCC)、肯德尔一致性(Kendall rank-order，KROCC)、皮尔逊一致性(Pearson linear，PLCC)和均方根误差(root mean squared error，RMSE)。它们常被用来评价一种指标的准确性和一致性。同时使用这四种判断指标能够更全面和准确地反映出一种客观评价指标打分与主观感受之间的相关性。

皮尔逊相关性系数是最常用的一种相关系数，又称积差相关系数，取值范围为[-1,1]，绝对值越大，说明相关性(正相关或负相关)越强。它的计算相对简单，通常需要假设数据来自正态分布的总体。皮尔逊相关性被定义为两者之间的协方差除以它们各自标准差的乘积：

$$\rho_{X,Y} = \frac{\text{cov}(X,Y)}{\sigma_X \sigma_Y} = \frac{E\big[(X-\mu_X)(Y-\mu_Y)\big]}{\sigma_X \sigma_Y}$$

$$= \frac{E(XY)-E(X)E(Y)}{\sqrt{E(X^2)-E^2(X)}\sqrt{E(Y^2)-E^2(Y)}} \tag{14-16}$$

斯皮尔曼一致性相关系数又称秩相关系数，是利用两变量的秩次作线性相关分析，被定义成等级变量之间的皮尔逊相关系数。它对原始变量的分布不作要求，属于非参数统计方法，适用范围要广些。对于服从皮尔逊相关系数的数据亦可计算斯皮尔曼相关系数，但统计效能要低一些。

$$\rho(x) = \frac{\sum_i (x_i - \bar{x})(y_i - \bar{y})}{\sqrt{\sum_i (x_i - \bar{x})^2 \sum_i (y_i - \bar{y})^2}} \tag{14-17}$$

肯德尔一致性表示在评估相同样本时多名评估员所做顺序评估的关联程度，常用于属性一致性分析。具体的计算方式为：n 个同类的统计对象按特定属性排序，其他属性通常是乱序的。同序对(concordant pairs)和异序对(discordant pairs)之差与总对数($n(n-1)/2$)的比值定义为肯德尔系数。较高或显著的肯德尔系数意味着检验员评估样本时采用的是基本一致的标准。具体计算式如下，其中 n_c 和 n_d 分别为同序对和异序对的数量，n 为数据集图片数量。

$$\text{KROCC} = \frac{n_c - n_d}{0.5n(n-1)} \tag{14-18}$$

均方根误差计算如下所示，其中 s_i 和 q_i 分别为图片的 MOS 值和预测值，n 为数据集图片数量。

$$\text{RMSE} = \sqrt{\frac{1}{n}\sum_{i=1}^{n}(s_i - q_i)^2} \tag{14-19}$$

在常用的四个大型图像数据集中均给出了每幅失真图像由大量测试者给出的主观打分，因此可以使用上述的四种一致性指标来计算采用客观评估模型得到的图像质量打分与主观评分之间的一致性关系。理想情况是，在各种图像和失真类别下，基于数学模型的客观评估方法都能获得尽可能高的与主观打分之间的一致性。

14.2 算 法 优 化

14.2.1 设计考量

1. 人眼视觉系统

人眼视觉系统(human visual system，HVS)是一个复杂的受到神经系统调节的光学系统。HVS 在观看图像/视频时具有以下特征。

(1) HVS 在空域上类似一个低通型线性系统，对于过高频率的信息不敏感。由于眼球结构的几何尺寸和视觉细胞大小及密度的影响，人眼的分辨率存在上限。

(2) 人眼对亮度的响应具有非线性性质，在对亮度的反应上要比灰度差更敏感。同时 HVS 对亮度信号的敏感度也比色度信号更高。

(3) HVS 对过低频率的信息也不敏感(如非常平滑的背景)，因此可以将 HVS 在空域上的特性更为准确地总结为带通型线性系统，近似一个带通滤波器，因此会产生侧抑制效应，导致边缘增强，但边缘的位置变化容易被感知，而对灰度误差并不敏感。

(4) HVS 受背景照度、纹理复杂性和信号频率的影响。具有不同局部特性的区域，在保证不被人眼察觉的前提下，允许改变的信号强度不同。

HVS 是一个十分复杂的系统，它能够通过感知图像的低层次特征迅速掌握图像内容特性，同时能够准确感知图像质量影响的区域仅占人眼可视区域中处于正中心区域水平方向 15°、垂直方向 10°左右的范围。对于图像来说，人类视觉系统的主要特性一般表现在 3 个方面：亮度、频域和图像类型。一般来说，人眼对于高亮度的区域所附加的噪声的敏感性较小；对于频域特性来说，如果将图像从空域变换到频域，那么频率越高，人眼的分辨能力就越低。频率越低，人眼的分辨能力就越高。人类视觉系统的频域特性告诉我们，人眼对高频内容的敏感性较低；从图像类型特性来说，图像可分为大块平滑区域和纹理密集区域。人类视觉系统对于纹理密集的敏感性要远高于平滑区域。

2. 基于全局和双随机窗口相似度的感知图像指标 GDRW

不同于平面图像，全景视频在投影后会引入大量的插值并产生不可避免的图像畸变，传统的 SSIM 并不能给出准确的图像质量评价结果。因此，研究者考虑结合人眼的观看习惯和注意力机制来提出一种新型图像质量评价标准。HVS 是一个十分复杂的光学系统，同时还受到神经系统的调节，因此在讨论主观感受的时候需要涉及多方面的因素。人眼对亮度信息的敏感度远高于色彩信息信号的敏感度，这一点在 SSIM 的计算公式中就已经考虑到了。

而从图片纹理繁复程度来说，人眼具有一种边缘增强的侧抑制效应，在感受野内实际上能够分辨纹理的区域只占一小块，对于这一点 SSIM 没有做出很好的应对。SSIM 是基于整张图片的，不是像实际情况下人眼那样只对感兴趣区域的图像分配更多的精力。

有学者提出了一种称为"基于全局和双随机窗口相似度的感知图像指标 GDRW[25]"。其主要思路是使用随机窗口将图像划分为多个随机块，然后逐块完成评估。在该评价方式的计算过程中使用了图像梯度 GM 作为指标，它可以有效捕获 HVS 高敏感的图像局部结构。GDRW 的可靠性是建立在以下事实基础之上的：

(1) HVS 中视网膜内部的感受也是随机散布的；

(2) 感受野的位置大致服从离散的均匀分布；

(3) 图像失真像素和区域的位置及比例也大致服从离散均匀分布。

在考虑了均匀分布、高斯分布和离散均匀分布之后，GDRW 选择了离散均匀分布作为窗口中心位置的选择依据，它是对称概率分布，且有助于放置窗口，而不会偏向特定的窗口大小或图像的空间区域。实验结果证明，GDRW 给出的分数与主观评分的一致性优于 SSIM 和 FSIM 等目前被广泛应用的图像评价指标。

受到 GDRW 的启发，我们认为让客观评价指标尽可能地贴近 HVS 的功能实现方式是十分有必要的。在面对一幅图片时，人眼的关注重心会不自觉地转移到图像中让人感兴趣的区域，而这部分区域的观感将直接影响这个观看者对整幅图像的主观打分。因此，我们提出了"基于显著性窗口的高注意度区域感知图像指标 GSW"。该指标由全局分数和显著性分数两个部分组成，其具体的计算流程如 14.2.2 节所示。

14.2.2 显著性窗口确定策略

显著性图(saliency map)[26,27]是计算机视觉中的一种图像分区模式，目的是将图像的信息转化为更容易被计算机理解的形式。例如，在大量相同颜色中出现的不同颜色的像素，或是朝向不同的形状都会特别吸引观众，这些都是对 HVS 产生显著刺激的元素，显著性图将发现它们并以显著的方式显示。

一种常用的显著性检测方法是基于全局对比度的 LC 算法[28]。其计算公式如下:

$$S(p) = \sum_{q \in I} d(p,q) \tag{14-20}$$

该方法利用直方图对像素按照特征值归类(归一化到[0,255])并进行统计，f_n 为特征值的出现频率，利用这一点可以将计算公式简化为

$$S(p) = \sum_{n=0}^{255} f_n d(p,n) \tag{14-21}$$

其中，$d(p,n)$ 为特征值 p 和 n 之间的欧氏距离。因为任何两个像素的特征值都在[0,255]范围内，所以可以提前计算好距离矩阵 D，这样就可以通过查表来得到像素特征距离 $d(n_1,n_2)$，因此公式可以进一步优化为

$$S(p) = \sum_{n=0}^{255} f_n D(p,n) \tag{14-22}$$

在 MATLAB 中能够完整地实现这个显著性图提取过程:①计算图像的色彩直方图得到每一个灰度级对应的像素数目;②计算每一个特征值 p 的显著值;③为每一个像素根据灰度级分配显著值得到显著图;④对显著图进行归一化得到最终的显著图。

在得到了显著图之后，需要设计相应的显著性窗口划定策略。首先将得到的显著性图分割为 12×12 的小块，分别计算每个小块内的像素平均亮度，取最显著的那个块(平均亮度最高的块)作为显著性窗口的起始块。然后以其为出发点开始向上、下、左、右扩张显著性窗口的边界。以向左扩张边界为例，首先判断当前块的左相邻块的平均亮度是否达到当前块的 70%，若是，则将左相邻块纳入显著性窗内;若不满足该条件，则判断左相邻块内是否存在与当前块连通的大面积高亮区域，若有，则也将左相邻块纳入显著性窗内。不断进行上述的操作直到左边界不再扩展为止，其他三个方向也做相同的操作。

　　在确定了上、下、左、右四个方向的显著性窗边界之后，还要进一步判断，那就是考察该显著性窗口的长/宽是否不小于整张图片长/宽的 1/3，若小于，则认为显著性窗口仍需要扩展。以左右方向为例，具体的操作方式是比较当前显著性窗口左右边界上的两个相邻块的平均亮度，将更亮的那个块纳入显著性窗内；若一边已到达图片边界，则直接选择朝另一边扩展边界。

　　上述操作流程和得到的显著性窗口图如图 14-11 所示。

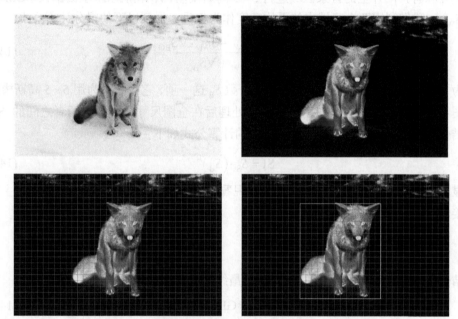

图 14-11　基于显著性灰度图的高感知区域窗口划定策略

14.2.3　全局分数

　　全局分数又由原尺寸全局分数和下采样全局分数两部分组成。其中原尺寸全局分数 G_O 被定义为两张图片在初始尺寸下计算 FSIM 的结果：

$$G_O = \text{FSIM}_C(I_R, I_D) \tag{14-23}$$

　　下采样全局分数 G_D 定义为对参考图片和有损图片都进行 1/4 下采样后，计算两者之间的梯度幅值相似性：

$$G_D = \frac{2G_{RD} \cdot G_{DD} + C_D}{G_{RD}^2 + G_{DD}^2 + C_D} \tag{14-24}$$

其中，G_{RD} 为参考图片下采样后的梯度幅值；G_{DD} 为有损图片下采样后的梯度幅值；C_D 是用来避免出现分母为零的一个参数。

　　于是，全局分数被定义为如下的结果：

$$\text{GI} = G_O \cdot (G_D)^\alpha \tag{14-25}$$

　　全局分数给出了基于色彩连贯性、结构相似度和梯度一致性的图片质量得分。

14.2.4　显著性分数

通过显著性窗口我们得知，窗口中的区域是人眼感兴趣的高敏感度区域，而窗口外的区域是相对不太重要的背景区域。提出通过以下的策略来计算显著性分数。

首先在显著性图上计算显著性窗口内的平均亮度 VS_W 和显著性窗口外的平均亮度 VS_{BG}；接着计算参考图片和有损图片显著性窗口内区域的 GSM[29]值，记为 S_W；然后在参考图片和有损图片上的背景区域进行 5×5 高斯模糊，计算得到的两张图片的 GSM 值，记为 S_{Wb}。我们利用两个区域内的平均亮度作为权重，得到以下的得分计算公式：

$$S_S = \frac{S_W \cdot VS_W + S_{Wb} \cdot VS_{BG}}{VS_W + VS_{BG}} \tag{14-26}$$

为了增强得分的鲁棒性，再引入背景分数 S_B 这一项，它被定义为用 5×5 高斯模糊对参考图和有损图片显著性窗口内区域进行处理后在全图尺寸下计算的两者之间的 SSIM 值。结合这两部分，我们得到显著性分数的计算公式如下：

$$SI = S_S \cdot (S_B)^{\beta} \tag{14-27}$$

显著性分数的作用是通过模拟人眼的观看习惯和喜好来使得客观评价分数与主观感受相接近。

14.2.5　分数融合指标

结合全局分数和显著性分数，GSW 的最终得分公式被定义为

$$GSW = GI \cdot (SI)^{\gamma} \tag{14-28}$$

上述公式中出现的系数 C_D、α、β 具体取值通过实验确定。实验设计和过程如下。从 TID2013[30]中随机选择一个子数据集，该子数据集包含 10 幅不同的参考图像和相关的 1200 幅有损图像。为了通过实验调整相关参数，使用了变量控制方法，调整标准是选择能够获得更高 SROCC 得分的参数值方向；在该子集上获得了一组初步的参数之后，再在其他三个数据集 TID2008[31]、CSIQ[32]和 LIVE[33]上验证这组参数对于提升主观一致性是否有帮助，以确认与现有方法相比是否有改进。

经过上述实验，最终得到了一组表现最佳的参数。于是 GSW 中的参数确定为：$C_D = 1.5$，$\alpha = 0.40$，$\beta = -0.67$，$\gamma = 0.30$。在本书的后续内容中都将使用这组参数。

14.3　软件实现与测试

在本节中，给出了每个标准数据集上的图片得分与主观评分之间的 SROCC、KROCC、PLCC 和 RMSE 值，以此来评价各种客观标准的预测性能，这里加入了信息保真度准则 IFC[34]。

实验结果显示在表 14-5 中。对于每个性能指标/每个数据库，均以粗体突出显示了结果位于最佳前三的评价标准。

表 14-5　四个基准数据集上各个 IQA 指标的效果比较

数据集	指标	SSIM	IFC	IW-SSIM	VIF	MS-SSIM	MAD	FSIM	FSIMc	GSM	VSI	GDRW	GSW
TID2013	SROCC	0.7417	0.5389	0.7779	0.6769	0.7859	0.7807	0.8015	0.8510	0.7946	**0.8965**	**0.8803**	**0.8811**
	KROCC	0.5588	0.3939	0.5977	0.5147	0.6047	0.6035	0.6289	0.6665	0.6255	**0.7183**	**0.6978**	**0.7073**
	PLCC	0.7895	0.5538	0.8319	0.7720	0.8329	0.8267	0.8589	0.8769	0.8464	**0.9000**	**0.8913**	**0.8916**
	RMSE	0.7608	1.0322	0.6880	0.7880	0.6861	0.6975	0.6349	0.5959	0.6603	**0.5404**	**0.5621**	**0.5462**
TID2008	SROCC	0.7749	0.5675	0.8559	0.7491	0.8542	0.8340	0.8805	0.8840	0.8504	**0.8979**	**0.8971**	**0.8955**
	KROCC	0.5768	0.4236	0.6636	0.5860	0.6568	0.6445	0.6946	0.6991	0.6596	**0.7123**	**0.7125**	**0.7123**
	PLCC	0.7732	0.7340	0.8579	0.8084	0.8451	0.8308	0.8738	**0.8762**	0.8422	**0.8762**	**0.8821**	**0.8824**
	RMSE	0.8511	0.9113	0.6995	0.7899	0.7173	0.7468	0.6525	0.6468	0.7235	**0.6466**	**0.6322**	**0.6319**
CSIQ	SROCC	0.8756	0.7671	0.9213	0.9195	0.9133	**0.9466**	0.9242	0.9310	0.9108	0.9423	**0.9590**	**0.9534**
	KROCC	0.6907	0.5897	0.7529	0.7537	0.7393	**0.7970**	0.7567	0.7690	0.7374	0.7857	**0.8169**	**0.8070**
	PLCC	0.8613	0.8384	0.9144	0.9277	0.8991	**0.9502**	0.9120	0.9192	0.8964	0.9279	**0.9541**	**0.9486**
	RMSE	0.1334	0.1431	0.1063	0.0980	0.1149	**0.0818**	0.1077	0.1034	0.1164	0.0979	**0.0786**	**0.0877**
LIVE	SROCC	0.9479	0.9259	0.9567	0.9636	0.9513	**0.9669**	0.9634	**0.9645**	0.9561	0.9524	0.9610	**0.9781**
	KROCC	0.7963	0.7579	0.8175	0.8282	0.8045	**0.8421**	0.8337	**0.8363**	0.8150	0.8058	0.8281	**0.8515**
	PLCC	0.9449	0.9268	0.9522	0.9604	0.9489	**0.9675**	0.9597	**0.9613**	0.9512	0.9482	0.9603	**0.9680**
	RMSE	8.9455	10.264	8.3473	7.6137	8.6188	**6.9073**	7.6780	**7.5296**	8.4327	8.6816	7.6247	**7.1247**

　　从实验结果中我们可以发现 VIF[2]在 LIVE 上可以很好地工作，而在 TID2008 和 TID2013 上却表现不佳；而 VSI 和 GDRW 在 TID2008 和 TID2013 上的得分很高，但是它们都无法在 LIVE 上保持优势。相比之下，显而易见的 GSW 的表现非常稳定，在所有的一致性标准下均排名前三，并且在所有基准数据库(尤其是在 LIVE)上始终表现良好，这说明我们的 IQA 指标确实可以达到最佳结果。

　　考察各个 IQA 的平均表现，我们给出了四个数据集上每个 IQA 指标的加权平均 SROCC、KROCC 和 PLCC 结果(表 14-6)。

表 14-6　四个数据集上每个 IQA 指标的加权平均结果

指标	SSIM	MS-SSIM	IW-SSIM	IFC	VIF	MAD	FSIM	FSIMc	GSM	VSI	GDRW	GSW
SROCC	0.7942	0.8419	0.8403	0.6252	0.7646	0.8405	0.8593	0.8847	0.8452	**0.9100**	0.9055	**0.9067**
KROCC	0.6108	0.6616	0.6635	0.4733	0.6049	0.6702	0.6891	0.7101	0.6732	**0.7366**	0.7340	**0.7400**
PLCC	0.8140	0.8594	0.8649	0.6867	0.8261	0.8619	0.8825	0.8928	0.8650	**0.9033**	0.9059	**0.9063**

　　分配给每个数据集的权重由该数据集中包含的失真图像的数量决定，这样可以更全面、更准确地评估 IQA 指数的整体表现。结果如表 14-6 所示，在所有数据库中，GSW 提

供的加权平均指标均优于其他方法,这证明 IQA 指标可以实现最佳的预测准确性和一致性。

　　为了获得 IQA 指数整体性能的更一般和直观的结果,我们更进一步地进行了一项实验,以评估 IQA 指标预测由特定类型的失真引起的图像质量损失的能力。在本实验中,SROCC 被选取用作评估指标(其他指标可以得出类似的结论),以评估竞争 IQA 模型在每种失真类型上的性能,结果如表 14-7 所示。对于每个数据库和每种失真类型,加粗显示了取得最高 SROCC 值的前三个 IQA 指标,如表 14-8～表 14-10 所示。

表 14-7　IQA 指标预测 TID2008 数据集中特定类型失真图像质量损失的能力

失真类型	SSIM	MS-SSIM	IW-SSIM	IFC	VIF	MAD	FSIM	FSIMc	GSM	VSI	GDRW	GSW
AGN	0.8107	0.8086	0.7869	0.5806	0.8797	0.8386	0.8566	0.8758	0.8606	**0.9229**	**0.9207**	**0.8951**
ANC	0.8029	0.8054	0.7920	0.5460	0.8757	0.8255	0.8527	0.8931	0.8091	**0.9118**	**0.9037**	**0.9047**
SCN	0.8144	0.8209	0.7714	0.5958	0.8698	0.8678	0.8483	0.8711	**0.8941**	**0.9296**	**0.9219**	0.8930
MN	0.7795	**0.8107**	0.8087	0.6732	**0.8683**	0.7336	0.8021	**0.8264**	0.7452	0.7734	0.7142	0.8133
HFN	0.8729	0.8694	0.8662	0.7318	0.9075	0.8864	0.9093	0.9156	0.8945	**0.9253**	**0.9199**	**0.9176**
IN	0.6732	0.6907	0.6465	0.5345	**0.8327**	0.0650	0.7452	0.7719	0.7235	**0.8298**	0.7324	**0.7831**
QN	0.8531	0.8589	0.8177	0.5857	0.7970	0.8160	0.8564	0.8726	**0.8800**	0.8731	**0.8841**	**0.8735**
GB	0.9544	0.9563	**0.9636**	0.8559	0.9540	0.9196	0.9472	0.9472	**0.9600**	0.9529	0.9123	**0.9626**
DEN	0.9530	0.9582	0.9473	0.7973	0.9161	0.9433	0.9603	0.9618	**0.9725**	0.9693	**0.9760**	**0.9709**
JPEG	0.9252	0..9322	0.9184	0.8180	0.9168	0.9275	0.9279	0.9294	0.9393	**0.9616**	**0.9589**	**0.9462**
JP2K	0.9625	0.9700	0.9738	0.9437	0.9709	0.9707	0.9773	0.9780	0.9758	**0.9848**	**0.9812**	**0.9788**
JGTE	0.8678	**0.9681**	0.8588	0.7909	0.8585	0.8661	0.8708	0.8756	0.8790	**0.9160**	0.8910	**0.8970**
J2TE	0.8577	0.8606	0.8203	0.7301	0.8501	0.8394	0.8544	0.8555	**0.8936**	**0.8942**	**0.8866**	0.8752
NEPN	0.7107	0.7377	**0.7724**	**0.8418**	0.7619	**0.8287**	0.7491	0.7514	0.7386	0.7699	0.7636	0.7673
BLK	0.8462	0.7546	0.7623	0.6770	0.8324	0.7970	**0.8492**	**0.8464**	**0.8862**	0.6295	0.6664	0.8418
MS	**0.7231**	**0.7336**	0.7067	0.4250	0.5096	0.5163	0.6720	0.6554	**0.7190**	0.6714	0.6646	0.6654
CTC	0.5246	0.6381	0.6301	0.1713	**0.8188**	0.2723	0.6481	0.6510	**0.6691**	0.6557	0.5284	**0.6586**

表 14-8　IQA 指标预测 LIVE 数据集中特定类型失真图像质量损失的能力

失真类型	SSIM	MS-SSIM	IW-SSIM	IFC	VIF	MAD	FSIM	FSIMc	GSM	VSI	GDRW	GSW
JPEG	0.9764	0.9815	0.9808	0.9468	**0.9846**	0.9764	0.9834	**0.9840**	0.9778	0.9761	0.9805	**0.9846**
AWGN	0.9694	0.9733	0.9667	0.9382	**0.9858**	**0.9844**	0.9652	0.9716	0.9774	**0.9835**	0.9811	0.9773
GB	0.9517	0.9542	**0.9720**	0.9584	**0.9728**	0.9465	**0.9708**	**0.9708**	0.9518	0.9527	0.9575	0.9698
FF	0.9556	0.9471	0.9442	**0.9629**	**0.9650**	**0.9569**	0.9499	0.9519	0.9402	0.9430	0.9450	0.9536

表 14-9　IQA 指标预测 TID2013 数据集中特定类型失真图像质量损失的能力

失真类型	SSIM	MS-SSIM	IW-SSIM	IFC	VIF	MAD	FSIM	FSIMc	GSM	VSI	GDRW	GSW
AGN	0.8671	0.8646	0.8438	0.6612	0.8994	0.8843	0.8973	0.9101	0.9064	**0.9460**	**0.9470**	**0.9457**
ANC	0.7726	0.7730	0.7515	0.5352	0.8299	0.8019	0.8208	0.8537	0.8175	**0.8705**	**0.8675**	**0.8641**
SCN	0.8515	0.8544	0.8167	0.6601	0.8835	0.8911	0.8750	0.8900	0.9158	**0.9367**	**0.9386**	**0.9242**

续表

失真类型	SSIM	MS-SSIM	IW-SSIM	IFC	VIF	MAD	FSIM	FSIMc	GSM	VSI	GDRW	GSW
MN	0.7767	**0.8073**	**0.8020**	0.6932	0.8450	0.7380	0.7944	**0.8094**	0.7293	0.7697	0.7116	0.8002
HFN	0.8634	0.8604	0.8553	0.7406	0.8972	0.8876	0.8984	0.9040	0.8869	**0.9200**	**0.9178**	**0.9137**
IN	0.7503	0.7629	0.7281	0.6408	**0.8537**	0.2769	0.8072	0.8251	0.7965	**0.8761**	0.8038	**0.8357**
1N	0.8657	0.8706	0.8468	0.6282	0.7854	0.8514	0.8719	0.8807	**0.8841**	0.8748	**0.8955**	**0.8859**
GB	0.9668	**0.9673**	**0.9701**	0.8907	0.9650	0.9319	0.9551	0.9551	**0.9689**	0.9612	0.9206	0.9546
DEN	0.9254	0.9268	0.9152	0.7779	0.8911	0.9252	0.9302	0.9330	0.9432	**0.9484**	**0.9539**	**0.9463**
JPEG	0.9200	0.9265	0.9187	0.8357	0.9192	0.9217	0.0324	0.9339	0.8284	**0.9541**	**0.9513**	**0.9447**
JP2K	0.9468	0.9504	0.9506	0.9078	0.9516	0.9511	0.9577	0.9589	0.9602	**0.9706**	**0.9657**	**0.9615**
JGTE	0.8493	0.8475	0.8388	0.7425	0.8409	0.8283	0.8464	0.8610	0.8512	**0.9216**	**0.8847**	**0.8795**
J2TE	0.8828	0.8889	0.8656	0.7769	0.8761	0.8788	0.8913	0.8919	**0.9182**	**0.9228**	**0.9174**	0.9104
NEPN	0.7821	0.7968	0.8011	0.5737	0.7720	**0.8315**	0.7917	0.7937	**0.8130**	0.8060	**0.8137**	0.8057
BLK	**0.5720**	0.4801	0.3717	0.2414	0.5306	0.2812	0.5489	**0.5532**	**0.6418**	0.1713	0.2627	0.4310
MS	0.7752	**0.7906**	**0.7833**	0.5522	0.6276	0.6450	0.7531	0.7487	**0.7875**	07700	0.7597	0.7549
CTC	0.3775	0.4643	0.4593	0.1789	**0.8386**	0.1972	0.4686	0.4679	**0.4857**	**0.4754**	0.3795	0.4722
CCS	0.4141	0.4099	0.4196	0.4029	0.3099	0.0575	0.2748	**0.8359**	0.3578	**0.8100**	0.7980	**0.8378**
MGN	0.7803	0.7786	0.7728	0.6143	0.8468	0.8409	0.8469	0.8569	0.8348	**0.9117**	**0.8904**	**0.8732**
CN	0.8566	0.8528	0.8762	0.8160	0.8946	0.9064	0.9121	0.9135	0.9124	**0.9243**	**0.9302**	**0.9230**
LCNI	0.9057	0.9086	0.9037	08160	0.9204	0.6443	0.9466	0.9485	**0.9563**	**0.9564**	**0.9631**	0.9538
ICQD	0.8542	0.8555	0.8401	0.6006	0.8414	0.8745	0.8760	0.8815	**0.8973**	0.8839	**0.9044**	**0.8951**
CHA	0.8775	0.8784	0.8682	0.8210	0.8848	0.8310	0.8715	**0.8925**	0.8823	**0.8906**	0.8609	**0.8864**
SSR	0.9461	0.9483	0.9474	0.8885	0.9353	0.9567	0.9565	0.9576	**0.9668**	0.9628	**0.9667**	**0.9653**

表 14-10　IQA 指标预测 CSIQ 数据集中特定类型失真图像质量损失的能力

失真类型	SSIM	MS-SSIM	IW-SSIM	IFC	VIF	MAD	FSIM	FSIMc	GSM	VSI	GDRW	GSW
AGWN	0.8974	0.9471	0.9380	0.8431	**0.9575**	0.9541	0.9262	0.9359	0.9440	**0.9636**	**0.9686**	0.9517
JPEG	0.9546	0.9634	0.9662	0.9412	**0.9705**	0.9615	0.9654	0.9664	0.9632	0.9618	**0.9669**	**0.9674**
JP2K	0.9606	0.9683	0.9683	0.9252	0.9672	**0.9752**	0.9685	0.9704	0.9648	0.9694	**0.9751**	**0.9723**
AGPN	0.8922	0.9331	0.9059	0.8261	0.9511	**0.9570**	0.9234	0.9370	0.9387	**0.9638**	**0.9623**	0.9483
GB	0.9609	0.9711	**0.9782**	0.9527	**0.9745**	0.9602	0.9729	0.9729	0.9589	0.9679	0.9730	**0.9762**
GCD	0.7922	**0.9526**	**0.9539**	0.4873	0.9345	0.9207	0.9420	0.9438	0.9354	**0.9504**	0.9282	0.9411

实验结果表明，GSW 方法被证明确实比其他 IQA 方法具有更强的鲁棒性，面对不同类型的失真都能够很好地工作。它可以在不同类型的失真之间高效、稳定地预测图像质量。

最后，我们评估比较了各个 IQA 模型的运行效率。实验是在配备 Intel Core i7-7700 CPU @3.60GHz，双 GTX1080Ti，64GBRAM 和 Samsung 850 EVO 1TB SSD 的计算机上进行的，测试的软件平台是 MATLAB R2017a。在表 14-11 中给出了每个 IQA 的运行时间开销(该实验基于 TID2013 数据集中随机选取的 1500 幅 512×384 彩色图像计算的平均耗时)。结果表明，GSW 的效率处于第一梯队，比大多数新型 IQA 指标运行得更快，说明它能够兼顾性能和效率。

表 14-11　各个 IQA 指标运行的时间开销比较

IQA 类型	SSIM	MS-SSIM	IW-SSIM	IFC	VIF	MAD	FSIM	FSIMc	GSM	VSI	GDRW	GSW
耗时/s	0.070	0.097	0.532	2.152	2.210	2.274	0.510	0.521	0.094	0.263	0.472	0.250

参 考 文 献

[1] Quality, TelephoneTransmission.Methods for objective and subjective assessment of quality[J]. ITU-T Recommendation, 1996: 830.

[2] SHEIKH H R, BOVIK A C. Image information and visual quality[J]. IEEE Transactions on Image Processing, 2006, 15(2): 430-444.

[3] WANG Z, BOVIK A C, SHEIKH H R, et al. Image quality assessment: from error visibility to structural similarity[J]. IEEE Transactions on Image Processing, 2004, 13(4): 600-612.

[4] WANG Z, SIMONCELLI E P, BOVIK A C. Multiscale structural similarity for image quality assessment[C]. The Thrity-Seventh Asilomar Conference on Signals, Systems & Computers, Pacific Grove, 2003: 1398-1402.

[5] WANG Z, LI Q. Information content weighting for perceptual image quality assessment[J]. IEEE Transactions on Image Processing, 2010, 20(5): 1185-1198.

[6] CHEN G H, YANG C L, XIE SL. Gradient-based structural similarity for image quality assessment[C]. IEEE International Conference on Image Processing, Atlanta, 2006.

[7] ZHANG L, ZHANG L, MOU X, et al. FSIM: a feature similarity index for image quality assessment[J]. 2006 IEEE Transactions on Image Processing, 2011, 20(8): 2378-2386.

[8] ZHANG L, SHEN Y, LI H. VSI: a visual saliency-induced index for perceptual image quality assessment[J]. IEEE Transactions on Image Processing, 2014, 23(10): 4270-4281.

[9] REDI J A, GASTALDO P, HEYNDERICKX I, et al. Color distribution information for the reduced-reference assessment of perceived image quality[J]. IEEE Transactions on Circuits and Systems for Video Technology, 2010, 20(12): 1757-1769.

[10] SOUNDARARAJAN R, BOVIK A C. RRED indices: reduced reference entropic differencing for image quality assessment[J]. IEEE Transactions on Image Processing, 2011, 21(2): 517-526.

[11] FERZLI R, KARAM L J. A no-reference objective image sharpness metric based on the notion of just noticeable blur(JNB)[J]. IEEE Transactions on Image Processing, 2009, 18(4): 717-728.

[12] NARVEKAR N D, KARAM L J. A no-reference perceptual image sharpness metric based on a cumulative probability of blur detection[C]. 2009 IEEE International Workshop on Quality of Multimedia Experience, San Diego, 2009: 87-91.

[13] HASSEN R, WANG Z, SALAMA M. No-reference image sharpness assessment based on local phase coherence measurement[C]. 2010 IEEE International Conference on Acoustics, Speech and Signal Processing, Dallas, 2010: 2434-2437.

[14] GOLESTANEH S A, CHANDLER D M. No-reference quality assessment of JPEG images via a quality relevance map[J]. IEEE Signal Processing Letters, 2013, 21(2): 155-158.

[15] WANG Z, SHEIKH H R, BOVIK A C. No-reference perceptual quality assessment of JPEG compressed

images[C]. Proceedings. International Conference on Image Processing, Rochester, 2002.

[16] MITTAL A, MOORTHY A K, BOVIK A C. No-reference image quality assessment in the spatial domain[J]. IEEE Transactions on Image Processing, 2012, 21(12): 4695-4708.

[17] XUE W, MOU X, ZHANG L, et al. Blind image quality assessment using joint statistics of gradient magnitude and Laplacian features[J]. IEEE Transactions on Image Processing, 2014, 23(11): 4850-4862.

[18] KUNDU D, GHADIYARAM D, BOVIK A C, et al.No-reference quality assessment of tone-mapped HDR pictures[J].IEEE Transactions on Image Processing, 2017, 26(6):2957-2971.

[19] GHADIYARAM D, BOVIK A C. Perceptual quality prediction on authentically distorted images using a bag of features approach[J]. Journal of Vision, 2017, 17(1): 32.

[20] YE P, KUMAR J, KANG L, et al. Unsupervised feature learning framework for no-reference image quality assessment[C]. 2012 IEEE Conference on Computer Vision and Pattern Recognition, Providence, 2012: 1098-1105.

[21] XU J, YE P, LI Q, et al. Blind image quality assessment based on high order statistics aggregation[J]. IEEE Transactions on Image Processing, 2016, 25(9): 4444-4457.

[22] KANG L, YE P, LI Y, et al. Convolutional neural networks for no-reference image quality assessment[C]. Proceedings of the IEEE Conference on Computer Vision and Pattern Recognition, Columbus, 2014: 1733-1740.

[23] YING Z, NIU H, GUPTA P, et al. From patches to pictures (PaQ-2-PiQ): mapping the perceptual space of picture quality[C]. 2020 IEEE/CVF Conference on Computer Vision and Pattern Recognition, Seattle, 2020: 3575-3585.

[24] SHEIKH H R, SABIR M F, BOVIK A C. A statistical evaluation of recent full reference image quality assessment algorithms[J]. IEEE Transactions on Image Processing, 2006, 15(11): 3440-3451.

[25] SHI Z, CHEN K, PANG K, et al. A perceptual image quality index based on global and double-random window similarity[J]. Digital Signal Processing, 2017(60): 277-286.

[26] ToetA. Computational versus psychophysical bottom-up image saliency: a comparative evaluation study[J]. IEEE Transactions on Pattern Analysis and Machine Intelligence, 2011, 33(11): 2131-2146.

[27] BORJI A, ITTI L. State-of-the-art in visual attention modeling[J]. IEEE Transactions on Pattern Analysis and Machine Intelligence, 2013, 35(1): 185-207.

[28] BORJI A, SIHITE D N, ITTIL. Quantitative analysis of human-model agreement in visual saliency modeling: a comparative study[J]. IEEE Transactions on Image Processing, 2013, 22(1): 55-69.

[29] LIU A, LIN W, NARWARIA M. Image quality assessment based on gradient similarity[J]. IEEE Transactions on Image Processing, 2011, 21(4): 1500-1512.

[30] PONOMARENKO N, IEREMEIEV O, LUKINV, et al. Color image database TID2013: peculiarities and preliminary results[C]. European Workshop on Visual Information Processing (EUVIP), Paris, 2013.

[31] PONOMARENKO N, LUKIN V, ZELENSKY A, et al. TID2008-a database for evaluation of full-reference visual quality assessment metrics[J]. Advances of Modern Radioelectronics, 2009, 10(4): 30-45.

[32] LARSON E C, CHANDLER D M. Most apparent distortion: full-reference image quality assessment and the role of strategy[J]. Journal of Electronic Imaging, 2010, 19(1): 011006.

[33] SHEIKH H R, SABIR M F, BOVIK A C. A statistical evaluation of recent full reference image quality assessment algorithms[J]. IEEE Transactions on Image Processing, 2006, 15(11): 3440-3451.

[34] SHEIKH H R, BOVIK A C, DE VECIANA G. An information fidelity criterion for image quality assessment using natural scene statistics[J]. IEEE Transactions on Image Processing, 2005, 14(12): 2117-2128.

第15章 虚拟现实与视频编码传输

随着信息时代日新月异的发展，人们不断地追求更新奇的感官体验。虚拟现实技术的概念近年来被互联网大范围地普及，而全景视频也逐渐进入了人们的视野。虚拟现实 (virtual reality，VR)，也称灵境技术，是指通过计算机软件、专用硬件，用视频/图像、声音或者其他信息来产生一个虚拟的三维空间的技术。虚拟现实技术提供给用户一种沉浸式的虚拟环境，让用户感觉仿佛身临其境，并且可以实时地、不加限制地在模拟的三维空间中进行互动、移动、控制等操作。

VR 技术主要分为两大类：VR 游戏和 VR 视频。VR 游戏主要采用计算机图形学、三维建模等技术，进行虚拟环境的三维建模，再结合手柄等设备进行 VR 游戏的沉浸式交互体验。VR 视频则侧重于用全景摄像机采集并拼接产生全视野的 360°沉浸式视频体验，用户可以环顾四周分别选择不同的视角来观看。VR 视频的表达形式是 360°视频，即 VR 视频的二维格式。这种格式可以方便、直观地展现 360°全范围视角的信息，同时也便于使用现有的图像分析、处理技术来处理。本章的重点在于讨论面向 VR 视频的编码技术难题，分析了现有的方法以及在现有方法的基础上提出了一些改进。

本章首先介绍 360°全景视频系统的架构，包括视频获取、动态传输和渲染显示的部分，详细介绍现有的全景视频投影方案，并分析各方案的优缺点。接着本章提出一种新型的基于立方体模型和像素渐变分布策略的球形投影方案 ARcube 投影。最后在实验分析中，ARcube 表现优异，在均匀性、运行效率和比特率占用方面均优于现有的方案。ARcube 能够在带宽有限的情况下提供更高质量的图像观看效果，又或者在保持同等图像质量的情况下节约更多的传输带宽，并且在不同的视频分辨率情况下具有很强的鲁棒性。

15.1 VR 视频概述

本章旨在研究 VR 技术中的 360°全景视频系统，而非 VR 游戏系统。360°视频系统，也指 360°全景视频的采集、编码、传输以及显示系统。该系统可以划分为四个部分：首先，由一个到多个摄像机组成的全景摄像机矩阵系统来进行全景图像或视频的获取；然后，将获取到的球形全景图投影为二维的矩形图像用以编码和传输；接着，将投影并编码好的视频流通过互联网或以太网传输到用户机器中；最后，将获取到的视频流解码并反投影为球形全景视频用以渲染现实。整个系统的流程图如图 15-1 所示。接下来将简要介绍整个 360°全景视频系统的四个部分所运用的经典技术和算法。

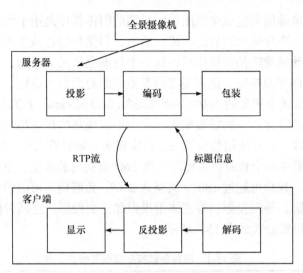

图 15-1　360° 全景视频采集传输显示系统

15.1.1　360°视频的拍摄采集

360°全景视频采集的问题起源于计算机视觉领域的一个经典研究问题：图像拼接 (image stitching)。图 15-2 阐释了 OpenCV 实现的图像拼接的流程图，并且也是 OpenCV 中的 Stitch 类所实现的模块图。这个流程图与 Lowe 的图像拼接[1]极为相似。

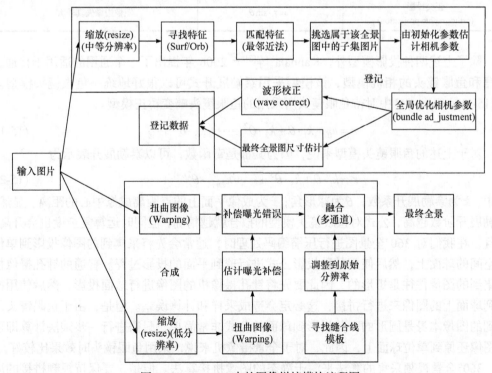

图 15-2　OpenCV 中的图像拼接模块流程图

　　图像拼接不一定是用来生成全景图的。早期的图像拼接是用于大型文件的扫描和影印的，或者大视角、高分辨率图形的生成。后来，图像拼接也被手机的"摄像"功能采用，由用户进行手动的旋转拍摄操作后生成一个柱面全景图。然而，如果用图像拼接技术来生成 360°全景图像或视频，则需要考虑其他方面的因素和难题。

　　例如，如果要覆盖全视角的 360°×180°视场角(field of view，FOV)的全景图，基于普通相机视场角较小的特性，一般需要使用几十个小视场角的普通相机且相机之间视场需要相互覆盖才能完成。如果使用鱼眼镜头，鱼眼镜头一般具有大于 120°的大视场角，因此需要最少两个，最多六个鱼眼镜头即可实现 360°全视角的覆盖。鱼眼镜头的焦距通常很短，为 6~16mm，视角可超过 180°，甚至达 270°。鱼眼镜头可以根据不同的设计模型分为四种：体视投影、等距投影、等立体角投影和正交投影。这四种模型是根据其投影公式来区分的，其投影公式如表 15-1 所示。

表 15-1　四种鱼眼镜头模型及特点

投影模型	投影公式	特点
体视投影 (stereographic projection)	$r = 2f \cdot \tan \dfrac{\theta}{2}$	不会导致图像边缘被大幅度扭曲
等距投影 (equidistant projection)	$r = f \cdot \theta$	速度快、精度高，因此广泛应用于各个领域
等立体角投影 (equisolid angle projection)	$r = 2f \cdot \sin \dfrac{\theta}{2}$	等面积投影，但是图像边缘失真较大
正交投影 (orthographic projection)	$r = f \cdot \sin \theta$	图像边缘失真较大

　　除了上述四种投影模型外，Kannala 等[2]于 2006 年提出了一个通用的适用于普通、广角和鱼眼镜头的相机模型，该模型采用泰勒展开式可以很好地统一鱼眼镜头模型。式(15-1)是 OpenCV 中对待鱼眼镜头所采用的鱼眼镜头畸变矫正模型。

$$r = k_0 + k_1 \cdot \theta + k_2 \cdot \theta^2 + \cdots + k_n \cdot \theta^n + \cdots \tag{15-1}$$

　　对于上述的鱼眼镜头模型来说，因为其都是奇函数，可以泰勒展开表示为

$$r = k_1 \cdot \theta + k_3 \cdot \theta^3 + \cdots + k_{2n+1} \cdot \theta^{2n+1} + \cdots \tag{15-2}$$

其中，k 为泰勒展开系数；θ 为球形角；r 为成像平面上的点距离成像中心的距离。显然，泰勒展开阶数越高，公式对鱼眼镜头模型的拟合就越精确，但同时运算复杂度也会升高。而且，在我们对 360°全景图进行压缩编码处理时，通常会先将采集到的图像投影到单位球空间的球面上，然后使用某种投影公式进行球到平面的投影过程。普通的针孔摄像机采集到的图像往往是矩形的，因此要先将针孔摄像机的图像进行球面投影，然后使用投影到球面上的图像来进行拼接，这必定会造成采样和计算误差。但是，由于鱼眼镜头采集到的图像本身是圆形的，其投影到球面的公式非常简单，只需进行一步乘法计算即可将图像还原到单位球面上，因此，对于全景摄像机来说，采用鱼眼镜头时效果比较好。

　　360°全景视频采集的算法来源于静态的图像拼接算法。但是，要保持视频拼接的质量需要一组高度同步的多摄像机系统。视频拼接的首要条件是相机的相对位置保持不变，

简单的算法也要求视频背景大致保持不变，然后通过以下几个步骤进行视频拼接[3]。

(1) 用背景帧(第一帧)初始化拼接模板，初始化时间通常较长；

(2) 用第一帧的模板(参数)直接处理后面的视频帧，加快计算速度；

(3) 检测是否有前景物体经过融合区域，或经过缝合线(seam line)；

(4) 如果有物体经过，更新缝合线和拼接模板，按新模板拼接；

(5) 如果没有物体经过，按照前一帧的模板直接拼接。

后来，视频拼接的主流方法是视频拼接和视频稳定一起进行，具有代表性的是 Guo 等[4]的工作。他们以视频稳定为主，同时加入了视频拼接约束项，拼接速度比以往的工作快很多，文中称 720P 视频实时拼接可以达到 2fps。

在科技界，各大 IT 公司也纷纷推出了 360°视频拼接摄像机，包括 GoPro 公司推出的 Gopro Omni——立方体模型，六个面中每一个面都是一个 Gopro Hero4 相机，如图 15-3(a) 所示；Facebook 也不甘示弱，发行了 Facebook Surround 360 相机，并且开源了整套硬件和软件说明书，用户可以到 Github 上免费下载。Facebook Surround 360 由 17 个相机构成，由一个朝上的鱼眼相机、两个朝下的鱼眼相机和 14 个水平方向围绕一圈的相机组成，如图 15-3(b)所示。Facebook 称其可以实时获取双目立体的视频，其中每目视频分辨率可高达 4K、6K 或 8K；价格最亲民的专业 360°摄像机则是 Insta360 Pro，花费 3500 美元的价格也可以完美地拍摄 4K、6K 的 360°视频或图像，其相机示意图如图 15-3(c)所示。一般来说，用户购买这些公司的 360°摄像机都能免费获取该公司配套的标定拼接软件来对获取的视频图像流进行后期处理，从而生成完整的 360°全景视频。通常，后期处理过程耗时非常久，长达几个小时或几天。

(a) Gopro Omni

(b) Facebook Surround 360

(c) Insta360 Pro

图 15-3　GoPro、Facebook 和 Insta360 公司推出的 360°全景相机

15.1.2　全景视频的投影编码

1. 全景视频投影编码的必要性

现有的视频编码技术如 HM(HEVC test model)或 x265 都只能对平面的矩形视频进行编码。由 15.1.1 节可知，由 360°摄像机采集到的 360°视频本质上是位于球面的视频，如果要将 360°视频进行编码传输，则必须要将球面视频转换为平面的矩形视频，才能利用

现有的编码器编码。这种球到平面的映射过程(sphere-plane mapping)就称为 360°视频的投影。因此一个关键的问题是选择怎样的投影方法将球面的内容投影到平面上,才能实现不产生过多的畸变和失真,同时也希望不发生过多的信息丢失或信息冗余,还要保证图像的连续性、编码器友好性较高呢?如何巧妙地选择一种投影方式能够兼顾以上列出的一些性质是至关重要的。其实,球到平面的投影问题很早就有一些科学家在研究了,该问题几乎等价于地图投影(map projection)问题。地图投影侧重于研究如何把地球的球面地图展开成平面图,以便能够更好地供旅行者定位和导航。地图投影是按照一定的数学法则将球或椭球上的经纬网上的位置变换到平面坐标的一种系统性转换[5]。地图投影会建立球面坐标(ϕ,λ)与地面的地理坐标(x,y)之间的映射关系。由于球体是一个不可展的空间几何体,使用物理方法将其展平必定会产生褶皱、拉伸和断裂。因此根据不同方面的需求可以选择不同类型的投影方式。

2. 等距圆柱体投影(ERP)

圆柱体投影不借助中间的投影几何体而直接将球面投影在平面上。现在应用得最广泛的是等距圆柱体投影(equirectangular projection,ERP)。

ERP 过程为:将球面经纬度与一个长宽比为 2 的矩形进行映射对应。在矩形区域内按照目标分辨率进行均匀的像素格划分(如 $W \times H$ 的分割),然后相应地也在球面上进行相同的分割,只不过是以经线和纬线进行采样(将经线 W 等分,纬线 H 等分),得到了球面分割网格,将球面网格与矩形平面上的网格像素一一对应就得到了 ERP 投影,如图 15-4 所示。

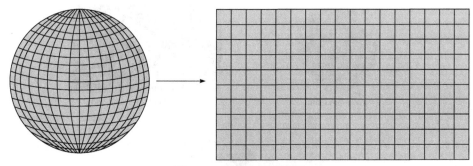

图 15-4   圆柱体投影原理

从球面到平面的投影变换过程的第一步是,起始平面上某点的坐标为 (x,y),球面上对应点的经纬度值为 (θ,φ),那么从球面到平面的投影关系为

$$\begin{cases} x = \theta \cdot \dfrac{w}{2\pi} \\ y = \varphi \cdot \dfrac{h}{\pi} \end{cases} \tag{15-3}$$

其中,w 和 h 分别为矩形的长和宽。这里得到的平面坐标 (x,y) 还不能直接用来表示像素位置,因为像素坐标 (m,n) 是整数,所以需要经过取整。计算方式如式(15-4)所示,其中

ceil 为向上取整函数：

$$\begin{cases} m = \mathrm{ceil}(x) \\ n = \mathrm{ceil}(y) \end{cases}$$
(15-4)

从平面到球面的投影过程的第一步是将矩形面像素坐标 (m,n) 转化为平面坐标。如图 15-5 所示，像素坐标以右上角坐标系为准，而平面坐标则以中心坐标系为准，例如，处于 (4, 4) 处的像素实际的坐标为 (3.5, 3.5)。

因为在上述过程中采取了向上取整的方法，因此在进行逆变换的时候，(x,y) 的计算将被减去半格，转换公式如下：

$$\begin{cases} x = m - 0.5 \\ y = n - 0.5 \end{cases}$$
(15-5)

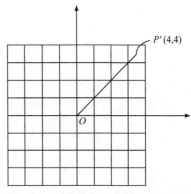

图 15-5　像素坐标与实际坐标的偏差

接着将平面坐标映射到球面的经纬度坐标：

$$\begin{cases} \theta = x \cdot \dfrac{2\pi}{w} \\ \varphi = y \cdot \dfrac{\pi}{h} \end{cases}$$
(15-6)

ERP 是最简单直观的投影方式，极低的复杂度使其成为被最广泛使用的方案之一。

但是极低的投影复杂度带来的是投影均匀性的降低。因为等距圆柱体投影在每个维度都进行了相同采样数的划分，但是球面上不同纬度处纬线的周长是不同的，这就意味着在对比靠近赤道处与靠近两极处的划分时能够明显发现赤道处间隔大而两极处间隔小，即两极处的采样密度大于赤道；而展开成矩形平面之后赤道与两极处将成为相同的宽度，这便会将两极区域的像素扭曲拉伸，在极点处的像素点甚至会被无限拉伸。这样导致的结果是用户看到的失真将会很大，因为观看者更多地关注的赤道区域反而采样稀疏；同时两极处的像素拉伸扭曲将会造成数据冗余。所以总的来看，等距圆柱体投影的简便性是以牺牲投影效果为代价的。

3. 立方体投影(CMP)

立方体投影(cubemap projection, CMP)格式是通过将球面内容投影在立方体模型上后将各个面展开，然后拼接为矩形的一种投影方式[6,7]，操作方式如图 15-6 所示。立方体投影通过透视的形式实现从球面到立方体面的映射，实际的思路就是通过仿射投影来实现坐标变换。观察到立方体是完全对称的模型，每个面内的操作都是完全一致的，节约了大量的复杂度，因此在进行与球面间的投影时能够大大降低复杂度。同时由于每个面都是正方形，这为投影完成之后的拼接步骤提供了方便，有多种拼接方案可以选择，都能够直接获得矩形，这一点是其他的投影模型很难做到的，例如，正八面体与棱台投影等就由于模型面不是正方形或是矩形，在展开之后还需要进行仿射变换才能拼接成矩形，引入的图像拉伸会不可避免地对图像质量会产生影响。

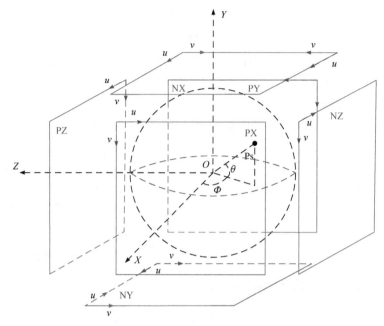

图 15-6   立方体投影原理

首先将球面按照立方体的六个面进行一一对应，即对应立方体的前后面(front & back)、左右面(right & left)和上下面(top & bottom)。将立方体与球的中心重合，按照图立方体投影原理图中的坐标轴关系确定各个面对应的区域。当点 P 的三个坐标分量中绝对值最大的是 x 分量时，可以确定其在立方体的前面或后面。接着进一步观察 x 分量的符号：若为正，则确定为前面；若为负，则确定为后面。其他的四个面也可以通过相同的方法确定下来。

投影面定义如表 15-2 所示。

表 15-2   投影面定义

编号	面标签	法向量	说明
0	PX	[1,0,0]	前面(X坐标为正)
1	NX	[−1,0,0]	后面(X坐标为负)
2	PY	[0,1,0]	上面(Y坐标为正)
3	NY	[0,−1,0]	下面(Y坐标为负)
4	PZ	[0,0,1]	右面(Z坐标为正)
5	NZ	[0,0,−1]	左面(Z坐标为正)

然后在各个面内重新建立坐标系 uv，建立方式同样参见立方体投影原理图中的示意和表 15-3，不同的面，uv 轴选取的方向不同，这是为了之后展开拼接时画面连续性考虑，

在表 15-3 中详细给出了面内坐标轴的确定方式。

表 15-3　面内坐标轴的确定

分量大小关系	编号	u 取值	v 取值
$\|X\| \geqslant \|Y\|$ ，$\|X\| \geqslant \|Z\|$，$X>0$	0	$-Z/\|X\|$	$-Y/\|X\|$
$\|X\| \geqslant \|Y\|$ ，$\|X\| \geqslant \|Z\|$，$X<0$	1	$Z/\|X\|$	$-Y/\|X\|$
$\|Y\| \geqslant \|X\|$，$\|Y\| \geqslant \|Z\|$，$Y>0$	2	$X/\|Y\|$	$Z/\|Y\|$
$\|Y\| \geqslant \|X\|$，$\|Y\| \geqslant \|Z\|$，$Y<0$	3	$X/\|Y\|$	$-Z/\|Y\|$
$\|Z\| \geqslant \|X\|$，$\|Z\| \geqslant \|Y\|$，$Z>0$	4	$X/\|Z\|$	$-Y/\|Z\|$
$\|Z\| \geqslant \|X\|$，$\|Z\| \geqslant \|Y\|$，$Z<0$	5	$-X/\|Z\|$	$-Y/\|Z\|$

同时需要在各个面以面中心为原点建立坐标系 $X'Y'Z'$ 来作为连接 XYZ 坐标与 uv 坐标的中间桥梁，其中 Z' 轴的指向为该面的法向量向外，而 $X'Y'$ 轴在面内且平行于边。$X'Y'Z'$ 与 uv 之间的转换关系如表 15-4 所示。

表 15-4　$X'Y'Z'$ 坐标系的取定

编号	法向量(Z'轴)	X' 轴取值	Y' 轴取值
0	[1,0,0]	$-v$	$-u$
1	[−1,0,0]	v	u
2	[0,1,0]	$-u$	v
3	[0,−1,0]	u	$-v$
4	[0,0,1]	$-v$	$-u$
5	[0,0,−1]	$-v$	$-u$

接着将球面上的点利用透视投影映射到立方体上。设 V_p 为点 P 在 XYZ 坐标系下的坐标向量，其分量分别为 V_{px}、V_{py}、V_{pz}，则其投影到立方体上后，坐标向量 V_p 可以这样计算得到：

$$V_{p'} = \frac{V_p}{\max\left(\left|V_{px}\right|, \left|V_{py}\right|, \left|V_{pz}\right|\right)} \cdot \frac{s}{2} \tag{15-7}$$

$$\begin{cases} x' = V_{p'x} \\ y' = V_{p'y} \\ z' = V_{p'z} \end{cases} \tag{15-8}$$

其中，s 为立方体面的边长。

为了方便计算，我们可以取立方体边长为 1。这样得到的 V_p 即为中间量，接着便要将其转换到 uv 坐标系下，这一步只要对照 $X'Y'Z'$ 坐标系的取定表中的对应关系进行符号变换即可。

　　自此，便完成了从球面到立方体平面的投影，但是由于在计算机上显示的时候像素点是有面积的而并不是理想的点，因此最终的显示坐标(m,n)与(u,v)存在的转换关系如式(15-9)所示，其中，size 为每个像素点的宽度：

$$\begin{cases} m = \text{ceil}\left(\dfrac{u}{\text{size}} + 0.5\right) \\ n = \text{ceil}\left(\dfrac{v}{\text{size}} + 0.5\right) \end{cases} \tag{15-9}$$

　　从立方体到球面的投影，该步骤为上述过程的逆过程，即从面的显示坐标(m,n)得到 uv 坐标轴坐标，接着根据从 uv 到 $X'Y'Z'$ 坐标系变换关系表 15-5 的对应关系转换成 $X'Y'Z'$ 坐标，然后再做逆变换得到 XYZ 坐标。

表 15-5　从 uv 到 $X'Y'Z'$ 坐标系的变换关系

编号	x取值	y取值	z取值
0	1	$-v$	$-u$
1	-1	$-v$	u
2	u	1	v
3	u	-1	$-v$
4	u	$-v$	1
5	$-u$	$-v$	-1

$$\begin{cases} u = (m - 0.5)\,\text{size} \\ v = (n - 0.5)\,\text{size} \end{cases} \tag{15-10}$$

$$\begin{cases} V_{p'x} = x' \\ V_{p'y} = y' \\ V_{p'z} = z' \end{cases} \tag{15-11}$$

$$V_p = \frac{V_{p'}}{|V_{p'}|} \tag{15-12}$$

　　在这里也采用了与在立方体中一样的简化，即为了让公式能够摆脱一个数值项而显得简洁，取球的半径为1。

　　投影完成之后，由于传输的需要，要把立方体表面展开并且拼接成与传统视频一致的矩形。为了尽可能提高编码效率，应当把相邻的面放在一起来提高一帧图像中的连续性。因为在传统的编码形式中将会用到帧内检测获得运动向量(moving vector，MV)，较高的空间相关性有助于提高编码效率。

　　而在 HEVC 中可以进行并行块处理，将各个面进行划分，独立编码，也可以在划分块之间采用传统的预测模式进行编码。

　　结合以上的描述，采用 3×2 格式分布是最好的选择之一。面的排布方式如图 15-7 所示。值得注意的是，在 3×2 排列的第二行中分布的是底面、背面和顶面，且被顺时针 旋转了 $90°$ 放置，这样的做法保证了第一行的三个面和第二行的三个面内部之间都是连接 在一起的，提高了连续性。

　　立方体投影也是目前使用较为广泛的投影之一。然 而，虽然其投影均匀度相较圆柱形投影而言有所提升， 透视投影带来的问题仍旧导致其均匀程度较差。在透视 投影下，虽然立方体每个面上的像素是均匀划分的，然 而，由于不同位置的像素到透视投影中心(立方体中心) 的距离不同，其立体角也不同。在每个面的边缘附近和 立方体顶点附近的像素距离中心最远，并且与中心的连线存在夹角，因此其立体角相较 于处于每个面中心的像素较小。由于透视投影过程不改变立体角的大小，因此，对于立 方体面上均匀划分的像素，最终投影到球面上的像素分布并不均匀。

图 15-7　CMP 的 3×2 面分布方式

4. Unicube 投影

　　Unicube 为了能够改善由于 CMP 中心密集但边缘稀疏而导致的画质损失，在 CMP 投影的基础上引入了像素重分布的概念以提高均匀性。立方体投影中透视投影造成了等 立体角像素在面内不同区域投影密度不同，所以比较自然的想法就是在完成一次 CMP 透 视投影之后，对立方体面内的像素进行二次重分布来改善有效像素点的分布均匀性[8]。

　　从球面到立方体面的投影，初始的步骤与 CMP 投影完全相同，即首先按照 CMP 的 方法判断球面上像素 P 所在的面编号，然后按照透视的方法映射到立方体面的坐标系中， 得到了二维坐标 (u,v) 进行均匀性的补偿。我们取定一个映射函数将 (u,v) 变换为 (u',v')， 然后通过其得到 (m,n)。变换公式如下：

$$\begin{cases} u' = f_1(u,v) \\ v' = f_2(u,v) \end{cases} \tag{15-13}$$

$$\begin{cases} m = \mathrm{ceil}\left(\dfrac{u'}{\mathrm{size}} + 0.5\right) \\ n = \mathrm{ceil}\left(\dfrac{v'}{\mathrm{size}} + 0.5\right) \end{cases} \tag{15-14}$$

　　这里的映射函数直接影响了均匀性的好坏，对于从球面到立方体面投影的步骤，这 一步是实现将中心区域坐标往边缘推的效果。我们将在后面的小节中进行详细的分析。

　　从立方体面到球面的投影，该逆过程首先对立方体面内的坐标 (u,v) 进行一次映射， 变换成 (u',v')，然后以这个坐标进行透视投影变换。

$$\begin{cases} u' = f_1^{-1}(u,v) \\ v' = f_2^{-1}(u,v) \end{cases} \tag{15-15}$$

　　对于从立方体面到球面投影的步骤，与上述过程对应，起到将边缘坐标往中心区域聚拢的效果。Unicube 的映射函数的选取由于在 x、y 两个方向上是对称的，因此对 y 轴的分析即等同于 x 轴。这个映射函数的作用是将原本密聚于中心的像素往边缘推挤，也就是解决等立体角在立方体面上划分不均的问题。如图 15-8 所示，对于平面上的条状区域 $IP_1P_2P_3$ 其通过 CMP 投影后成为球面上的区域 $I'P_1'P_2'P_3'$。

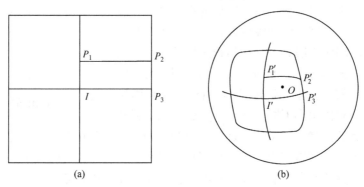

图 15-8　Unicube 映射函数确定过程

　　如果需要满足立体角等分的原则，立方体面上的划分将是不均匀的。设球为半径为 1 的单位球。映射 f 应该对投影到平面上的坐标进行面积比例的修正，即条状区域 $I'P_1'P_2'P_3'$ 面积与 1/24 球面面积之比，公式如下所示。IP_1 的长度为 a，对球面上的各圆弧段做归一化处理。

$$f(a) = \frac{S\left(I'P_1'P_2'P_3'\right)}{\dfrac{\pi}{6}} \tag{15-16}$$

计算得到条状区域面积：

$$S\left(I'P_1'P_2'P_3'\right) = \arcsin\left(\frac{a}{\sqrt{2a^2+2}}\right) \tag{15-17}$$

于是可以得到映射关系表达式：

$$f(a) = \frac{6}{\pi}\arcsin\left(\frac{a}{\sqrt{2a^{-1}+2}}\right) \tag{15-18}$$

相应的逆映射表达式为

$$f^{-1}(x) = \frac{\sin\left(\dfrac{\pi}{6}x\right)}{\sqrt{\dfrac{1}{2}-\sin^2\left(\dfrac{\pi}{6}x\right)}} \tag{15-19}$$

　　得到了映射函数与逆映射函数之后，将其加到 CMP 投影步骤之后即可以得到 Unicube 的投影结果。

　　Unicube 投影在 CMP 模型的基础上增加了一步投影后像素重新分布的操作,使得立方体面上的像素分布均匀度提高,更接近于等立体角、等均匀性的目标。它继承了 CMP 投影模型的低复杂度和简易性,因为它的投影映射函数是比较直观简单的单一变量函数,非常便于操作的同时也没有明显地增加计算量。而对立方体面上的像素进行重新划分后,很大程度上缓解了 CMP 投影产生的边缘稀疏但中心密集的现象。

　　但是 Unicube 的问题也很明显,那就是因为单变量映射函数过于直接,并且不加选择地接收了 x、y 轴的对称性,使其在对角线方向上的均匀性很难令人满意。

　　总的来说,Unicube 作为一种对 CMP 投影的改进,在保持了直观性和简洁性的基础上对均匀度进行了改善,不失为一种好的投影方式。

5. 均角度立方体投影(EAC)

　　均角度立方体投影(equi-angular cube mapping,EAC)是由谷歌工程师提出的一种受到渐变映射启发的投影方式,其投影示意图如图 15-9 所示。

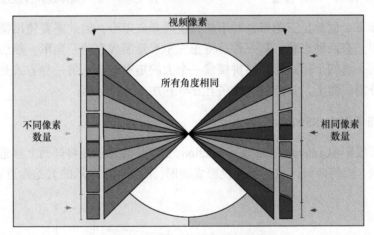

图 15-9　EAC 格式投影示意图

　　EAC 的投影坐标变换公式与 Unicube 非常类似,与 Unicube 不同的是,它的着眼点在于投影后的角度间隔而非距离间隔,因此取得了相比 Unicube 更均匀的整体像素分布密度。但是其存在的缺点是边缘处有很明显的像素密度畸变。它的重分布计算公式如下:

$$\begin{cases} u' = f(u) \\ v' = f(v) \\ f(a) = \tan\left(a \cdot \dfrac{4}{\pi}\right) \end{cases} \tag{15-20}$$

6. 正八面体投影(OHP)

　　正八面体投影(octahedron projection format,OHP)使用了八个正三角形来组成正八面体模型,并以其作为球面的外接形状进行投射投影的方式,模型如图 15-10 所示。更多的面数使其相对 CMP 有了很多的像素均匀性。正八面体展开拼接过程示意图如图 15-11 所示。

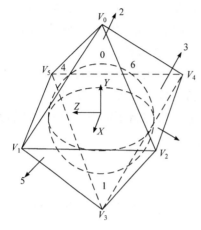

图 15-10 OHP 模型

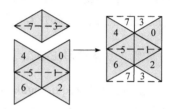

图 15-11 正八面体展开拼接过程示意图

但是由于每个面是正三角形，并不能直接展开成矩形，因此需要使用特殊的方式来实现矩形输出。有两种思路：第一种是将正三角形延展成直角三角形，然后两两拼接成小的矩形之后，将四个小矩形最终拼接成一个大的矩形输出；另一种方式是将其中的两个正三角形分割成两半，并分别摆放在上方与下方，组成矩形。

7. 球面条带投影(SSP)

球面条带投影(segmented sphere projection，SSP)[9]的思路是将球面上接近赤道的区域剥离成条带状，而将两级区域的像素投影成圆形，图 15-12 展示的就是赤道双条带+两极

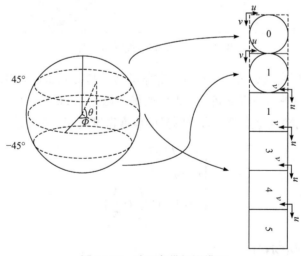

图 15-12 球面条带投影模型

圆形的投影方式。在实际使用中可以灵活调整，可以根据实际情况调整不同条带内的投影方案。一种策略是靠近赤道区域的观看可能性更大的区域采取计算量更大的均匀性更高的投影方案，而两极区域由于观看可能性不高，因此考虑使用高效但质量一般的投影方案，并且划分条带数目也能够自由调整，在观看质量和计算复杂度之间寻找平衡。

8. 金字塔棱台投影(TSP)

金字塔棱台投影(truncated square pyramid projection format，TSP)[10,11]模型如图 15-13 所示。其投影模型为正方形棱台，并不是传统的每个面都是相同形状，这样的做法是为了在受到传输带宽限制时，能够将视场内的图像以高画质传输，即适用于视区切换方案。

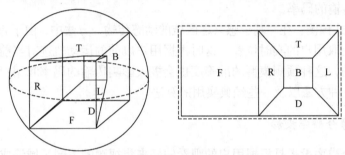

图 15-13　金字塔棱台投影模型

棱台底面为用户的视区(正前方)，该区域中的像素以原分辨率进行采样和投影；而棱台侧面为有可能接下来被看到的区域(左右以及上下)，以原分辨率进行采样投影，并形变成梯形，并与底面一起填充一个大正方形面；而顶面为用户接下来几乎不可能看到的区域(背面)，因此以最低的分辨率进行投影，在 360Lib[12]中的做法是采用 4 倍下采样正方形面。这样的灵活投影采样率策略能够在保证用户观看质量的同时最大限度地减轻带宽压力，只要用户的观看视角移动没有超过某个阈值，该方法能够提供质量相对稳定的观看体验。

15.1.3　全景视频的动态传输

1. 全景视频动态传输的必要性

在过去的几年中，随着计算机网络技术的高速发展，网络中视频的分辨率越来越高，并且，除了早期流行的 PTZ(pan-tilt-zoom)的网络公开课视频以外，近年来，360°全景视频越来越频繁地成为高分辨率视频的代名词。同时 360°视频是本章的研究重点，传输这种超高分辨率的 360°视频需要非常高的网络带宽连接。但是，和利用 PTZ 相机采集的可以进行平移-放缩的讲课视频(以下简称 PTZ 视频)一样，360°全景视频的一个特点是通常服务器端不需要传输整个视频，而可以根据用户的实时视角信息(用户 FOV)传输用户所观看的部分。因此，只传输用户需求的 FOV(通常只占完整视频的 1/5 左右)这种方法可以节省大量的传输带宽，从而减轻网络的带宽压力，等价于在限定带宽下传输所需视角内最好的视频质量，给用户最优的体验感。通常说来，优化 360°视频传输的目标可以总结为以下两个方向。

(1) 在保证用户 FOV 内视频质量情况下，降低传输的码率(streamed BR)。

(2) 在给定的带宽限制下，提高用户的体验(quality-of-experience，QoE)。

解决这些问题的方法可以大致分为以下三种方法。

(1) 可变图像分辨率投影：根据用户的 FOV 获取偏好，对视频的不同区域编成不同分辨率或不同质量的视频，例如，被用户频繁获取的部分以高分辨率来编码，而其余部分以低分辨率来编码，从而降低传输码率。

(2) 基于感兴趣区域的动态传输：以特殊的编码方式，如基于 tile 的编码方式来处理源视频，因此可以根据用户的实时 FOV 位置信息传输用户能看到的部分而不传输其余部分，从而降低传输的码率。

(3) 运动模式预测：在"基于感兴趣区域的动态传输"方法中，由于有传输延时，因此不能很好地获取用户的实时位置。这时根据用户以前的运动轨迹对当前的位置进行预测是十分重要的，这种预测模型的准确度也会极大影响传输的码率和用户体验感。以下将分别介绍这三种方法以及一些经典实用的算法。

2. 可变图像分辨率投影

可变图像分辨率投影是根据用户的观看偏好来将视频的不同区域编成不同分辨率的方法。Facebook 在 2016 年首次提出了一种名为金字塔投影(pyramid projection)的新型投影方式(图 15-14)，并声明与传统的投影算法相比最多能节省 80%的传输带宽。金字塔投影的主要思想是先将球投影到一个金字塔模型上，金字塔的底面为正方形，因此底面的采样分辨率最高，将其作为用户的正前方视角；侧面为三角形面，采样密度较低，因此在用户旋转视角时会感受到图像质量的下降，在多达 120°的视角旋转后，用户会感受到剧烈的质量下降，直至视角移动到用户背面时图像质量下降到最低。将投影后的金字塔的三角形面沿底面展开，然后变形为等腰直角三角形并与正方形底面一起组成完整的矩形图像，从而方便使用现有的编码器进行编码。金字塔投影的另一个问题是，其不被 GPU

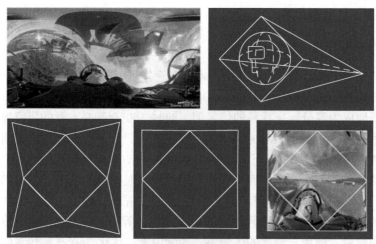

图 15-14　金字塔投影及其布局

的快速渲染支持,因此渲染效率不如立方体投影高。

由于金字塔模型只在一个方向(底面)上的采样率较高,一旦用户视角稍微偏移,就会造成急剧的视频质量下降,因此 Facebook 提出了将整个 360°空间均匀分成 30 个离散的视角方向,在每个方向都分别编码一个视频流。在传输过程中,根据用户的视角信息选择底面中心距离其最近的一个视频流传输,便可以使用户得到最好的 FOV 内视频观看效果;当用户旋转一个固定角度后,再根据旋转后的视角位置切换成另一个与当前位置距离最近的视频流。

基于Facebook提出的金字塔投影,M. Gabbouj教授团队提出了一些新的投影方式[13]。图 15-15 展示了对于金字塔投影的一种优化,称为截断金字塔投影(truncated pyramidal projection,TPP)。截断金字塔投影将金字塔模型的尖角削断,使金字塔顶点变为一个较小的正方形,而侧面的三角形变为梯形。通过一定的形变,截断金字塔投影(TPP)也可以布局成一个矩形,并保持了最高分辨率平面(图 15-15 中平面 1)的水平性。TPP 与金字塔投影相比,旋转时的图像质量下降率减小了,因此在用户视角旋转时的体验感比金字塔投影好。但是其缺点与金字塔投影一样——背面的图像质量太低。

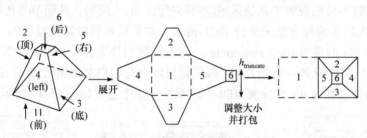

图 15-15　截断金字塔投影及其布局

当然,M.Gabbouj 团队也基于最常用的两种投影格式——等距圆柱投影(ERP)和立方体投影(CMP)分别提出了相应的可变分辨率投影模式。图 15-16(a)是多分辨率立方体投影

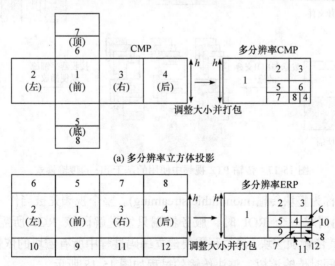

(a) 多分辨率立方体投影

(b) 多分辨率等距圆柱投影

图 15-16　等距圆柱和立方体投影的多分辨率布局模式

的布局封装结构，其将用户观看最频繁的前面(front face)设置为最大分辨率，然后按观看频率依次降采样观看不活跃的区域。图 15-16(a)只展示了一种可能的布局模式，更多的多分辨率布局模式需要进一步的探索和研究，本节不做赘述。同理，图 15-16(b)则展示了对于 ERP 投影的一种多分辨率布局模式。同理可知，这也是作者给出的一种可能的布局方式，还有其他的可能不在本节讨论范围之内。

采用可变图像分辨率投影节省传输码率的方法需要在不同的视角下分别编码单独的码流，因此服务器端需要提供大量的储存资源来分别储存多达 30 个视角的不同码流。如果希望减小服务器端的存储压力，则可以考虑另一种降低码率的方法，称为基于感兴趣区域的动态传输，将在后面介绍。

3. 基于感兴趣区域的动态传输

文献[14]～文献[16]讨论了传输超高分辨率视频，如 PTZ 视频的带宽优化问题。文献[14]和文献[17]使用了感兴趣区域(region-of-interest，ROI)的概念，即收集大量用户的观看偏好，找出用户频繁选择观看的 ROI。在获取了用户感兴趣区域后，服务器可以只传输 ROI 内容，同时不传输视频中其他区域(非感兴趣区域)的视频，从而节省传输带宽。

文献[14]提出了两种方法来支持 ROI 传输，并且只需要对源视频编码一次。第一种方法称为基于 tile 的传输(tiled streaming)。源视频被划分成若干个 tile 网格，每一个 tile 被独立编码。当用户请求一个 ROI 时，服务器只发送与用户 ROI 相交叠的 tile 给用户端，用户端则利用接收到的 tile 来恢复 ROI 中的视频，整个过程如图 15-17 所示。

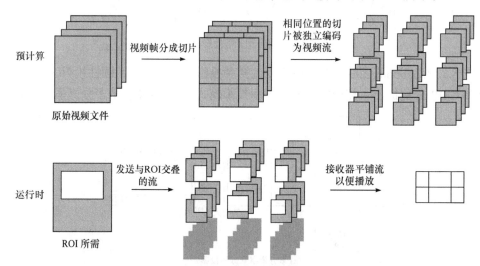

图 15-17   传输 PTZ 视频中使用的基于 tile 的传输模式

第二种方法称为整块传输(monolithic streaming)。整个视频先被当作一个整体来进行编码。当用户端请求一个 ROI 时，服务器端只发送解码该 ROI 所需要的所有宏块(macro-block)及其依赖项宏块，该过程需要建立编码过程中所有宏块的依赖关系树，并且在传输过程中也同时传输该树。整块传输的过程如图 15-18 所示。

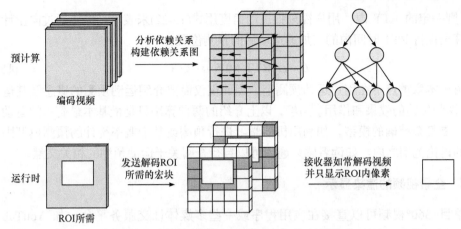

图 15-18　传输 PTZ 视频中使用的整块传输模式

整块传输的方法在依赖项较多时显得极其复杂，例如，搜索该树的运行速度太慢等。而第一种基于 tile 的传输在服务器端的操作极其简单，只需要将视频划分为 tile 网格并独立编码即可。因此基于 tile 的传输实现复杂度较低，甚至在现有的编码器中可以直接实现，并且服务器端的储存空间并没有提高很多，因此被广泛应用在用户视角可移动的高分辨率视频如 PTZ 视频的传输中。

4. 用户视角运动预测

以上两种对传输的优化方式是想在保持或不降低传输的视频质量(或不降低用户体验)的前提下，尽量降低传输所需要的带宽。然而，前面所提到的方法都忽视了网络延迟，即认为服务器端可以准确获取用户的实时视角位置，并能够将所需要的视频内容毫无延迟地传输给用户端。然而实际情况下，总存在一个响应延时(round-trip time，RTT)[18]，即用户端开始发送当前的视角位置信息到用户接收到 FOV 内的数据流之间的时间差。因此，在不确定的或较大的 RTT 下，用户需求的数据流和实际接收到的数据流往往存在较大误差，因此造成了 FOV 内有一定的低质量或空缺的视频流，从而导致较差的 FOV 内体验感。所以，准确的预测模型能够在码率限定的情况下提升用户体验感(QoE)。因为本书侧重点不在用户视角的运动预测，所以在此仅简要介绍两种简单的预测模型。

传统的预测用户视角的方法有匀速运动和匀加速运动模型。这两种模型在网络延迟较低的时候效果尚可。其数学描述如下。

(1) 匀速运动模型：假设能准确获取用户的当前速度，假设在响应延时(RTT)之内用户都保持匀速运动(大小和方向)，当前用户坐标为 $x_{curr} = (x_c, y_c, z_c)$，当前角速度为 ω，当前运动方向为 $d = (dx, dy, dz)$，则在一定 RTT 内，用户视角扫过的角度以式(15-21)表示，则通过简单的向量计算就可以计算出保持 RTT 时间内的匀速运动后的预测位置。

$$\theta = \omega \cdot RTT \qquad (15\text{-}21)$$

(2) 匀加速运动模型：与匀速运动不同的是，匀加速运动模型假设在响应时间 RTT 之内，用户都保持匀加速运动(保持当前的匀加速运动不变)，如果当前用户运动的加速度

为 a，则一定的 RTT 内，用户视角扫过的角度用式(15-22)来表示。同样通过向量计算即可计算出保持 RTT 时间内的匀加速运动后的预测位置。

$$\theta = \omega \cdot RTT + 0.5 \cdot a \cdot RTT^2 \tag{15-22}$$

由于本章重点不在用户运动预测上，因此仅仅简要介绍运动预测的概念及其运用在 360° 视频传输的效果和作用。当然，以上介绍的两种算法只是最基本最简单的运动预测模型，更复杂精确的模型，如利用机器学习进行预测或基于概率统计的预测模型则不在本章的讨论范围之内。如读者感兴趣，可以自行查阅关于运动预测的相关文献。

15.1.4 全景视频的渲染显示

单目 360° 视频可以直接在应用程序或一些多媒体社交服务平台，如 YouTube 或 Facebook 中观看。当然 YouTube 和 Facebook 也提供了平面到球的投影渲染，提供三维的虚拟空间观看体验，使读者能够获得动态的 VR 视频体验过程。已经编码的平面 360° 视频一般采用等距圆柱投影(ERP)格式以方便观看，因此可以直接在视频播放器如 VLC 中解码播放。但是，VLC 不具有 360° 视频的渲染功能，因此要获得 360° 视频的三维投影建模，必须使用一些图形渲染工具如 OpenGL(open graphics library)。

OpenGL 是用于渲染 2D、3D 矢量图形的跨语言、跨平台的应用程序接口(application programming interface，API)，可以用来从简单的图形比特绘制复杂的三维景象。另一种功能相似的程序接口是仅用于 Windows 系统上的 Direct3D。OpenGL 具有很好的跨平台性，因此常用于虚拟现实构建、科学可视化程序和电子游戏开发等。如果想进行简单的 VR 编程实验，可以利用 OpenCV 和 OpenGL 进行 C/C++语言编程实现。

当前发行的前沿头戴式显示设备，如 Samsung Gear VR、Sony PlayStation VR、Oculus Rift、HTC Vive 等可以准确地追踪用户的头部运动轨迹，据此提供相应的动态高质量 FOV 来实现沉浸式体验。这些先进的头戴显示设备通常可以提供立体的双目 360° 视频，实现高达 110° FOV、2K 分辨率和 90Hz 的刷新率，能够带来非常震撼和逼真的用户体验。

15.2 新型投影方式 ARcube

由于现有的全景视频投影方式都存在图像质量和投影效率之间相互掣肘的问题，因此本节提出了一种新型的基于立方体模型的投影方式，命名为 ARcube(average ratio cube mapping projection)，它的创新点和性能提升体现在角度均匀性上。下面详细介绍 ARcube 的实现方式。

15.2.1 ARcube 从球面到立方体的投影

ARcube 与其他的投影方式最大的不同是它用到了"角度均匀性"的概念。传统的投影方法往往只是简单地通过生成插值像素来填补格式转换过程中产生的"真空"区域，这些像素点不仅占用了额外的带宽，而且还会对后续的反投影过程产生影响，使图像质量二次损失。

这些像素点是由于投影过程中的不均匀性产生的，目前尚无法完全避免，研究者都在想方设法地改进算法来减轻不均匀性，例如，增加投影模型的面数和在模型的面上使用施耐德投影[6]等。但是一个很重要的因素都被大家忽视了，那就是像素"均匀分布"的概念在球面和在平面上其实是不同的。在平面上，很容易理解，像素均匀意味着一致的水平和垂直间隔；而在球面上就比较复杂一些，像素分布遵循的原则是角度均匀性，也就是在不同的纬度/经度下相同角度间隔内包含的像素个数相同——与平面上有很大不同。

为了实现球面和平面上不同均匀性定义的相互转化，ARcube 使用了名为"等角度投影"的策略。该策略能有效提升投影后图像的质量保持度。

为了简化问题，我们使用一个单位球和一个边长为两个单位的立方体来进行问题描述。投影效果如图 15-19 所示，其中 $P_0(x_0, y_0, z_0)$ 是球面上的待投影点，而 $P'(x', y', z')$ 是依照 CMP 格式得到的投影点，而 $P(x, y, z)$ 是通过 ARcube 投影得到的像素点位置，如图 15-19(b)所示，此处的 $P(u, v)$ 和 $P'(u', v')$ 转化为平面中的坐标表示。为了能看得更直观，我们取出截面 O_1EFO_2 来进行分析，如图 15-19(c)所示。

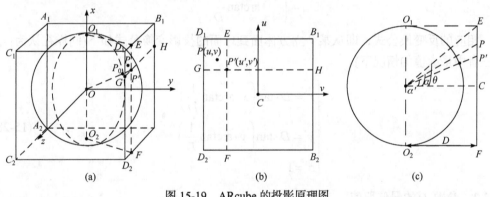

图 15-19　ARcube 的投影原理图

首先采用的是和 CMP 相同的步骤，即先得到立体坐标中的绝对值最大者，它表征了目前处理的像素点落于立方体六个面中的哪一个面上：

$$m = \max\left(|x_0|, |y_0|, |z_0|\right) \tag{15-23}$$

然后使用它来对坐标做正则化，得到相应的 CMP 转化结果：

$$\left(x', y', z'\right) = \left(\frac{x_0}{m}, \frac{y_0}{m}, \frac{z_0}{m}\right) \tag{15-24}$$

在这里，不失一般性地，我们认为 $|z_0|$ 是三者中最大的。并且我们可以注意到，在计算投影坐标的时候，横纵坐标 u、v 是相互独立无耦合的，因此我们可以单独拿出其中一个来进行分析，此处以 u 轴坐标作为分析对象。在图 15-19 中有一个距离量 D，它表

示了投影结果所在位置的垂直线距离球心的距离，这个距离将随着待投影像素点位置的变化而变化。

首先计算线段 EC 对应的圆心角 θ，这个值代表了在该投影位置下能够分到的最大角度：

$$\theta = \arctan \frac{1}{D} \tag{15-25}$$

而 P' 对应的圆心角为

$$\alpha' = \arctan \frac{x'}{D} \tag{15-26}$$

因此我们可以得到一个比例 α' / θ，可以用它来指导我们投影后平面上满足等角度投影点的位置，所以我们可以得到 ARcube 从球面到立方体面的坐标转换公式如下：

$$\begin{cases} x = \dfrac{\arctan \dfrac{x'}{D}}{\arctan \dfrac{1}{D}} \\[4ex] y = \dfrac{\arctan \dfrac{y'}{D}}{\arctan \dfrac{1}{D}} \end{cases} \tag{15-27}$$

相应的反变换公式，即从某个立方体面到球面的投影变换公式如下(同样在认为 $|z_0|$ 是三者中最大值的情况下)：

$$\begin{cases} x' = D \cdot \tan\left(x \cdot \arctan \dfrac{1}{D} \right) \\[2ex] y' = D \cdot \tan\left(y \cdot \arctan \dfrac{1}{D} \right) \\[2ex] z' = 1 \end{cases} \tag{15-28}$$

15.2.2 参数 D 的最佳取值

上述的坐标变换公式和反变换公式中都出现了参数 D，它的几何含义是投影球的中心到当前投影的立方体面上的格栅之间的距离，称为垂直投影距离。这个距离将会随着待计算的点在球面/立方体面上位置的变化而变化，总体的趋势是自立方体面中心到边缘变化时该距离会越来越大。垂直投影距离的计算公式如下：

$$D = \sqrt{1 + \tan^2 \delta} \tag{15-29}$$

其中，δ 为当前选择的格栅线段与立方体面中心线段之间的夹角。

由于处于不同格栅上的像素点都有着不同的垂直投影距离，如果在进行投影变换公式的计算时，对每个像素点都用其对应的 D 值代入，那将会大大增加计算量；同时还会产生在坐标轴的 x 和 y 方向上的计算耦合，因为在横向格栅上进行基于每个像素点的特定投影距离的渐变分布计算时将会改变像素点的竖向格栅位置，导致后续的计算陷入无尽循环之中。因此对每个像素点都用其对应的 D 值进行计算显然不是一个好方法。垂直投影距离示意图如图 15-20 所示。

所以本节采取的方法是固定参数 D 的值，即选择一个最佳的 D 值来作为上述变换和反变换公式中的参数。为了寻找最佳的 D 值，我们进行了实验，通过在一个合适区间范围内对取各个固定 D 值时的投影后图像 E2E-SPSNR 值进行分析，发现得到的 D 值-图像质量曲线有且只有一个明显的峰值，位于 1.06 和 1.07 之间，说明确实存在理论上的最佳 D 值。曲线如图 15-21 所示。

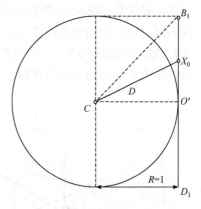

图 15-20　垂直投影距离示意图

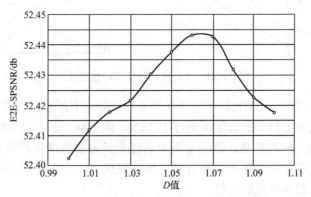

图 15-21　D 值与 E2E-SPSNR 之间的关系曲线

由于再提高步长精度对于提升图像质量的帮助已经几乎微不可见，所以最终取定变换公式中的 D 值如下：

$$D = \sqrt{1 + \tan^2(\pi/9)} \tag{15-30}$$

15.3　实验测试与结果分析

15.3.1　角度均匀性

ARcube 实现了更均匀的像素分布，这意味着在用户观看视野内的图像失真程度更低，从而改善了用户的观看体验。由于与用户观看视野内的图像质量直接相关的是投影球面等角度像素覆盖的一致性，因此我们进行实验来对 ARcube 投影后的角度均匀性进行验证。

如图 15-22 所示，不失一般性地，我们首先把立方体面的中线 A_1B_1(对应投影到球面 1/4 赤道弧线 $A_1'B_1'$)线段 10 等分，取出位于最中间 1/10 位置处的弧线对应的一对像素(记为 pair a)和位于最外侧 1/10 位置处的弧线对应的一对像素(记为 pair b)，在球面上这两对像素对应的圆心角是相同的，而它们在反投影回平面后的线段宽度将会不同。pair a 在平面上的长度就是(面中心线段的)中心间隔, pair b 在平面上的长度就是(面中心线段的)边缘间隔。同理,对面边缘线段 A_2B_2 进行相同的操作就能得到(面边缘线段的)中心间隔和(面边缘线段的)边缘间隔。角度偏差就是比较上述的间隔之间的差值大小, 差值越小说明该种投影方式在均匀性和图像保持力度方面的表现越好。

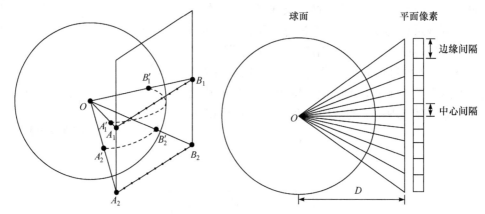

图 15-22　进行投影角度均匀性验证

结果如表 15-6 所示。CMP 的等角度保持能力最差, 有严重的失真问题。Unicube 在中心偏差和边缘偏差上的严重程度都超过 18.00%, 而 EAC 最大可能地消除了中心偏差, 但是代价是边缘偏差极其严重, 这会令观看者感觉到画面边缘有严重畸变。而 ARcube 在中心和边缘角度的均匀性保持上都有着不俗的表现, 说明它能够以很好的效果实现球面和立方体面之间的像素投影过程。

表 15-6　角度均匀性实验结果

参数	CMP	Unicube	EAC	ARcube
中心角度×10²	9.967	7.408	7.854	8.025
边缘角度×10²	14.049	10.465	11.085	5.681
中心偏差/%	47.24	19.12	0.00	4.94
边缘偏差/%	64.08	18.07	31.39	17.09
最大偏差/%	107.54	40.57	31.39	17.09

15.3.2　像素分布均匀性

为了能够直观地比较 ARcube 在提升观看体验上的功能, 我们进行了像素分布均匀性实验。

首先, 我们分别根据 Unicube、EAC、CMP 和 ARcube 的投影原理对同一个均匀分布的正方形面进行投影。我们在立方体的面上标记了三个相同大小的圆形区域来表征需要保持形状的纹理内容。然后观察它们投影到球体上的结果来直观地比较像素分布均匀性。实验结果如图 15-23 所示。

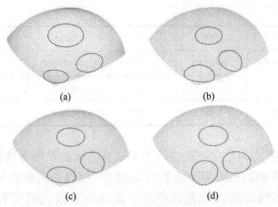

图 15-23　四种投影方式的像素分布均匀性实验结果

通过观察球体上圆形区域的变形，我们可以直观地确定每种投影方法的形状保持能力。CMP、Unicube 和 EAC 在中央和边缘区域之间具有严重的纹理变形，而 ARcube 极大地抑制了这种不均匀性，并从中心区域到拐角区域都很好地保持了纹理形状的一致性。

15.3.3　综合验证

在本章的最后我们对投影方式的性能进行了综合验证。实验平台搭建在配备 Intel Core i7-7700 CPU @ 3.60GHz，双 GTX 1080 Ti，64GB RAM 和 Samsung 850 EVO 1TB SSD 的计算机上。

由于 360Lib 仅收录了 CMP 投影，因此我们通过修改相关的代码实现了将 Unicube、EAC 和 ARcube 嵌到 360Lib 内来进行实验。360Lib 接收 ERP 格式的全景视频作为输入，并支持多种客观的全景视频专用质量指标。在我们的实验中，选择了由 JVET 发布的十个全景通用测试序列作为参考序列。所有序列均为 ERP 格式，具有相同的分辨率 4096×2048，并且每个序列帧率为 30fps。在编码后文件带宽占用率的比较上，在常见测试条件[19]中指定的四个量化参数值(17、22、27、32)下计算 B-D rate 并取平均，选择 CMP 作为 B-D rate 计算的基准方法。由于 OHP 和 TSP 的图像排列不同于 CMP，因此与 CMP 进行 B-D rate 比较是没有意义的。最终的综合评估结果如表 15-7 所示。

表 15-7　各种投影格式的综合评估结果

参数	OHP	TSP	CMP	Unicube	EAC	ARcube
中心偏差/%	—	—	47.24	19.12	0.00	4.94
边缘偏差/%	—	—	64.08	18.07	31.39	17.09
最大偏差/%	—	—	107.54	40.57	31.39	17.09
PSNR	49.9483	46.4367	50.2489	50.9140	50.6917	50.8713
E2E-WSPSNR	52.1711	—	50.2693	50.6979	50.8542	50.9068
E2E-SPSNR	52.1687	—	50.2628	50.6983	50.8645	50.9153

续表

参数	OHP	TSP	CMP	Unicube	EAC	ARcube
编码文件(Kbit/s)	29585.4800	19643.2400	25139.1200	25487.9600	25490.8400	25389.1200
B-D rate	—	—	0	−8.4956	−9.9513	−10.9525
耗时/s	9.319	3.663	5.875	7.039	6.514	6.401

同时由于像素分布均匀性比较是专门为基于立方体的投影方法设计的，因此表中没有 OHP 和 TSP 在这方面的相关实验结果(中心偏差、边缘偏差和最大偏差)。表 15-7 的结果表明，基于立方体模型的投影方式相对于其他方案来说确实有着明显的优势，而 ARcube 在图像质量方面超过了其他所有的投影方案。在 B-D rate 这一项上的实验结果表明，ARcube 能够在带宽有限的情况下提供更高质量的图像观看效果，又或者在保持同等图像质量的情况下节约更多的传输带宽。在时间开销上，ARcube 相对于 CMP 并没有明显地增加耗时，完全处于能够接受的程度，因此它的综合性能十分均衡。

同时在不同分辨率的输入视频下重复上述实验得到的结果如图 15-24 所示，能够发现 ARcube 在不同的视频分辨率情况下具有很强的鲁棒性，并且随着分辨率的增加，它在保持图像质量上相对别的投影方案的优势不断增加。

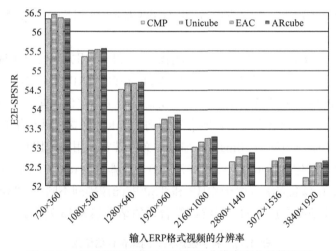

图 15-24　四种投影图像质量随视频分辨率变化的情况图

参 考 文 献

[1] BROWN M, LOWE D. Automatic panoramic image stitching using invariant features[J]. International Journal of Computer Vision, 2007, 74(1): 59-73.

[2] KANNALA J, BRANDT S S. A generic camera model and calibration method for conventional, wide-angle, and fish-eye lenses[J]. IEEE Transactions on Pattern Analysis and Machine Intelligence, 2006, 28(8): 1335-1340.

[3] HE B, YU S. Parallax-robust surveillance video stitching[J]. Sensors, 2016, 16(1): 7.

[4] GUO H, LIU S, HE T, et al. Joint video stitching and stabilization from moving cameras[J]. IEEE

Transactions on Image Processing, 2016, 25(11): 5491-5503.

[5] SNYDER J P, VOXLAND P M. An album of map projections: US geological survey professional paper 1453[M]. Washington: United States Government Print, 1989.

[6] NG K T, CHAN S C, SHUM H Y, et al. On the data compression and transmission aspects of panoramic video[C]. Proceedings 2001 International Conference on Image Processing (Cat. No. 01CH37205), Thessaloniki, 2001: 105-108.

[7] NG K T, CHAN S C, SHUM HY. Data compression and transmission aspects of panoramic videos[J]. IEEE Transactions on Circuits and Systems for Video Technology, 2005, 15(1): 82-95.

[8] HO T Y, WAN L, LEUNG C S, et al. Unicube for dynamic environment mapping[J]. IEEE Transactions on Visualization and Computer Graphic, 2011, 17(1): 51-63.

[9] PEI Q K, GUO J, LU HW, et al. COP: a new continuous packing layout for 360 VR videos[C]. 2018 IEEE Conference on Virtual Reality and 3D User Interfaces (VR), Tuebingen/Reutlingen, 2018: 18-22.

[10] VAN DER AUWERA G, COBAN M, FNU H, et al. AHG8: truncated square pyramid projection (tsp) for 360 video content[C]. Joint Video Exploration Team of ITU-T SG16 WP3 and ISO/IEC JTC1/SC29/WG11, San Diego, 2016.

[11] ZHANG C, LU Y, LI J,et al. AHG8: segmented sphere projection (SSP) for 360-degree video content[C]. Joint Video Exploration Team of ITU-T SG16 WP3 and ISO/IEC JTC1/SC29/WG11, Chengdu, 2017.

[12] BOYCE J, ALSHINA E, ABBAS A, et al. JVET common test conditions and evaluation procedures for 360° video[C]. Joint Video Exploration Team of ITU-T SG16 WP3 and ISO/IEC JTC1/SC29/WG11, Chengdu, 2017.

[13] SREEDHAR K K, AMINLOU A, HANNUKSELA M M, et al. Viewport-adaptive encoding and streaming of 360-degree video for virtual reality applications[C]. 2016 IEEE International Symposium on Multimedia (ISM), San Jose, 2016: 583-586.

[14] KHIEM N Q M,RAVINDRA G, CARLIER A, et al. Supporting zoomable video streams with dynamic region-of-interest cropping[C]. Proceedings of the First Annual ACM Conference on Multimedia Systems, Singapore, 2010: 259-270.

[15] WANG H, NGUYEN V T, OOI W T, et al. Mixing tile resolutions in tiled video: a perceptual quality assessment[C]. Proceedings of Network and Operating System Support on Digital Audio and Video Workshop, Singapore, 2014: 25.

[16] DE PRAETER J, DUCHI P, VAN WALLENDAEL G, et al. Efficient encoding of interactive personalized views extracted from immersive video content[C]. Proceedings of the 1st International Workshop on Multimedia Alternate Realities, Amsterdam, 2016: 25-30.

[17] KHIEM N Q M, RAVINDRA G, OOI W T. Adaptive encoding of zoomable video streams based on user access pattern[J]. Signal Processing: Image Communication, 2012, 27(4): 360-377.

[18] LUNGARO P, TOLLMARK. QoE design tradeoffs for foveated content provision[C]. 2017 Ninth International Conference on Quality of Multimedia Experience(QoMEX), Erfurt, 2017: 1-3.

[19] BOYCE J ,SUEHRINGK, LI X, et al. JVET common test conditions and software reference configurations[C]. Joint Video Exploration Team of ITU-T SG16 WP3 and ISO/IEC JTC1/SC29/WG11, San Diego, 2016.

第 16 章 神经网络与视频编码

随着神经网络的发展，非线性变换编码的问题逐渐变得可解，这使得图像和视频编码领域出现了很多新的基于神经网络的方法。众所周知，在理论上，深度神经网络可以拟合任意的函数，这离不开随机梯度下降等反向传播工具的出现以及计算力强大的并行硬件的普及。深度神经网络催生了一系列图像和视频编码方法，虽然发展不过短短数年，性能已经与发展了数十年的传统编码器可比，受到了人们的广泛关注。

本章首先介绍一些神经网络的基础知识，但由于篇幅限制，很多具体细节无法展开。然后介绍端到端的图像编码网络的原理和框架，以及框架中量化和熵估计等模块的多种实现方法，最后介绍几种端到端的 P 帧和 B 帧编码网络。

16.1 神 经 网 络

16.1.1 神经网络基础

1. 感知机

20 世纪 60 年代，心理学家 Frank Rosenblatt 首次提出了感知机模型，结构如图 16-1 所示。

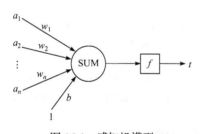

图 16-1 感知机模型

可以将 $a_1, a_2, \cdots, a_n$ 看作一维向量 a，作为感知机的输入。$w_1, w_2, \cdots, w_n$ 作为向量 a 的权重参数对每一个元素进行加权，再将加权结果求和，求和的结果与偏置值 b 做比较。f 是激活函数，作用是进行非线性变换，例如，使用 sgn 激活函数，如果加权求和的结果比 b 大就输出 1，否则输出-1。

感知机可以看作神经网络中的最小单元，其计算可以简单地分成两个步骤：第一步是计算输入向量 a 的线性变换；第二步是求和并进行阈值判断，这是非线性变换。需要提到的是，激活函数除了使用之前提到的 sgn 函数，也可以是其他函数，如 tanh 函数或者 sigmoid 函数，不过近些年来在深度学习中使用最广泛的激活函数是 Relu(rectified linear unit)。

2. 从感知机到神经网络

如图 16-2 所示的神经网络一共有两层，分别是隐藏层和输出层，通常所说的神经网络的层数不把输入层计算在内。可以看到，输入层的每一个输出都连接着隐藏层的四个感知机，隐藏层的每一个输出和输出层的两个感知机相连。

同分析单个感知机模型一样, 我们也可以将输入层的所
有感知机看作一个向量, 经过隐藏层的两步变换之后, 将隐
藏层的所有输出组合成一个新的向量, 这个新向量的维度与
隐藏层中感知机的数量相关。从隐藏层到输出层的分析同
理, 最终我们得到的输出是一个一维向量。

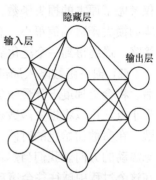

图 16-2　神经网络示意图

用多个感知机组合成神经网络相比于单个感知机有什
么进步呢? 以实现样本二分类为例, 从感知机模型的分析可
知, 如果样本是线性可分的, 那么感知机使用 sgn 等激活函
数进行阈值比较, 可以直接完成二分类。但是如果样本是线
性不可分的, 仅用一个感知机无论如何都无法完成这一工
作, 这时神经网络隐藏层中多个感知机的优势就体现出来了, 隐藏层的每一个感知机都
可以完成非线性变换, 将所有感知机的输出作为新空间的坐标, 在新的坐标平面内, 原
来的平面被扭曲, 这时原来线性不可分的样本就变得线性可分了。

16.1.2　反向传播算法

神经网络比单独的感知机模型的学习能力要强得多, 随之而来的问题就是如何训练
多层网络。反向传播(back propagation)算法于 1986 年被提出, 随着神经网络的崛起, 已
经成为使用最广泛的神经网络学习算法。反向传播算法的基本思想是对神经网络中损失
函数的每一个参数求梯度。其基本工作流程是将训练样本数据传到输入层, 按照设计好
的计算步骤逐步将结果传到输出层, 计算损失函数, 对函数中的所有连接权值和阈值求
梯度, 反向传播到之前的网络层, 并按照一定的规则更新连接权值和阈值。可以通过学
习率来控制每一次更新参数的步长, 学习率越高, 更新的步长就越长, 但是损失函数振
荡会比较明显; 学习率越低, 更新的步长就越短, 但是损失函数收敛会很慢, 训练的效
率较低。如此循环往复, 经过多次迭代, 直到损失函数的值小于预定的目标。

在实际的训练过程中, 常常会出现下面两个问题。

(1) 过拟合。反向传播算法按照上述的流程训练网络, 由于其出色的学习能力, 很容
易使得训练的网络过拟合, 即虽然训练时在训练集上计算出的损失函数的值越来越小,
但测试时的损失却与训练时的损失的差异非常明显。第一种解决办法是增大训练集的规
模, 但这种方法在很多情况下是受限的。第二种解决办法是正则化, 在损失函数中加入
一个可以用来表征网络复杂度的参量, 例如, 每一次参数更新后所有连接权重和阈值的
平方和。假设原本的损失函数定义为

$$E = \frac{1}{m}\sum_{k=1}^{m}E_k \tag{16-1}$$

将权重和阈值记为 w, 那么加入参量之后的损失函数可以表示为

$$E' = \alpha\frac{1}{m}\sum_{k=1}^{m}E_k + (1-\alpha)\sum_i w_i^2 \tag{16-2}$$

其中, α 是权衡原损失函数和正则项的系数。这样做的好处是, 在更新参数的时候, 不

仅考虑了原本的损失函数，还考虑了网络复杂度，如果更新后的参数值非常大，即使原本的损失函数的值很小，总的损失函数的值也会很大，反向传播算法就会采取新的更新策略，最终得到一个泛化能力较强的模型。

(2) 损失函数陷入局部最优。反向传播算法在计算出所有参数对损失函数的梯度之后，将会沿梯度下降最快的方向来更新参数。损失函数存在多个局部极小点和一个全局最小点。可以将损失函数想象成一个可以滚动的球，球滚动后的位置对应了更新后的参数。在参数初始化的时候，球的位置大概率在较高的地方，计算出来的参数的梯度就是球滚动的方向。我们当然希望球最终滚到全局最低点，对应的损失函数的值最小，但是在这个过程中球往往会滚动到局部极小点中。此时计算出参数的梯度为 0，球不会继续滚动，陷入了局部最优的困局。最常见的解决方法是采用随机梯度下降法。随机梯度下降法对反向传播算法做出的改进是在计算梯度时加入一个随机变量，这样即使损失函数陷入了局部最优，计算出的梯度也不会为 0，此后再进行更新时，损失函数仍然有可能跳出局部极小点，最终达到全局最小点。

16.1.3 深度学习简介

随着机器学习的不断发展，机器学习下面的分支越来越多，其中深度学习在近些年受到很大的关注。在机器学习中，通过训练数据得到的模型可以用来预测新数据，从数学理论上讲，如果模型越复杂那么它可以完成的任务就越复杂，得到的结果就越准确，但是训练复杂的模型容易出现"过拟合"的现象。训练复杂的模型带来的另一个问题是训练时对计算能力的需求很高，训练效率较低。随着硬件技术的发展，云计算、大数据时代给复杂模型的训练带来了利好，可以快速地执行运算，同时可以加大训练样本的数量，避免出现"过拟合"的现象。复杂模型的代表——"深度学习"由此受到相当的关注。不过真正从深度学习的基础理论来看，很多理论和技术与之前相比并没有太大的创新性，很大程度上是由于硬件方面的更新换代，计算能力飞速增加，人们才有可能使用一些复杂度很高但是结果更准确的算法，这在算力不足的年代是无法想象的。

16.1.4 卷积神经网络

1. 基本概念

卷积神经网络的创造灵感来源于一项对猫的视觉神经的研究成果。这项研究成果指出，猫的大脑皮层中负责处理视觉信息的区域有两种不同的视觉细胞：一种称为复杂细胞，另一种称为简单细胞。这两种细胞十分特殊，它们并不对所有接收到的视觉信息都敏感，而只对一种特别的条纹信息敏感，也就是说这两种细胞只能从接收到的视觉信息中提取某种特别的信息。这两种细胞的区别在于复杂细胞可以从视网膜上更大的区域接受信息，简单细胞能接受信息的区域相对较小，我们给接收信息的区域定义一个特定的名字，称为感受野，如图 16-3 所示。

由此受到启发设计出来的卷积神经网络的基础结构如图 16-4 所示。

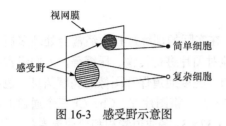

图 16-3　感受野示意图

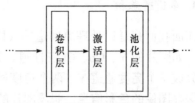

图 16-4　卷积神经网络基础结构

(1) 卷积层。卷积神经网络在处理图片时，不会一次性对整张图片进行处理，这样计算量太大，而是采用将图片分成不同的 patch 的方法，每次只与一个 patch 做卷积。以网络的输入为二维图像为例，卷积层实现的操作是让一个卷积核在二维图像上滑动，每一次滑动都与对应的 patch 执行一次加权求和。根据执行完卷积操作后得到的输出矩阵的大小，可以将卷积操作分成两类：valid 卷积和 same 卷积。valid 卷积是指卷积核在二维图像上滑动时最多只能和图像的边缘重合，这会导致输出矩阵的尺寸大于或等于输入图像的尺寸。假设输入图像的尺寸为 $n \times n$，卷积核的大小为 $f \times f$，则输出矩阵大小应该是 $(n-f+1) \times (n-f+1)$。same 卷积，顾名思义就是指输出矩阵的大小与输入图像对应的矩阵大小相等，这是通过在输入图像周围填充(padding)像素做到的，填充像素的宽度 $p=(f-1)/2$。另外，可以设置卷积核每次滑动的步长(stride)，缺省值为 1，表示依次加权求和。通常情况下步长的值不会超过卷积核的大小，要保证前后两次卷积操作对应的 patch 有重叠的地方。定义步长为 s，则输出图像的尺寸为 $[(n+2p-f)/s+1] \times [(n+2p-f)/s+1]$。对执行完所有卷积操作后得到的输出，我们称为特征响应图(feature map)，从这个名字也可以理解卷积的意义：如果把每一个卷积核都当作一种希望提取到的图像特征，那么卷积操作的输出就是对这种特征的响应。

(2) 激活层。与一般的神经网络一样，卷积神经网络中也有激活层，作用同样是进行非线性变换。不过在卷积神经网络中，一般都是使用 Relu 激活函数，如图 16-5 所示，它的作用是保留大于 0 的结果。

(3) 池化层。在卷积神经网络中引入池化层是从猫的视觉感受野得到的灵感。猫的某些视觉细胞只接受视网膜上特定区域内的光感受细胞传导的神经冲动。如果将输入到池化层的数据分成不同的区域，我

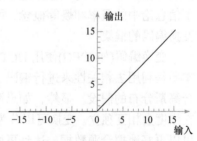

图 16-5　Relu 激活函数

们就可以用更少的数据来表征每一块区域，这样可以使数据量更少，但是仍然提取到了整个输入的主要特征。

2. 参数共享

在一般的神经网络中，输出层的每一个神经元都与隐藏层的所有神经元连接，每一个连接都对应着不同的权重值。而在卷积神经网络中，我们采用卷积核的形式来提取特征。虽然卷积核在图像上滑动，依次进行卷积操作，但是每一个卷积核在处理整张图片的过程中是不变的，所以卷积层用到的所有参数都是同一个卷积核的权重值，也就是卷积层的输入共享了卷积核的参数。

3. 多通道卷积

前面我们都是以处理单通道输入样本为例，在实际的训练过程中经常会处理多通道输入，如图片的 Y、Cb、Cr 三通道。为了更好地对图片进行传输、压缩等，人们经常将图片分成一个亮度通道 Y，两个色度通道 Cb、Cr。亮度通道保存图像的亮度信息，色度通道保存图像的色彩信息。假设图片的尺寸是 32×32，将图片 Y、Cb、Cr 三个通道的数据均输入卷积层，则卷积层输入数据的维度是 $32 \times 32 \times 3$。多通道卷积和单通道卷积一样，都是执行加权求和。三个通道需要三个不同的卷积核来做卷积，可以将三个卷积核组合在一起，看作一个三维的卷积核。如果输入通道数为 1，通常把对应使用的二维卷积核称为 kernel，如果输入通道数大于 1，就把对应使用的高维卷积核称为 filter。

16.1.5 深度学习框架

主流的深度学习框架有 TensorFlow、Caffe、PyTorch、Keras、Torch7、MXNet、Leaf、Theano、DeepLearning4j、Lasagne、Neon 等。大部分深度学习框架都包含以下五个核心组件：①张量(tensor)；②基于张量的各种操作；③计算图(computation graph)；④自动微分(automatic differentiation)工具；⑤BLAS、cuBLAS、cuDNN 等拓展包。

16.2 端到端图像编码网络

由于近些年神经网络的快速发展，图像压缩领域出现了很多新的方法。变换编码(transform coding)在几十年前就已经提出来，但是之前一直没有人将其与自编码器(autoencoders)联系到一起。直到有人利用变分贝叶斯方法(variable Bayesian methods)引入了信息论中的概率和熵等概念，两者才紧密地结合起来，并利用神经网络构建了非线性变换编码的框架。

变换编码(如 JPEG)使用 DCT 等线性变换将源数据变换到隐空间(latent space)中，其本质是利用去相关性来进行编码。然而大多数变换编码的相关理论都基于源数据满足联合高斯分布的假设。显然，如果源数据是高斯分布，则去相关性等同于使变换后的数据在维度上相互独立。变换可以分为线性变换和非线性变换，非线性变换相比于线性变换，可以更好地拟合源数据，达到更好的压缩性能。但非线性变换的问题在于对于高维的源数据，使变换后的数据在维度上相互独立是非常困难的，而线性变换就不存在这个问题。所以之前关于非线性变换编码的研究较少，人们致力于提升线性变换编码的性能。不过，随着神经网络的发展，非线性变换编码的问题逐渐变得可解。众所周知，在理论上，深度神经网络可以拟合任意的函数，这离不开随机梯度下降等反向传播工具的出现以及计算力强大的并行硬件的普及。深度神经网络催生了一系列图像压缩方法，虽然发展不过短短数年，其性能已经与发展了数十年的传统编码器可比，受到了人们的广泛关注。

基于神经网络的图像压缩的新方法不断出现，其基本思想可以概括为以下几个方面：框架结构、量化、熵估计、R-D 曲线的遍历。

16.2.1　框架结构

1. 编码器和解码器

神经网络可以用来拟合函数。一般来说，神经网络由多个层组成，每一层由一些线性变换组成，如矩阵乘法或者卷积，然后加上一个偏置，再接上非线性激活函数，如式(16-3)所示。

$$v = g(r), \quad r = Wu + b \tag{16-3}$$

其中，u 是层的输入；v 是层的输出；W 是权重；b 是偏置；$g(r)$ 是激活函数。一个神经网络拟合函数的能力，随着每一层参数的增多和网络的深度的增加而增加。以卷积神经网络为例，用于图像压缩的神经网络结构一般包括卷积层、下采样或上采样、GDN (generalized divisive normalization)或IGDN(inverse GDN)，这一结构最早由 Ballé 等[1]提出，是第一个实现了端到端训练的图像压缩的神经网络。之后，在此经典结构的基础上出现了众多的研究成果。该网络结构如图 16-6 所示，其中，x 为输入图像，$\hat{x}$ 为重建图像，g_a 为编码(analysis)过程，g_s 为解码(synthesis)过程。

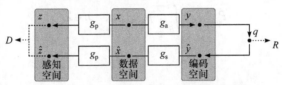

图 16-6　端到端训练的图像压缩的神经网络

x 通过编码器变换到 y，通过量化得到 q，再对 q 进行熵编码。Ballé 等还使用了 g_p 来把 x 和 $\hat{x}$ 变换到感知空间中进行失真的计算，不过后续的研究中往往直接计算 x 和 $\hat{x}$ 的失真。解码过程为量化之后的 $\hat{y}$ 通过解码变换到 $\hat{x}$。其中，g_a(g_s)由卷积层、下采样(上采样)、GDN(IGDN)组成。Ballé 等在之前的研究中发现使用 GDN 这种特殊的结构能够有效提升压缩性能，该结构在之后的模型中被广泛使用。其原始结构如式(16-4)所示。

$$v_i = \frac{r_i}{\left(\beta_i + \sum_j \gamma_{ij} \left(r_j \right)^2 \right)^{\frac{1}{2}}} \tag{16-4}$$

其中，r 和 v 分别是 GDN 的输入与输出；β 和 γ 是参数；i 和 j 是索引。之后的研究对其进行了一定程度的简化，使用加权的 L1 范数加上偏置组成，如式(16-5)所示，减少了指数运算带来的复杂度的上升，但只带来了微不足道的性能下降。

$$v_i = \frac{r_i}{\beta_i + \sum_j \gamma_{ij} \left| r_j \right|} \tag{16-5}$$

GDN 是一种非线性的、可微的且可逆的变换，而且通过实验证明，该变换具备高斯化数据的能力，对 GDN 上述性质的具体推导可以查看文献[2]。

2. RDO

考虑有损编码下，我们的目标是最小化率(rate，R)和失真(distortion，D)的加权和，可以表示为

$$L = R + \lambda D \tag{16-6}$$

其中，λ 是码率和失真的权衡。由信息论可知，一个优秀的熵编码器编码数据得到的码流长度应当只比数据真实的熵略大一些，因此我们可以定义损失函数为

$$L\left[g_a, g_s, P_q\right] = -\mathbb{E}\left[\log_2 P_q\right] + \lambda\mathbb{E}[d(z, \hat{z})] \tag{16-7}$$

其中，期望 $\mathbb{E}$ 表示对所有训练集的图像进行计算。等号右边第一项代表熵，第二项代表失真。不失一般性地，我们可以定义量化步长为 1(取整运算 round)，因此量化过程可以表示为

$$\hat{y}_i = q_i = \text{round}(y_i) \tag{16-8}$$

其中，i 表示特征图中的所有元素的索引。那么，$\hat{y}_i$ 的概率质量函数可以表示为

$$P_{q_i}(n) = \int_{n-\frac{1}{2}}^{n+\frac{1}{2}} p_{y_i}(t)\mathrm{d}t, \quad n \in \mathbb{Z} \tag{16-9}$$

3. 注意力机制

注意力(attention)机制自从被提出之后就广泛地应用在包括图像处理在内的众多深度学习领域。在基于神经网络的图像压缩框架中[3]，其基本结构如图 16-7 所示。

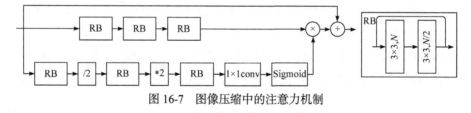

图 16-7   图像压缩中的注意力机制

数据流动方向为从左到右，注意力机制由多个残差块(RB)、1×1 卷积以及 Sigmoid 激活函数组成，共分为三路。最上方一路为直接映射，是为了减少训练时可能出现的梯度消失和梯度爆炸。中间一路和最下方一路为残差部分，中间一路是由三个残差块级联，最下方一路是注意力路，通过卷积层的级联和 Sigmoid 激活函数得到一系列权重值，再与中间一路相乘。注意力模块能够增大输入的特征图中原本比较大的值，减小原本比较小的值，这样就可以把更多的注意力放在图像纹理较复杂的区域，以此来提升编码的性能。

4. 金字塔融合结构

在编码器部分，为了能够利用图像中的多尺度信息，有文献提出了金字塔融合结构[4]，如图 16-8 所示。

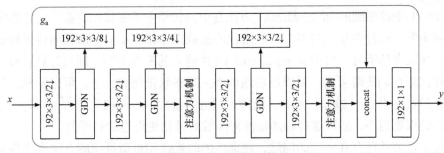

图 16-8 金字塔融合结构

作者把编码器中每一个 GDN 层的输出直接连接在一起,为了保证特征图的尺寸一致,GDN 层的输出还需要通过不同的下采样,然后通过 1×1 卷积将特征进行融合得到编码器的输出。

16.2.2 量化

因为整数量化本身是不可微的,所以使用随机梯度下降的方法时,g_a 中的所有参数的梯度几乎处处为零,模型没有办法训练。所以必须采用一些近似量化的手段在训练时代替它,在测试的时候则使用真实的量化。近似量化的方法目前大体上可以分为以下几种。最简单的方法是在前向传播的时候使用真实的量化,而在反向传播求梯度的时候使用平滑的近似[5],如式(16-10)所示。

$$\frac{\mathrm{d}}{\mathrm{d}y}[y] := \frac{\mathrm{d}}{\mathrm{d}y}r(y) \tag{16-10}$$

作者通过实验发现,直接取 $r(y)=y$,与其他更复杂的表示的有效性是近似的。这种方法在反向传播时相当于直接忽略了量化的操作,这显然会在一定程度上影响训练得到参数的准确性,但优势是足够简单。与之相似,有人提出了软量化的方法[6],反向传播的时候使用软量化代替真实的量化,而正向传播则使用真实的量化。这种操作在神经网络框架中可以较为简单地实现,如在 TensorFlow 中,可以使用式(16-11)来实现。

$$\bar{z}_i = \mathrm{tf.stopgradient}(\hat{z}_i - \tilde{z}_i) + \tilde{z}_i \tag{16-11}$$

其中,$\hat{z}_i$ 代表真实的量化结果,具体表示为

$$\hat{z}_i = Q(z_i) := \arg\min_j \|z_i - c_j\| \tag{16-12}$$

其中,z 代表需要被量化的值的集合;c 代表量化中心的集合;下标 i 和 j 分别为两者的索引;$\tilde{z}_i$ 代表软量化的结果,具体表示为

$$\tilde{z}_i = \sum_{j=1}^{L} \frac{\exp(-\sigma\|z_i - c_j\|)}{\sum_{l=1}^{L}\exp(-\sigma\|z_i - c_l\|)} c_j \tag{16-13}$$

其中,参数 σ 用来调整"软"量化的程度,也就是对真实量化进行平滑的程度;L 代表量化中心集合的长度。

式(16-11)中使用到的 stopgradient( )方法在前向传播中不起作用，在反向传播中其输入的梯度为零。这样在正向传播时，软量化的加减操作相互抵消，即正向传播时是真实的量化。在反向传播时，由于 stopgradient( )方法输入的梯度为零，即只计算软量化的梯度，这样网络在训练时可微，可以成功地训练。观察软量化的式子，可以发现，其相当于对所有的量化中心 c 做加权求和，离输入越近的量化中心的权重越大，离输入越远的量化中心的权重越小，通过这样的加权使得离散的量化变得连续和可微。

不过上述方法还存在一定的问题，在训练的时候使用近似量化的方法来代替真实量化，而在测试时必须使用真实的量化，训练和测试的失配会导致性能有一定程度的降低。之后有人提出了更细致的量化方法，称为软到硬(soft to hard)的量化[7]。具体来说，在训练的初期，使用上述软量化的方法，随着训练的进行，调整软量化中的参数 σ，使之逐渐趋近于真实的量化(硬量化)，在训练结束时，反向传播中的近似量化已经非常趋近于真实的量化，所以能与测试保持一致，减小由于量化方式的不同带来的失配。这种方法的性能是目前最好的，但是训练较为复杂，特别是调整参数的策略难以控制。

应用最为广泛的近似量化的方式是加噪声的方法[1]，即在训练中舍去不可微的真实量化，把需要被量化的值(编码器的输出)加上一个从范围为[−0.5,0.5)的均匀噪声中随机采样的值。这种方法非常简单，无须更多的近似，即可能达到与软到硬量化相近的性能，被很多模型所采用。我们可以从直观上理解这种方法的有效性，即真实的整数量化(取整)，会导致被量化的值增加或者减少一个值，而这个值的范围恰好为[−0.5,0.5)，所以加一个范围为[−0.5,0.5)的随机噪声可以在一定程度上拟合真实的取整量化。

16.2.3 熵估计

由量化而导致的不可微的问题得到了较好的解决，因此熵估计模型也是可微的，接下来需要解决的问题就是如何更好地进行熵估计。

根据概率论，我们可以将 $P(\hat{y}|\hat{z})$ 写成如式(16-14)的形式。

$$P(\hat{y}|\hat{z}) = \prod_i P(\hat{y}_i|\hat{y}_{<i}, \hat{z}) \tag{16-14}$$

其中，$\hat{y}$ 是量化后的值；$\hat{y}_{<i}$ 是指在一定的排序规则下排在 $\hat{y}_i$ 前面的值；$\hat{z}$ 是编码器和解码器都需要得到的值，所以要想依赖 $\hat{z}$，则必须传递给熵模型附加信息，这种方式称为熵模型的前向自适应(forward adaption)。依赖于 $\hat{y}_i$ 前面的值则不需要附加信息，但是需要一边解码一边计算概率，因此这种方式称为后向自适应(backward adaption)。

有很多研究致力于如何做到前向自适应和后向自适应，模型结构几乎都可以使用图 16-9[8]表示。

图 16-9 中，x 和 $\hat{x}$ 表示原始图像和重建图像，y 和 $\hat{y}$ 代表隐变量和量化后的隐变量。z 为附加信息，通过变换 h_a 得到。与之前一样，为了使附加信息在编码器和解码器中都能够得到，z 也需要和 x 一样进行量化和熵编码，$\hat{z}$ 为量化后的值。假设隐变量 y 的分布为高斯分布，其均值为 μ，标准差为 σ。为了训练这两个参数，一共有两条依赖路径，即超先验附加信息和上下文信息，分别对应前向自适应和后向自适应。为了得到超先验附

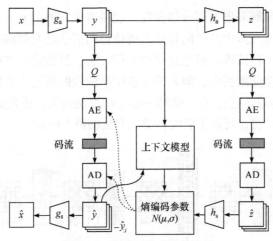

图 16-9 图像压缩中的熵估计

加信息，构建了 h_a 变换，其中包含下采样结构和激活函数；上下文信息通常使用蒙版 (mask)卷积得到，蒙版卷积结构如图 16-10 所示。

如图 16-10 所示，蒙版卷积的中心元素左方和上方的值为 1，其余值为 0，因此将蒙版卷积与卷积核点乘可以达到中心元素只与左方和上方的元素相关的效果。假设需要计算中心元素 $\hat{y}_i$ 的概率分布，则需要依赖的 $\hat{y}_{-i}$ 为左方和上方的前 4 个元素(这里以 3×3 卷积为例，如果是 5×5 卷积，则中心元素依赖于左方和上方的前 12 个元素)。上下文自适应需要注意几点：第一，一般来说蒙版卷积

图 16-10 蒙版卷积核

的感受野越大，则上下文信息越丰富，概率分布估计应该更准确，但是随着卷积核的增大，训练难度也逐渐提高，而且相对更远的元素提供的依赖也相对更弱，反而容易导致性能变差。最常用的卷积核大小是 5。第二，这里使用蒙版卷积规定中心元素依赖于左方和上方的元素，在解码的时候可以先解码一个元素，再计算下一个元素的概率，然后依次顺序解码，直到所有隐变量的值都解码，这种上下文自适应是最简单、最常用的方法。实际上，我们也可以设定其依赖于其他的元素，如最靠近它的四个元素，但是前提是在编码和解码的时候这些元素的值已知。第三，在编码时，由于隐变量的值都是已知的，因此可以并行化编码，但对隐变量解码时是依次顺序解码，不能采用并行化的方式进行解码，解码时间非常长。文献[9]提出了 checkerboard 的概念，使用栅格化的卷积来加速解码，如图 16-11 所示。

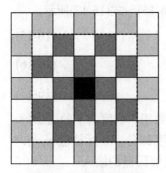

图 16-11 栅格化卷积

栅格化卷积有两个好处：一是可以更充分地利用上下文信息，中心元素可以依赖于空间位置在其之后的元素；二是可以提升并行化程度。其解码过程如图 16-12 所示，其中 AD 代表算术解码。

在解码时先不使用后向自适应，即上下文信息均为 0，只使用附加信息 $\hat{z}$ 的前向自适应，所以可以直接并行地解码出 $\hat{y}_{\text{anchor}}$。然后依赖于已经计算出来的 $\hat{y}_{\text{anchor}}$ 解码出

$\hat{y}_{\text{non-anchor}}$，最后与之前解码出的部分结合在一起拼凑出完整的 $\hat{y}$。由于前向自适应是可以并行计算的，同时第二步中的后向自适应所依赖的值已经全部解码，因此并不需要依次顺序解码，也可以并行处理。通过这样的处理方法，虽然第一步中没有使用上下文信息造成了一定程度上性能的丢失，但是第二步中所依赖的靠近中心的元素相比于左方和上方的元素提供了更多的信息，可以弥补一部分的性能损失，更重要的是，checkerboard 方法大大降低了解码时间，缓解了后向自适应方法的最大问题。

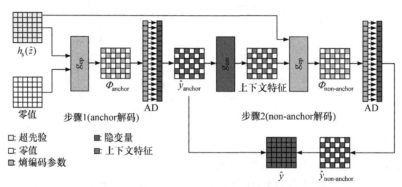

图 16-12　利用 checkerboard 的解码过程

16.2.4　R-D 曲线的遍历

如 16.2.1 节所述，通常情况下，基于神经网络的图像压缩在训练时需要固定参数 λ，因此训练得到的模型的编码性能也是固定的，即一个模型只能达到特定的性能，表现在 RD 曲线上就仅仅是曲线上的一个点。为了提高编码的性能范围，就必须改变参数 λ，训练不同的模型，根据编码性能的需要选择对应的模型。随之而来的问题就是训练成本的增加和模型存储空间需求的增加，在实际部署时效率并不高。因此，我们需要考虑如何在只训练一个单独的模型的前提下，增加编码性能的范围。

受到传统编码器的启发，调整量化步长可以调整编码性能，文献[10]提出在神经网络编码器的输出端和解码器的输入端增加一对控制单元，如式(16-15)~式(16-17)所示。

$$\overline{y}_s = G_\psi(y,s) = y \odot m_s \tag{16-15}$$

$$\hat{y}_s = Q(\overline{y}_s) = \text{round}(\overline{y}_s) \tag{16-16}$$

$$y_s' = IG_\tau(\hat{y}_s, s) = \hat{y}_s \odot m_s' \tag{16-17}$$

其中，y 代表隐变量，即编码器的输出；m 代表可训练的标量数组，长度为 y 的通道数；s 代表数组索引；$\odot$ 代表在通道维度的点乘，即 y 的每一个维度都有一个标量值 m_s 与之对应相乘，m_s' 与 m_s 相乘为常数；$\hat{y}_s$ 代表量化后的值；y_s' 代表解码器的输入。

然而实验结果证明，这种方法的性能并不足以与单独训练固定 λ 的模型的性能相比。文献[11]提出了更复杂的参数化方法，把 RDO 中的参数 λ 引入变换和熵模型中的每一次卷积运算中，称为条件卷积结构，而不仅仅只在编码器的输出端和解码器的输入端增加控制单元。条件卷积的结构如图 16-13 所示，其把普通卷积和参数 λ 融合在一起，构成了一个新的结构，并应用到变换和熵模型中。

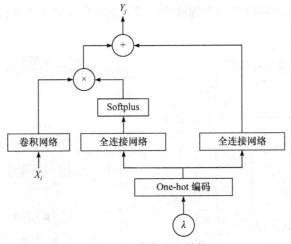

图 16-13　条件卷积结构

之后，文献[8]提出，用 λ 参数化熵模型性能提升并不明显，同时把 GDN 和 IGDN 中的参数(β 和 γ)分别进行参数化，而不是直接把 GDN 变换的输出进行参数化，可以进一步增加性能。文献[12]还进一步探索了如何在提高编码性能范围的同时减小计算复杂度，特别是在图像质量要求不高的情况下，没有必要采用复杂的模型。如图 16-14 所示。

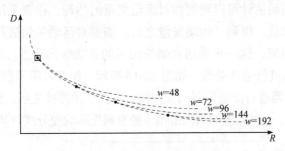

图 16-14　不同大小模型的 RD 性能

图 16-14 中虚线代表使用不同通道数量的模型的 RD 曲线，每一个通道数量的模型都使用多个固定的 λ 进行训练。如图 16-14 所示，当我们希望在较高的 R 下取得更小的失真时需要使用较大的通道数量，然而如果在较小的 R 下，如最左边的方框处，性能瓶颈不再是通道数量，所以这种情况下可以采用更少的通道。

16.3　端到端 P 帧编码网络

16.3.1　深度视频压缩框架

对于 P 帧压缩，Lu 等[13]通过采用神经网络模块替代每一个传统编码模块实现了对整个编码器端到端的训练，如图 16-15 所示。对于当前 P 帧的压缩，作者将当前帧和参考帧同时送入光流网络中得到光流作为运动矢量，并用其对参考帧进行扭曲实现运动补偿得到预测帧。其中，其使用了两个变分式自动编码器对光流和残差进行压缩，分别对应了运动和残差的概念，可以进一步理解为两者分别实现了对参考帧信息和当前帧信息的有效编码。

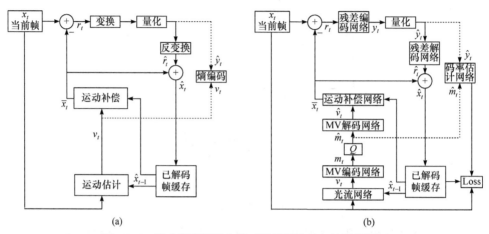

图 16-15　混合编码框架和基于神经网络的 P 帧编码框架

图 16-15(a)为标准的混合编码框架，图 16-15(b)则为基于神经网络的视频编码框架。作者对其中每一部分进行了对应的设计，包含运动估计、运动矢量编码、运动补偿和残差编码四个部分。运动估计可以理解为对运动矢量的估计，作者采用光流网络得到估计的光流来表示运动矢量。得到了运动矢量之后，需要对运动矢量进行编码，得到重建的运动矢量和对应的码流，这一步采用含熵编码器的自动编码器进行压缩[1]。得到了重建的运动矢量之后即可进行运动补偿。如图 16-16 所示，作者采用了扭曲(warp)的操作和一个卷积神经网络滤波器进行滤波来得到预测帧。得到了预测帧之后，就可以计算其和输入的原始帧之间的残差，这里残差的编码采用了带有超先验的变分式自动编码器进行压缩[14]。

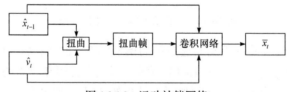

图 16-16　运动补偿网络

16.3.2　多参考视频压缩框架

Lin 等[15]采用了多参考帧策略来预测当前帧，充分利用了重建帧和重建光流的信息并在重建质量和压缩率上取得了显著的提升，如图 16-17 所示。在多帧视频编码系统中，除了考虑对运动矢量和残差的基础编码外，充分利用参考的信息，如运动矢量来预测当前帧的运动矢量也是很有意义的。此外，充分利用多帧进行运动估计和运动补偿等也可以有效地提升编码器的性能。相比于 Lu 等的工作，其包含了四个新的模块：多帧运动矢量预测(MAMVP-Net)、多帧运动补偿(MMC-Net)、运动矢量增强和残差增强网络。

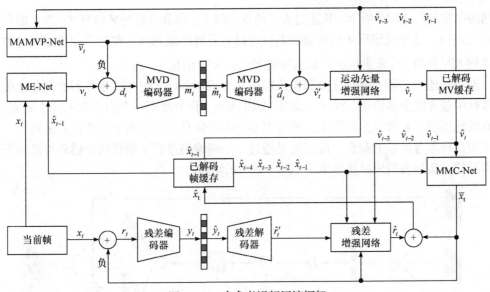

图 16-17　多参考视频压缩框架

16.3.3　基于学习的视频编码器

Waveone 公司[16]提出了一种基于学习的神经网络视频编码器，主要对低延迟场景设计，即 P 帧编码场景。作者对神经网络视频编码问题进行了较为深入的思考，得到了三种不同的编码器形态，如图 16-18、图 16-19 和图 16-20 所示，它们的关系是不断递进的。其贡献主要有以下几点：①泛化了运动估计使得其可以更好地进行运动估计；②通过维持解码帧的状态而非解码帧本身来获得参考信息；③实现了对光流和残差的同时压缩；④实现了一种基于机器学习的空域码率控制策略；⑤提出了多光流表示(multi-flow representation)，通过使用多个简单的光流实现对复杂场景的灵活解构，如编码运动中被遮挡又重新出现的内容。作者指出联合编码残差和运动矢量相比分别编码有两个好处：一是可以去除两者之间的相关性；二是可以让神经网络自己去分配两者的比特数。

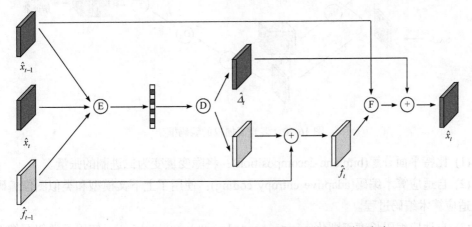

图 16-18　联合压缩残差和运动矢量的神经网络视频编码框架

其网络结构如图 16-18 所示，其通过参考的重建帧 $\hat{x}_{t-1}$ 和参考的 MV 信息 $\hat{f}_{t-1}$ 来协助当前帧 x_t 的编码。通过仅编码运动矢量的差值可以有效地降低码率，在解码端可以通过加上参考的 MV 信息 $\hat{f}_{t-1}$ 来重构出近似真实的当前帧 MV 信息 $\hat{f}$。

进一步地，实际上使用光流和重建帧建立起相邻两帧之间的关系并不能充分地蕴含参考帧中包含的全部信息。因此，如图 16-19 所示，作者改用一个隐状态张量 S_t 来表示，其有效地拓展了参考信息的维度，使得更多的参考信息可以被用于当前帧的编码中。为了体现这种参考信息的蕴含，此张量是通过一个随编码过程不断更新的循环神经网络输出得到的。实验表明该模块带来了 10%~20%的增益。

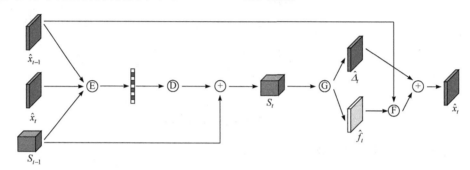

图 16-19 引入隐状态张量的编码框架

再进一步地，采用单个光流并不能很好地表现出物体的运动状态，因此改用更多的光流，而多光流本质可以通过多个光流的加权解决这个问题，具体结构如图 16-20 所示。其编码过程整体上类似于图像编码。

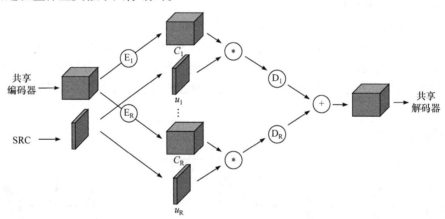

图 16-20 多光流加权的编码框架

(1) 比特平面分解(bitplane decomposition)：将隐变量变为二进制的张量。

(2) 自适应算术编码(adaptive entropy coding)：使用了上下文模型和类似图像编码中的自适应算术编码过程。

(3) 自适应编码长度正则化(adaptive code length regularization)：使用了类似图像编码中的编码长度正则化技术。

16.3.4 基于率失真自编码器的视频编码器

高通公司[17]提出了一种率失真自编码器来进行视频压缩，其主要是对编码器的功能进行了拓展而非对压缩率进行提升。具体而言，其做了三个拓展：分割压缩(对感兴趣的目标分配更多的比特)、自适应压缩(如自动驾驶中采集的数据往往对动态的行人、汽车以及静态的交通标志分配更多的注意力)和多模型压缩(如四摄得到的图片和视频)。

如图 16-21 所示，图 16-21(a)表示无先验信息的视频编码器，对应传统编码中的全 I 帧情况。这意味着无法使用之前编码帧的参考信息，从而导致需要极多的比特数才能很好地编码当前帧。图 16-21(b)表示依赖帧级别的视频编码系统，传统编码器往往如此，通过采用参考帧和搜索得到的运动矢量，对当前帧进行像素级别的预测，有效地降低帧间冗余。图 16-21(c)表示作者所提出的神经网络视频编码器，其通过 GRU(gated recurrent unit)的方法学习到每一帧的关键信息，往往以张量表示而非像素级的信息，并以此对编码器的先验进行更新，从而实现更高的压缩率。

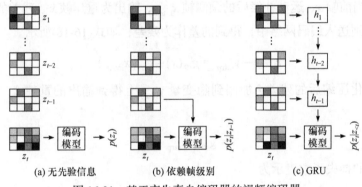

(a) 无先验信息　　　　(b) 依赖帧级别　　　　(c) GRU

图 16-21　基于率失真自编码器的视频编码器

16.4　端到端 B 帧编码网络

16.4.1 双向预测插值帧

迪士尼公司[18]设计了一种 B 帧压缩网络。作者首先定义了 GOP 第一帧和最后一帧为关键帧(key-frames)，通过图像压缩的方法对其进行编码。其他的帧通过 B 帧压缩网络来压缩。实际上，中间帧不仅可以使用定义的第一帧和最后一帧关键帧来编码，如图 16-22

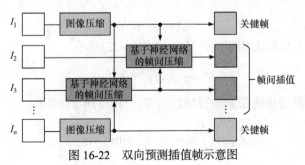

图 16-22　双向预测插值帧示意图

所示，还可以先使用第一帧和最后一帧编码第三帧，然后使用第一帧和第三帧编码第二帧，具体实现可以通过编码器来配置。

网络结构包含一个插值部分和压缩部分。输入为两帧关键帧和当前编码帧，输出为重建的编码帧和编码的码流。压缩编码过程如图 16-23 的右半部分所示。

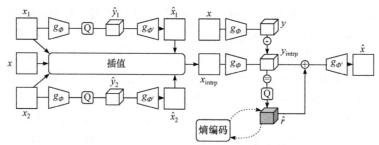

图 16-23　双向预测插值帧编码框架

输入包含当前帧 x、运动补偿后的预测帧 x_{intrp}，输出为重建帧 $\hat{x}$、残差的码流。首先将 y 和 y_{intrp} 分别送入编码网络中，得到的差作为残差，如式(16-18)所示。

$$r = y - y_{\text{intrp}} = g_{\Phi}(x) - g_{\Phi}\left(x_{\text{intrp}}\right) \tag{16-18}$$

然后将量化压缩后的残差 $\hat{r}$ 加回到隐变量 y_{intrp} 上得到输出的重建 $\hat{x}$，如式(16-19)所示。

$$\hat{x} = g_{\Phi'}\left(y_{\text{intrp}} + \hat{r}\right) \tag{16-19}$$

这一部分的损失函数表示为

$$L\left(\Theta_{\text{img}}\right) = \mathbb{E}_{x \sim p_x}\left[\underbrace{-\log_2 p_{\hat{r}}(\hat{r}) + \lambda_{\text{img}} d(x, \hat{x})}_{\text{residual}} \right.$$
$$\left. + \sum_{i=1}^{2} \frac{1}{2}\underbrace{\left(-\log_2 p_{\hat{y}}(\hat{y}_i) + \lambda_{\text{img}} d\left(x_i, \hat{x}_i\right)\right)}_{\text{key-frame}}\right] \tag{16-20}$$

插值部分的结构如图 16-24 所示，输入是两帧关键帧 x_1、x_2 和当前编码帧 x，通过光流网络得到运动光流 f_1 和 f_2，这些张量共同送入编码器中，并对编码结果进行量化，如式(16-21)所示。

$$q = h_{\rho}\left(x, x_1, x_2, f_1, f_2\right) \tag{16-21}$$

解码器则可以对应解出相应的张量，如式(16-22)所示。

$$\left(\hat{\alpha}_1, \hat{\alpha}_2, \hat{f}_1, \hat{f}_2\right) = h_{\rho'}(\hat{q}) \tag{16-22}$$

然后对通过解码输出的张量进行加权重建，如式(16-23)所示。

$$x_{\text{intrp}} = \sum_{i=1}^{k} \alpha_i w\left(\hat{x}_i, \hat{f}_i\right) \text{with} \sum_{i=1}^{k} \hat{\alpha}_i = 1 \tag{16-23}$$

其中，w 表示扭曲操作。总的损失函数表示为

$$L\left(\Theta_{\mathrm{intrp}}\right) = \mathbb{E}_{x \sim p_x}\left[-\log_2 p_{\hat{q}}(\hat{q}) + \lambda_{\mathrm{intrp}} d\left(x, x_{\mathrm{intrp}}\right)\right] \tag{16-24}$$

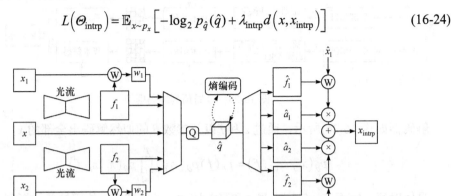

图 16-24　插值网络示意图

　　在模型训练时，首先训练多个插值部分的网络，选择一个插值网络固定住之后，训练不同的残差+关键帧编码网络。通过这两者的不同组合，找到两者之间最好的比例。

　　这种框架的优势有两点：首先，残差压缩操作是在隐变量域进行的，这会使得残差解压网络等效于一个后处理网络，进而提升压缩的性能表现。其次，压缩部分的网络和关键帧(I 帧)图像压缩的网络是一致的，从而有效地减少模型复杂度，提升效率。

16.4.2　全局预测编码

　　本节介绍来自迪士尼、达特茅斯、加利福尼亚大学尔湾分校(UCI)发布的深度生成式视频编码器[19]。直观地理解视频编码器，其具备了两个特点。首先，对于中间帧(一般是我们希望以较低比特编码的 B 帧)而言，我们会先编码两帧作为参考帧再插值编码中间的帧。即认为视频编码中有些信息是全局的(关键帧)，而有些是局部的(非关键帧)。对于关键帧，需要作为中间每一帧 B 帧编码时依赖的参考，而非关键帧则只需要记录自己相对于关键帧的局部变化信息即可。这个观点是从帧的角度出发来理解的，如果从隐变量的角度来思考就不太一样，全局的信息可以认为是所有帧综合得到的一个全局的属性(background, global variables)而非固定的关键帧，而局部的信息则对应于每一帧自身单独的变化(local variables)。其次，每一帧的局部变化在时域上存在一定的相关关系，相比于对单帧进行图像压缩，视频压缩中存在时域依赖的先验(temporal-conditioned prior)。

　　基于上述观点，作者提出了如图 16-25 所示的网络结构，用 f 来表示全局的信息，用 z 来表示局部的信息。在编码过程中需要先将所有的帧都送入编码器得到 f，再对每一帧进行编码得到 z，解码时使用共同的 f 和 z 分别得到每一帧。

　　编码器如式(16-25)所示，通过参数 ϕ 的近似后验 q 将输入序列 $x_{1:T}$ 转化为全局信息 f 和 z，其中 z 和 f 独立，且每一帧的 z 之间互相独立。

$$q_\phi\left(z_{1:T}, f \mid x_{1:T}\right) = q_\phi\left(f \mid x_{1:T}\right) \prod_{t=1}^{T} q_\phi\left(z_t \mid x_t\right) \tag{16-25}$$

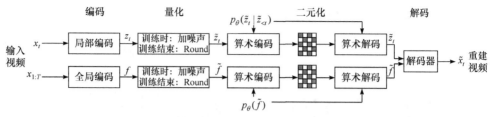

图 16-25　全局预测编码框架

解码器如式(16-26)所示，通过 z 和 f 以及参数 θ 的似然解码出全部的 x。

$$p_\theta\left(x_{1:T}, z_{1:T}, f\right) = p_\theta(f) p_\theta\left(z_{1:T}\right) \prod_{t=1}^{T} p_\theta\left(x_t \mid z_t, f\right) \tag{16-26}$$

具体对每一帧而言，使用全局 f 和当前帧的 z 进行解码。使用拉普拉斯似然，即采用了 L1 重建损失，如式(16-27)所示。

$$p_\theta\left(x_t \mid z_t, f\right) = \mathrm{Laplace}\left(\mu_\theta\left(z_t, f\right), \lambda^{-1}\mathbf{1}\right) \tag{16-27}$$

作者遵循变分自编码器中的常见假设——平均场理论，认为不同通道之间互相独立。通过构造 z 的条件概率使得先验信息更准确。与单位均值进行卷积是因为编码器采用了加性噪声的方式，近似后验被构造成了均匀分布，卷积可以提升后验的逼近能力，如式(16-28)所示。

$$p_\theta(f) = \prod_{i}^{\dim(f)} p_\theta\left(f^i\right) * \mathcal{U}\left(-\frac{1}{2}, \frac{1}{2}\right), \quad p_\theta\left(z_{1:T}\right) = \prod_{t}^{T} \prod_{i}^{\dim(z)} p_\theta\left(z_t^i \mid z_{<t}\right) * \mathcal{U}\left(-\frac{1}{2}, \frac{1}{2}\right) \tag{16-28}$$

条件概率的具体实现形式采用 LSTM(long short-term memory，LSTM)网络。因此，总的损失函数如式(16-29)所示。

$$L(\phi, \theta) = \mathbb{E}_{\tilde{f}, \tilde{z}_{1:T} \sim q_\phi}\left[\log p_\theta\left(x_{1:T} \mid \tilde{f}, \tilde{z}_{1:T}\right)\right] + \beta \mathbb{E}_{\tilde{f}, \tilde{z}_{1:T} \sim q_\phi}\left[\log p_\theta\left(\tilde{f}, \tilde{z}_{1:T}\right)\right] \tag{16-29}$$

参 考 文 献

[1] BALLÉ J, LAPARRA V, SIMONCELLI E P. End-to-end optimized image compression[C]. 2017 IEEE/ACM 5th International Conference on Learning Representations(ICLR), Toulon, 2016.

[2] BALLÉ J, LAPARRA V, SIMONCELLI E P. Density modeling of images using a generalized normalization transformation[C]. 2016 IEEE/ACM 4th International Conference on Learning Representations(ICLR), San Juan, 2016.

[3] CHENG Z , SUN H , TAKEUCHI M , et al. Learned image compression with discretized gaussian mixture likelihoods and attention modules[C]. 2020 IEEE/CVF Conference on Computer Vision and Pattern Recognition (CVPR), Seattle, 2020: 7939-7948.

[4] ZHOU L, SUN Z, WU X, et al. End-to-end Optimized Image Compression with Attention Mechanism[C]. CVPRW, Long Beach, 2019.

[5] THEIS L, SHI W, CUNNINGHAM A, et al. Lossy image compression with compressive autoencoders[J]. ArXiv, 2017, 1703(00395).

[6] MENTZER F , AGUSTSSON E , TSCHANNEN M , et al. Conditional probability models for deep image compression[C]. 2018 IEEE/CVF Conference on Computer Vision and Pattern Recognition (CVPR), Salt Lake

City, 2018: 4394-4402.

[7] AGUSTSSON E, MENTZER F, TSCHANNEN M, et al. Soft-to-hard vector quantization for end-to-end learning compressible representations[J]. ArXiv, 2017, 1704(00648).

[8] BALLÉ J, CHOU P A, MINNEN D, et al. Nonlinear transform coding[J]. IEEE Journal of Selected Topics in Signal Processing, 2020, 15(2): 339-353.

[9] HE D, ZHENG Y, SUN B, et al. Checkerboard context model for efficient learned image compression[C]. Proceedings of the IEEE/CVF Conference on Computer Vision and Pattern Recognition, Nashville, 2021: 14771-14780.

[10] CUI Z, WANG J, BAI B, et al. G-VAE: a continuously variable rate deep image compression framework[J]. ArXiv, 2020, 2003(02012).

[11] CHOI Y, EL-KHAMY M, LEE J. Variable rate deep image compression with a conditional autoencoder[C]. Proceedings of the IEEE/CVF International Conference on Computer Vision, Seoul, 2019: 3146-3154.

[12] YANG F, HERRANZ L, CHENG Y, et al. Slimmable compressive autoencoders for practical neural image compression[C]. Proceedings of the IEEE/CVF Conference on Computer Vision and Pattern Recognition, Nashville, 2021: 4998-5007.

[13] LU G, OUYANG W, XU D, et al. Dvc: an end-to-end deep video compression framework[C]. Proceedings of the IEEE/CVF Conference on Computer Vision and Pattern Recognition, Long Beach, 2019: 11006-11015.

[14] MINNEN D, BALLÉ J, TODERICI G. Joint autoregressive and hierarchical priors for learned image compression[J]. ArXiv, 2018, 1809(02736).

[15] LIN J, LIU D, LI H, et al. M-LVC: multiple frames prediction for learned video compression[C]. Proceedings of the IEEE/CVF Conference on Computer Vision and Pattern Recognition, Seattle, 2020: 3546-3554.

[16] RIPPEL O, NAIR S, LEW C, et al. Learned video compression[C]. Proceedings of the IEEE/CVF International Conference on Computer Vision, Seoul, 2019: 3454-3463.

[17] HABIBIAN A, VANROZENDAAL T, TOMCZAK J M, et al. Video compression with rate-distortion autoencoders[C]. Proceedings of the IEEE/CVF International Conference on Computer Vision, Seoul, 2019: 7033-7042.

[18] DJELOUAH A, CAMPOS J, SCHAUB-MEYER S, et al. Neural inter-frame compression for video coding[C]. Proceedings of the IEEE/CVF International Conference on Computer Vision, Seoul, 2019: 6421-6429.

[19] LOMBARDO S, HAN J, SCHROERS C, et al. Deep generative video compression[C]. 33rd Conference on neural Information Processing Systems, Vancouver, 2019.

第 17 章　开源编码器 IP 核

在软件方面，国内外已经出现了很多优质的开源编码器，如 x264、x265、AOMedia 的开源 AV1 编码器等。而在硬件方面，国内外几乎没有开源的编码器 IP 核。然而若想开发支持视频应用的芯片，就需要在芯片中集成视频编解码 IP 核，此时就只能自研 IP 核，或是购买商业 IP 核，或是采用带有编码器硬核的 FPGA 产品。然而商业 IP 核价格高昂，而带硬核的 FPGA 一般只用于小批量的、定制化较高的硬件产品。此外，硬核的平台依赖性很强，一旦设计定型就意味着产品依赖某种特殊型号的 FPGA，平台很难切换。

复旦大学专用集成电路与系统国家重点实验室(State Key Laboratory of ASIC & System，Fudan University)视频图像处理器实验室(Video Image Processor Laboratory，VIP Lab)自主设计并开源了基于 H.264 和 H.265 标准的视频编码器 IP 核，并且仍在持续维护和更新中。上述的开源 IP 核采用硬件语言编写，属于软核，不存在平台依赖问题。

基于 H.264 标准，VIP Lab 于 2017 年 5 月开源了 H.264 视频编码器 IP 核(XK264)，随后进行了 FPGA 移植，并于 2019 年 5 月开源了基于 PYNQ 的演示方案。而在 2019 年 8 月，VIP Lab 又发布了开源 XK264 视频编码器 IP 核的 2.0 版本(V2.0)，该版本相较于第一版进行了多方面的更新。该 XK264 视频编码器 IP 核的基本特性如表 17-1 所示。

表 17-1　XK264 视频编码器 IP 核基本特性

版本	V1.0	V2.0
档次	H.264 Baseline & Main Profile	H.264 Baseline Profile
图像格式	YUV420	YUV420
像素量化深度/bit	8	8
性能	FHD@30fps，50MHz	FHD@60fps
帧类型	I/P	I/P
宏块尺寸	16×16	16×16
帧内预测	支持所有 9 种帧内预测模式	支持所有 9 种帧内预测模式
帧间预测	IME：搜索范围为±16 个像素 FME：1/4 像素插值	IME：搜索范围为±16 个像素 FME：1/4 像素插值
熵编码	CAVLC	CABAC/CAVLC
环路滤波	方块滤波	方块滤波

基于 H.265 标准，VIP Lab 早在 2016 年 12 月便发布了首款开源 H.265 视频编码器 IP 核(XK265)，而在 2019 年 6 月又开源了 XK265 视频编码器 IP 核的 2.0 版本。该 XK265 视频编码器 IP 核的基本特性如表 17-2 所示。

表 17-2　XK265 视频编码器 IP 核基本特性

版本	V1.0	V2.0
档次	H.265 Main Profile	H.265 Main Profile
图像格式	YUV420	YUV420
像素量化深度/bit	8	8
性能	4K@30fps，400MHz	4K@30fps，400MHz
帧类型	I/P	I/P
块尺寸	CU：8×8~64×64 PU：4×4~64×64 TU：4×4/8×8/16×16/32×32	CU：8×8~64×64 PU：4×4~64×64 TU：4×4/8×8/16×16/32×32
帧内预测	支持所有 35 种帧内预测模式	支持所有 35 种帧内预测模式
帧间预测	IME：搜索范围为±32 个像素 FME：1/4 像素插值	IME：搜索范围为±64 个像素 FME：1/4 像素插值 支持 skip/merge 模式 支持 IiP(P 帧中的 I 块)
熵编码	CABAC	CABAC
环路滤波	方块滤波、SAO	方块滤波、SAO
码率控制	CBR/VBR(基于软件)	CBR/VBR(基于软件) CTU 级(基于硬件)

以下将分别介绍基于 PYNQ 的 XK264 演示方案、XK264 编码器 IP 核 V2.0 的硬件仿真、XK265 编码器 IP 核 V2.0 的硬件仿真，以及将码流转换为可播放文件的相关操作。相关代码均可从开源网站 OpenASIC 下载获得。

17.1　基于 PYNQ 的 XK264 演示方案

该方案中，视频源从 PYNQ 板载 HDMI 输入，经 H.264 编码后，码流从以太网发送，由另一台 PC 接收码流并用 VLC 解码。整个演示方案在 Windows 下进行。

17.1.1　PYNQ 简介

PYNQ-Z1 开发板是 PYNQ 开源框架的硬件平台，该框架可以使嵌入式编程人员在无须设计可编程逻辑电路的情况下充分发挥 Xilinx Zynq APSoC(all programmable SoC)的功能。与常规方式不同的是，通过 PYNQ，用户可以使用 Python 进行 APSoC 编程，并且代码可直接在 PYNQ-Z1 上进行开发和测试。

PYNQ-Z1 开发板的外观如图 17-1 所示。此外，读者可通过官方文档[1]查阅 PYNQ 开发板的详细介绍。

图 17-1　PYNQ-Z1 开发板

17.1.2　准备工作

1. 硬件

PYNQ-Z1 开发板、以太网线、Micro USB 数据线、空白的 Micro SD 卡(最少 8 GB)、HDMI 数据线、两台计算机(其中一台仅作为视频源)。

2. 软件

(1) 支持 Jupyter 的浏览器,如 Chrome(13.0 以上版本)、Safari(5.0 以上版本)、Firefox(6.0 以上版本)。

(2) 下载并安装 Win32 Disk Imager。

(3) 下载并安装 PuTTY。

(4) 下载并安装 VLC media player。

17.1.3　上板调试步骤

将两台计算机分别称为 PC1 和 PC2。其中 PC2 仅作为视频源,而以下所有操作均默认在 PC1 上进行。

1. 下载及解压

进入 OpenASIC 网站,从"代码发布"板块的 H.264 Video Encoder Demo [PYNQ]下载演示方案的相关代码。

其中,pynq_hw.zip 中包含了 vivado 2016.01 构建的演示工程、工程所使用的 IP 核等;而 vivado 工程生成的.bit、.tcl 等文件,以及本演示方案所需的所有文件资源均已包含于 pynq_board.zip 中,即完成本演示方案仅对 pynq_board.zip 进行解压即可。

pynq_board.zip 解压后可以得到"h264"和"jupyter_notebooks"两个文件夹,以及

pynq_v2.0.img 和 w.sdp 两个文件。

2. 镜像文件烧写入 SD 卡

将空白的 SD 卡插入计算机，使用 Win32 Disk Imager 将 PYNQ-Z1 镜像文件烧写到 SD 卡中，如图 17-2 所示。

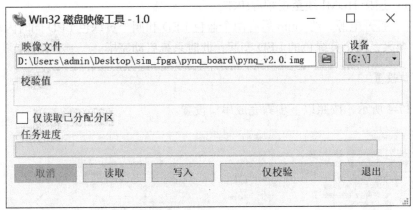

图 17-2　烧写镜像文件步骤

"映像文件"选择下载好的镜像文件 pynq_v2.0.img。

"设备"选择代表 SD 卡的盘符。

单击"写入"按钮开始烧写。

3. 硬件设置

如图 17-3 所示，按照以下步骤依次完成接口及连线设置。

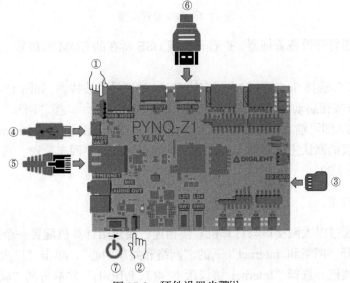

图 17-3　硬件设置步骤[1]

步骤①：跳帽选择至 SD 卡启动。

步骤②：跳帽选择至 USB 供电。

步骤③：插入 SD 卡。

步骤④：连接 USB 数据线至计算机(PC1)。

步骤⑤：连接以太网线至计算机(PC1)。

步骤⑥：连接 HDMI 线至视频源(PC2)。

步骤⑦：打开电源，约 1min 后有两个蓝色 LED 和四个黄绿色 LED 同时闪动，随后蓝色 LED 熄灭，四个黄绿色的 LED 亮起，此时系统启动完毕。

4. 串口设置

如图 17-4 所示，按照以下步骤完成串口设置。

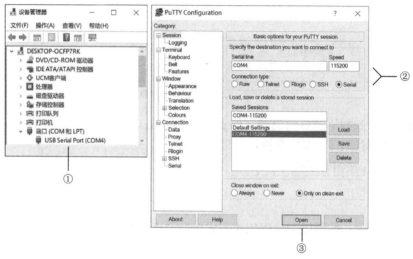

图 17-4　串口设置步骤

在控制面板打开设备管理器，查看开发板 USB 所在的 COM 端口号，如图 17-4 中①处所示。

打开 PuTTY，选择 Serial 并输入相应的 COM 端口号及波特率，如图 17-4 中②处所示。

单击 Open 按钮启动 PuTTY 终端，如图 17-4 中③处所示，按"回车"键，确保出现 xilinx@pynq:~$，即可输入指令控制 PYNQ。如图 17-5 所示，输入 hostname 并按"回车"键，可见开发板的默认主机名为 pynq；输入 ifconfig 并按"回车"键，可见开发板的 IP 地址为 192.168.2.99。

5. IP 地址设置

PYNQ 板通过以太网接口与计算机直接相连，要求给计算机配置一个静态 IP 地址：在控制面板打开"网络和 Internet"下的"网络和共享中心"，单击"以太网"按钮，再单击"属性"按钮；选择"Internet 协议版本 4(TCP/IPv4)"并单击其"属性"按钮，即可设置静态 IP，如图 17-6 所示。为了配合后续的 RTP 发包，此处将 PC1 的 IP 地址设置为 192.168.2.1(子网掩码设置为 255.255.255.0)。

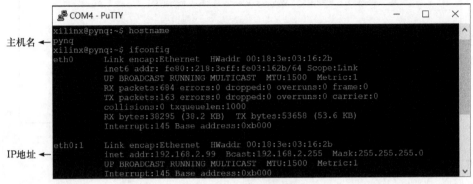

图 17-5　PuTTY 终端

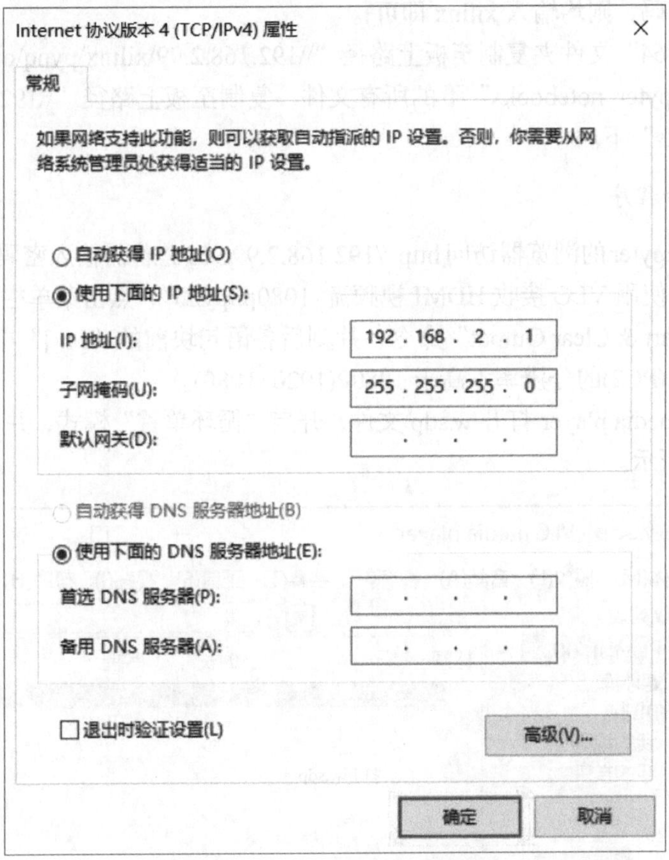

图 17-6　设置计算机 IP 地址

6. 防火墙设置

为保证 VLC media player 通信不受防火墙限制，需允许该应用通过防火墙，相关设置如图 17-7 所示。

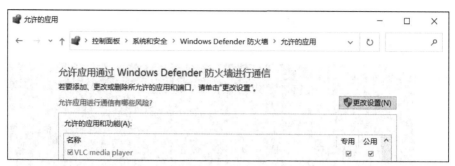

图 17-7 允许 VLC media player 通过防火墙

7. 文件复制

在文件资源管理器的地址栏输入"\\192.168.2.99\xilinx",即可访问PYNQ板载文件(若需要用户名及密码,则均输入 xilinx 即可)。

将上述"h264"文件夹复制至板上路径"\\192.168.2.99\xilinx\pynq\overlays"下。

将上述"jupyter_notebooks"下的所有文件,复制至板上路径"\\192.168.2.99\xilinx\jupyter_notebooks"下。

8. 执行演示程序

通过支持Jupyter的浏览器访问http://192.168.2.99:9090。若需输入密码,则输入xilinx。

打开程序"使用 VLC 接收 HDMI 视频流_1080p.ipynb",点击菜单栏中的"Kernel",随后点击"Restart & Clear Output"命令,片刻后各语句块前的"[ ]"中为空。

设置视频源(PC2)的分辨率不高于 1080P(1920×1080)。

使用 VLC media player 打开 w.sdp 文件,开启"循环单首"模式,并单击"播放"按钮,如图 17-8 所示。

图 17-8 VLC media player 播放 w.sdp

依次执行程序语句块直至 size = 1920*1088*4 语句块执行完毕，如图 17-9 所示。

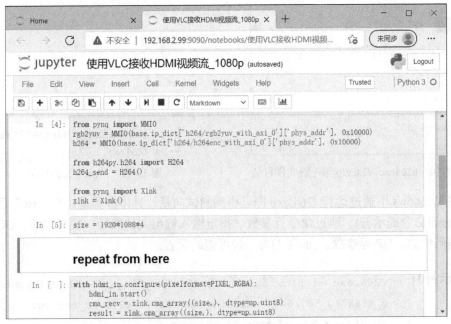

图 17-9　Jupyter 演示程序

然后执行 repeat from here(图 17-9)下方的第一个语句块，即可在 VLC media player(PC1)中看到视频源(PC2)经过编解码后的图像。

注：若执行程序时出现内存分配错误(Failed to allocate Memory!)的问题，可通过重启 PYNQ 板解决。

17.2　XK264 编码器 IP 核 V2.0 硬件仿真

整体而言，首先应通过相应的参考软件生成测试向量文件，然后使用 Modelsim 仿真工具进行硬件仿真。详细步骤如下。

1. 下载及解压

首先进入 OpenASIC 网站的"代码发布"板块，从"H264 Video Encoder RTL IP Core [Version 2.0]"下载 XK264 编码器 IP 核 V2.0 的相关代码。

对下载所得的 h264enc_v2.0.zip 文件进行解压，可以得到四个文件夹，如图 17-10 所示。其中，"sw"为对应的参考软件，用于产生测试向量；"sim"为仿真文件；"rtl"为 IP 核的所有代码；"lib"为 memory 行为级模型。

2. 运行参考软件

进入"sw"文件夹，其中包含参考软件 f264.exe 以及一个待编码 YUV 文件，如图 17-11

所示。

图 17-10　h264enc_v2.0.zip 第一级文件目录

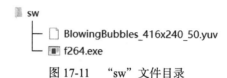

图 17-11　"sw"文件目录

在 Windows 下通过运行 f264.exe 即可得到测试向量。具体步骤是：在"sw"目录下打开 cmd(命令提示符)，通过命令行参数，指定输入输出文件路径、视频尺寸、GOP 长度、编码帧数、QP 等参数。[示例 1]为一种可能的配置。

[示例 1]

```
f264.exe -i BlowingBubbles_416x240_50.yuv -o BlowingBubble
s_416x240_50.264 -r BlowingBubbles_416x240_50_rec.yuv -w 416
-h 240 -g 5 -f 10 -q 27
```

各参数的具体含义以及[示例 1]命令行解参数后的内容如表 17-3 所示。

表 17-3　参考软件 f264 的参数

参数	含义	[示例 1]解参数
-i	待编码 YUV 文件路径	BlowingBubbles_416x240_50.yuv
-o	输出码流文件路径	BlowingBubbles_416x240_50.264
-r	输出重建帧文件路径	BlowingBubbles_416x240_50_rec.yuv
-w	YUV 序列宽	416
-h	YUV 序列高	240
-g	GOP 长度	5
-f	编码帧数	10
-q	量化参数(QP 值)	27

如图 17-12 所示，运行后会首先对命令行参数进行解析，然后在编码过程中，会不断打印时间戳、当前帧序号、当前宏块坐标等信息，直至编码结束。

3. 复制测试向量文件

按照[示例 1]，当前文件夹"sw"下会得到码流文件(后缀为.264)以及重建帧文件(后缀为.yuv)。

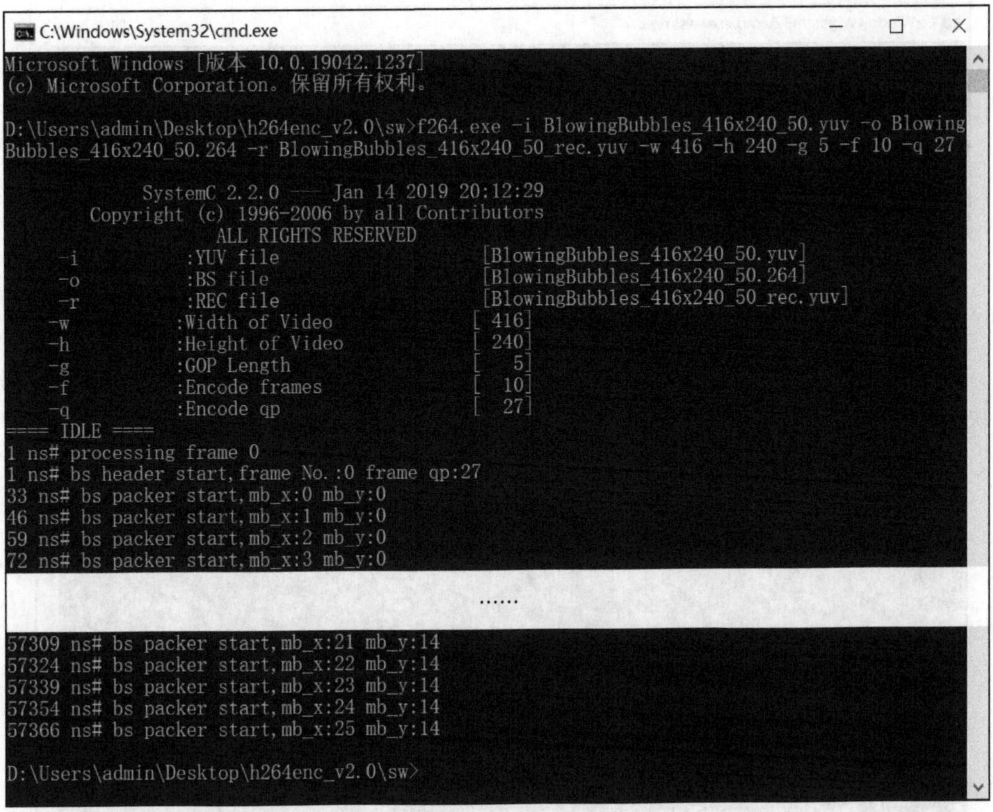

图 17-12　f264.exe 运行过程

此外，当前文件夹下还会产生后续硬件仿真所需的 cur_mb_p4.dat 和 bs_check.dat 两个文件。其中前者将作为硬件编码器的 YUV 输入，而后者将作为软硬件交叉验证的测试输入。将这两个文件复制到 "sim/top_testbench/tv" 路径下。

4. 硬件参数修改及仿真

进入 "sim/top_testbench" 文件夹，修改 tb_top.v 中的参数，使之与参考软件的参数相同。对应[示例 1]，tb_top.v 中的参数设置应如[示例 2]所示。

[示例 2]
```
`define FRAMEWIDTH 416
`define FRAMEHEIGHT 240
`define GOP_LENGTH 5
`define FRAME_TOTAL 10
`define INIT_QP 27
```

修改好参数后，在当前的 "sim/top_testbench" 目录下打开 cmd，输入 vsim –c 即可切换到 Modelsim 命令行，然后输入 do sim.do 即可通过脚本开始仿真，命令行输入过程如图 17-13 所示。

```
C:\Windows\System32\cmd.exe - vsim -c
Microsoft Windows [版本 10.0.19042.1237]
(c) Microsoft Corporation。保留所有权利。

D:\Users\admin\Desktop\h264enc_v2.0\sim\top_testbench>vsim -c
Reading E:/ProSoftware/Modelsim/modeltech64_10.5/tcl/vsim/pref.tcl

# 10.5

ModelSim> do sim.do
```

图 17-13　硬件仿真输入命令

5. 仿真结果

若仿真正确(软硬件交叉验证一致),则会依次打印各编码宏块的时间戳、当前帧序号、宏块坐标信息，直至编码结束，如图 17-14 所示。

```
C:\Windows\System32\cmd.exe
#    Time: 0 ps  Iteration: 0  Instance: /tb_top File: ./tb_top.v
#                         0, Frame Number =    0, mb_x_load =    0, mb_y_load =    0
#
#                      1165, Frame Number =    0, mb_x_load =    1, mb_y_load =    0
#
#                      2655, Frame Number =    0, mb_x_load =    2, mb_y_load =    0
#
#                      5095, Frame Number =    0, mb_x_load =    3, mb_y_load =    0
#
                                   ......
#                   9637935, Frame Number =    9, mb_x_load =   24, mb_y_load =   14
#
#                   9640475, Frame Number =    9, mb_x_load =   25, mb_y_load =   14
#
#                   9642935, Frame Number =    9, mb_x_load =    0, mb_y_load =    0
#
# ** Note: $finish    : ./tb_top.v(667)
#    Time: 9651665 ns  Iteration: 0  Instance: /tb_top
# End time: 14:45:08 on Sep 22,2021, Elapsed time: 0:22:02
# Errors: 0, Warnings: 1

D:\Users\admin\Desktop\h264enc_v2.0\sim\top_testbench>
```

图 17-14　正确仿真过程示例

若软硬件交叉验证不一致，则仿真会停止，并打印相应的 ERROR 提示信息。图 17-15

```
C:\Windows\System32\cmd.exe
#    Time: 0 ps  Iteration: 0  Instance: /tb_top File: ./tb_top.v
#                         0, Frame Number =    0, mb_x_load =    0, mb_y_load =    0
#
#                      1165, Frame Number =    0, mb_x_load =    1, mb_y_load =    0
#
#                      2655, Frame Number =    0, mb_x_load =    2, mb_y_load =    0
#
# ERROR(MB x:   0 y:   0): check_data(dc) != bs_data(de)
#                      5095, Frame Number =    0, mb_x_load =    3, mb_y_load =    0
#
#                      7535, Frame Number =    0, mb_x_load =    4, mb_y_load =    0
#
# ** Note: $finish    : ./tb_top.v(795)
#    Time: 7765 ns  Iteration: 0  Instance: /tb_top
# End time: 15:05:50 on Sep 22,2021, Elapsed time: 0:00:02
# Errors: 0, Warnings: 1

D:\Users\admin\Desktop\h264enc_v2.0\sim\top_testbench>
```

图 17-15　软硬件交叉验证不一致的示例

为软硬件参数设置不一致导致仿真停止的一个示例，其中 ERROR 信息中的"check_data"
代表软件编码结果，"bs_data"代表硬件编码结果。

17.3　XK265 编码器 IP 核 V2.0 硬件仿真

XK265 视频编码器 IP 核的仿真也是先通过相应的参考软件生成测试文件，然后进行
硬件仿真。详细步骤如下。

1. 下载及解压

首先进入 OpenASIC 网站的"代码发布"板块，从"H265 Video Encoder RTL IP Core
[Version 2.0]"下载 XK265 编码器 IP 核 V2.0 的相关代码。

对下载所得的"h265enc_v2.0.zip"文件进行解压，可以得到四个文件夹，如图 17-16
所示。其中，"sw"为对应的参考软件，用于产生测试向量；"sim"为仿真文件；"rtl"
为 IP 核的所有代码；"lib"为 memory 行为级模型。

2. 配置软件参数

图 17-17 为"sw"文件夹的目录结构，其中"f265.exe"和"f265"为参考软件，可
分别在 Windows 和 Linux 下运行；"f265_encode.cfg"为相应的配置文件，用于配置编码
参数；"testVector"中是默认配置下运行参考软件所产生的文件，可供参考。

图 17-16　h265enc_v2.0.zip 第一级文件目录

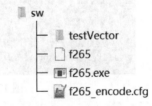

图 17-17　"sw"文件目录

打开配置文件"f265_encode.cfg"即可修改相应参数。其中，InputFile 表示待编码
YUV 文件的路径，WidthVideo 和 HeightVideo 分别表示 YUV 序列的宽和高，GOPLength
表示 GOP 长度，EncodeFrames 表示编码帧数，EncodeQP 表示量化参数。[示例 3]为一种
可能的配置。

[示例 3]
```
InputFile        F:\Sequence\BlowingBubbles.
yuv
WidthVideo       416
HeightVideo      240
FramePerSecond   50
GOPLength        5
```

```
EncodeFrames        2
EncodeQP           20
SearchRange       128
EnableDumpRec       1
EnablePSNR          1
```

3. 运行参考软件

以 Windows 系统为例。在"sw"目录下打开 cmd(命令提示符)，输入命令 .\f265.exe -c .\f265_encode.cfg 并按"回车"键，即可按照 f265_encode.cfg 配置运行参考软件 f265.exe。编码过程中会不断打印当前帧的序号、类型、PSNR(峰值信噪比)、比特数和码率信息，直至编码结束，图 17-18 为运行截图。

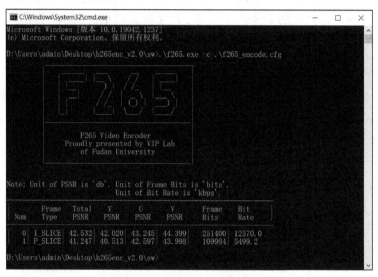

图 17-18　f265.exe 运行过程

运行参考软件所产生的文件列表如图 17-19 所示。其中，"bs.hevc"是编码完成的码流文件；"fp_psnr.csv"保存了 PSNR、码率等编码结果；"rec.yuv"是重建的 YUV 文件；"s_bit_stream.dat"是熵编码的输出，将用于硬件仿真。

- bs.hevc
- fp_psnr.csv
- rec.yuv
- s_bit_stream.dat
- s_bit_stream_inter.dat
- s_bit_stream_intra.dat
- s_cabac_input.dat

图 17-19　运行 f265.exe 产生的文件

4. 硬件仿真

硬件仿真过程在 Linux 系统下进行。

首先，将相关的文件复制至"/sim/top_testbench/tv"路径下，相关文件包括参考软件产生的"rec.yuv"和"s_bit_stream.dat"，以及原始的 YUV 文件([示例 3]中即为 Blowing Bubbles.yuv)。另外，"/sim/top_testbench/ tv"路径下原有的 ime_cfg.dat 是 IME 的配置参数，无须更改。

而后转到"/sim/top_testbench"路径下，修改"tb_enc_top.v"中的参数，确保其与

"f265_encode.cfg" 中配置的参数一致，也就是与参考软件所使用的参数一致。对应于 [示例 3]，"tb_enc_top.v" 中的参数设置应如[示例 4]所示。

[示例 4]
```
'define TEST_I 1  //是否测试 I 帧
'define TEST_P 0  //是否测试 P 帧
'define FRAME_WIDTH 416
'define FRAME_HEIGHT 240
'define INITIAL_QP 20
'define GOP_LENGTH 5
'define FRAME_TOTAL 2
'define FILE_CUR_YUV"./tv/BlowingBubbles.yuv"
```

修改好参数后，即可利用 makefile 运行仿真。在 "/sim/top_testbench" 路径下，运行 make ncsim 即可采用 NC-Verilog 仿真工具进行仿真。

5. 仿真结果

若仿真正确进行，则会出现类似于图 17-20 的打印信息。

```
    at 00000100, Frame Number = 00, mb_x_first = 00, mb_y_first = 00
     at 00000120, starting INTRA ENCODING frame(00) ...
    at 00002905, Frame Number = 00, mb_x_first = 01, mb_y_first = 00
    at 00029965, Frame Number = 00, mb_x_first = 02, mb_y_first = 00
    at 00057025, Frame Number = 00, mb_x_first = 03, mb_y_first = 00
    at 00168575, Frame Number = 00, mb_x_first = 04, mb_y_first = 00
    at 00286445, Frame Number = 00, mb_x_first = 05, mb_y_first = 00
    at 00396615, Frame Number = 00, mb_x_first = 06, mb_y_first = 00
                              ......
done
```

图 17-20　正确仿真过程示例

若软硬件交叉验证不一致，则仿真会停止，并打印相应的 ERROR 提示信息。图 17-21 为软硬件参数设置不一致导致仿真停止的一个示例，其中 ERROR 信息中的 "f265" 代表软件编码结果，"h265" 代表硬件编码结果。

```
    at 00000100, Frame Number = 00, mb_x_first = 00, mb_y_first = 00
     at 00000120, starting INTRA ENCODING frame(00) ...
    at 00002905, Frame Number = 00, mb_x_first = 01, mb_y_first = 00
    at 00029965, Frame Number = 00, mb_x_first = 02, mb_y_first = 00
    at 00057025, Frame Number = 00, mb_x_first = 03, mb_y_first = 00
    at 00162255, Frame Number = 00, mb_x_first = 04, mb_y_first = 00
    at 00265215, Frame Number = 00, mb_x_first = 05, mb_y_first = 00
ERROR at BS at bs_byte_cnt =      0, f265 is 0e, h265 is a3
Simulation complete via $finish(1) at time 267355 NS + 0
./tb_enc_top.v:968          $finish ;
ncsim> exit
```

图 17-21　软硬件交叉验证不一致的示例

17.4 码流转换为可播放文件

编码后的码流数据并不能直接播放。若想使用播放器(如 VLC media player)播放编码结果，还需要按照相应的标准，加上解码所需的 VPS(video parameter set，视频参数集)、SPS(sequence parameter set，序列参数集)、PPS(picture parameter set，图像参数集)等，并对各 NALU(network abstraction layer unit)进行封装。

OpenASIC 网站上开源了 H.264 标准的转换程序，能够将编码后的码流转换为可播放文件(后缀为.264)，以下将对其使用方法进行简介。

1. 下载及解压

首先进入 OpenASIC 网站的"代码发布"板块，从"Bs2H264 SW Code"下载码流转换程序。

对压缩包进行解压，在"bs2h264"文件夹下有如图 17-22 所示的四个文件夹。其中，"sw"中为产生码流的参考软件，"build"和"src"包含了码流转换程序的工程及源代码，"test"中为测试文件。

图 17-22　bs2h264 第一级文件目录

2. 准备带注释的码流文件

进入"sw"文件夹，其中包含参考软件 f264_note.exe。f264_note.exe 的运行过程与 17.2 节中 f264.exe 的运行过程完全相同，仅需将[示例 1]命令行中的 f264.exe 更改为 f264_note.exe 即可。运行 f264_note.exe 对相应的 YUV 文件进行编码，即可得到码流文件 bs_check_note.dat。

f264_note.exe 与 f264.exe 的唯一区别在于，f264_note.exe 在生成码流文件 bs_check_note.dat 时，会在每帧数据前插入一行注释来标注帧序号，而 f264.exe 生成的 bs_check.dat 为纯裸码流，不包含注释行。注释行用于对各帧数据进行分隔，便于封装 NALU。

3. 生成可执行文件

打开 "/build/bs2h264" 下的工程文件 bs2h264.sln，并进行编译，即可生成可执行文件 bs2h264.exe。

4. 运行码流转换程序

将码流文件 bs_check_note.dat 和可执行文件 bs2h264.exe 复制到 "test" 目录下，并在 "test" 目录下打开 cmd(命令提示符)，根据[示例 1]中设置的有关参数，应输入 bs2h264.exe -i bs_check_note.dat -w 416 -h 240 -g 5 -f 10 -q 27 并按 "回车" 键，即可将码流文件 bs_check_note.dat 转换为 bs.264，该 bs.264 可以被 VLC media player 软件解析并播放。事实上，该 bs.264 与参考软件直接产生的.264 文件是相同的。

运行 bs2h264.exe 时，相应参数含义如表 17-4 所示，也可通过输入 bs2h264.exe -help 并按 "回车" 键，使用 "帮助"。

表 17-4　转换程序的参数

参数	含义
-i	码流文件路径
-w	视频宽
-h	视频高
-g	GOP 长度
-f	编码帧数
-q	量化参数(QP 值)

需要注意的是，运行码流转换程序 bs2h264.exe 时所设置的各个参数，必须与运行 f264_note.exe 产生 bs_check_note.dat 时所设置的参数相同。

参 考 文 献

[1] Xilinx.PYNQ:Python productivity for Xilinx platforms:v2.7.0[EB/OL].[2022-03-31].https://pynq. readthedocs. io/en/v2.7.0/.